정보전송 개론/공학

강치운 · 김형락 · 손상영 공저

KIHANJAE 기한재
http://www.kihanjae.com

머리말

컴퓨터, 통신 등을 융합한 기술로 주목받고 있는 21세기 정보기술(IT)사회에서는 언제, 어디서, 누구와도 원하는 정보를 손쉽게 주고받을 수 있는 것을 기본으로 하며 음성, 문자, 영상 등 표현 미디어의 통합화와 네트워크화 등 정보통신기술의 환경변화로 IT전문 인력의 수요가 급증하고 있다.

이러한 IT사회를 능동적으로 대처하기 위하여 「정보전송개론 및 공학」이라는 과목은 대학교 및 대학에서 전자공학이나 정보통신을 전공하는 학생들에게 반드시 배워야 하는 필수 과목으로 선정되고 있으나, 기존 교재들이 너무 수학적으로 해석되어 있어 공부하려는 학생들이 너무 어렵게 느끼는 이유중의 하나이다. 따라서 수식을 전개해 나가는 과정보다는 유도된 결과식이 지니고 있는 원리와 개념위주로 내용을 파악하는데 주안점을 두어 가능한한 기초부터 쉽게 설명하여 처음 접하는 학생들에게도 정보전송 및 통신의 원리를 이해할 수 있도록 하였다.

이 책의 구성 및 내용은 다음과 같이 제4편 제12장으로 되어 있다.

제1편 신호 변환 방식

- 제1장 디지털 변환방식
- 제2장 아날로그 신호변환방식
- 제3장 다중화 방식

제2편 전송선로

- 제4장 유선 전송로
- 제5장 무선 전송로
- 제6장 광 전송로

제3편 전송방식

- 제7장 정보전송방식
- 제8장 동기방식
- 제9장 신호방식

제4편 전송제어

제10장 전송제어의 형식과 절차
제11장 전송오류제어
제12장 전송 프로토콜

특히 정보통신관련 자격증을 취득하고자 하는 공학도나 기술자 여러분을 위해서, 새출제기준에 따른 과년도 기출문제를 철저히 분석하여 필기 및 실기 시험에도 도움이 되도록 출제기준에 맞추어 체계적으로 이론을 정리하고 각 장마다 관련된 중요 문제를 엄격히 선정하여 상세한 해설을 두려고 노력하였지만 부족하고 미흡한 점이 많이 있으리라 사료된다. 더 깊은 내용과 다소 미흡한 부분은 다른 많은 참고서적들을 통해서 보충하고 앞으로 여러분의 충고와 조언을 토대로 보다 유익한 책이 되도록 계속해서 수정 · 보완해 나갈 것이다.

아울러 이 책을 집필하면서 참고한 문헌들의 국내외 많은 저자분들에게 진심으로 감사드리며, 이 책이 출간되기까지 수고해 주신 도서출판 기한재 임직원 및 사장님께 또한 감사를 드린다.

저자 씀

차 례

제 1 편 신호변환방식

제 1 장 디지털 변환방식 ▸ 17

제 2 편 전송선로

제 3 편 전송 방식

제 4 편 전송 제어

제 10 장 전송제어의 형식과 절차 ▸ 325

제 11 장 전송 오류제어 ▸ 367

제 12 장 전송 프로토콜 ▸ 395

제 1 편 신호변환방식

제 1 장 디지털 변환방식

1.1 신호변환의 개요

1.1.1 아날로그와 디지털 신호 및 전송

아날로그(analog)는 '비슷하다(analogous)'는 말에서 파생되어 나온 것으로, "연속적(continuous)"이라는 의미를 갖는다. 반면에 디지털(digital)은 손가락이란 뜻을 가진 '디지트(digit)'에서 유래하였으며 손가락은 하나 하나 꼽아가며 셀 수 있으므로 지속과 단절이 확실한 "이산적인(discrete) 또는 불연속적인(discontinuous)"이라는 의미로 사용한다. 음성이나 화상 등의 정보를 전기 신호의 강약에 대응시키면 어느 순간의 진폭값은 연속한 어느 범위의 값을 취하면 아날로그 신호가 되며, 이러한 형태로 행하는 통신을 아날로그 통신이라고 한다.

아날로그 신호(analog signal)란 온도, 전압, 수량, 압력, 속도 등의 변화와 같이 시간이 경과됨에 따라 연속적으로 변화하는 신호를 말하며, 자연계의 값들은 거의 아날로그 신호이다.

특히 사람의 음성은 공기층을 전파해가는 물리적인 에너지인 파동을 만들어 내는데 그림 1.1(a)와 같이 아날로그 신호의 예로서 인간의 음성이 20[Hz]~20[kHz]의 스펙트럼을 취하지만 실험결과 300~3400[Hz] 범위이면 충분히 음성을 재현할 수 있다는 것으로 알려져 있다. 이것에 대해서 디지털 신호는 그림 1.1(b)와 같이 수를 수의 직선상에 표시하면 정수는 띄엄띄엄 존재하고 그 위치는 불연속이며 단속된 수치로 표시하므로 정수(0, 1, 2, 3, 4, …)와 같이 이산적으로 된 값을 갖는 신호로서 소위 불연속적인 변화를 하는 신호이며 컴퓨터 내부에서 이용되는 2진 부호(0 또는 1) 형태의 직류 펄스 신호를 말한다.

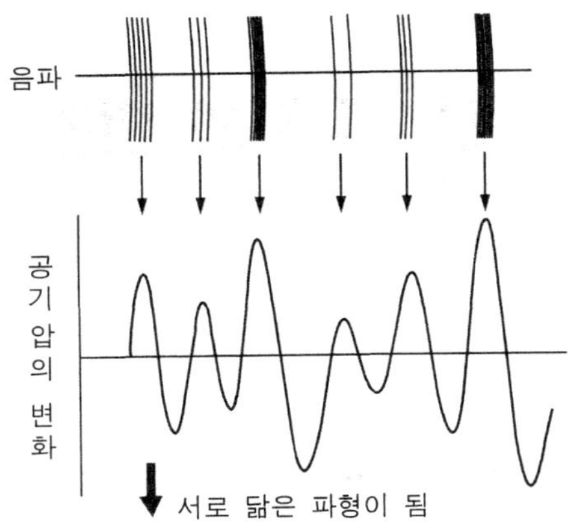

(a) 음성입력의 아날로그 신호

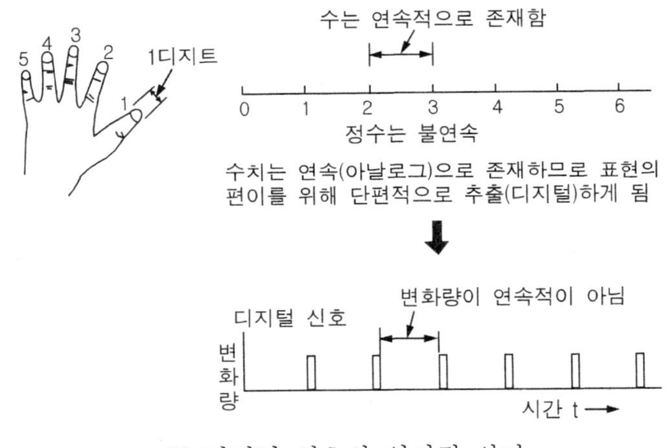

(b) 디지털 신호의 언어적 의미

그림 1.1 아날로그 신호와 디지털 신호의 개념

그림 1.2(a)는 아날로그 신호 파형의 일례로서 어떤 임의의 순간에 있어서도 신호의 크기는 정보로서의 의미를 갖는다. 이것에 대해서 그림 1.2(b)는 디지털 신호 파형의 모양을 하고 있으며, 전압이 높은 상태와 전압이 낮은 상태 혹은 "1"과 "0" 상태라고 하는 두 종류의 상태로 표시된다.

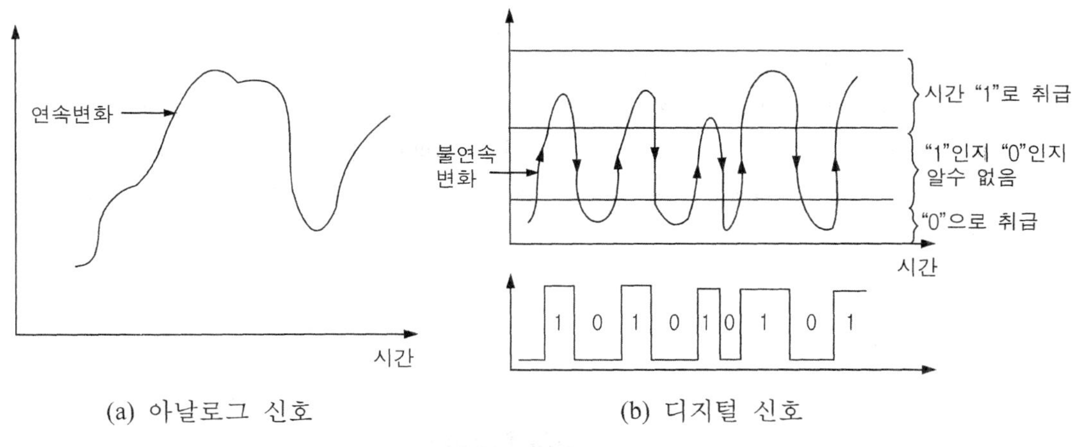

(a) 아날로그 신호 (b) 디지털 신호

그림 1.2 아날로그 신호와 디지털 신호의 파형

아날로그 회로에서는 연속적인 신호를 취급하기 때문에 신호입력과 출력이란 회로의 성질에서 주어진 일정의 비례관계를 갖는 것도 디지털 회로와 다른 점이다. 비례관계는 직선적인 관계뿐만 아니라 비직선인 증폭, 감쇠 혹은 변조라고 하는 관계도 포함된다.

아날로그 전송은 전화의 음성과 같은 아날로그 신호를 전송하는 경우 송신된 파형은 전송 도중에서 잡음이 들어가는 동시에 전송로의 감쇠 또는 일그러짐에 의해서 파형이 작아지게 된다. 그래서 장거리 전송시 전송로의 일정 간격마다 증폭 중계기(repeater)를 설치하고, 입력 아날로그 파형을 필터를 통해서 잡음을 제거하여 원래의 파형을 재현한다.

그러나 입력 파형이 갖는 스펙트럼에 가까운 주파수의 잡음 성분도 함께 증폭되기 때문에 중계를 할 때마다 신호 전력과 잡음전력의 비율(S/N비)이 작아져 장거리 전송하면 품질이 저하하게 된다. 이러한 과정을 그림 1.3(a)에 보이고 있다.

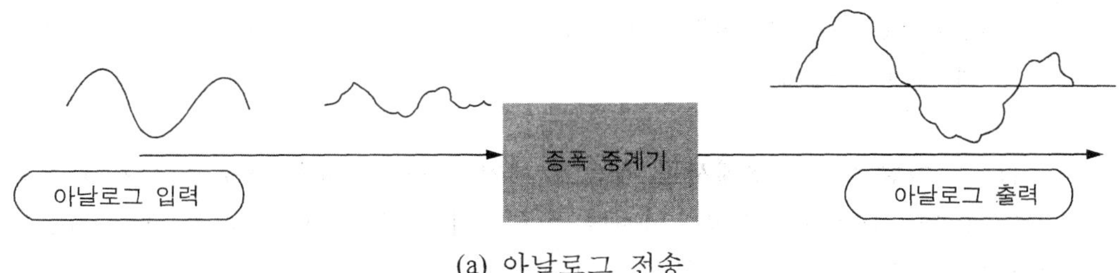

(a) 아날로그 전송

디지털 전송은 컴퓨터에 의해 발생된 데이터를 디지털 파형 그대로 전송하는 경우 전송거리가 길어지게 됨에 따라 아날로그 전송과 같은 잡음 및 파형 일그러짐 등의 영향을 받아 파형이 점점 감쇠하면서 무디어지게 된다. 그러나 디지털 전송에서는 전송 신호의 감쇠가 어느 판정 레벨을 벗어나기 전에 재생 중계기를 통과하여 증폭 정형함으로써 잡음을 제거하여 완전히 원래의 디지털 파형을 재현할 수 있다.

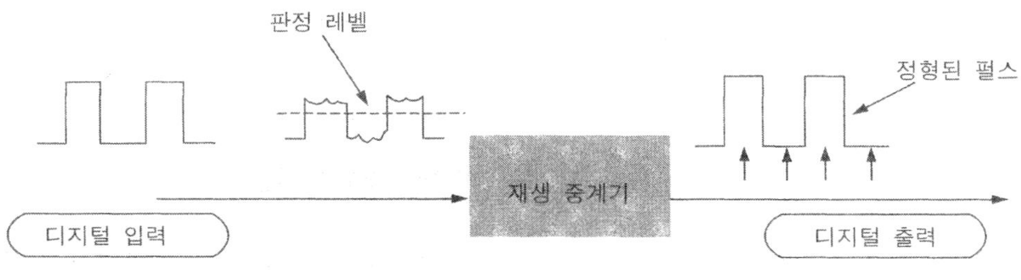

(b) 디지털 전송

그림 1.3 아날로그 전송과 디지털 전송

이와 같이 디지털 전송에서는 연속적인 정보를 이산적인 펄스 부호로 부호화하여 전송하면 전송로의 대역 제한 등으로 파형이 일그러지지만 원래의 파형으로 재현할 수 있다. 즉, 어느 값 이상이면 "1", 그 이하이면 "0"이라고 하여 레벨을 판정해서 펄스의 형상을 정형하고 타이밍을 맞추는 재생을 하여 신호를 중계함으로써 잡음을 극복하여 신뢰성이 높은 통신을 할 수 있다. 이것이 디지털 통신의 특징이며 그림 1.3(b)에 보이고 있다.

한편 그림 1.4(a)와 같은 아날로그 신호에 잡음신호 그림 1.4(d)가 가해진 경우에는 그림 1.4(b)와 같이 되며, 이것에서 원래의 신호 파형만을 꺼내는 것은 불가능하다. 그러나 디지털 신호인 경우에는 그림 1.4(e)와 같이 잡음신호가 혼입되어도 스레숄드(threshold) 전압보다도 큰 경우를 "1", 작은 경우를 "0"으로 판정해서 정 형하면 원래의 신호 파형 그림 1.4(c)가 재현되어 잡 할 수 있다.

따라서 아날로그 신호에서는 잡음의 제거가 불가능하기 때문에 신호대 잡음비(S/N비)에는 한계가 있지만, 디지털 신호에서는 파형정형에 따라 높은 S/N비가 얻어져 신뢰성이 있는 정보처리가 가능하다.

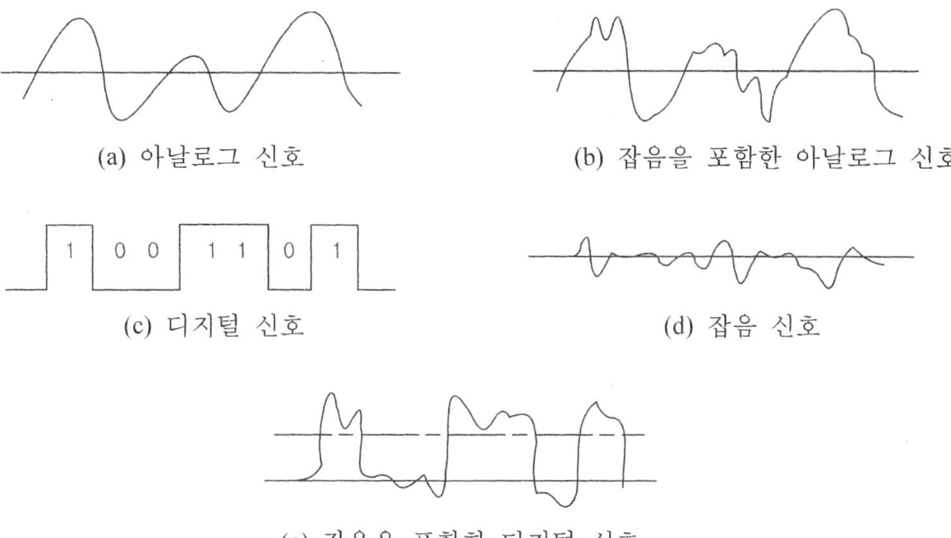

(a) 아날로그 신호　(b) 잡음을 포함한 아날로그 신호

(c) 디지털 신호　(d) 잡음 신호

(e) 잡음을 포함한 디지털 신호

그림 1.4 신호에 대한 잡음의 영향

1.1.2 신호변환의 개념

대부분 통신에서 취급하는 정보는 음성 신호, 화상 신호 등 아날로그 형태이며 그 발생원에서는 시간적으로나 진폭상으로나 연속적인 아날로그 신호로 생성되는 것이 많다. 이 아날로그 신호를 디지털 통신계를 경유하여 전달되는 경우 송신측에서는 아날로그 신호를 디지털 신호로 변환하고, 또 수신측에서는 디지털 신호를 아날로그 신호로 복원할 필요가 있다. 이러한 변환을 각각 아날로그-디지털 변환(analog to digital conversion : A/D변환) 및 디지털-아날로그 변환(digital to analog conversion : D/A 변환)이라고 한다.

여기서 디지털 신호란 일반적으로 시간축과 진폭축상에서 모두 이산적인 값을 갖는 신호로 정의된다. 시간축상에서의 이산화를 하는 조작을 표본화(sampling), 연속 진폭값을 일정한 이산값으로 변환하는 것을 양자화(quantization)라고 한다. 더욱이 양자화된 신호는 부호화(coding)라는 과정에 의해서 일정한 법칙에 따라 펄스 부호열로 변환된다.

일반적으로 아날로그 신호 파형으로부터 직접 디지털 표현을 얻기 위해서는 표본화, 양자화 및 부호화라는 세 개의 기본 조작을 거쳐야 한다. 이와 같이 신호 파형으로부터 디지털 표현을 얻는 것을 파형 부호화(waveform coding)라고 하며, 그림 1.5는 파형 부호화의 블록도를 나타낸 것이다. 이러한 일련의 과정을 거쳐 디지털 신호를 얻는 변환 방식으로는 펄스 부호 변조(pulse code modulation, PCM) 방식이 가장 일반적이다. PCM 방식은 그 명칭에 의해 펄스 변조 방식의 일종으로도 분류된다.

그림 1.5 파형 부호화의 블록도

아날로그 신호는 진폭값을 무한의 상태로 취하기 때문에 정보량으로서는 크지만 내부잡음 특성이라는 점에서는 디지털 신호보다 뒤떨어진다. 그러나 디지털 신호는 외부잡음에는 강하지만 진폭값을 유한값으로 정하기 때문에 기본적으로 A/D 변환에 따르는 잡음이 발생한다. 이 잡음을 양자화 잡음(quantizing noise)이라 하고, 이것을 일정한 허용량 이하로 억압하기 위한 여러 종류의 수법이 개발되고 있다.

1.1.3 데이터의 디지털화

어떤 데이터를 전송하고자 할 때에는 그 데이터의 특성, 데이터 전송을 수행하는 실제적인 도구, 수신되는 데이터가 인식 가능하도록 송신측에서 미리 처리되어야 한다. 이런 고려 사항 중에서 가장 중요한 것이 아날로그 성질인가, 디지털 성질인가 하는 것이다. 즉 아날로그는 연속적인 것을, 디지털은 이산적인 것을 의미한다.

그림 1.6과 같이 아날로그나 디지털 데이터는 모두 아날로그 및 디지털 신호로 부호화될 수 있다.

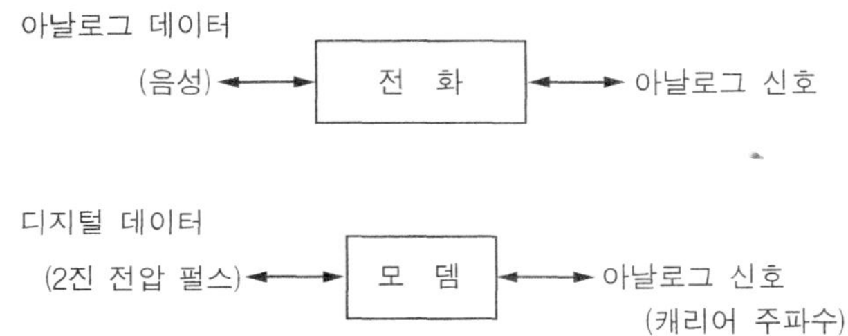

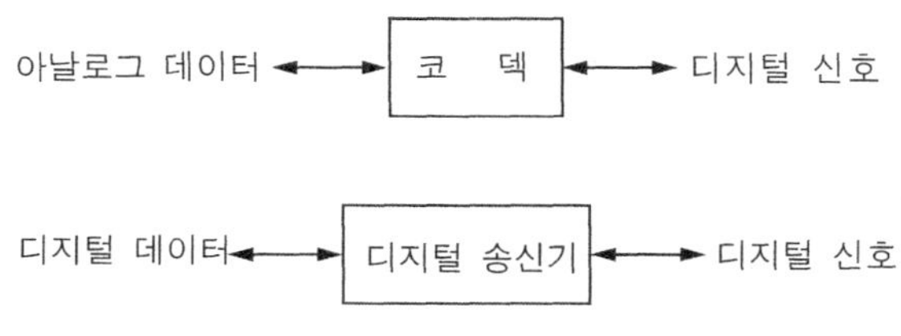

그림 1.6 아날로그와 디지털 데이터의 신호변환

그림 1.7(a)는 디지털이나 아날로그 데이터 g(t)가 부호기(encoder)를 통해 x(t)라는 디지털 신호로 변환되고, 또다시 복호기(decoder)를 통해서 원래의 g(t) 데이터로 환원되는 것을 나타내고 있다.

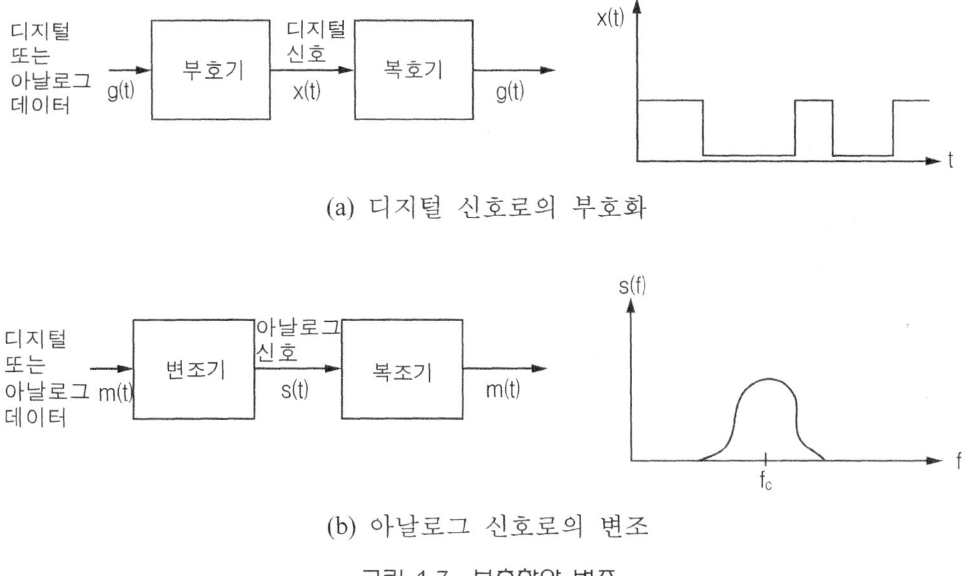

(a) 디지털 신호로의 부호화

(b) 아날로그 신호로의 변조

그림 1.7 부호화와 변조

이때 x(t)의 형태는 부호화 기법에 의해 결정되고, 전송매체의 특성을 최대로 활용하게끔 설계된다. 그 고려 사항으로는 대역폭을 최대로 사용하거나, 에러를 최소로 줄이는 것 등이 있다. 아날로그 신호 전송에서는 흔히 반송 신호(carrier signal)로 알려져 있는 연속적 고정 주파수(continuous constant-frequency)가 전송 신호의 핵심이 된다. 반송 신호의 주파수는 사용하고자 하는 전송매체를 고려하여 선택한다.

데이터는 변조과정을 거쳐 전송된다. 변조는 원래 데이터의 주파수 f_c를 갖는 반송 신호로 부호화하는 과정을 말하는데, 진폭(amplitude), 주파수(frequency),

위상(phase) 등의 세 가지 기본적인 변수를 이용한다.

그림 1.7(b)에서 입력되는 신호 m(t)는 아날로그 또는 디지털 신호인데, 이를 변조신호(modulation signal) 또는 기저대역 신호(baseband signal)라고 부른다. 이 신호가 반송 신호에 의해 변조되는데, 이 결과 s(t)를 변조된 신호라 한다. 이 때 스펙트럼 상에 나타나는 대역폭은 일정하게 되고, 흔히 f_c가 그 대역폭의 중앙에 위치한다. 이 경우에도 전송 특성을 최대로 이용하여 변조하여야 한다. 그림 1.7에 나타난 기법을 조합한 네 가지 형태의 전송기술이 광범위하게 사용되고 있는데, 각 경우를 선택하는 이유는 서로 다르나, 여기에서는 몇 가지 대표적인 경우를 나열하여 본다.

① 디지털 데이터, 디지털 신호 : 일반적으로 디지털 데이터를 디지털 신호로 부호화하는 것이 디지털을 아날로그로 변환하는 것보다 단순하며 가격도 싸다.

② 아날로그 데이터, 디지털 신호 : 아날로그 데이터를 디지털 신호로 변환하여 전송하는 것은 디지털 전송 장비와 교환 장비를 이용할 수 있다.

③ 디지털 데이터, 아날로그 신호 : 광섬유나 소프트와이어 전송매체 등의 특정 매체는 아날로그 신호만을 전송할 수 있다.

④ 아날로그 데이터, 아날로그 신호 : 전기적 형태를 갖는 아날로그 데이터는 기저대역 신호로써 값싸고 쉽게 전송할 수 있다. 음성 신호가 음성급회선(voice-grade line)을 통해서 전송되는 것이 그 예이다. 어떤 기저대역 신호의 대역폭을 다른 스펙트럼의 영역으로 이동시키기 위해서 흔히 변조 기법이 사용되고 있다. 이 방법에 의해서 다른 스펙트럼 영역에 있는 복수 개의 신호가 같은 전송매체를 공유할 수 있다. 이런 것을 주파수 분할 다중화라고 한다.

여기서는 이러한 네 가지 형태의 전송에 관련된 기법에 대해서 언급하기로 한다.

(1) 디지털 데이터, 디지털 신호

디지털 신호는 불연속적인 전압 펄스열로 구성된다. 이때 각 펄스를 신호 요소(signal element)라고 한다. 2진 데이터는 각 데이터 비트가 신호 요소로 부호화되어 전송된다. 이때 가장 간단한 경우로는 각 비트가 1 : 1로 각 신호 요소에 대응되게 하는 전송 방법이다. 0은 낮은 전압으로, 1은 높은 전압으로 표현된 것이다. 여기에서는 이 방법 이외의 다른 여러 가지 부호화 기법을 소개한다.

우선, 몇 가지의 용어를 정의하기로 한다. 신호 요소가 모두가 음(-)이거나 양(+)일 경우에 신호를 단극형(unipolar)이라고 하다. 반면에, 어떤 논리상태가 양의 전압으로, 다른 논리 상태가 음의 전압으로 표시될 때를 양극형(bipolar)신호라고 한다.

데이터 신호 전송률(data signaling rate) 또는 데이터 전송률(data rate)은 초당 전송되는 비트 수로 나타내는 데이터 전송 속도이다. 한 비트의 기간(duration) 또는 길이란 송신기가 한 비트를 전송하는 데 걸리는 시간이며, 데이터 전송률이 R인 경우 비트 기간(bit duration)은 1/R이다. 변조율은 신호 레벨이 변화하는 속도를 말하는 것으로서 디지털 부호화의 특성에 좌우되나, 변조율(modulation rate)은 보(baud)로 표현되는데 초당 신호 요소의 수를 의미한다. 수신기는 각 비트간의 시간 간격과 어떤 전압이 각각 0과 1을 나타내는지를 알아야 한다. 이 과정 중에 잡음으로 인한 에러가 발생할 수 있다.

수신된 신호가 얼마만큼 성공적인지 해석하는 데에는 신호대잡음비(S/N 비), 데이터 전송률 및 대역폭이 중요한 문제가 된다.

S/N 비가 증가할수록 비트 에러율은 감소한다. 데이터 전송률이 높을수록 비트 에러율(비트가 에러상태로 수신되는 확률)은 증가하며, 대역폭이 클수록 데이터 전송률이 증가한다. 또 부호화 기법도 전송의 효율성에 영향을 준다. 부호화란 데이터 비트를 신호 요소로 사상(mapping)시키는 것을 말하고, 이들은 NRZ(nonreturn to zero), RZ(return to zero), 2단계(biphase), 지연변조(delay modulation), 다중 레벨 2진법(multilevel binary) 등과 같이 분류될 수 있다.

각 부호화 기법들을 평가 비교하는 데에는 여러 가지 방법이 있으나 여기서는 다음과 같은 다섯 가지 평가 요소로 비교한다.

① 신호 스펙트럼(signal spectrum) : 신호의 구성 요소 중에 고주파 성분이 거의 없는 경우에는 보다 좁은 대역폭으로 전송이 가능하다. 그리고 직류 성분이 없는 경우가 바람직하다. 교류인 경우에는 전송 매체의 직접적인 연결 없이 변압기(transformer)로서 신호의 접속이 가능하고, 직류인 경우에는 직접적인 연결이 필요하다. 교류의 경우와 같이 간접연결은 전기적으로 격리시킴으로써 간섭 현상을 줄일 수 있다.

② 신호 동기화 능력(signal synchronization capability) : 각 비트의 위치 간격을 나타내는 정보가 필요한데 이는 결코 쉬운 일이 아니며 수신측과 송신측의 동기화를 위해 독자적인 클럭(clock)을 필요로 할 수도 있다. 어떤 부호화 기법은 부호화 자체로 이 문제를 해결하기도 한다.

③ 신호 에러 검출 능력(signal error-detecting capability) : 부호화 자체에도 기본적인 에러 검출 기법이 내장되어야 한다.
④ 신호 간섭 및 잡음 면역(signal interference and noise immunity) : 어떤 부호화 방법에서는 잡음에도 불구하고 높은 효율을 갖기도 하는데 비트 에러율로 신호의 신뢰도를 나타낸다.
⑤ 가격 및 복잡성(cost and complexity) : 디지털 논리회로의 가격은 계속해서 하락하고 있지만, 결코 무시해서는 안 될 요소이다.

(2) 디지털 데이터, 아날로그 신호

디지털 데이터를 아날로그 신호로 전송하는 경우의 가장 흔한 예는 디지털 데이터를 전화회선을 통하여 전송하는 것인데, 전화망은 음성 주파수 범위내인 300~3400Hz의 주파수를 송수신할 수 있는 능력이 있다. 디지털 장치는 통상 모뎀을 통해서 전화망에 연결되는데, 모뎀은 디지털 데이터를 아날로그 신호로, 또 그 역으로 변환시키는 장치이다.

부호화 기법으로는 전송 신호 특성인 진폭, 주파수와 위상 중의 하나 또는 몇 개를 혼용해서 변조에 이용한다. 따라서 그림 1.8에 나타낸 바와 같이 디지털 데이터를 아날로그로 변환하는 부호화, 즉 변조 기법에는 기본적으로 세 가지의 유형이 있다.

① 진폭-시프트 키잉(amplitude-shift keying, ASK)
② 주파수-시프트 키잉(frequency-shift keying, FSK)
③ 위상-시프트 키잉(phase-shift keying, PSK)

위의 세 가지 경우 모두 변조된 신호는 반송 주파수를 중심으로 일정한 대역폭을 갖는다.

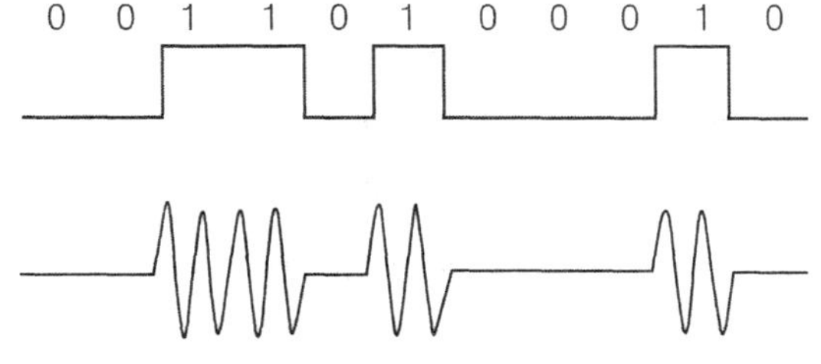

(a) Amplitude-Shift Keying(ASK)

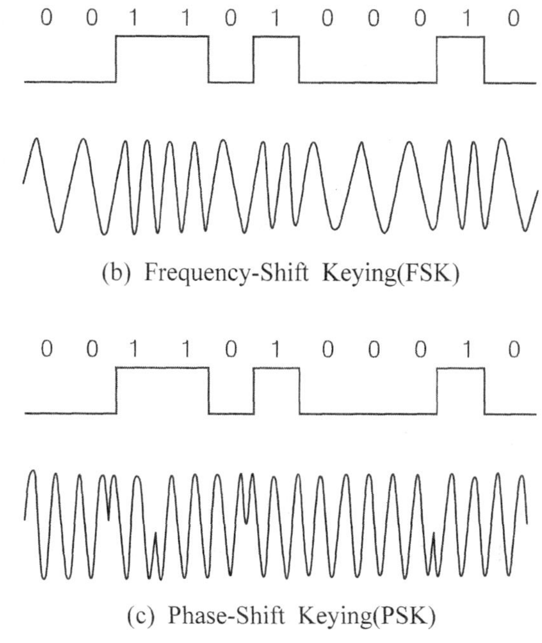

(b) Frequency-Shift Keying(FSK)

(c) Phase-Shift Keying(PSK)

그림 1.8 디지털 데이터를 위한 아날로그 신호

(3) 아날로그 데이터, 디지털 신호

아날로그 데이터를 디지털 데이터로 변환하는 과정을 디지털화(digitalization)라고 한다. 일단, 아날로그 데이터가 디지털 데이터로 변환되면, 이 변환된 데이터에 여러 가지 처리 절차가 행해질 수 있다. 그 중에 대표적인 것은 다음과 같다.

① 디지털 데이터는 NRZ-L 기법으로 전송될 수 있고, 이 경우에는 직접 아날로그 데이터를 디지털 신호로 전송하는 것이다.

② 디지털 데이터는 NRZ-L 이외의 다른 코드의 디지털 신호로 부호화될 수 있고, 이 경우에는 어떤 추가적 처리가 필요하게 된다.

③ 디지털 데이터는 아날로그 신호로 변환될 수 있다.

디지털 데이터를 다시 아날로그 신호로 변환하는 경우 그림 1.9에서는 음성 데이터가 디지털화되어 그것이 아날로그 ASK 신호로 변환됨을 보이고 있다. 비록 전송 조건으로 아날로그 신호가 사용되었지만, 음성 데이터가 디지털화되었기 때문에 음성 데이터는 디지털 데이터처럼 처리될 수 있다.

아날로그 데이터를 전송하기 위해 디지털 형태로 변환시키고, 또 이 디지털 형태를 원래의 아날로그 데이터로 복구시키는 장치를 코덱(CODEC, coder/decoder)

이라 한다. 여기에는 펄스부호변조(pulse code modulation, PCM)와 델타변조(delta modulation, DM)가 있다.

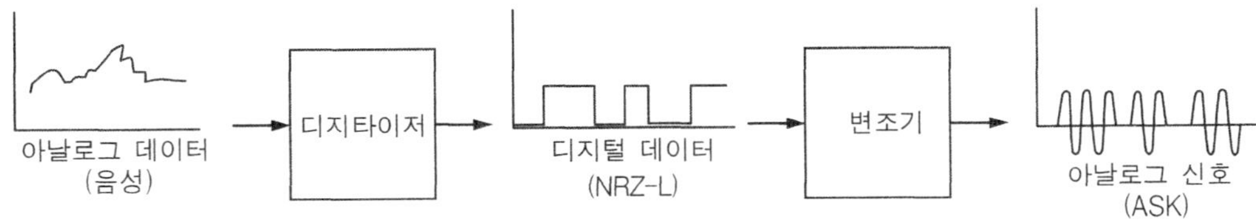

그림 1.9 아날로그 데이터의 디지털화

(4) 아날로그 데이터, 아날로그 신호

아날로그 데이터를 변조하는 기본적인 기법은 진폭변조(AM : amplitude modulation), 주파수변조(FM : frequency modulation), 위상변조(PM : phase modulation)의 세가지 방식이 있다.

1.2 표본화의 원리 및 방법

1.2.1 표본화의 원리

음성이나 영상과 같은 아날로그 신호를 전송하는 경우 신호에 포함되어 있는 정보를 전송하기 위해서는 연속적인 신호를 변조하여 아날로그로 전송하는 방법이 많이 사용되어 왔으나 오늘날에는 아날로그 통신보다 디지털 통신이 더욱 실용화되고 있다.

따라서 디지털 통신을 하기 위해서는 연속적인 아날로그 신호를 반드시 이산적인 디지털 형태로 변환되어야 한다. 이렇게 아날로그 신호를 디지털 통신에 적합한 이산신호로 변환하기 위해서는 적절한 시간 간격으로 아날로그 신호의 값을 읽어내는 과정이 절대적으로 필요하다. 이러한 과정을 표본화(sampling)라고 한다.

즉, 연속적인 시간의 신호에서 이산적인 시간의 신호를 얻기 위해서는 일정 주기로 연속적인 신호를 추출하는 표본화라는 조작이 이용된다. 이 경우 얻어지는 이산적인 시간의 신호가 원래의 연속적인 신호와는 어떠한 관계가 있는가를 파악해 둘 필요가 있다.

그러므로 얼마나 빠른 속도로 표본화를 하여야 원래의 아날로그 신호가 가지고 있는 정보를 잃지 않고 그대로 보존할 수 있을까하는 것을 이론적으로 증명해 놓은 것이 표본화 정리(sampling theorem) 또는 샤논의 정리(Shannon's theorem)라고 한다.

즉, "신호 $s(t)$가 f_m[Hz] 이하의 주파수 성분만을 갖도록 대역제한($|f|<f_m$)되어 있다고 가정하면, 시간 T_s의 간격으로 표본화한 $s(t)$의 표본값 $\{s(nT_s)\}$(단, n은 정수)만 전송하여도 주어진 원신호를 정확히 복원시킬 수 있다."는 이론이다. 여기서

$$T_s(=\frac{1}{f_s})\leq\frac{1}{2f_m}[\text{sec}] \tag{1-1}$$

혹은

$$f_s\geq 2f_m \tag{1-2}$$

이 때 $f_s = 2f_m$을 Nyquist의 표본화 주파수 또는 속도(Nyquist rate)라 부르며, $T_s=\frac{1}{2f_m}$을 Nyquist의 표본화 주기 또는 간격이라고 한다.

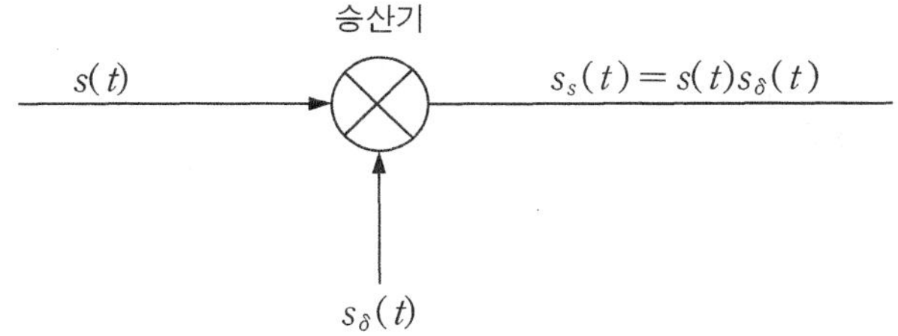

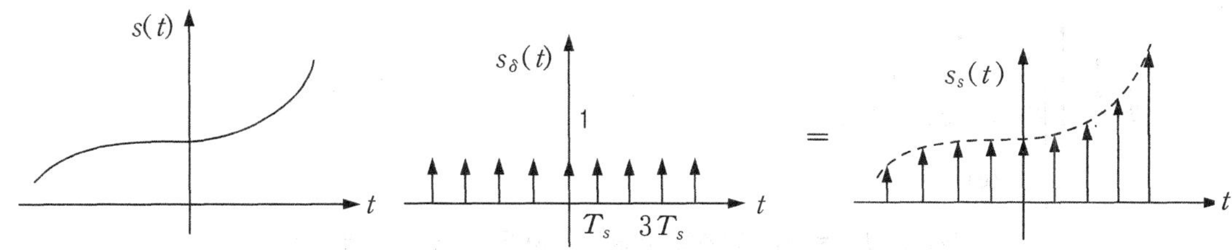

(a) 연속적 아날로그 신호 입력 $s(t)$ (b) 표본화 펄스열 $s_\delta(t)$ (c) PAM신호 출력 $s_s(t)$

그림 1.10 승산기를 사용한 표본화 회로

그림 1.10에 승산기를 이용한 표본화 회로의 예를 나타내었다. 연속적인 아날로그 신호 $s(t)$와 표본화 펄스열 $s_\delta(t)$를 승산기에 인가하고 그 출력으로서 양자의 적, 즉 표본치열 $s_s(t)$을 얻는다. 여기에서는 표본화 펄스의 폭은 충분히 좁은 것으로 한다. 표본치열은 원래의 연속적인 아날로그 신호에 따라 진폭변조된 펄스열이므로 PAM(Pulse Amplitude Modulation)신호라고도 부른다. 이러한 과정으로부터 알 수 있듯이 표본화는 적변조의 일종이다.

지금 그림 1.11의 (a)와 (b)에서 아날로그 신호 $s(t)$는 $-f_m < f < f_m$으로 그 주파수 대역이 제한된 신호이며, $s(t)$의 푸리에 변환은 $S(f)$라고 가정한다.

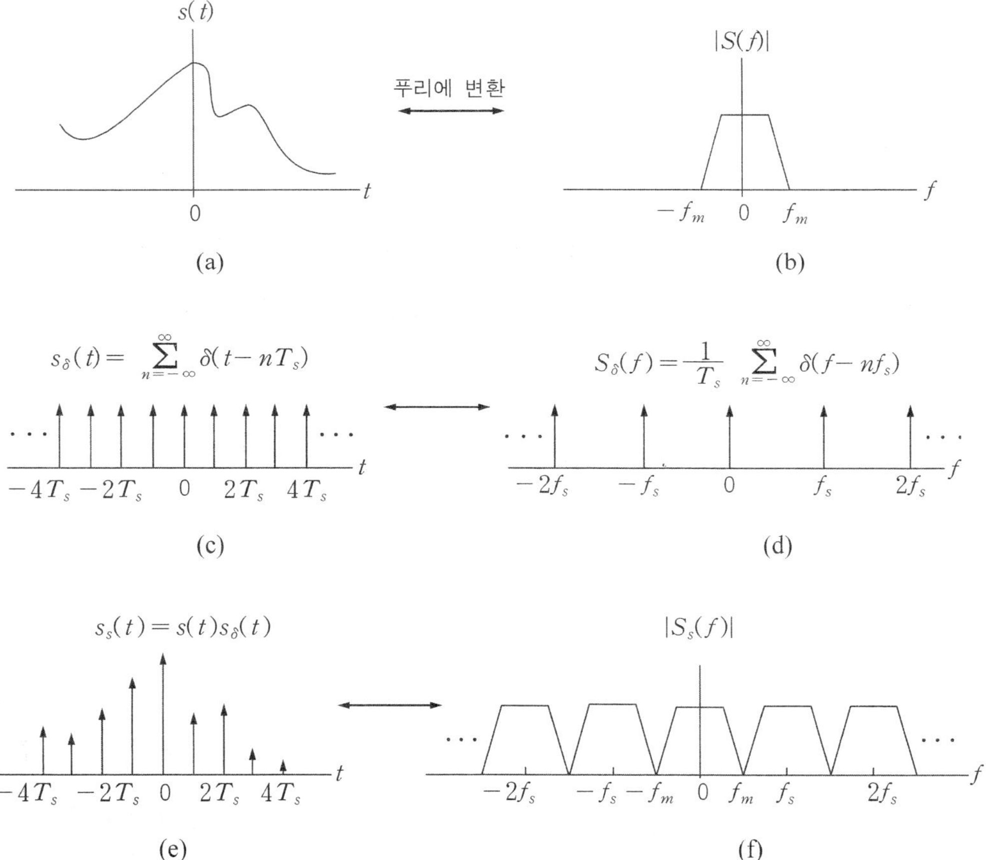

그림 1.11 푸리에 변환을 이용한 표본화 이론의 전개과정

아날로그 신호 $s(t)$의 표본화된 신호 $s_s(t)$는 $s(t)$에 단위 임펄스열 $s_\delta(t)$을 곱함으로써 이루어진다. 즉

$$s_\delta(t) = \sum_{n=-\infty}^{\infty} \delta(t - nT_s) \tag{1-3}$$

$$\begin{aligned} s_s(t) &= s(t)s_\delta(t) \\ &= \sum_{n=-\infty}^{\infty} s(t)\delta(t - nT_s) \end{aligned} \tag{1-4}$$

여기서 T_s는 표본화 간격이며, $\delta(t)$는 단위 임펄스 함수이다.

표본화된 신호 $s_s(t)$의 스펙트럼 $S_s(f)$를 구하기 위하여 푸리에 변환의 주파수 컨벌루션 정리를 이용하면 다음과 같은 식으로 된다.

$$\begin{aligned} S_s(f) &= S(f) * \frac{1}{T_s} \sum_{n=-\infty}^{\infty} \delta(f - nf_s) \\ &= \frac{1}{T_s} \sum_{n=-\infty}^{\infty} S(f) * \delta(f - nf_s) \\ &= \frac{1}{T_s} \sum_{n=-\infty}^{\infty} S(f - nf_s) \end{aligned} \tag{1-5}$$

여기서 $T_s = \frac{2\pi}{\omega_s}$이다.

결과적으로 $s(t)$를 단위 임펄스열로 표본화한 신호 $s_s(t)$의 스펙트럼 $S_s(f)$는 $s(t)$의 스펙트럼 $S(f)$의 크기는 $1/T_s$로 감소하나 모양은 변하지 않으면서 f_s의 주파수 간격으로 주기적으로 반복되는 형태를 가지고 있음을 알 수 있다.

따라서 표본화 간격은 $f_s \geq 2f_m$를 만족하기만 하면 인접한 스펙트럼이 서로 중복되지 않으므로 표본화된 신호 $s_s(t)$로부터 $s(t)$를 복원할 수 있다.

1.2.2 표본화에 의한 잡음

이상적인 표본화에 있어서 입력 신호는 대역 제한되어 있어 표본화 정리에 따른 적절한 주기로 델타 함수형 펄스에 의해 표본값이 추출된다. 또 보간은 표본화열을 이상적인 저역필터를 통과시킴에 따라 행해진다. 그러나 실제로는 이러한 이상적인 상태를 실현하는 것은 어렵기 때문에 다음과 같은 여러 종류의 잡음이 발생한다.

(1) 엘리어싱 잡음

신호 $s(t)$의 푸리에변환 $S(f)$의 형태를 가정하지 않고는 표본화된 파형의 푸리에 변환을 구할 수 없으므로 $S(f)$를 그림 1.12에 보인 바와 같이 f_m을 상한 주파수로 갖는 삼각형 모양이라고 가정하면 주파수 스펙트럼은 그림 1.13에 보인 바와 같다.

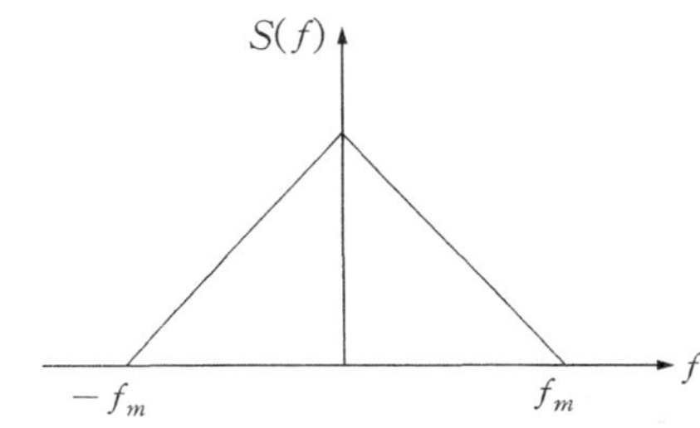

그림 1.12 대역제한한 시간 함수의 푸리에 변환

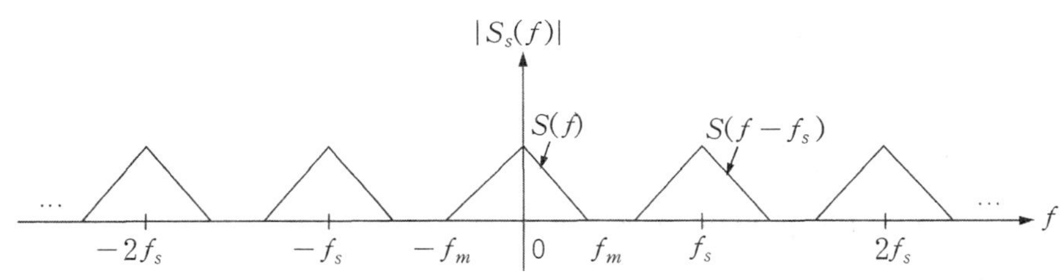

그림 1.13 표본화된 펄스열의 푸리에 변환

그림 1.13에서 $S(f)$는 원래의 신호 $s(t)$의 푸리에 변환과 동일함을 알 수 있다. 그림에서 알 수 있듯이 표본화 정리의 조건, 즉 $f_s > 2f_m$을 만족하면 삼각형은 서로 겹치지 않으나 $f_s < 2f_m$이면 서로 겹치게 된다. 그러므로 차단 주파수가 f_m인 저역필터를 사용하면 f_m보다 높은 주파수는 제거되므로 원래의 신호를 얻을 수 있다.

아날로그 신호를 이상적인 임펄스 함수로 표본화한 경우 표본화율 $\frac{1}{T_s}$이 Nyquist 주파수 $2f_m$ 보다 높으면 그림 1.14(a)에서 보는 바와 같이 $S(f)$를 구성하고 있는 삼각형이 서로 겹치지 않으므로 표본화된 신호 $s_s(t)$를 얻을 수 있으나, f_s가 Nyquist 주파수 $2f_m$ 보다 낮으면 그림 1.14(b)에 보인 바와 같이 서로 겹치게 되어 왜곡 현상이 발생한다. 이러한 왜곡 현상을 엘리어싱(aliasing) 효과라고 한다.

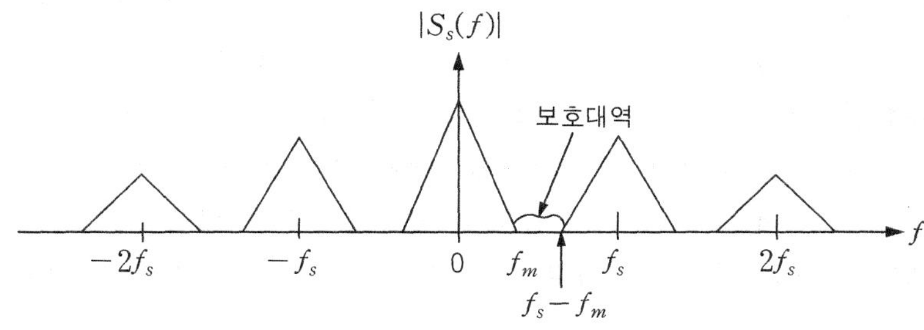

(a) $f_s > 2f_m$로 표본화된 신호

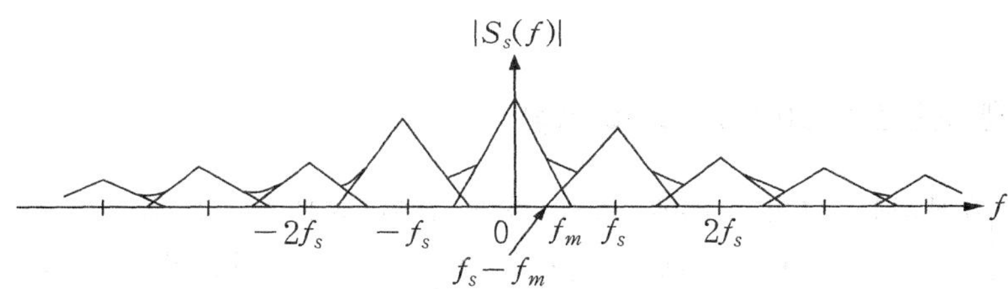

(b) $f_s < 2f_m$로 표본화된 신호

그림 1.14 표본화 정리에 따른 신호의 주파수 스펙트럼

이와 같은 엘리어싱 현상이 발생하면 높은 주파수 스펙트럼 성분이 더 낮은 주파수 스펙트럼 성분에 나타나게 되므로 표본값으로부터 원래의 신호 $s(t)$를 정확하게 재생할 수 없다. 이러한 이유 때문에 엘리어싱을 방지하려면 표본화하기 전에 저역 필터(LPF : low pass filter)를 설치하여 잡음의 원인이 되는 고주파 성분을 감소시키는 방법이 통상 이용된다.

예를 들어 전화신호의 차단주파수가 3.4kHz인 저역필터로 제한시킨 후 8kHz의 표본 주파수로 표본화하면 엘리어싱 현상을 제거할 수 있다. 이렇게 하면 그림 1.14(a)에서 보는 바와 같이 삼각형의 스펙트럼이 겹치지 않는 구간은 0.6kHz가 된다. 이를 보호대역(guard band)이라고 한다.

(2) 보간 잡음

표본화의 역조작인 보간은 이론적으로는 이상적인 저역 필터에 의해서 행해지지만 실제로는 이상적인 저역 필터를 구성하는 것은 불가능하여 비슷한 필터를 사용하고 있다. 이 때문에 신호의 고주파 영역에 있어서 특성 편차의 발생 및 신호 대역 외에서 불필요한 성분의 혼입을 피할 수 없게 된다.

앞에서 설명한 바와 같이 표본화에 따르는 잡음 중에서 엘리어싱 잡음과 보간 잡음은 모두 저역 필터의 불완전성에 기인하기 때문에 발생 후의 보상은 불가능하다. 따라서 실제로는 이 저역 필터의 불완전성의 영향을 경감하기 위하여 표본화 주파수를 신호 최고 주파수의 2배보다 약간 높게 설정하는 것이 보통이다.

1.2.3 표본화의 방법

(1) 자연 표본화(natural sampling)

자연 표본화는 그림 1.15에 보인 바와 같이 표본기(sampler)를 이용하여 표현할 수 있으며 표본기는 본래의 신호 $s(t)$에 주기적 펄스열 $p(t)$를 곱하는 장치이다.

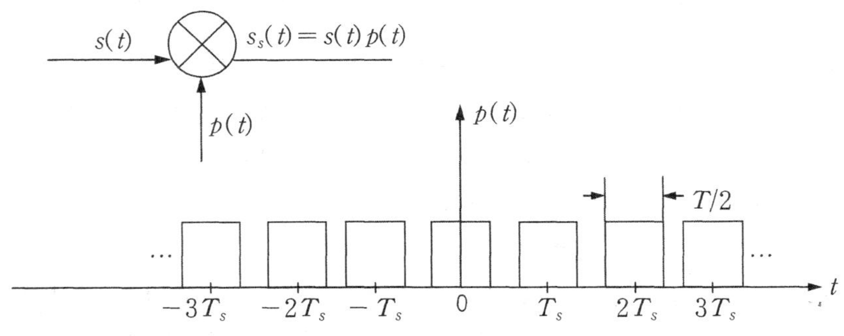

그림 1.15 자연 표본화 과정

만약 펄스열의 펄스폭이 좁은 펄스들로 구성되었다면 곱셈기(multiplier)의 출력은 본래의 신호를 표본화한 것으로 볼 수 있으며 그 한 예를 그림 1.16에 나타내었다.

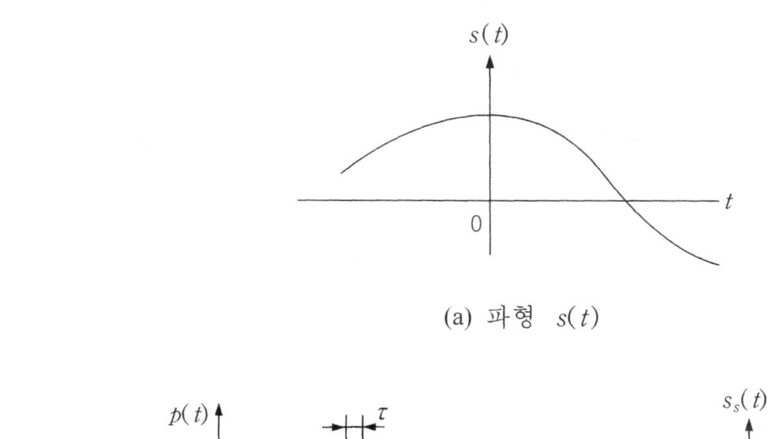

(a) 파형 $s(t)$

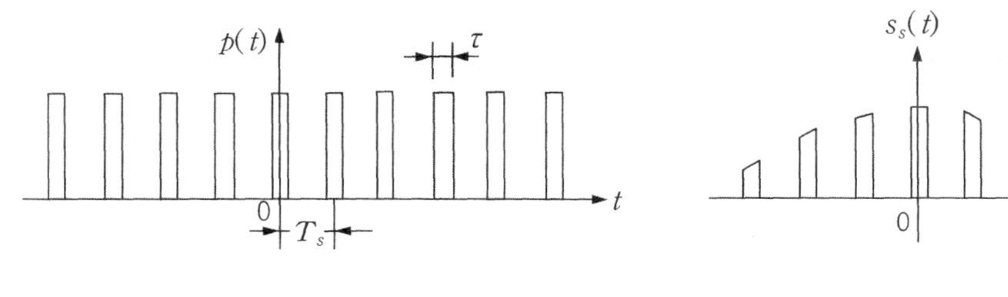

(b) 균일한 펄스열 $p(t)$ (c) 자연 표본화된 PAM의 파형

그림 1.16 표본화 과정을 거친 자연 표본화

표본화된 펄스의 정점(top)이 신호 $s(t)$에 따라 그림 1.16(c)와 같이 변화하기 때문에 각 펄스의 모양이 다르다. 즉, 표본화된 신호는 꼭대기가 평탄하지 않으며, 원래의 신호의 파형에 따라 진폭이 변화하는 펄스열로 구성된다. 이러한 표본화를 자연 표본화(natural sampling)라고 한다.

자연 표본화 방식은 사실상 통로상에 잡음이나 왜곡이 존재할 때 PAM 펄스의 꼭대기 모양을 유지해 나간다는 것은 대단히 어렵기 때문에 실제로는 잘 사용되지 않는다.

(2) 평탄 표본화(flat-top sampling)

상단이 평탄한 표본화는 그림 1.17에서 보인 바와 같이 신호 $s(t)$에 임펄스를 사용하여 변조된 파형을 발생시키기가 용이하므로 시스템에 자주 사용된다. 이 경우는 유한한 폭을 가진 펄스를 사용하여 변조 후에 펄스 상단이 평탄하다. 따라서 펄스의 진폭이 평탄한 표본화(flat-top sampling)를 순시 표본화(instantaneous sampling)라고 한다.

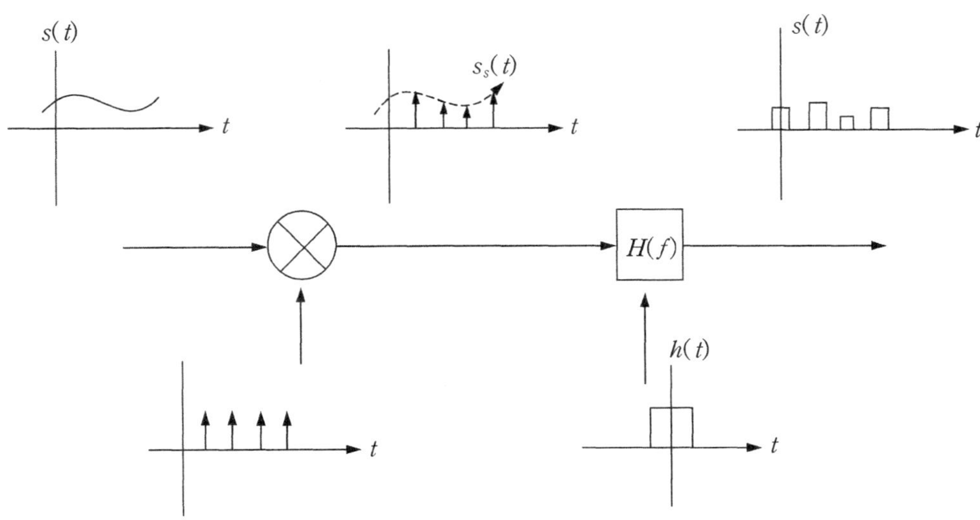

그림 1.17 평탄 표본화의 발생

이 때 펄스의 높이는 그 펄스의 폭 중에 있는 시각(보통 펄스의 시작 또는 중간)에 있어서 원래 파형의 표본치에 의해서 정해진다. 이와 같이 펄스의 머리를 평탄하게 하면 시스템 회로 구성에 융통성이 생기고 잡음과 왜곡에 대한 성능 저하를 감소시킬 수 있다. 꼭대기가 평탄한 PAM 파형은 원래의 파형을 대단히 좁은 펄스(이상적으로는 임펄스)로 표본화하고 유지 회로로 펄스폭을 넓힌다.

그림 1.18은 평탄한 PAM 파형을 발생시키기 위한 간단한 샘플-홀드 회로(sample and hold circuit)를 나타낸 것이다.

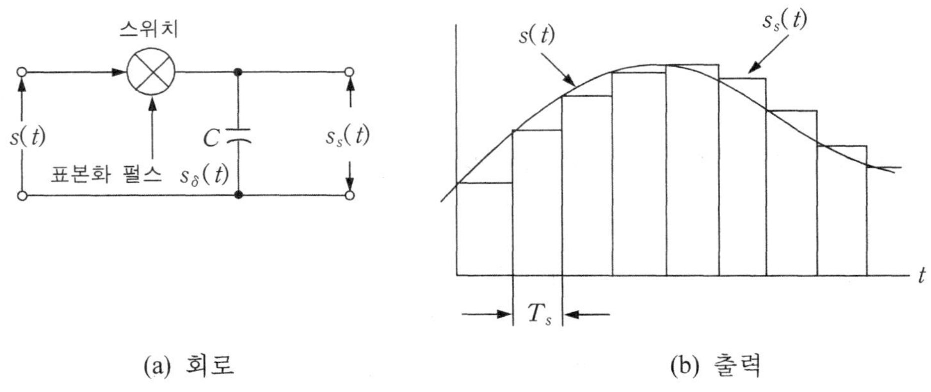

(a) 회로

(b) 출력

그림 1.18 샘플-홀드 회로

저역 필터로 복원할 때 평탄한 상단으로 인하여 왜곡이 발생한다. 펄스 폭이 표본화 주기 T_s보다 훨씬 작으면 이러한 왜곡은 무시할 수 있다. 펄스의 폭이 비교적 큰 경우에도 왜곡의 형태를 알고 있으므로 복원된 파형을 보상 회로에 통과시키면 교정할 수 있다.

1.3 펄스 부호 변조(PCM)

1.3.1 PCM의 원리

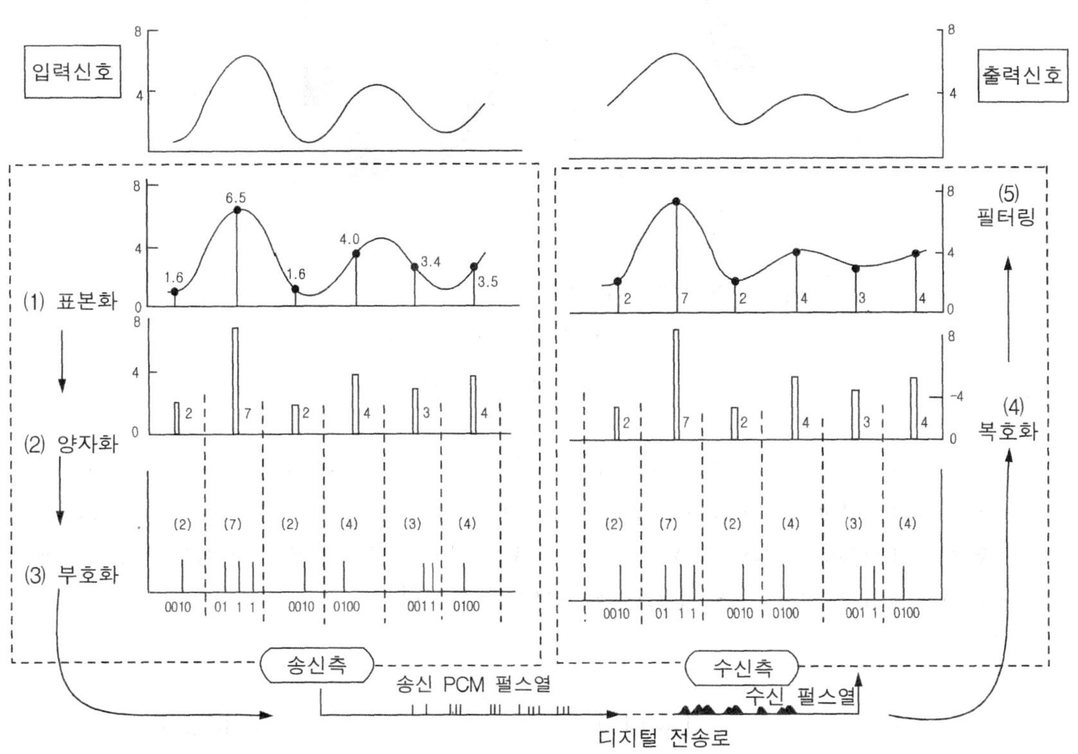

그림 1.19 PCM의 처리 과정

표본화 정리에 기초를 둔 펄스부호변조(PCM)는 현재 디지털 통신의 기초로 되어 널리 사용되고 있다. PCM 전송에서는 음성과 같은 연속적인 정보를 표본화(sampling), 양자화(quantization) 및 부호화(coding)하여 디지털 신호로 변환하는 송신 과정과 이를 수신하여 아날로그 신호로 변환하는 복호화(decoding)과정의 기본적인 처리 과정을 그림 1.19에 나타내었다.

PCM은 그림 1.20과 같이 아날로그 신호의 레벨을 표본화 시간마다 미리 정해진 레벨에 가장 가까운 값에 근사시키고(이것을 양자화라고 함), 양자화 레벨에 대하여 부호를 부가하여 두며, 표본화 시간마다 그 부호에 해당하는 부호화 펄스를 출력한다.

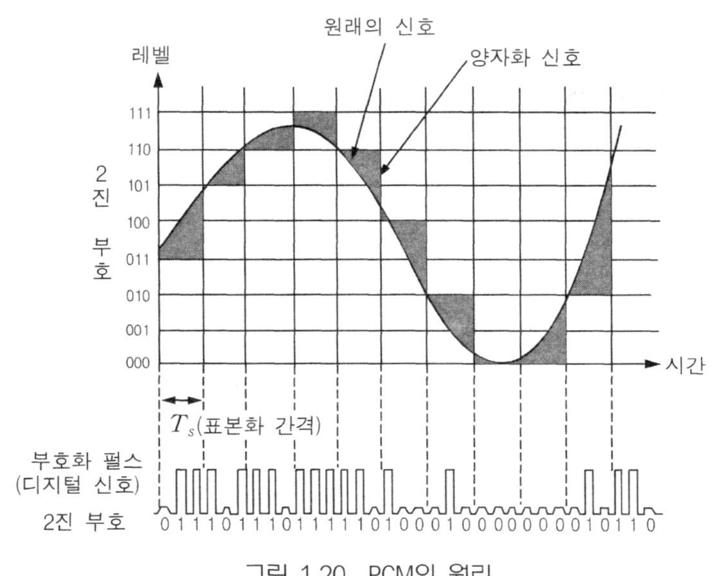

그림 1.20 PCM의 원리

PCM의 기본 구성도는 그림 1.21(a)와 같으며, 실제의 회로에서 양자화와 부호화는 A/D 변환기(Analog/Digital converter)에서 동시에 수행되고 있다. A/D 변환기는 변환하기 위한 소요 시간이 필요하며 그 시간내에 표본화된 신호 레벨을 유지되어야 하므로 그림 1.21(b)와 같이 구성된다.

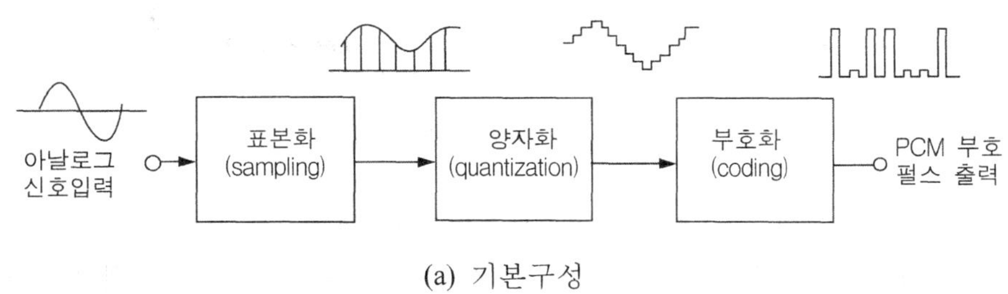

(a) 기본구성

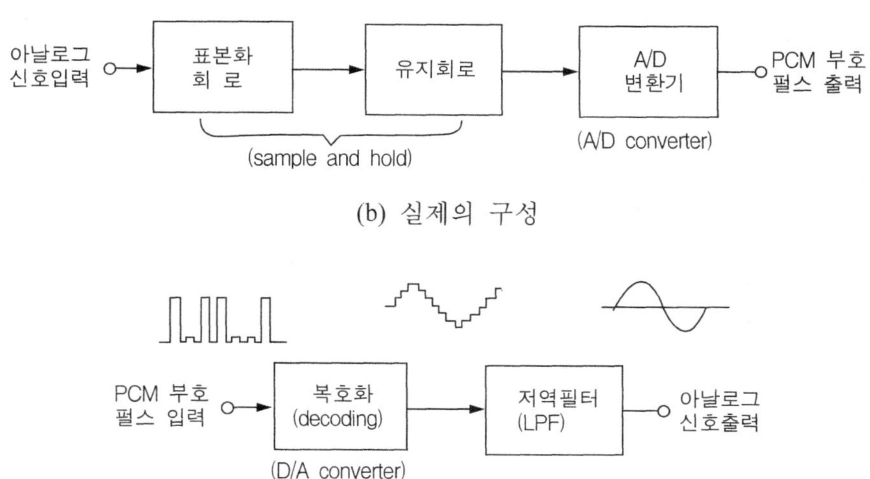

(b) 실제의 구성

(c) PCM의 복조

그림 1.21 PCM의 구성

그림 1.21(c)에 보인 바와 같이 PCM의 복조는 복호기(decoder)와 저역 필터(LPF)로 이루어진다. 복호화에 의해 재현된 양자화 파형이 저역 필터를 통과하면 파형은 적분되어 유연한 연속 파형으로 된다. 이러한 복호화 과정은 D/A 변환기(Digital/Analog converter)에 의해서 행하여진다.

PCM 펄스가 장거리 전송 손실에 의하여 신호가 감쇠 또는 왜곡되므로 일정한 구간마다 신호를 증폭하여 주는 재생 중계기(repeater)를 설치하여 펄스 파형의 복원을 행한다.

1.3.2 양자화와 양자화 잡음

(1) 양자화(quantization)

양자화는 신호 파형을 디지털로 표현할 때 표본화 다음에 필요한 조작이다. 실제로는 표본화와 양자화를 분리할 수 없는 경우가 많지만 여기서는 편의상 나누어서 설명한다.

그림 1.22는 0에서 최대 7[V] 범위의 임의의 정보 신호를 8레벨로 나누어서 신호를 표본화했을 때의 개개의 표본화 값이 각각 1.6[V], 2.8[V], 1.2[V], 6.3[V]……인 경우를 나타낸 것이다. 양자화 과정은 이러한 표본값들을 정해진 이산적

인 전압값으로 근사화시키는 것이며, 이 정해진 값을 양자화 레벨(quantum level)이라고 한다.

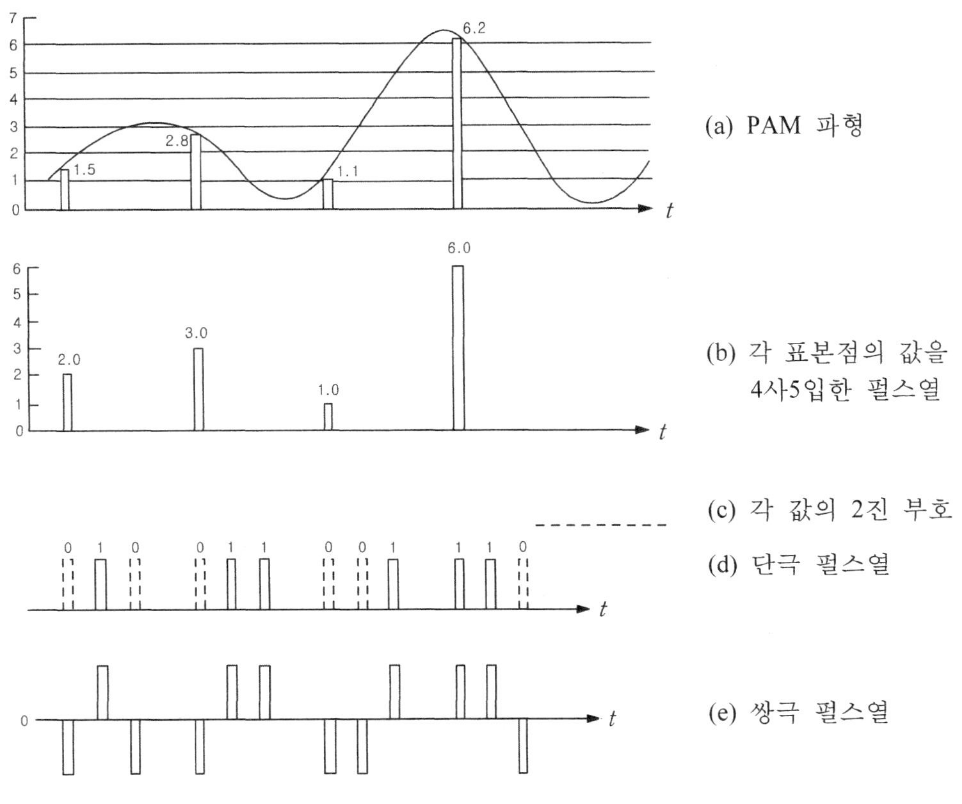

그림 1.22 아날로그 신호의 양자화와 부호화(PCM의 원리)

그림 1.22(a)는 일반적인 PAM파형을 나타내고 그림 1.22(b)는 아날로그 신호를 몇 개의 레벨로 나누어 어떤 하나의 레벨값에 표본치를 대응하는 것, 즉 아날로그 신호를 표본화하여 구해진 표본치를 4사 5입 방법에 의해서 정수값으로 근사화시키는 것을 양자화(quantization)라 하며, 이러한 처리를 해주는 장치를 양자화기(quantizer)라고 한다.

부호화의 간단한 형태는 양자화된 표본값들을 2진 부호(binary code)로 나타내는 것으로 2진 부호는 유한 개의 연속적인 0과 1의 집합이다.

그림 1.22(c)는 0과 7사이에는 세 개의 디지트(bit)로 나타낼 수 있다. 세 자리의 2진 부호는 0과 1의 조합이 3개로 형성되는 조합의 수는 $2^3=8$개가 되며, 그 3자리의 2진 부호를 표 1.1에 나타내었다.

표 1.1 3자리의 2진 부호

10진 전압치	2진 부호
0	0 0 0
1	0 0 1
2	0 1 0
3	0 1 1
4	1 0 0
5	1 0 1
6	1 1 0
7	1 1 1

부호화 과정은 단극성 PCM일 때 부호 1에 펄스를 할당하고, 부호 0에는 펄스를 할당하지 않는다. 양극성 PCM에서는 부호 1에는 양의 펄스를 할당하고, 부호 0에는 음의 펄스를 할당한다. 이러한 과정을 정보신호의 부호화(encoding)라 하며, 양자화 레벨로부터 이러한 부호 펄스열을 발생시키는 회로를 부호기(encoder)라 한다.

만약에 입력 신호가 -4[V]에서 +4[V]까지 변화하고 이것을 8레벨(2^3)로 양자화하면 얻어지는 양자화 신호는 그림 1.23(a)와 같은 계단 모양의 근사 파형이 된다. 이것을 0.5[V]간격으로 양자화하면 그림 1.23(b)와 같이 16레벨(2^4)로 양자화한 것에 상당하고 근사파형의 정밀도는 배로 향상된다.

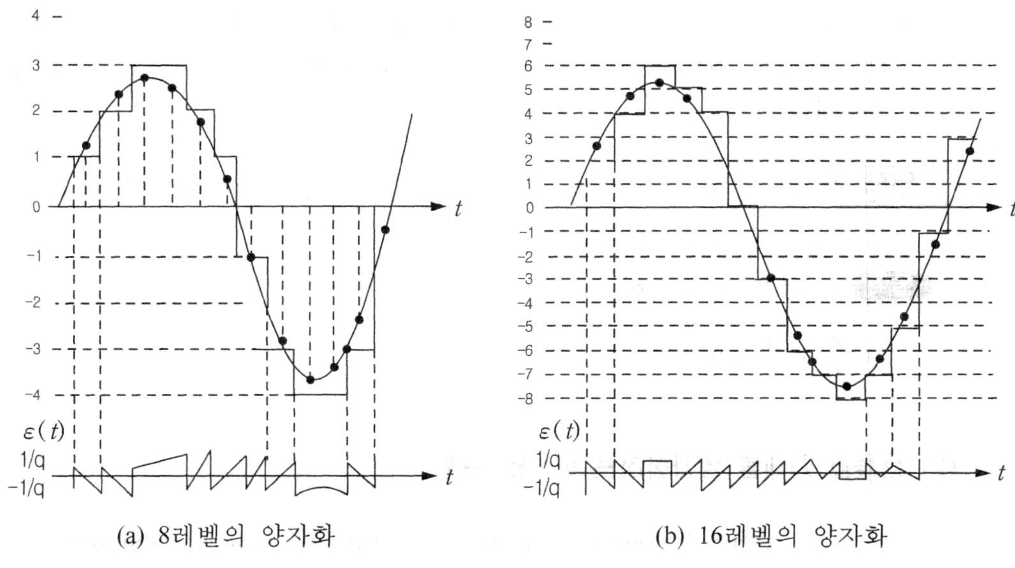

(a) 8레벨의 양자화

(b) 16레벨의 양자화

그림 1.23 양자화 레벨

이 양자의 부호화에 있어서의 차이점은 8레벨인 경우는 3비트 부호로, 16레벨인 경우는 4비트 부호로 지정하는 것이 가능하다. 이 부호화의 결과로부터는 1비트만의 차이를 갖는다. 이것을 다시 5비트 부호를 사용하는 부호화가 요구되는 것으로 하면 $2^5=32$레벨로 양자화되어, 1비트의 부호화의 증가가 양자화 레벨을 2배로 증가하게 하여 정밀도를 더욱 향상시키게 되며 표 1.2에 나타내었다.

표 1.2 부호의 비트길이에 따른 양자화 레벨 수

부호의 비트 길이	양자화의 레벨 수
1	2
2	4
3	8
4	16
5	32
6	64
7	128
8	256
9	512
10	1024
11	2048
12	4096

보통 전화 회선에서는 7비트로 부호화되어 양자화 레벨수는 $2^7=128$이며, 오디오 시스템의 PCM 녹음은 12비트로 부호화하여 양자화 레벨수는 $2^{12}=4096$이므로 충실도가 높은 것은 당연하다. 그러나 양자화 레벨수도 포함되는 잡음의 값에 따라 제한된다.

예제 $v(t)=2\cos 2t$[V]인 신호를 PCM신호 3bit로 전송하고자 할 때 양자화 스텝 크기 S는 몇 [V]인가?

풀이 4V를 $2^3=8$등분하므로

$$S=\frac{4}{2^3}=\frac{4}{8}=0.5\ [\mathrm{V}]$$

(2) 샘플값 자체를 양자화하는 방식의 구분

① 카운팅 양자화기(counting quantizer) : 샘플-홀드(sample-and-hold : S/H) 시스템, 경사 계단(ramp) 발생기, 2진 카운터, 비교기 등으로 구성된다.

② 직렬 양자화기(serial quantizer) : 연속적으로 최대신호를 둘로 분리하면서 양자화를 수행한다.

③ 병렬 양자화기(parallel quantizer) : 코드의 모든 비트가 동시에 수행되므로 동작속도가 가장 빠르다는 장점을 갖고 있지만, 레벨의 개수보다 하나 작은 수만큼의 많은 비교기가 필요하므로 그 구성이 복잡하게 된다.

(3) 양자화 잡음

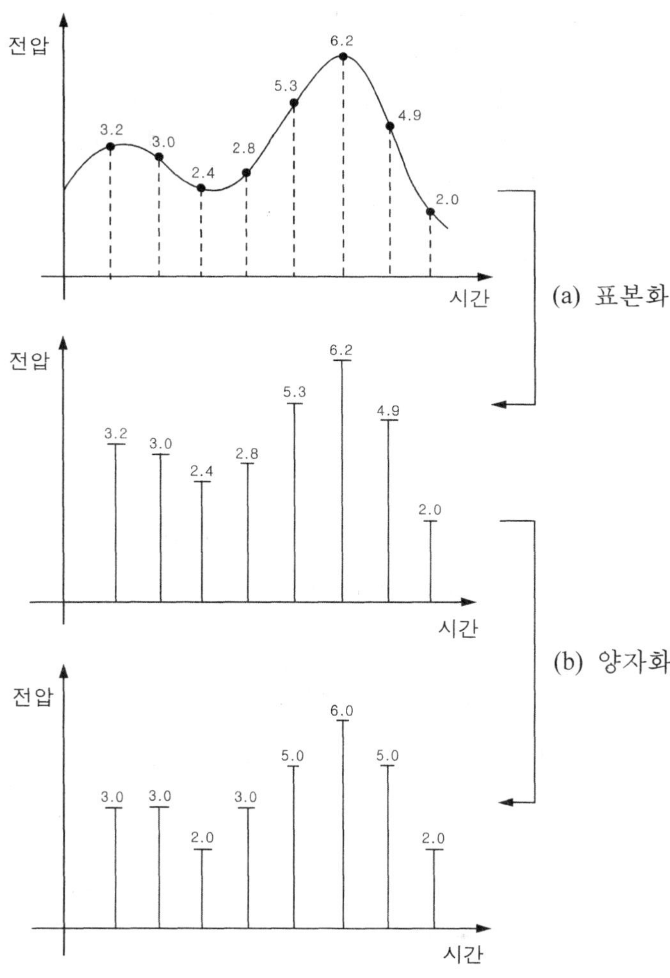

그림 1.24 표본화와 양자화의 관계

아날로그 신호를 디지털 신호로 변환하기 위해서는 먼저 표본화를 하고, 그 표본화된 개개의 펄스의 진폭을 일정한 수로 등분된 진폭에 가장 가까운 값에 대응시키는 과정을 양자화(quantization)라고 한다.

이때 표본화된 신호의 진폭과 양자화된 값이 일치하지 않으면 에러가 생기는데, 이 에러를 양자화 잡음(quantization noise)이라고 한다. 이러한 과정을 그림 1.24에서 입력파형을 일정 진폭의 계단파형으로 근사시킨 것을 나타낸 것이다.

양자화는 신호의 크기를 나누어주는 방법에 따라 균일 양자화(uniform quantization)와 비균일 양자화(non-uniform quantization)로 구분된다.

균일 양자화는 선형 양자화(linear quantization)라고도 하며, 신호를 똑같은 양자화 간격으로 나누는 것을 말한다.

비균일 양자화는 비선형 양자화(non-linear quantization)라고도 하며, 큰 값을 지니는 신호 부분에 대해서는 양자화 간격을 넓게 하고 비교적 작은 값을 가지는 신호 부분에 대해서는 양자화 간격을 좁게 하는 것이다.

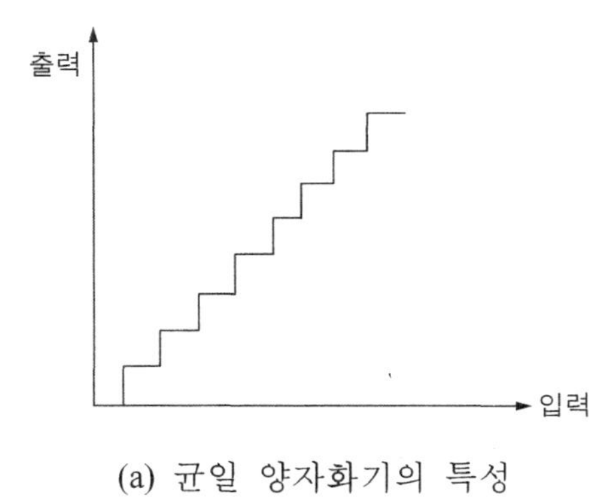

(a) 균일 양자화기의 특성

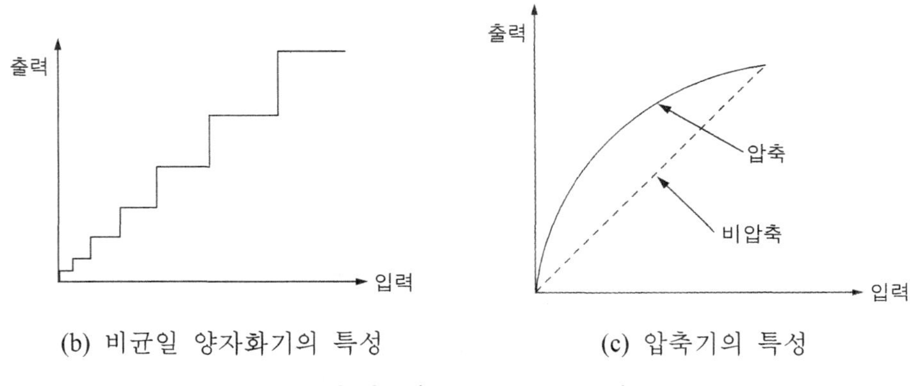

(b) 비균일 양자화기의 특성 (c) 압축기의 특성

그림 1.25 균일 양자화기와 비균일 양자화기의 특성

비균일 양자화를 할 때에는 비균일 양자화기를 사용하는데, 비균일 양자화기는 그림 1.25(c)와 같이 큰 신호값을 가지는 부분보다 작은 신호값을 가지는 부분에서 더 가파른 특성을 지니는 대수적(logarithmic) 특성을 사용하여 원래의 신호를 변형시키는 압축기(compressor)와 그림 1.25(a)와 같이 압축기의 출력 신호를 균일하게 양자화해 주는 균일 양자화기로 구성된다. 그러면 수신측 종단에서는 압축기의 역 특성을 갖는 신장기(expander)를 균일 양자화기(선형 복호화기) 다음에 사용하면 압축된 값을 신장하여 다시 원래의 표본값을 얻는다. 이와 같이 압축과 신장의 한쌍의 처리 과정을 압신(companding : compressing and expanding)이라고 한다. 이러한 압신 시스템의 계통도는 그림 1.26과 같다.

즉, 비균일 특성을 얻기 위하여 송신기에서는 입력 신호를 균일 양자화기(선형 양자화기)에 인가하기 이전에 압축기를 통과시키고, 수신기에서는 수신 신호를 복호화(균일 양자화기) 다음에 신장기를 통과시키는 것이다.

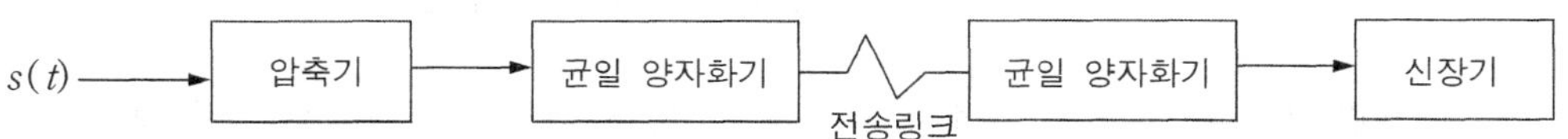

그림 1.26 압신 시스템의 계통도

이 압신과 균일 양자화의 조합에 따라 비선형 양자화를 행하는 부호기를 압신 부호기(companded coder)라고 부르는데 반해 양자화 스텝 자체를 압축 신장 특성에 상당하는 비선형 특성을 가지는 부호기를 비선형 부호기(non-linear coder)라고 한다. 이러한 것을 실현하는 방법을 그림 1.27에 나타내었다.

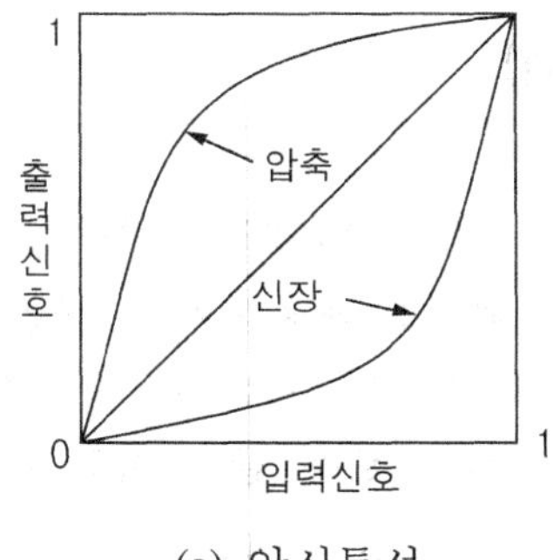

(a) 압신특성

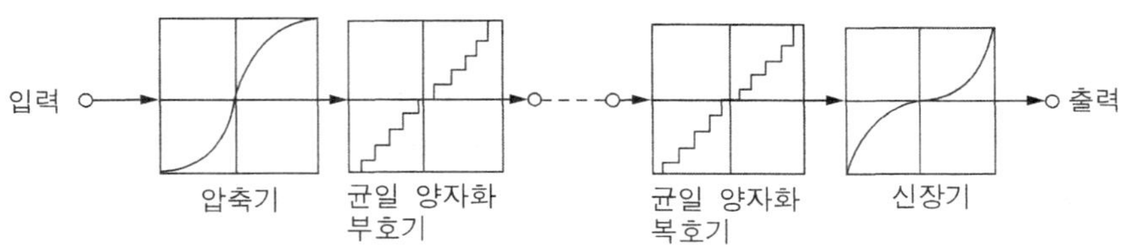

(b) 압신 부호화 · 복호화

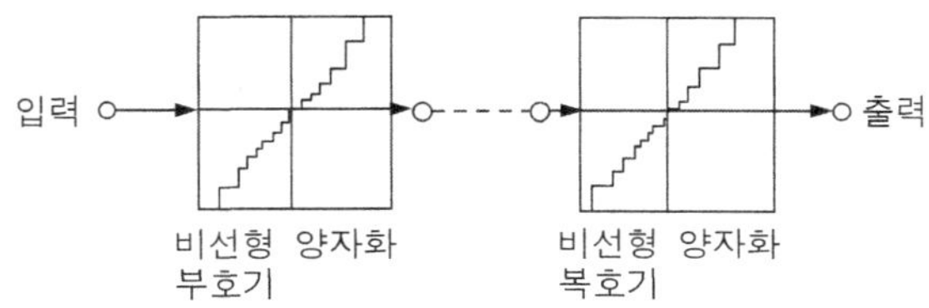

(c) 비선형 부호화 · 복호화

그림 1.27 압신과 비선형 부호화의 실현방법

압신을 사용하는 송신기에서는 신호가 압축되며 수신기에서는 원래의 형태로 확장되어 원래의 신호를 복원하며 전기통신에서 사용되고 있는 압신 법칙(companding law)은 μ-법칙과 A-법칙이 있다.

μ-법칙은 북미(미국과 캐나다), 일본, 한국 등에서 주로 사용되고, A-법칙은 유럽, 아프리카, 남미 등 대부분의 나라에서 사용되고 있다.

또한 미국의 벨 시스템은 T-1 디지털 반송시스템에 $\mu = 255$ 압신 법칙을 채용하고 있으며 유럽 PCM방식에서는 A=87.6 압신 법칙을 적용하고 있다.

1.3.3 부호화(coding)

일반적으로 부호화는 양자화된 이산적인 진폭의 값을 $n(=\log_2 N)$개의 비트로 구성된 2진 부호(binary code)에 대응시키는 것을 말한다. 부호기(encoder 또는 coder)는 각 양자화 레벨에 대하여 부호 펄스를 출력하지만 실제로는 A/D 변환기에 의하여 양자화와 부호화는 보통 같은 회로에서 동시에 수행된다.

예를 들면 3비트를 사용한 경우 2^3개의 조합에 의한 8개의 레벨의 높이는 표 1.3과 같다.

표 1.3 2진 부호화

양자화된 표본값	2진 부호
0	0 0 0
1	0 0 1
2	0 1 0
3	0 1 1
4	1 0 0
5	1 0 1
6	1 1 0
7	1 1 1

부호화 방법에는 여러 가지가 있으나 PCM 시스템에 가장 널리 사용되고 있는 부호화는 2진 부호와 Gray 부호이다. 그 대표적인 예를 표 1.4에 나타내었다.

표 1.4 대표적인 2진 부호(4비트)

10 진수	자연 2진 부호	그레이 부호	절반 2진 부호
0	0 0 0 0	0 0 0 0	0 0 0 0
1	0 0 0 1	0 0 0 1	0 0 0 1
2	0 0 1 0	0 0 1 1	0 0 1 0
3	0 0 1 1	0 0 1 0	0 0 1 1
4	0 1 0 0	0 1 1 0	0 1 1 1
5	0 1 0 1	0 1 1 1	0 1 1 0
6	0 1 1 0	0 1 0 1	0 1 0 1
7	0 1 1 1	0 1 0 0	0 1 0 0
8	1 0 0 0	1 1 0 0	0 0 1 1
9	1 0 0 1	1 1 0 1	0 0 1 0

자연 2진 부호(natural binary code)는 8421 부호(BCD 부호)로서 컴퓨터 등에 널리 사용되며, 절반 2진 부호(folded binary code)는 3과 4의 상하에서 절반된 부호로 되어 있다.

그레이 부호(Gray code)는 반전 2진 부호 또는 교번 2진 부호라고도 하며, 앞뒤의 비트가 반드시 1비트만 변화하도록 되어 있기 때문에 비트 에러가 있어도 그 변화에는 크지 않는 장점이 있으며, PCM 전송계의 부호에는 이 그레이 부호가 자주 사용된다.

1.3.4 복호화(decoding)

수신측에서 원래의 신호를 복원하기 위해서는 부호기의 역동작을 수행하면 된다. 즉 펄스의 ON, OFF로 전송되어 온 2진 부호가 먼저 복호기(decoder)에 의해 양자화된 표본화 펄스로 복원되고 이 신호를 저역 필터(LPF)에 통과시키면 매끄럽게 된 출력 신호가 얻어지는데, 이것은 원래의 아날로그 신호와 매우 유사한 파형이지만 정확하게 같지는 않다. 따라서 PCM의 복조에 있어서는 양자화 잡음으로 인하여 전송로에 잡음이 존재하지 않는다 하더라도 원래의 완전한 파형의 복조는 있을 수 없다.

1.3.5 동기

PCM 통신방식은 펄스통신방식의 일종으로, 시분할 다중화가 가능하기 때문에 동기가 중요한 문제이다. 수신측에서는 먼저 0과 1을 나타내는 펄스의 위치를 정확히 알아야 하는데, 이것을 비트 동기(bit synchronization)라고 한다. 이것과 동시에 대응하는 통화로(채널) 끼리를 혼신이 없도록 정확히 접속하는 것이 필요한데, 이것을 프레임 동기(frame synchronization)라고 한다.

비트 동기의 방법으로는 PCM 신호 그 자체에 포함되어 있는 비트 동기 정보를 이용하는 내부 동기방식과 별도의 회선으로 동기 정보를 전송하는 외부 동기방식이 있는데, 보통의 경우는 내부 동기방식이 채택된다. 프레임 동기를 취하는 방법에도 비트 동기와 마찬가지로 신호 자체에 동기 정보를 포함시키는 방식과 특별한 동기 신호를 전송하는 방식이 있다. 후자는 신호 펄스열 중에 특별한 동기 펄스를 삽입하는 것으로, 프레임(표본화 주기의 경우)당 1개의 동기 펄스를 삽입하는 경우와 여러 개의 동기 펄스를 삽입하는 경우가 있다. 1개의 동기 펄스를 사용하는 경우는 그것을 프레임의 최종 위치에 0과 1의 반복 패턴으로서 삽입하는 방식이 널리 이용된다. 또 여러 개의 동기 펄스를 사용하는 경우는 그들을 1개소에 집중적으로 배치하거나 또는 프레임 내에서 등간격으로 배치하여 프레임 내에서의 위치가 확실히 정해지도록 한다. 예를 들면, 각 통화로의 음성을 7비트로 부호화하고 다이얼 신호의 전송에 1비트를 사용해서 24통화로의 시분할 다중화를 하였다고 하자. 그리고 프레임의 마지막에는 위에 설명한 프레임 동기 펄스 1개를 삽입했다고 하면, 1프레임의 길이는 $(7+1)\times 24+1=193$ 펄스 슬롯(pulse slot), $125\mu s$)가 된다.

1.3.6 재생중계

아날로그 통신, 디지털 통신의 어느 쪽을 불문하고 신호의 장거리 전송에는 수많은 중계(repeating)가 필요하다. 아날로그 통신시스템에서는 중계가 반복될 때마다 중계기나 중계 구간 내에서 생기는 잡음, 왜곡등의 영향이 누적되는 것은 피할 수 없다. 따라서, 중계기의 성능에 대한 요구는 극히 엄격한 것이 보통이다. 그렇지만 PCM 통신시스템에서는 중계기의 잡음이나 왜곡은 그다지 문제되지 않는다. 이것은 중계기나 중계 구간 내에서 생기는 잡음이나 왜곡의 크기가 2원 심벌 0과 1을 나타내는 수신 펄스의 판정을 잘못하지 않을 정도이면 중계기에서는 그 판정에 기초해서 정확한 크기와 파형을 가진 펄스를 정확한 시각에 발생시켜 송출할 수 있기 때문에 중계 회수가 증가할 때마다 잡음이나 왜곡의 영향이 누적되는 일은 없기 때문이다. 이러한 중계를 재생 중계(regenerative repeating)라고 한다.

이와 같이 PCM 방식에서는 재생 중계가 가능하기 때문에 원리적으로는 중계기의 수만 증가시키면 전송 거리는 얼마든지 길게 할 수 있다. 그러나 실제로는 그렇지 않다. 그것은 이상적인 재생 중계기가 실현할 수 없다는 것과 전송로 잡음의 영향으로 재생 펄스의 타이밍이 앞뒤로 흔들리는 현상, 즉 지터(jitter)가 나타나고, 이것이 중계 때마다 누적되어 결국에는 부호 오류를 발생하기 때문이다. 그림 1.28은 재생 중계기의 구성을 나타낸 것이다.

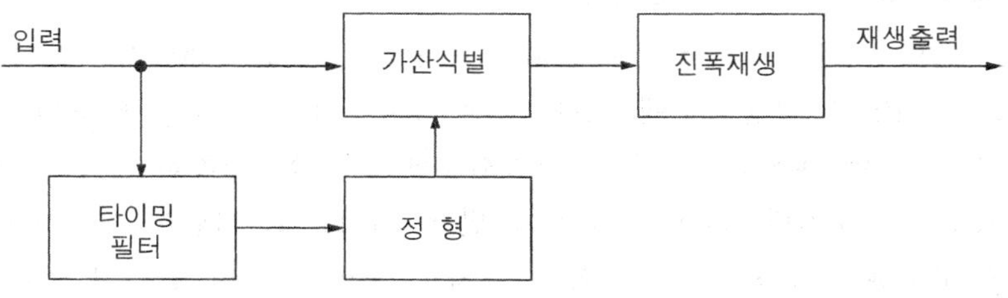

그림 1.28 재생 중계기의 구성

재생 중계의 기능은 (i) 등화증폭(reshaping 또는 equalization), (ii) 리타이밍(retiming 또는 timing), (iii) 식별재생(regeneration)이며, "3R"기능이라고 한다. (i)의 기능은 송신측에서 보내는 구형파의 부호 펄스가 케이블로 전송되면, 그 $\sqrt{f}$ 특성 때문에 고역 주파수 성분은 현저하게 감쇠한다. 등화증폭기는 감쇠를 받은 고역 성분을 상대적으로 보다 크게 증폭하여 식별하는데 적합한 파형으로 정형하는 역할을 한다. (ii)는 등화 증폭된 부호 파형에서 송신된 부호 펄스열을 식별하기 때문에 식별하기에 적당한 시각을 결정하고, 송신 부호 펄스와 같은 부호 펄스열을 재생하기 위하여 정확한 부호 펄스 위치를 결정하는 기능으로 비트 동기(bit timing)를 취하는 기능이다. (iii)은 (i)과 (ii)의 기능에 기초를 두고, 보내온 수신 등화파에서 송신된 구형파의 부호열을 재생하는 기능이다. 이들의 파형 관계를 그림 1.29에 나타내었다.

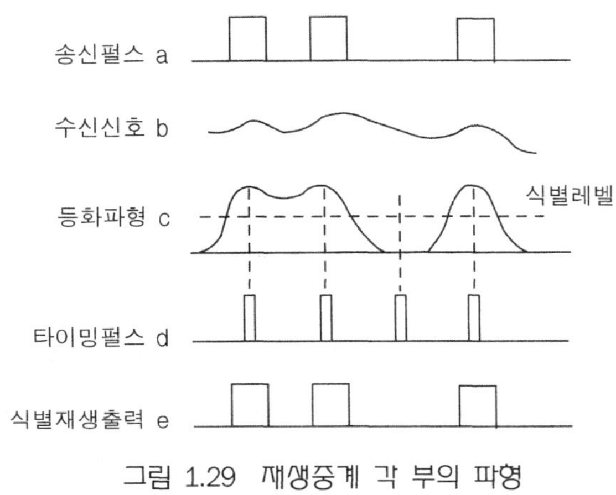

그림 1.29 재생중계 각 부의 파형

그림 1.30은 자기 동기 재생 중계방식의 원리도이다. 전송선로에서 들어온 PCM신호는 등화기로 선로의 주파수 특성에 의한 왜곡을 제거하고, 증폭기로 파형 정형에 필요한 레벨까지 증폭한 후, 일부는 비직선회로와 LC 동조회로로 구성되는 타이밍 추출회로에 가해진다. 그 출력은 그림 1.30(c)와 같이 정현파이다. 그리고 타이밍파 발생회로에 의해 (d)와 같은 타이밍 펄스가 된다. 이것은 정확한 시각 위치에 배열되고 있다. 식별회로에는 등화 증폭된 신호파 (b)와 타이밍 펄스 (d)가 가해진다. 타이밍 펄스의 발생 시각으로 식별이 행하여져 펄스 재생회로를 구동해서 (e)와 같은 정확한 위치로 정형된 출력 펄스가 얻어진다.

출력의 유무는 등화 증폭된 신호파가 타이밍 펄스에 의해 정해지는 식별 시각에서 식별 레벨(임계값)을 넘었는지의 여부로 정해지므로 식별 레벨보다 작은 잡음과 방해 전압은 출력측에 전혀 나타나지 않는다. 등화기의 등화 특성은 송신 펄스와 같은 파형을 재현하는 것이 목적은 아니다. 송신 펄스를 재현하기 위해서는 등화 주파수 특성은 광대역으로 되고 잡음 방해를 받게 된다.

잡음 방해를 줄이기 위해서 등화 특성을 협대역으로 하면, 수신 파형의 꼬리 부분이 당겨져서 식별 시점에 영향을 미치는 부호간 간섭이 생긴다. 이 때문에 잡음과 부호간 간섭이 모두 작아지므로 부호 오율이 최소로 되는 등화를 하는 것이 바람직하다.

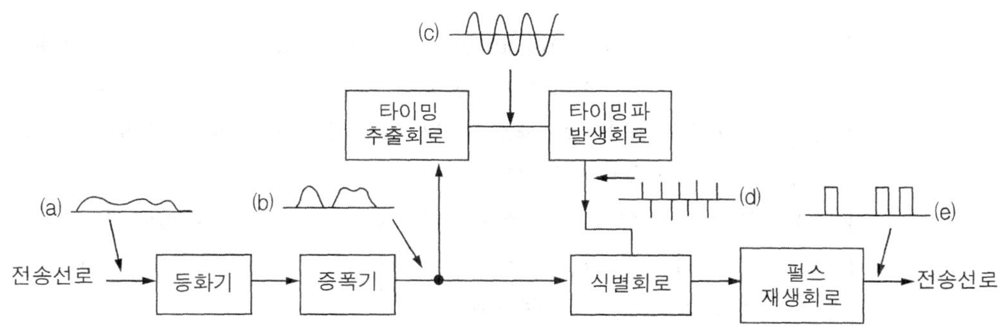

그림 1.30 자기 동기 재생 중계방식의 원리

송신부호 계열의 모든 조합에 대한 잡음이 없을 경우 등화 증폭 후의 파형 응답의 한 예를 그림 1.31에 나타낸다. 이것을 아이 다이어그램(eye diagram)이라고 하며, 부호간 간섭과 지터(부호 위치가 정규 시각의 위치보다 앞뒤로 밀리는 것을 말한다)에 의해 그 개구는 좁아진다. 식별은 아이가 많이 열려 있는 시각에서 행하는 것이 바람직하고, 타이밍 펄스에 의해 그 시각이 지정되며 식별 레벨은 개구 진폭의 중앙에 설정된다. 따라서 아이가 그림 1.31과 같이 완전히 열려 있으면 S/N은 6[dB]로 되어 양호하다.

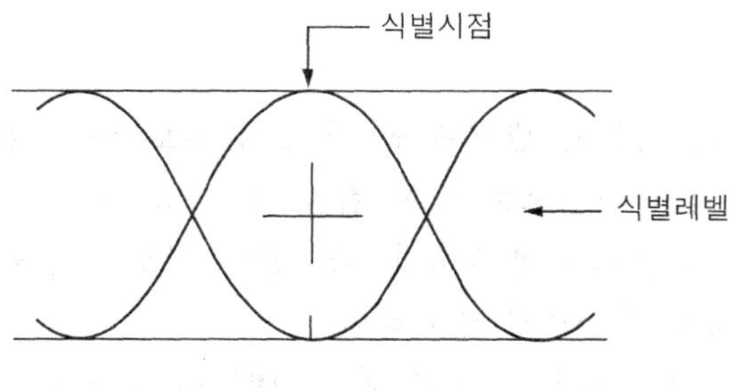

그림 1.31 아이 다이어그램

1.3.7 PCM 통신 방식의 특징

(1) 장점

① 전송로상에 존재하는 잡음(noise)이나 누화(crosstalk) 등의 각종 방해에 강하다. 즉, 신호 펄스의 유무를 판정하여 검출하면 되므로 이 펄스 검출의 한계점을 초과하지 않은 한 새로운 펄스를 재생하는 재생 중계가 가능하여 전송특성이 나쁜 전송로에도 사용할 수 있다.

② 고품질의 장거리 통신이 가능하다. 즉, 재생 중계기(repeater)에 의하여 전송로의 영향을 제거할 수 있어 잡음, 누화 등이 누적되지 않기 때문에 전송 품질이 전송거리에 거의 무관하다.

③ 전송 품질이 안정하다. 즉, 전송 도중에서 진폭, 주파수, 위상 등의 변화가 있을 때 FDM에서는 그대로 영향을 받지만 PCM에서는 펄스의 검출에 영향이 없는 한 신호의 품질은 떨어지지 않기 때문에 안정하다.

④ 반송 단국장치의 가격이 싸다. 즉, FDM에서는 고가인 필터 등을 다수 필요로 하지만 PCM에서는 회로구성의 주체가 IC 등의 반도체 회로이고 LSI 화됨에 따라 크기가 보다 소형화되고 가격이 저렴하게 된다.

⑤ 중계시마다 잡음이 누적되지 않는다. 즉, FDM에서는 중계를 반복할수록 그 사이의 열잡음, 왜곡 잡음, 간섭 잡음 등이 누적되지만, PCM에서는 중계마다 새로운 펄스를 재생하기 때문에 잡음의 누적현상은 일어나지 않는다.

(2) 단점

① PCM 고유의 잡음이 발생한다. 즉, 표본화로 인한 잡음, 저역 필터에 의한 잡음 및 양자화 과정으로 인한 잡음 등이 발생한다.

② 광대역의 전송선로가 필요하다. 즉, 펄스 신호는 점유주파수 대역폭이 넓기 때문에 광대역 전송로가 필요하다.

③ 동기화(즉 비트 동기, 프레임 동기, 네트워크 동기 등)가 필수적으로 요구된다.

④ 기존의 아날로그 시스템과의 부정합 문제가 발생할 수 있다.

현재 사용되고 있는 PCM 방식은 북미 방식(NAS : North American Standard)

과 유럽 방식(CEPT : Conference of European Posts and Telecommunication Administration)이 있다.

북미 방식(PCM-24 채널 방식)은 현재 우리나라에서 실용화되고 있으며 24개의 음성채널을 하나의 채널에 TDM방식으로 다중화하는 방식이다. 즉 1 프레임내에 24개의 채널이 할당되어 있고 각 채널은 8개의 비트로 구성되어 있으며 그림 1.32에 나타내었다. 1 프레임에는 통화로가 되는 24개의 채널과 프레임 동기를 취하는 1비트를 합한 193 비트로 구성된다. 음성신호의 대역이 4[kHz]이면 매초 8000회 속도로 표본화가 되므로 PCM 1차군의 펄스 전송속도는 193 비트×8000=1.544 M비트/초가 된다. 이 방식은 비교적 장거리 시내 중계선이나 근거리 시내회선에서 활용되며 2선식이나 4선식 통화로에 적용된다.

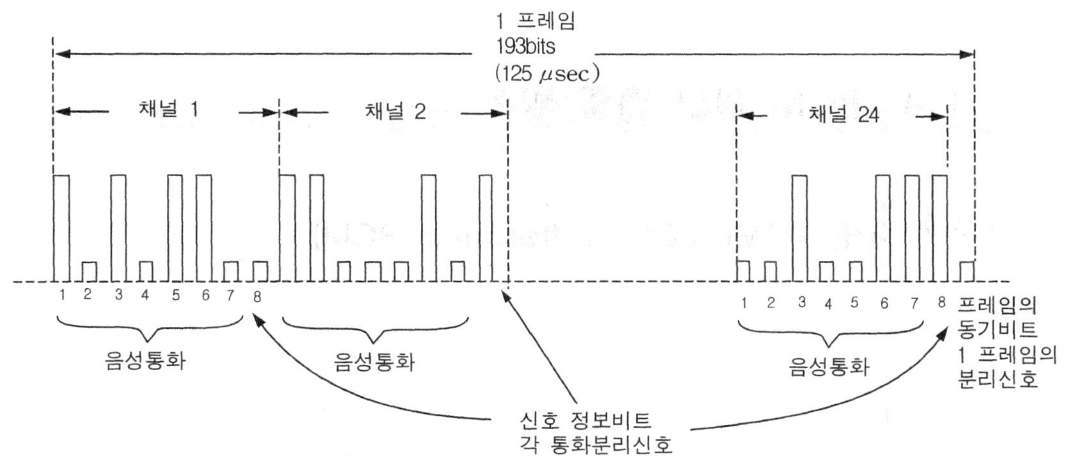

그림 1.32 PCM-24 프레임의 구성

유럽 방식(PCM-32 채널 방식)은 1 프레임내에 32개의 채널이 할당되어 있고, 각 채널당 8개의 비트로 구성되어 있다. 30개의 채널을 다중화하는 방식으로 타임 슬롯은 32개이고, 이중 음성이나 데이터 채널수는 30개이며 2개는 동기 및 신호용으로 사용된다. 이 방식의 1차군의 펄스 전송 속도는 2.048[Mbps]이다.

예제 PCM-24방식에 있어서 다음 물음에 답하시오.

(1) 1 Frame은 몇 초인가?

풀이 1 Frame 시간 $T = \frac{1}{2f_0} = \frac{1}{2 \times 4000} = 125\,\mu s$

(2) 1 통화로에 할당되는 시간은 얼마인가?

풀이 1 Frame 주기= $\frac{125}{24}$ ≒5.2μs

(3) 1 time slot 점유시간은 얼마인가?

풀이 1개 bit의 타임슬롯 점유시간= $\frac{5.2}{8}$ ≒0.65μs

(4) 1 프레임에 수용되는 펄스의 수는?

풀이 8bit × 24ch + 1(동기 pulse) = 193개

(5) 부호펄스의 clock주파수는 얼마인가?

풀이 193 × 8000Hz = 1.544MHz

1.4 PCM 관련 변조 방식

1.4.1 차동 PCM(DPCM : Differential PCM)

일반적으로 입력 신호는 비정상적(non-stationary)이고(특히 음성신호는 비정상성이 강함), 평균 진폭, 순시 진폭, 표본치간의 상관성(correlation)이 시간적으로 끊임없이 변동하기 때문에 고정 양자화에서는 어떻게 하여도 좋은 성능이 얻어지지 않는다. 또한 비균일 양자화기가 균일 양자화기에 비해서는 성능이 우수하지만 이들 모두 양자화기 레벨이 고정되어 있기 때문에 입력 신호의 진폭이 클 경우 잘림(clipping) 현상이 발생할 수도 있다.

차동 PCM 방식은 실제의 표본값과 앞의 표본값들로부터 추정한 표본값을 근거로 하여 예측(prediction)한 예측치 신호의 차이값(즉, 차동신호)을 양자화하고 부호화하여 정보를 전송하는 방식이다. 이때 차동 신호는 원래의 신호보다 그 진폭의 크기가 감소되므로 PCM 방식에 비하여 동일한 성능을 유지하는 데 필요한 양자화 레벨수가 줄어들게 되어 전송하고자 하는 정보량이 감소된다.

따라서 차동 PCM방식은 PCM방식에 비해서 동일한 성능을 유지하더라도 요구되는 채널 대역폭이 감소되는 이점이 있으나 송수신기 회로 구성은 다소 복잡하게 된다.

그림 1.33은 DPCM방식의 블록도를 나타낸 것이다. 부호기측은 양자화기, 예측

기 및 가감산기로 구성되어 있으며, 예측기에서는 궤환루프를 사용하여 과거의 입력신호 표본값에서 다음에 입력되는 신호 표본값을 예측한다.

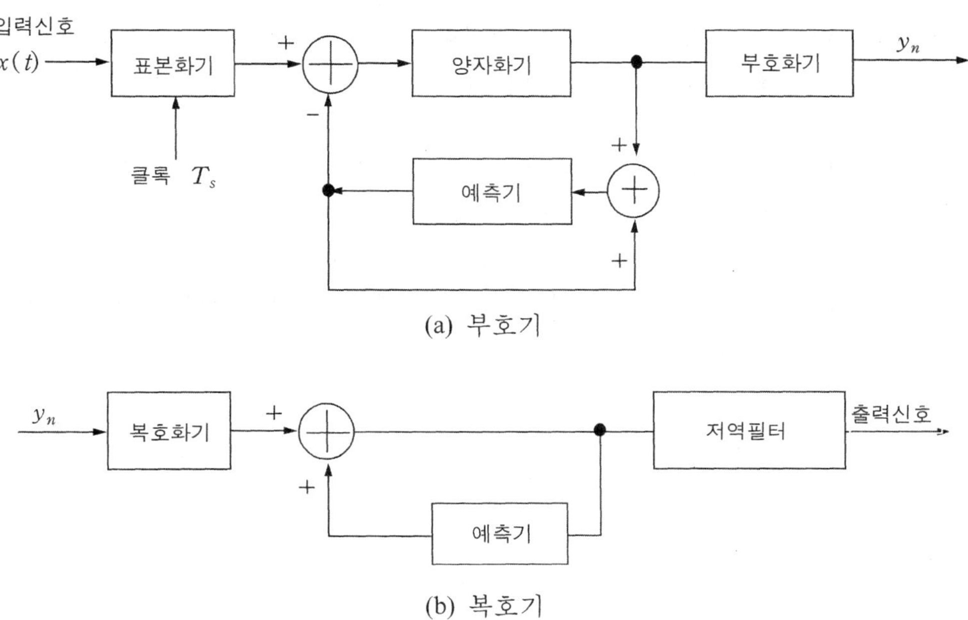

그림 1.33 차동 PCM(DPCM)방식의 원리

부호기와 복호기의 양쪽에 있는 예측기는 동일한 동작을 하는 것을 전제로 하고 있기 때문에 부호기측에서 예측기로의 입력치는 양자화기의 출력을 복호기와 동일한 조작에 따라 복호된 신호를 이용한다. 결국 부호기측에서도 역양자화기를 배치하고 이 출력에서 어떤 양자화된 잔차 신호에 예측 신호를 더하여 복호 신호를 만들고 이것을 예측기에 인가한다. 부호기측에서 얻어진 복호 신호를 국부 복호 신호라고도 부른다.

1.4.2 적응 DPCM(ADPCM : Adaptive DPCM)

ADPCM 방식은 DPCM방식의 결점을 개선하기 위하여 양자화기와 예측기 중 어느 하나 또는 모두를 적응형(adaptive)으로 변조한 방식이며 PCM방식보다 효율을 2배 높인 방식이다.

즉, 32[kbps] ADPCM방식은 64[kbps] PCM방식에 비하여 채널 대역폭을 1/2로 줄이면서 거의 동일한 성능을 갖고, ITU-T라는 국제통신표준화기구에 의해서 표준 음성 부호화 방식으로 채택되어 기존의 64[kbps] PCM 채널에 대체되고 있으며, 그로 인하여 기존 통신선로의 이용률을 2배 정도 높이고 있다.

음성 신호는 비정상성이 강하여 고정 양자화기에서는 좋은 성능이 얻어지지 않으며, 비균일 양자화기는 균일 양자화기에 비하여 성능이 우수하지만 비균일 및 균일 양자화기 레벨이 고정되어 있으므로 입력신호의 진폭이 클 경우 잘림현상 때문에 적응 양자화라는 방법이 필요하게 된다.

적응 양자화(adaptive quantization) 방법은 입력 신호의 진폭 특성에 따라 양자화기의 레벨(또는 스텝크기)이 스스로 적응하여 조절됨으로써 양자화 잡음이 감소하게 된다. 즉, 신호의 진폭이 작은 영역에서는 양자화기의 레벨을 작게하고 신호의 진폭이 큰 영역에서는 양자화기의 레벨을 크게 하여서 전체 양자화 잡음을 줄여 성능을 향상시킨다.

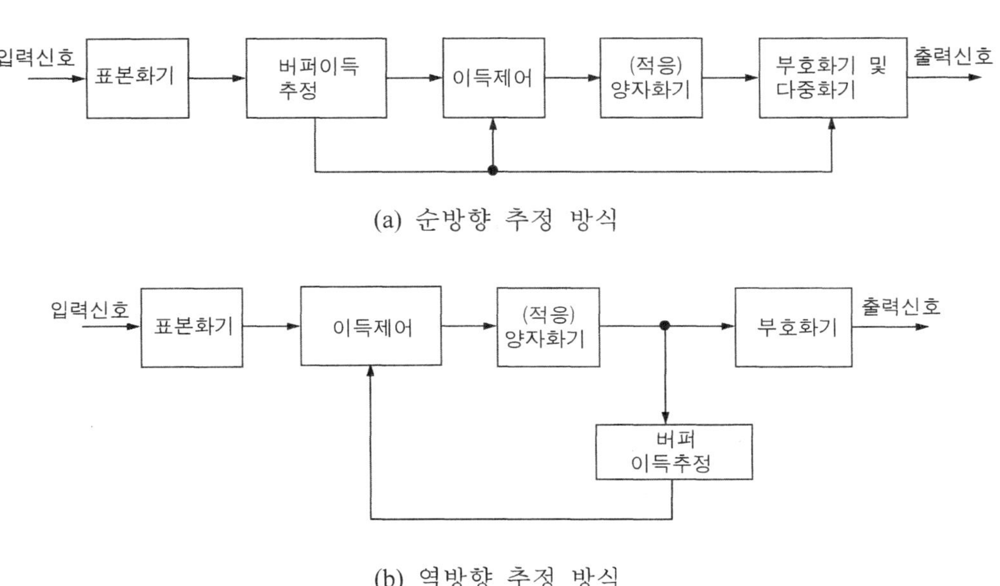

그림 1.34 적응 양자화의 방법

적응 양자화의 방법으로는 크게 두 가지로 나눌 수가 있다.

먼저 순방향 추정 방식(forward esitmation scheme)으로서 그림 1.34(a)에 보인 바와 같이 입력 신호의 진폭 특성을 입력 신호 자기 자신으로부터 추정해 나가는 방법이다.

다음에는 역방향 추정 방식(backward estimation scheme)으로서 그림 1.34(b)에 나타낸 바와 같이 입력 신호의 진폭 특성을 양자화기 출력으로부터 추정해

나가는 방식이다. 따라서 역방향 추정방식은 순방향 추정방식의 경우보다 추정값이 정확성을 덜 가지나 추정치를 수신측에 전송할 필요가 없다. 왜냐하면 수신기에서 수신 입력으로부터 추정치를 직접 계산할 수 있기 때문이다.

적응 예측기(adaptive predictor)를 사용하는 이유는 입력신호의 변화하는 스펙트럼 특성에 예측 계수를 적응시키기 위한 것이다. 적응 예측 방식도 적응 양자화방식과 마찬가지로 순방향 방식(forward scheme)과 역방향 방식(backward scheme)이 있다.

1.4.3 델타 변조(DM)

2진 부호를 이용하여 PCM을 부호화할 때 양자화 잡음을 감소시키려면 양자화 레벨수를 증가, 즉 1과 0에 대응하는 펄스수(비트수)를 증가시킬 필요가 있다.

PCM 방식은 시분할 다중(TDM)을 가능하게 하는 것이 특징이지만, 하나의 표본치를 부호화하는데 다수의 비트가 요구되는 것이 문제이다. 이러한 점을 개선하기 위하여 델타 변조(delta modulation : DM 또는 ΔM)방식이 고안되었다.

DM은 DPCM의 가장 간단한 형태로서 차동 신호에 대하여 표본당 1비트만을 사용하는 DPCM의 특별한 경우이다. 이 부호화된 1비트는 차동표본의 극성만을 나타낸다. 이 방법은 표본간격 T_s을 표본화 정리에 의한 최소 간격보다 충분히 작게 하고, T_s[sec] 후의 신호 레벨이 앞의 신호 레벨보다 크면 출력에 양자화 간격 h를 더하고, 작으면 출력에서 h를 뺀다. 즉 1비트 부호화 방식이다.

만약 차동신호가 (+)이면 "1"이 발생되고, 차동 신호가 (-)이면 "0"이 발생된다. 즉, 출력 "1"과 "0"에 따라 $+\Delta$ 또는 $-\Delta$의 진폭을 갖는 스텝(step)을 발생한다.

델타 변조기는 그림 1.35에 보인 바와 같이 계단 발생기(staircase generator)와 함께 비교기(comparator)를 사용하여 구성할 수 있다. 비교기는 현재의 아날로그 입력 신호의 값을 한 주기(T_s) 이전의 표본값(예측 신호값)과 비교하여 표본 순간에서의 입력 신호가 예측 신호값보다 크면 $+\Delta$(스텝 전압)가 발생되고 작으면 $-\Delta$가 발생된다. 국부 복호기는 1일 때는 $+\Delta$를, 0일 때는 $-\Delta$를 발생시켜 신호 $f(t)$를 Δ스텝의 계단파로 근사시키는 형태로 양자화를 행한다. 저역 필터(LPF)는 입력 신호의 높은 주파수 성분에 의한 엘리어싱(aliasing)의 발생 가능성을 제거한다. 계단파형은 적분기를 사용하여 발생된다.

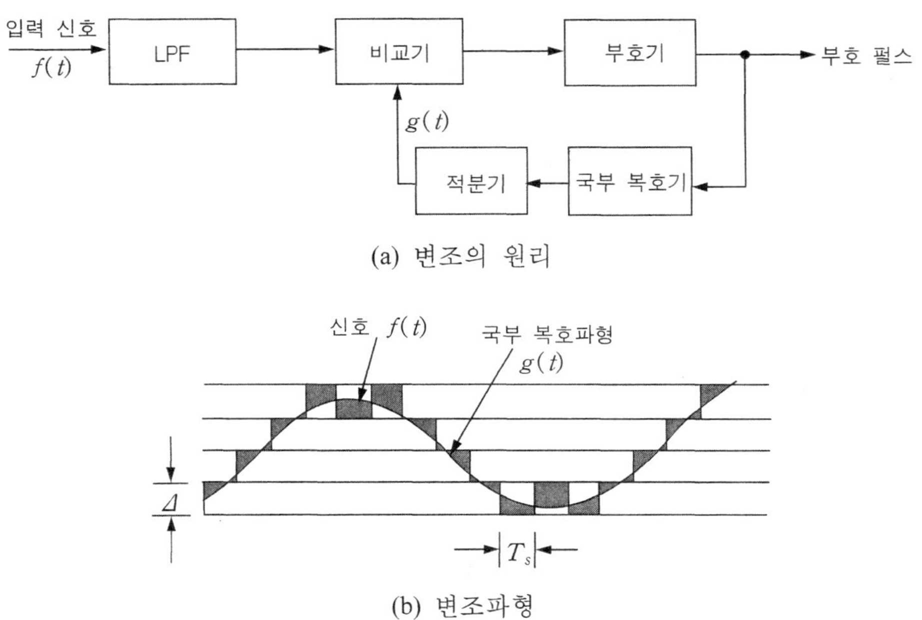

(a) 변조의 원리

(b) 변조파형

그림 1.35 델타 변조의 원리도

원리적으로는 양자화 간격 h를 충분히 작게 취하고, 또 표본화 간격 T_s도 충분히 작게 취하면, 원파형에 충실한 부호화를 할 수 있다. 이런 방식을 델타 변조(delta modulation ; DM)라고 한다. 그러나, 이 원리에서 알 수 있듯이 직류 성분은 전송할 수 없다.

이 방식에 의한 신호의 복호는 단순히 신호를 적분하고, 저역 필터에 통하게 하여 고주파 성분을 제거하면 원신호를 얻는다. 이 방식으로 충실한 부호화를 행하기 위해서는 PCM의 경우에 비하여 표본화 속도를 충분히 크게 하여야 한다.

표본화 간격 T_s가 너무 크면, 그림 1.36과 같이 출력 신호가 원파형에서 벗어나는 일이 있다. 여기에는 경사 과부하(slope overload)잡음과 입상(또는 granular) 잡음이 있다.

입력신호의 기울기가 계단의 기울기 Δ / T_s보다 높으면 경사 과부하 잡음이 발생된다. 그러나 입력신호의 기울기가 Δ / T_s보다 낮으면 입상잡음의 형태가 된다.

작은 스텝 크기를 선택하면 경사 과부하 잡음이 주가 되고, 큰 스텝 크기를 선택하면 입상 잡음이 주가 된다. 경사 과부하 잡음과 입상 잡음을 모두 감소시키는 방법으로는 신호의 레벨 변화가 큰 경우 Δ를 상대적으로 증가시키면 가능하게 된다. 또 신호파형의 변화폭이 h보다 작으면 델파변조의 효과가 없어진다. 이것을 한계효과(threshold effect)라고 한다.

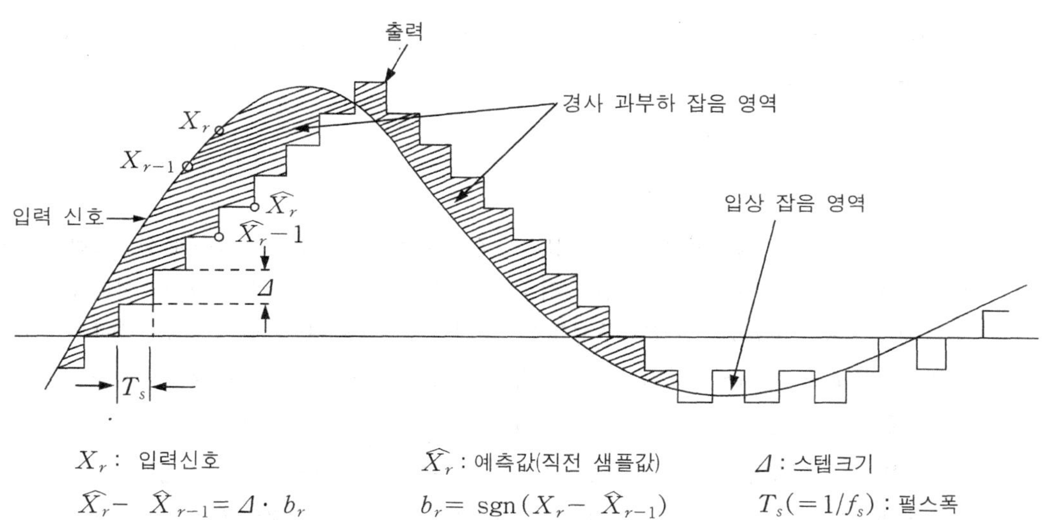

그림 1.36 델타 변조에 의한 파형

1.4.4 적응 델타 변조(ADM : Adaptive DM)

적응형 델타 변조(ADM : Adaptive Delta Modulation)방식에 있어서도 PCM이나 DPCM 방식과 마찬가지로 스텝폭(크기)을 입력 신호에 적응시킬 수 있도록 다이내믹 레인지(dynamic range)를 확대할 수 있다. 즉 신호 파형의 가파른 부분에서는 스텝폭을 증대시키고, 신호 파형이 느리게 변화하는 곳에서는 스텝폭을 감소시킴에 따라 경사 과부하 잡음과 입상 잡음(또는 granular 잡음)을 동시에 줄일 수가 있다.

결과적으로, ADM은 입력 신호의 기울기가 급격할 때는 스텝 크기를 증가시켜 기울기와 부하 잡음을 줄이고, 입력 신호의 기울기가 완만할 때는 스텝 크기를 감소시켜 입상잡음을 줄임으로써 전체 양자화 잡음을 감소시켜 델타 변조 방식보다 성능을 향상시키는 방식이다.

DM 방식에서는 1 비트(2레벨) 양자화기를 이용하기 때문에 1개의 양자화기 출력만으로는 변조기가 경사 과부하 상태에 있는지, 아니면 입상 잡음이 지배적인 상태에 있는지를 판별할 수 없다. 따라서 스텝폭의 적응화를 실현하려면 적어도 2개의 양자화기 출력을 관측하지 않으면 안된다.

가장 간단한 적응화 규칙으로서는 Jayant의 적응화 규칙이 있다. 이것은 2개의 출력비트 b_n, b_{n-1}을 관측하고 $b_n = b_{n-1}$이면 경사 과부하 상태로, $b_n \neq b_{n-1}$이면 양자화 잡음을 지배적인 상태로 판단하여 스텝 폭을 다음 식에 의해서 변화시키는 방식이다.

$$\begin{aligned} \Delta_n &= k\Delta_{n-1} \quad ; b_n = b_{n-1} \\ &= k^{-1}\Delta_{n-1} \quad ; b_n \neq b_{n-1} \end{aligned} \qquad (1\text{-}6)$$

여기서, k는 스텝 폭의 증가 또는 감소율을 결정하는 계수로서 일반적으로 $1<k<2$이다. 이와 같은 적응 알고리즘을 1비트 메모리를 갖는 ADM이라고 한다.

그림 1.37은 ADM의 기본 구성도를 나타내고 있으며 그림 1.38은 DM과 ADM 방식의 비교를 나타낸 것이다. 일반적인 시간간격으로 부호화할 수 있는 경사를 가진 파형이 그림 1.38(a)의 $x_1(t)$와 같을 때 급경사로 진폭이 커지는 $x_2(t)$와 같은 파형이 들어오면 기준간격마다의 기준스텝으로는 따라 갈 수 없는 상태가 된다. ADM방식은 기준간격마다의 스텝의 크기를 그림 1.38(b)와 같이 부호의 상태에 적응시킴으로써 급격한 경사로 신호의 진폭이 커질 때면 DM을 할 수 있다.

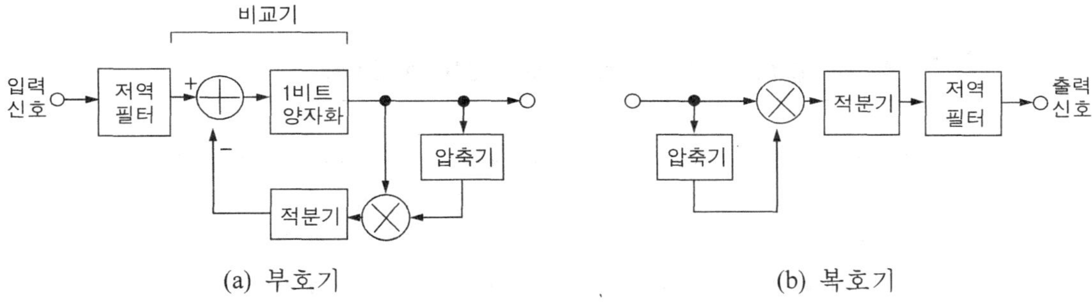

그림 1.37 ADM의 기본 구성도

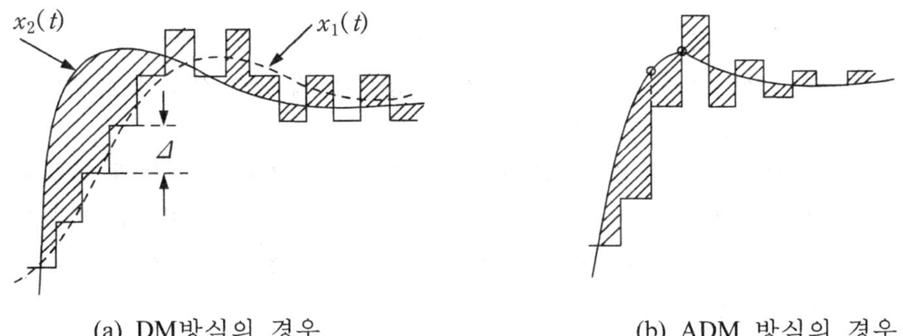

그림 1.38 DM과 ADM 방식의 원리 비교

연습문제 주관식 문제

1. 최고 주파수가 5kHz로 10분간 지속하는 신호가 있다. 이 신호를 나이퀴스트 간격으로 샘플링할 때 샘플링 점의 개수는 얼마나 되겠는가?

2. 전송하려고 하는 신호의 최고 주파수를 f_m〔Hz〕라 할 때 표본화 주기 T_s는 어떻게 정해야 하는가?

3. 신호 $s(t)$의 최고주파수 성분을 f_h, 최저주파수 성분을 $f_l(\neq 0)$이라 하면 표본화 주파수 f_s는 어떻게 선정해야 하는가?

4. 샤논(C. E. Shannon)의 표본화 정리를 간단히 설명하여라.

5. PCM 통신방식에 대하여 물음에 답하여라.
   (1) 다음 빈칸에 아날로그 신호를 디지털 부호로 변환하는 과정의 순서를 써라.

   (2) PCM 통신방식에서 발생되는 각종 잡음의 종류 중 5가지만 열거하여라.

6. FDM 방식과 비교하여 PCM 통신방식의 특징을 설명하여라.

7. PCM 계통도를 그리고 단계적으로 설명하여라.

8. PCM 통신방식에서 양자화 및 양자화 잡음에 대하여 설명하여라.

9. PCM에 대한 물음에 답하여라.
   (1) 음성 주파수대를 표본화하기 위한 주파수는?
   (2) 아날로그 신호를 표본화하여 얻은 PAM 신호를 전송에 사용하지 않는 이유는?
   (3) 양자화 과정에서 입력 진폭이 적은 곳에서는 단계를 세분화하고, 큰 부분에서는 크게 하는 것을 무엇이라 하는가?
   (4) 양자화된 PAM 신호는 입력 진폭에 따라 몇 개의 비트로 부호화하는가?
   (5) PCM-24채널 방식의 출력단 전송 속도는 얼마인가?

10. PCM 중계기에 대한 물음에 답하여라.
   (1) 재생중계란?
   (2) 재생중계의 3R이란?
   (3) 타이밍 형식 중 자기 타이밍이란?
   (4) 식별회로에서 펄스의 유무를 식별하는 방법을 3가지 써라.

11. PCM-24 방식에서 클럭 펄스의 반복주파수는 얼마인가?

12. 다음 그림은 PCM 24ch 방식의 프레임 동기방식에 의한 타임슬롯이다. 다음 물음에 답하여라.

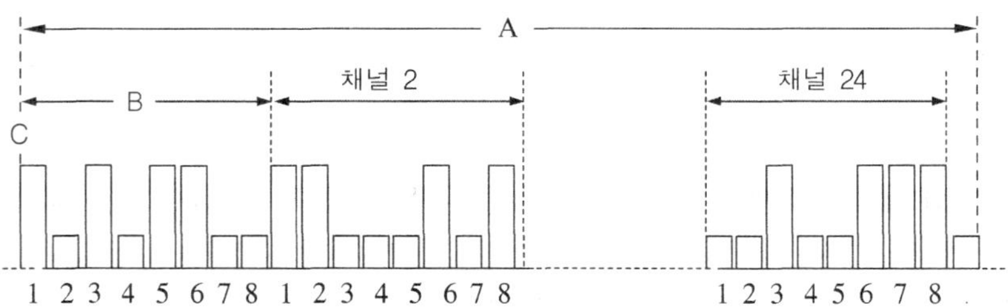

   (1) A의 한 프레임 주기는 얼마인가?
   (2) B의 한 통화로(ch)의 시간은 얼마인가?
   (3) C의 1펄스당 점유시간(time slot)은 얼마인가?
   (4) 부호 펄스의 주파수(클럭 주파수)는 얼마인가?
   (5) 1프레임에 수용하는 펄스의 수는 몇 개이며, 또 그림에서 음성비트, 신호비트 및 동기비트는 각각 어디인가?

연습문제 객관식 문제

1. 아날로그 신호를 디지털 신호로 전송하기 위한 필수적인 신호 처리과정이 아닌 것은?
   ㉮ 표본화　　㉯ 양자화
   ㉰ 부호화　　㉱ 정보화
   풀이 PCM의 3단계과정 : 표본화 → 양자화 → 부호화

2. 디지털 전송로 집선장치의 펄스 부호 변조(PCM)방식의 과정으로 맞는 것은?
   ㉮ 표본화 - 양자화 - 부호화 - 압축기
   ㉯ 표본화 - 부호화 - 양자화 - 압축기
   ㉰ 표본화 - 양자화 - 압축기 - 부호화
   ㉱ 표본화 - 압축기 - 양자화 - 부호화
   풀이 PCM방식의 송신과정 : 표본화 → 압축기 → 양자화 → 부호화

3. PCM 방식의 송신측의 부호화 과정은?
   ㉮ 표본화 - 양자화 - 전송
   ㉯ 표본화 - 부호화 - 압축 - 전송
   ㉰ 표본화 - 압축 - 양자화 - 부호화 - 전송
   ㉱ 표본화 - 양자화 - 부호화 - 압축 - 전송

4. 전송로에서 송출하는 PCM 부호는?
   ㉮ 펄스 변조 2진 부호　　㉯ 펄스 변조 8진 부호
   ㉰ 펄스 진폭 변조 부호　　㉱ 펄스 위치 변조 부호
   풀이 전송로에 송출되는 PCM 부호는 펄스변조 2진부호이다.

5. 음성신호에서 PCM 신호를 만드는데 필요하지 않은 것은?
   ㉮ PAM　　㉯ 부호화
   ㉰ 양자화　　㉱ PDM

해답 1. ㉱　2. ㉱　3. ㉰　4. ㉮　5. ㉱

6. 다음 중 PCM변조 방식의 변조과정에 해당되는 것은?
   ㉮ 표본화 - 양자화 - 압축기 - 부호화
   ㉯ 표본화 - 압축기 - 양자화 - 부호화
   ㉰ 표본화 - 양자화 - 부호화 - 압축기
   ㉱ 표본화 - 부호화 - 압축기 - 양자화

풀이 PCM 통신 방식의 동작과정
① PCM 변조과정
음성신호 → LPF → 표본화 → 압축기 → 양자화→ 부호화 → (전송로)
② PCM 복조과정
(전송로)→ 양자화 → 복호화 → 신장기 → 분리 → LPF → (원신호)

7. 다음은 PCM 통신시스템의 블록다이어그램이다. 각 블록에 들어갈 기능이 옳게 짝지워진 것은?

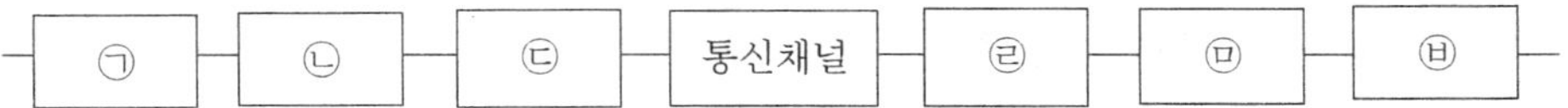

㉮ ㉠표본화 ㉡부호화 ㉢양자화 ㉣복호화 ㉤양자화 ㉥필터링
㉯ ㉠표본화 ㉡양자화 ㉢부호화 ㉣양자화 ㉤필터링 ㉥복호화
㉰ ㉠표본화 ㉡양자화 ㉢부호화 ㉣필터링 ㉤양자화 ㉥복호화
㉱ ㉠표본화 ㉡양자화 ㉢부호화 ㉣양자화 ㉤복호화 ㉥필터링

8. 다음 중 표본화(sampling) 방식이 아닌 것은 어느 것인가?
   ㉮ 플랫-탑 표본화(flat-top sampling)
   ㉯ 자연 표본화(natural sampling)
   ㉰ 연속 표본화(constantaneous sampling)
   ㉱ 순시 표본화(instantaneous sampling)

풀이 표본화의 종류
① 자연 표본화(natural sampling)
② 순시 표본화(instantaneous sampling, ideal sampling)
③ 평탄 표본화(flat-top-sampling)

해답 6. ㉯ 7. ㉱ 8. ㉰

9. 펄스부호 전송을 위한 표본화(sampling)는 원신호 파형이 포함하는 최고 주파수의 몇 배 이상의 빈도로 하여야 하는가?

㉮ 1배　　㉯ 1.5배
㉰ 2배　　㉱ 3배

10. 4[kHz]까지의 음성신호를 재생시키기 위한 표본화의 주기는?

㉮ 100[μs]　　㉯ 125[μs]
㉰ 200[μs]　　㉱ 225[μs]

풀이 $T_s \leqq \frac{1}{2f_m} = \frac{1}{2 \times 4000} = 125[\mu s]$

11. 전화 1회선의 아날로그 신호 대역은 4kHz로 이를 디지털로 전송하기 위해서는 최소한 초당 몇 번의 샘플링이 필요한가?

㉮ 2000　　㉯ 4000
㉰ 8000　　㉱ 12000

12. PCM 방식에서 원 신호파형의 주파수가 1[kHz]이고 표본화 주파수가 8[kHz]일 때 1주기당 PAM 신호는 몇 개인가?

㉮ 64　　㉯ 32
㉰ 16　　㉱ 8

13. 연속적인 신호 파형에서 최고 주파수가 W[Hz] 일 때 나이퀴스트(Nyquist) 간격은?

㉮ $\frac{1}{2W}$　　㉯ 2W
㉰ $\frac{1}{W}$　　㉱ W

풀이 나이퀴스트(Nyquist)간격 : 최소 표본화 간격($T_s = \frac{1}{2W}$)

14. 아날로그 신호를 표본화하면 어떤 파형으로 되는가?

㉮ PAM　　㉯ PPM
㉰ PDM　　㉱ PNM

풀이 표본화(sampling) : Nyquist의 표본화 정리에 따라 아날로그 신호를 PAM펄스로 변환하는 과정이다.

해답 9. ㉰　10. ㉯　11. ㉰　12. ㉱　13. ㉮　14. ㉮

15. 샘플링 주파수는 샘플되는 신호의 최고 주파수에 비하여 최소한 몇 배 이상이 되어야 하는가?

㉮ 1　　㉯ 2
㉰ 3　　㉱ 4

풀이 PCM 방식에서 샘플링 주파수는 최소한 원신호 최고 주파수의 2배 이상이 되어야 한다.

∴ $f_s \geq 2f_m$ 단, f_s : 샘플링 주파수, f_m : 신호의 최고 주파수

16. 다음 신호의 표본화에 관한 설명 중 틀린 것은?

㉮ 표본화 주기가 신호 최대 주파수의 2배 이상이면 표본화한 신호를 원래 신호로 재생 가능하다.
㉯ 표본화 주기를 짧게 하면 신호 전송을 위한 채널 용량이 커져야 한다.
㉰ 원래 신호를 재생할 수 있는 최소 표본화 주기를 나이퀴스트(Nyquist) 주기라 한다.
㉱ 3.4〔kHz〕 대역의 음성을 PCM화하는 표본화 주기는 1/6800초이다.

17. PCM 전송 방식에서 4〔kHz〕까지의 음성 신호를 재생시키기 위한 표본화 주기는?

㉮ 100〔μs〕　　㉯ 125〔μs〕
㉰ 200〔μs〕　　㉱ 225〔μs〕

풀이 표본화 주파수 $f_s = 2f_m = 2 \times 4$ [kHz] = 8[kHz]이므로

표본화 주기 $T_s = \frac{1}{f_s} = \frac{1}{8000}[\text{s}] = 125[\mu\text{s}]$

18. 주파수 대역폭이 W로 제한된 압축시킨 신호함수를 시간축에 따라 표본화할 때 나이퀴스트 표본화율(Nyquist Sampling rate) f_c 는?

㉮ $f_c = W$　　㉯ $f_c = 4W$
㉰ $f_c = 2W$　　㉱ $f_c = 3W$

해답 15. ㉯ 16. ㉮ 17. ㉯ 18. ㉰

19. 표본화 정리(sampling theorem)에 의하면 주파수 대역이 300~3400〔Hz〕인 전화의 경우 다음 어느 시간마다 표본화하면 완전히 정보를 전송할 수 있는가?

㉮ 1/300초 ㉯ 1/3400초

㉰ 1/6800초 ㉱ 1/2000초

풀이 전화의 경우 최고주파수는 3400[Hz] 이므로 표본화 주파수는 6800[Hz]보다 크게 하면 된다(표본화 주기는 1/6800초). 그러나, 실제 PCM 방식에서는 최고 주파수는 8000[Hz] = 8[kHz]을 사용한다(표본화 주기 $= \frac{1}{8000}$ [s] = 125 [μs]).

20. 아날로그 신호 $x(t)$를 매 1초마다 샘플링한 후 델타 변조하여 전송하려고 한다. $|x(t)| \leq 8$일 때 샘플링된 신호당 전송되는 비트의 수는?

㉮ 1 ㉯ 2

㉰ 3 ㉱ 4

21. PCM 방식에서 표본 주파수가 8〔kHz〕라 하면 이때 표본화 주기는?

㉮ 125〔μs〕 ㉯ 125〔ms〕

㉰ 8〔ms〕 ㉱ 8〔μs〕

풀이 표본화 주파수가 8[kHz]이므로 표본화 주기 T_s = 1/ 8000[s] = 125[μs]이다.

22. 시분할 다중방식에 있어서 신호파의 최고 주파수를 5〔kHz〕라 하면 표본화 주파수는 얼마 이상으로 하는 것이 가장 좋은가?

㉮ 2.5〔kHz〕 이상 ㉯ 5〔kHz〕 이상

㉰ 8〔kHz〕 이상 ㉱ 10〔kHz〕 이상

23. 전화의 음성 주파수 대역(300~3400 〔Hz〕)를 완전히 전송하기 위해서는 최소한 몇 초 간격의 표본이 되어야 하는가?

㉮ 125〔μs〕 ㉯ 147〔μs〕

㉰ 300〔μs〕 ㉱ 3400〔μs〕

풀이 전화의 음성신호대역은 300~3400Hz이므로 표본화 정리에 의하여 표본화 주파수를 구하면 6.8kHz이상이면 되지만 실용되는 표본화 주파수는 8kHz로 되어 있다. 따라서 표본화 시간(간격) Δt는 Δt=1/8[kHz]=125 [μs]

해답 19. ㉰ 20. ㉮ 21. ㉮ 22. ㉱ 23. ㉮

24. 방송 프로그램을 전송하기 위해서는 보다 넓은 대역폭이 필요하다. 15〔kHz〕까지 전송할 수 있는 PCM 시스템에서 요구되는 표본화 주파수는?

㉮ 7.5〔kHz〕 ㉯ 15〔kHz〕

㉰ 30〔kHz〕 ㉱ 45〔kHz〕

풀이 $f_s = 2f_m = 2 \times 15[\text{kHz}] = 30[\text{kHz}]$

25. 아날로그를 디지털로 바꾸고 디지털을 아날로그로 바꾸는데 가장 자주 이용되는 기술이 PCM 이다. 다음 중 PCM의 기본적인 기능이라고 볼 수 없는 것은?

㉮ 아날로그 신호의 증폭

㉯ 아날로그 신호의 샘플링

㉰ 양자화된 아날로그 샘플을 디지털 신호로 나타내기 위한 부호화

㉱ 샘플된 진폭의 양자화

풀이 PCM의 기본적인 기능

① 샘플링(sampling)

② 양자화(quantization)

③ 부호화(encoding)

26. PAM파의 스펙트럼의 포락선은 무엇에 따라 변화하게 되는가?

㉮ 표본화 펄스의 모양 ㉯ 신호 파형의 모양

㉰ 표본화 펄스의 주기 ㉱ 신호 파형의 주기

풀이 PAM파의 스펙트럼의 포락선은 표본화 펄스의 모양에 따라 변하게 된다.

27. 시분할 변조 방식에서 변조 신호의 상한 주파수를 f_m 으로 하고 표본화 주파수를 f_s 로 표시할 경우 표본화 정리에 해당되는 주파수는?

㉮ $f_s = f_m$ ㉯ $2f_s = f_m$

㉰ $f_s = 2f_m$ ㉱ $f_s = 1/4\ f_m$

풀이 표본화 정리 : $f_s \geq 2f_m$

해답 24. ㉰ 25. ㉮ 26. ㉮ 27. ㉰

28. 펄스코드변조(PCM)는 아날로그 신호의 크기를 표본화(sampling), 양자화(quantizing) 한 뒤 몇 개의 2진수 비트로 코드화(encoding)하여 각 비트를 전기신호로 송출하는 방식이다. 양자화란 어떤 과정인가?
   ㉮ 원신호의 전압값을 평균화하여 일정값의 전기신호로 변화시키는 과정
   ㉯ 전기신호의 전류를 이에 비례하는 2진수값으로 변환하는 과정
   ㉰ 아날로그 신호의 진폭을 일정한 시간간격으로 추출하는 과정
   ㉱ 표본화과정을 거친 신호의 진폭을 이산량으로 변화시키는 과정

29. 양자화 스텝의 수를 신호의 강약에 관계없이 균등히 하면?
   ㉮ 신호 레벨이 낮을수록 신호대 양자화 잡음비가 적다.
   ㉯ 신호 레벨이 높을수록 신호대 양자화 잡음비가 적다.
   ㉰ 신호 레벨이 낮을수록 신호대 양자화 잡음비는 크다.
   ㉱ 신호 레벨의 강약에는 무관하다.

풀이 신호대 양자화 잡음비(S/N_q) : 입력 진폭이 큰 곳에서는 좋고, 작은 곳에서는 나쁘다. $S/N_q = 6n + 1.8[dB]$

30. 양자화 잡음은 다음 중 어느 과정에서 생기는가?
   ㉮ 위상 편이 키잉 변조(PSK)　　㉯ 주파수 편이 키잉 변조(FSK)
   ㉰ 펄스 부호 변조(PCM)　　㉱ 펄스폭 변조(PWM)

풀이 PCM 방식의 원리는 표본화, 양자화, 부호화의 3단계 조작으로 구성된다. 여기서 양자화 잡음이란 양자화 과정에서 원파형과 양자화 파형간의 차에 상당하는 파형을 말한다.

31. 샘플값 자체를 양자화하는 방식이 아닌 것은?
   ㉮ 카운팅 양자화　　㉯ 직렬 양자화
   ㉰ 병렬 양자화　　㉱ 비선형 양자화

풀이 샘플값 자체를 양자화하는 방식의 분류
① 카운팅 양자화기(counting quantizer)
② 직렬 양자화기(serial quantizer)
③ 병렬 양자화기(parallel quantizer)

해답 28. ㉱ 29. ㉮ 30. ㉰ 31. ㉱

32. PCM 방식에서 전화의 경우 128(2^7) 스텝으로 구성하는데 TV 영상은 몇 스텝으로 구성되나?

㉮ 16(2^4) 스텝 ㉯ 32(2^5) 스텝

㉰ 64(2^6) 스텝 ㉱ 128(2^7) 스텝

풀이 양자화를 위한 스텝 수

① 단순한 음성의 경우 : 3비트 8(2^3) 스텝 정도

② 실제로 전화의 음성신호의 경우 : 7비트 128 스텝(최근에는 8비트 256스텝)

③ TV의 영상 신호의 경우 : 5비트 32스텝

33. 디지털 전송로 집선장치에서 펄스 진폭 변조파를 부호화할 때 양자화 레벨은 총 몇 단계로 되는가?

㉮ 128 단계 ㉯ 256 단계

㉰ 512 단계 ㉱ 1024 단계

풀이 8비트로 양자화하므로 양자화 레벨은 총 $2^8 = 256$단계이다.

34. 양자화 단계의 간격을 S라 할 때 평균자승 양자화 오차는?

㉮ $S^2/12$ ㉯ $S^2/2$

㉰ $S^2/\sqrt{12}$ ㉱ $S^2/\sqrt{2}$

풀이 평균 자승 양자화 오차 : $\varepsilon^2 = S^2/12$ 단, S는 양자화 단계의 간격이다.

35. 양자화 잡음을 줄이기 위해 압신을 행하고자 한다. μ -법칙 압신과 A법칙 압신에서 그 특성이 같을 때는?

㉮ $\mu = 0$, $A = 0$ ㉯ $\mu = 0$, $A = 1$

㉰ $\mu = 1$, $A = 0$ ㉱ $\mu = 1$, $A = 1$

36. 음성신호 $s(t) = 3\cos 500t$를 10-bit PCM을 이용하여 양자화했을 경우 신호대 양자화 잡음비(signal to quantization noise ratio)는 몇 〔dB〕인가?

㉮ 62 ㉯ 64

㉰ 66 ㉱ 68

풀이 사용 bit 수에 따른 신호대 양자화 잡음비

$S/N_q = 6n + 2.0[\text{dB}] = 6 \times 10 + 2 = 62[\text{dB}]$ (단, n : bit 수)

해답 32. ㉯ 33. ㉯ 34. ㉮ 35. ㉯ 36. ㉮

37. 양자화 잡음의 비율은 입력 진폭에 따라 어떠한가?

㉮ 작을 때가 커진다. ㉯ 클 때가 커진다.

㉰ 관계없이 일정하다. ㉱ 관계없이 커진다.

38. 다음에 열거한 것 중 음성 8〔bit〕 부호화 방식의 이점에 가장 합당한 것은?

㉮ 표본화 주파수의 감축 ㉯ 부호화 잡음 감소

㉰ 양자화 잡음 반감 ㉱ 선로 전송 능률 저하

39. 전화의 음성을 8〔kHz〕로 8〔bit〕 부호화하였다. 펄스의 전송속도는 얼마인가? (단, NAS 방식이다)

㉮ 2.048〔Mbit/s〕 ㉯ 1.544〔Mbit/s〕

㉰ 64〔Mbit/s〕 ㉱ 32〔Mbit/s〕

풀이 24[ch] × 8[bit] + 1[bit] = 193[bit]이므로,
193[bit] × 8000[Hz] = 1.544[Mbps]

40. 펄스코드변조(PCM)에서 4〔kHz〕 가량의 대역폭을 갖는 음성정보를 7〔bit〕 coding으로 표본화한다면 음성을 전송하기 위해 얼마의 데이터 전송률이 요구되는가?

㉮ 4〔kbps〕 ㉯ 8〔kbps〕

㉰ 28〔kbps〕 ㉱ 56〔kbps〕

풀이 음성 한 채널의 bit rate(정보 전송량) = 8[kHz] × 7[bit] = 56[Kbps]

41. 음성 비트(bit)를 7비트에서 8비트로 했을 때 맞지 않는 것은?

㉮ 압축 특성이 개선된다.

㉯ 신장 특성이 개선된다.

㉰ 양자화 잡음이 반으로 감소한다.

㉱ 표본화 잡음이 반으로 감소한다.

42. PCM 펄스열은 다음 어느 단에서 2진부호로 전환하는가?

㉮ sampling ㉯ decoder

㉰ coder ㉱ expander

해답 37. ㉮ 38. ㉰ 39. ㉯ 40. ㉱ 41. ㉱ 42. ㉱

43. 부호화에 대한 설명으로 틀린 항은?

㉮ 부호화하면 전송로에서 중요한 것은 펄스의 유·무이다.

㉯ 부호화하면 잡음 등의 영향이 매우 적다.

㉰ 부호화장치에 의하여 아날로그 신호를 일정한 간격의 크기로 자르는 것이다.

㉱ 전송로에서는 부호기에 변환장치를 두어 단극성을 복극성 펄스로 변환시키는 것이 좋다.

44. PCM 통신방식에서 부호화의 방법은?

㉮ 표본화된 펄스에서 일정한 주기로 나타나는 진폭의 폭을 바꾸어 준다.

㉯ 주기적으로 PAM 변조하여 나타나는 파형으로 표시한다.

㉰ 표본화된 펄스(PAM 펄스)를 진폭의 크기에 따라 수 개의 단위 펄스의 유·무조합(1, 0의 조합)으로 만든다.

㉱ 양자화된 파형의 위치, 폭을 일정 크기의 진폭으로 연속, 불연속 신호로 표시한다.

45. 펄스부호 변조의 8비트 양자화에서 128레벨이 129레벨로 바뀌면 01111111 → 10000000의 2진 부호가 된다. 가능한 1자리의 변화를 갖도록 하기 위한 변환코드를 무슨 부호라고 하는가?

㉮ Gray 코드 ㉯ BCD 코드
㉰ 16진 코드 ㉱ ASCII 코드

46. 다음의 변조기법에서 원천코딩(source coding)과 관계가 없는 것은?

㉮ 차동 PCM ㉯ 적응 PCM
㉰ 비선형 코딩 ㉱ 선형예측 코딩

47. 주파수 범위가 0.3~3.4〔kHz〕인 음성신호를 8〔kHz〕로 표본화해 7비트로서 부호화할 경우의 정보 속도는?

㉮ 28〔kb/s〕 ㉯ 56〔kb/s〕
㉰ 64〔kb/s〕 ㉱ 89〔kb/s〕

풀이 8[kHz] × 8[bit] = 64[kbps]

해답 43. ㉰ 44. ㉰ 45. ㉮ 46. ㉰ 47. ㉰

48. 압신기의 설치 설명 중 옳은 것은?
㉮ 송단측에 설치한다.
㉯ 수단측에 설치한다.
㉰ 압축기는 송단측에, 신장기는 수단측에 설치한다.
㉱ 압축기는 수단측에, 신장기는 송단측에 설치한다.

49. 재생 중계기의 3R 기능에 해당되지 않는 것은?
㉮ Reshaping ㉯ Regenerating
㉰ Retiming ㉱ Repeating

50. 다음 디지털 전송 방식에 문제가 되지 않는 것은?
㉮ 표본화 잡음 ㉯ 양자화 잡음
㉰ 과부하 잡음 ㉱ 전송로 잡음

풀이 디지털 전송 방식에서 문제가 되는 잡음
① 기본 잡음 : 열잡음, 누설잡음 등
② 표본화 잡음 ③ 양자화 잡음
④ 지터(Jitter)잡음 ⑤ 과부하 잡음
⑥ 여파잡음

51. 지터(jitter)에 대한 설명 중 틀린 것은?
㉮ 일정 구간마다의 재생중계에 의해 제거되므로 누적되지 않는 잡음이다.
㉯ 펄스열이 왜곡되어 타이밍 펄스가 흔들려서 발생한다.
㉰ 타이밍 회로의 동조가 부정확하여 발생한다.
㉱ 타이밍 편차 또는 지터 잡음이라 한다.

52. Nyquist 비를 만족하지 않았을 때 일어나는 현상을 설명한 것이다. 해당 사항이 아닌 것은?
㉮ Overlap ㉯ Aliasing
㉰ Spectral folding ㉱ Phase shift

풀이 엘리어싱(aliasing)현상 : 표본화율(sampling rate : 1/ T_s)이 Nyquist 주파수(2 f_m)보다 작으면 스펙트럼의 중첩(overlap)이 발생하는 현상으로 보낼 스펙트럼에 왜곡을 발생시킨다.

해답 48. ㉰ 49. ㉱ 50. ㉱ 51. ㉮ 52. ㉱

53. 펄스 부호 변조(PCM) 방식의 특징에 대한 설명 중 틀린 것은?

㉮ 전송로에 의한 레벨변동이 없다.

㉯ 저질의 전송로에도 사용이 가능하다.

㉰ 단국장치에 고급 여파기를 사용할 필요가 없다.

㉱ 점유 주파수 대역이 좁다.

풀이 PCM 방식의 특징

① 전송로에 존재하는 잡음이나 누화 등의 각종 방해잡음에 강하다.
② 잡음이 많은 저품질의 전송로에도 사용이 가능하다.
③ 전송로에 의한 레벨 변동이 없다.
④ 다중계에 따른 잡음 등이 더해지는 것이 적다.
⑤ 재생 중계를 사용하므로 고품질을 얻을 수 있다.
⑥ 회선 절체와 경로 변경등이 쉽다.
⑦ 단국장치의 가격이 저렴하다.
⑧ 점유주파수 대역이 넓다.
⑨ 광대역의 전송로가 얻어진다.

54. 다음 중 양자화 잡음이 나타나지 않는 전송변조 방식은?

㉮ PCM　　㉯ ADPCM

㉰ 델타변조　　㉱ SSB

55. 데이터 전송을 PCM 방식으로 하는 다음 이유 중 타당치 않은 것은?

㉮ 데이터 전송은 본질적으로 부호의 유무(有無)의 전송이기 때문이다.

㉯ 주파수 대역을 넓게 점유하기 때문이다.

㉰ FDM 회선은 본래가 음성용 의곡으로 인한 전송용량 제약 때문이다.

㉱ 데이터 신호와 PCM 신호가 모두 디지털 신호이므로 전송이 유리하기 때문이다.

풀이 PCM 방식은 점유주파수대역이 넓다. 즉 FDM방식의 경우 1통화로당 4[kHz]의 주파수 대역을 차지하므로 24 통화로일 때 약 100[kHz]이지만 PCM- 24의 경우 펄스의 반복 주파수가 1.544[MHz]가 되어 약 15배의 대역폭이 필요하다. 따라서 주파수 대역이 넓어지면 고주파에서 전송로의 손실과 누화가 증대하게 된다.

해답 53. ㉱ 54. ㉱ 55. ㉯

56. 누화잡음 왜곡 등의 발생률이 낮고 전송특성의 질이 저하된 선로에서도 다중화를 할 수 있는 가장 이상적인 전송 방식은?
㉮ AM 주파수 분할 다중 전송 방식
㉯ FM 주파수 분할 다중 전송 방식
㉰ PCM 시분할 다중 전송 방식
㉱ PM 주파수 분할 다중 전송 방식

풀이 PCM 시분할 다중 전송 방식 : 전송로에 존재하는 잡음, 누화, 왜곡 등의 각종 방해에 강하고 저품질의 선로에서도 다중화를 할 수 있다.

57. 8비트 PCM 다중전화에서 24 채널의 다중화를 시켰을 때의 펄스 반복 주파수는?
㉮ 1.544 〔kHz〕 ㉯ 1.544 〔MHz〕
㉰ 1544 〔kHz〕 ㉱ 1544 〔MHz〕

풀이 펄스 반복 주파수 : 8kHz×193=1.544MHz

58. PCM-24 방식에서 클록 펄스의 반복 주파수는 얼마인가?
㉮ 1.544 〔MHz〕 ㉯ 15.44 〔MHz〕
㉰ 2.544 〔MHz〕 ㉱ 25.44 〔MHz〕

풀이 1 프레임에 수용되는 펄스의 수는 24CH × 8비트 + 1(동기용) = 193 [개]이고, 표본화 주파수는 1/125μs = 8000 [Hz]이므로 부호펄스의 주파수는
8000 × 193= 1.544[MHz]

59. TV 전송을 PCM으로 하는 경우 가장 우수한 특징이 기대되는 방식은?
㉮ PCM-FDM 방식 ㉯ 델타 변조(Δ-M) 방식
㉰ ΔPCM ㉱ DPCM 방식

풀이 DPCM(Differential PCM) : 차동 PCM이라 하며 추정 표본값과 실제의 표본값의 차만을 양자화하여 전송하는 방법이다. 따라서 양자화시 필요한 비트수가 감소하게 되어 정보 전송량이 줄어드는 방식으로 TV신호전송과 같이 많은 정보량을 보내야 하는 경우 효과적이다.

해답 56. ㉰ 57. ㉯ 58. ㉮ 59. ㉱

60. 스텝 사이즈(step size)를 가변으로 하여 신호의 상태에 적용시킨 것으로 진폭이 급하게 증대하는 신호에 대해서는 귀환회로에 있는 증폭기로 스텝 사이즈를 감소시켜 입력 신호 레벨에 적응시키는 변조 방식을 무엇이라고 하는가?

㉮ DM ㉯ DPCM

㉰ Adaptive DM ㉱ Adaptive DPCM

풀이 적응 DM(ADM) : 입력신호의 기울기에 적응하여 스텝의 크기를 가변으로 한 변조 방식이다. 즉 입력신호의 기울기가 급격할 때는 스텝의 크기를 증가시키고, 역으로 완만할 때에는 스텝의 크기를 감소시킨다.

61. 아날로그 신호 $f(t)$의 변화 부분만 일정시간 마다 검출해내는, 즉 과거의 정보를 효과적으로 이용하여 부호화하는 방법으로 스텝의 크기를 나타낼 때 1 bit를 사용하는 변조 방식은?

㉮ DM(Delta Modulation) ㉯ ADM(Adaptive DM)

㉰ DPCM(Differential PCM) ㉱ ADPCM(Adaptive DPCM)

풀이 DM(Delta Modulation)은 DPCM의 가장 간단한 방식으로서 차동신호에 대하여 표본당 1비트만을 사용한다.

62. 다음은 델타 변조(DM)에 대한 설명이다. 틀린 것은?

㉮ PCM 통신 방식에 비해 대역폭이 크다.

㉯ 변조에 필요한 전자회로가 PCM에 비해 간단하다.

㉰ 현 시점 신호치를 과거 시점에서 양자화된 진폭치와 비교하여 부호화 한다.

㉱ 신호의 변화가 급격한 경우 샘플 간격 T를 크게 할 필요가 있다.

풀이 전송 대역폭 : PCM > DPCM > DM

63. PCM 방식에서 A/D 변환기 또는 D/A 변환과정에서 직접 관계가 적은 것은?

㉮ Quantizer ㉯ Encoder

㉰ Sampler ㉱ Decoder

풀이 양자화기 + 부호화기 = A/D 변환기

양자화기 + 복호화기 = D/A 변환기

해답 60. ㉰ 61. ㉮ 62. ㉮ 63. ㉰

64. 다음은 델타 변조(DM)에 대한 설명이다. 틀린 항은?

㉮ DPCM 보다 더 큰 전송 대역폭을 필요로 한다.

㉯ 비트 착오 확률이 매우 작을 때 S/N비가 PCM 보다 크다.

㉰ DPCM의 가장 간단한 방식으로 DM은 차동신호에 대하여 표본당 1비트만을 사용한다.

㉱ 업-다운 카운터(up-down counter)가 필요하다.

풀이 델타 변조(DM : delta modulation)는 DPCM의 가장 간단한 형태로서 차동신호에 대하여 표본당 1비트만을 사용한다. 이 단일 비트는 차동표본의 극성만을 나타낸다. 또한 비트오율이 매우 작을 때 S/N_q비가 PCM보다 크며, 전송대역폭은 DPCM보다 작다.

65. 데이터를 압축하기 위한 부호화 기법이 아닌 것은?

㉮ run length encoding ㉯ differential encoding

㉰ predicitive encoding ㉱ biphase encoding

풀이 데이터 압축 부호화 기법

① 예측 부호화(predicitive encoding)

② DPCM(differential PCM)

③ 변환 부호화(transform encoding)

④ 대역 분할 부호화(subband encoding)

⑤ 런길이 부호화(run length encoding)

⑥ 가변길이 부호화(variable length encoding)

해답 64. ㉮ 65. ㉱

MEMO

제 2 장 아날로그 변환방식

2.1 변조의 개요

2.1.1 변복조의 개념 및 목적

통신(communication)이란 송신측에서 수신측으로의 정보의 전달이며, 양자 사이에는 통신로라 부르는 정보의 전송매체가 존재한다. 전기통신에서 통신로는 케이블, 도파관 또는 공중 등이 있다. 이와 같은 통신로에 신호를 보내는 경우 각 통신로에 따라 전송특성이 달라서 보내기 쉬운 주파수 대역이라는 것이 존재한다. 따라서 보내고자 하는 신호가 그 통신로의 특성에 맞지않는 경우에는 그것을 통신로에 적합한 형태로 변환하지 않으면 안된다. 이 변환을 변조(modulation)라고 부른다. 변조되어 통신로를 통하여 온 신호는 그대로 수신자가 이해할 수 없기 때문에 원래의 변조되기 전의 형태로 되돌려야 한다. 이 역의 변환을 복조(demodulation)라고 한다.

통신기술은 많은 정보를 어떻게 정확히 빨리 보내는가 하는 것을 목적으로 한다. 단위 시간내에 많은 정보를 보낼 수 있다면 전송경비가 절약되고, 또 1개의 케이블로 많은 신호를 한번에 보낼 수 있다면 케이블이 절약되어 전송경비를 줄일 수 있다. 이것도 변조 목적중의 하나이다. 한편 통신로에는 잡음이 혼입되는 것이 보통이며, 잡음 때문에 수신측에서 받은 신호가 송신측에 보낸 신호와 다른 형태로 되어 통신의 질이 저하된다. 변조는 잡음을 제거하여 통신의 질을 개선시키는 것도 목적으로 하고 있다.

2.1.2 변조의 종류

변조 방식을 크게 분류하면 그림 2.1과 같다.

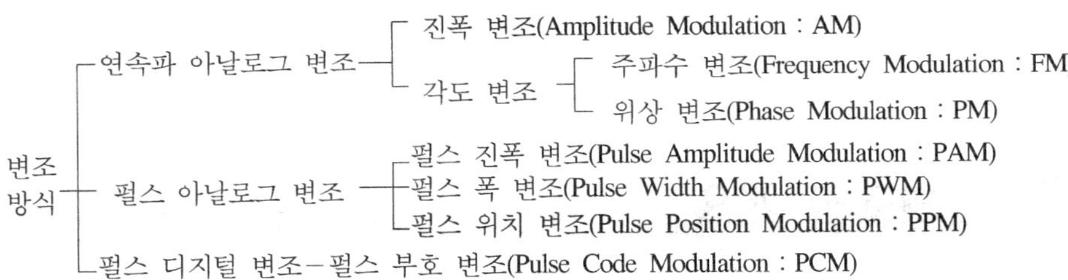

그림 2.1 변조의 종류

펄스 부호 변조(PCM)는 넓은 의미의 펄스 변조에 포함되는 경우도 있지만 변조방법이 PAM, PWM, PPM과는 근본적으로 다르기 때문에 여기서는 별도로 분류하였다.

2.2 아날로그 변복조 방식

2.2.1 진폭변조(AM) 방식

(1) AM파의 개념

진폭 변조(Amplitude Modulation : AM)란 반송파 $A_c \cos \omega_c t$ 의 진폭 A_c를 신호파의 크기에 비례해서 변화시키는 방식이다. AM파 $f(t)_{AM}$는

$$f(t)_{AM} = A_c[1 + ms(t)] \cos \omega_c t \qquad (2\text{-}1)$$

로 표시된다. 단 $s(t)$는 신호파, m은 변조지수(modulation index)이다.

여기서 $|ms(t)|$의 최대치를 변조도라고 하며, $\max|ms(t)| = 1$일 때를 완전 변조, $\max|ms(t)| > 1$일 때를 과변조(over modulation)라고 한다. 보통 $\max|ms(t)| < 1$ 이다. 일반적으로 AM파형의 예를 그림 2.2에 나타내었다.

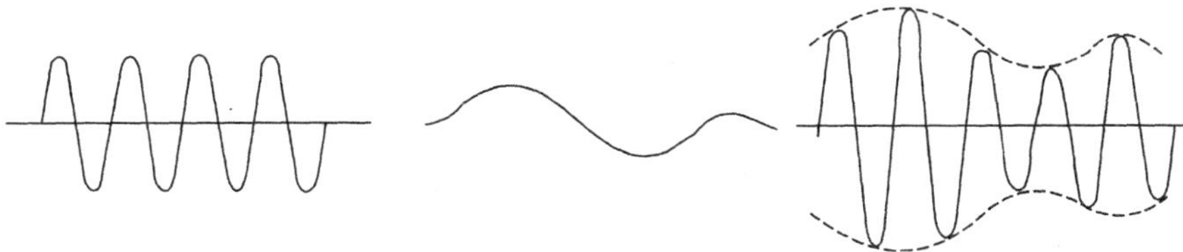

(a) 반송파 $A_c \cos\ \omega_c t$　　(b) 신호파 $s(t)$　　(c) AM파 ($\max|ms(t)|<1$)

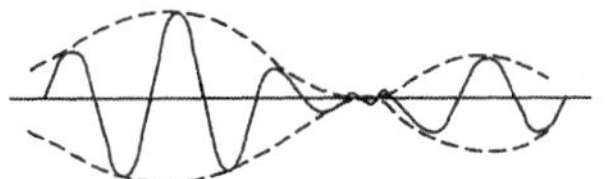

(d) 완전변조 ($\max|ms(t)|=1$)

(e) 과변조 ($\max|ms(t)|>1$)

그림 2.2 AM파

AM의 유일한 성질은 변조된 반송파(AM파)의 포락선(envelope)이 변조 신호와 같은 파형을 갖는 것이다.

(2) AM파의 스펙트럼

우선 신호파인 변조 신호 $s(t)$가 단일 여현파 $\cos\omega_s t$인 경우를 생각해 보자.

AM 파는 식(2-1)로부터 다음과 같이 표현된다.

$$f(t)_{AM} = A_c(1+m\cos\omega_s t)\cos\omega_c t$$

$$= A_c\cos\omega_c t + \frac{mA_c}{2}\cos(\omega_c+\omega_s)t + \frac{mA_c}{2}\cos(\omega_c-\omega_s)t \qquad (2\text{-}2)$$

$f(t)_{AM}$는 각주파수 ω_c, $(\omega_c+\omega_s)$, $(\omega_c-\omega_s)$의 3개의 주파수 성분으로 나타내며, 각각의 성분의 크기는 A_c, $\frac{mA_c}{2}$, $\frac{mA_c}{2}$이다. 제 1항 ω_c는 반송파 그 자체를 나타내고, 신호파가 반송파를 중심으로 좌우 대칭인 제 2, 제 3항의 각주파수가 $(\omega_c+\omega_s)$, $(\omega_c-\omega_s)$를 나타내고 있다. $(\omega_c+\omega_s)$의 성분을 상측파대(USB : upper side band), $(\omega_c-\omega_s)$의 성분을 하측파대(LSB : lower side band)라고 부르며, 이 양자를 측파대(side-band)라고 한다.

그림 2.3, 그림 2.4는 주파수 성분의 배치, AM파의 파형을 나타낸 것이다. 그림 2.4는 포락선이 변조 신호와 같은 파형을 갖는다고 하는 AM파의 특징을 나타내고 있다.

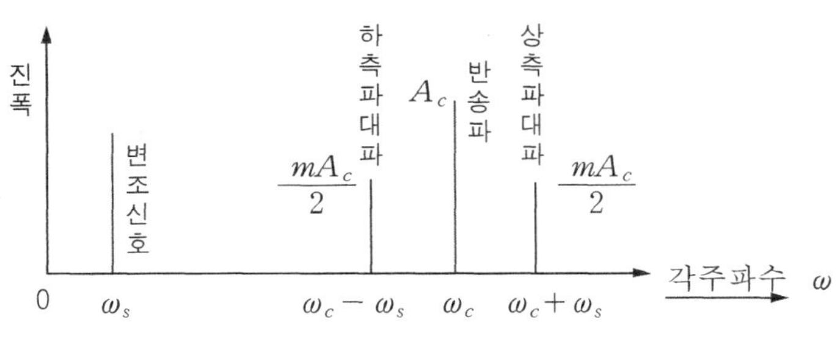

그림 2.3 AM파의 주파수 성분

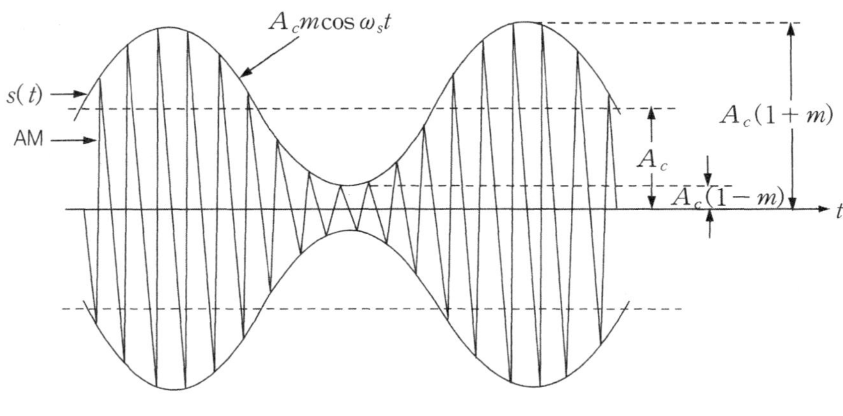

그림 2.4 AM파

다음은 변조파가 일반적인 파형인 경우를 생각해 보자. $s(t)$는 대역이 $\omega_s(\omega_s \ll \omega_c)$으로 제한된 신호파라고 한다. AM파 $f(t)_{AM}$는

$$f(t)_{AM} = A_c[1 + ms(t)]\cos \omega_c t$$

$$= A_c \cos \omega_c t + mA_c s(t) \cos \omega_c t$$

$$= \frac{A_c}{2}[e^{j\omega_c t} + e^{-j\omega_c t}] + \frac{mA_c}{2}[s(t)e^{j\omega_c t} + s(t)e^{-j\omega_c t}] \qquad (2\text{-}3)$$

로 된다.

$s(t)$의 푸리에 변환을 $S(\omega)$라고 하면, 푸리에 변환의 성질로부터 $s(t)e^{j\omega_c t}$ 및 $s(t)e^{-j\omega_c t}$의 푸리에 변환은 각각 $S(\omega - \omega_c)$, $S(\omega + \omega_c)$이다.

따라서 $f(t)_{AM}$의 푸리에 변환 $F(\omega)_{AM}$는

$$F(\omega)_{AM} = \pi A_c[\delta(\omega-\omega_c)+\delta(\omega+\omega_c)] + \frac{mA_c}{2}[S(\omega-\omega_c)+S(\omega+\omega_c)] \quad (2\text{-}4)$$

가 된다.

식 (2-4)의 제 1항은 반송파의 스펙트럼, 제 2항은 측파대 성분을 나타내고 있다. $f(t)_{AM}$의 주파수 스펙트럼은 그림 2.5에 나타내었다. AM파의 주파수 대역은 상하 측파대를 포함해서 신호파의 대역의 2배와 같다. 신호파의 정보는 모두 측파대에 포함되어 있고 반송파는 정보의 전송에는 관여하지 않는다. 그러나 반송파의 주파수, 위상의 정보의 유무는 복조에 있어서 회로의 복잡함의 정도에 영향을 미친다.

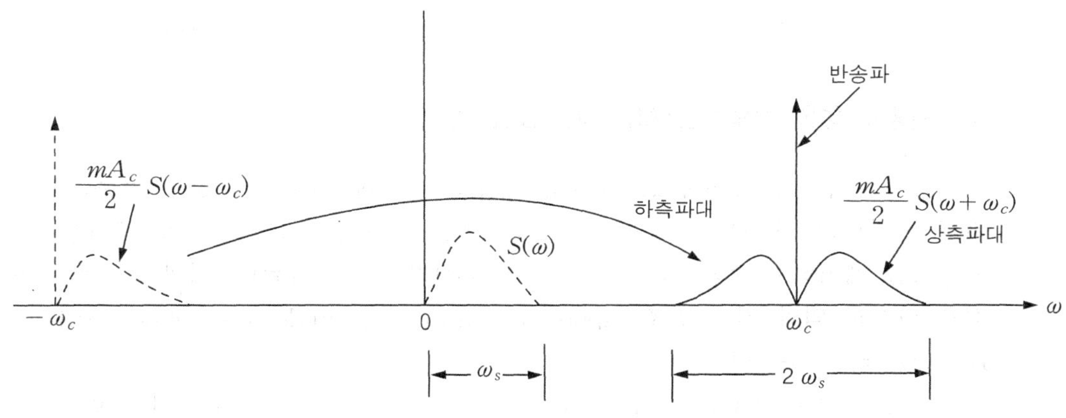

그림 2.5 AM파의 주파수 스펙트럼

(3) AM파의 전력

AM파는 반송파와 측파대와의 합으로 표현됨을 알 수 있었는데, 다음은 양자의 전력의 분할에 관하여 조사해 보자.

간단히 신호파를

$$s(t) = \cos\omega_s t \quad (2\text{-}5)$$

라 하고, 식 (2-2)의 AM파를 다시 생각한다.

$f(t)_{AM}$의 평균 전력은 반송파, 상측파대파, 하측파대파의 각 평균전력의 합으로 주어진다.

반송파의 평균전력은

$$\frac{A_c^2}{2} \quad (2\text{-}6)$$

이며, 측파대파의 평균전력은 상하 각각

$$\frac{m^2 {A_c}^2}{8} \qquad (2\text{-}7)$$

이다. A_c는 일정하므로 AM파의 전력은 m에만 관계한다. max | $m\cos\,\omega_s t$ | ≤ 1 이므로 측파대파의 평균전력은 상하 합해서 대략

$$\frac{A_c^2}{4} \qquad (2\text{-}8)$$

이다.

이와 같이 전 평균전력의 2/3가 정보 전송에 직접 관계없는 반송파가 포함하고 있어 전력면에서 AM은 능률이 나쁜 변조법이라고 말할 수 있다.

(4) 반송파 억압 진폭변조(AM-SC, DSB-SC)

지금까지 설명한 진폭변조법에서는 정보의 전달에 관여하지 않는 반송파의 전력이 전전력의 약 2/3를 차지하고 있다. 정보의 전송이라는 것만을 생각한다면, 반송파를 제거하여 측파대파만을 보내면 송신전력이 절약된다. 이와같은 변조 방식을 반송파 억압 진폭 변조(suppressed carrier amplitude modulation : AM-SC, DSB-SC)라고 부른다.

반송파는 전혀 필요하지 않는 것이 아니라 정확한 복조를 위해서는 반송파의 주파수, 위상의 정보가 필요하다. 보통 이 정보는 파일럿 신호로서 AM-SC파와 같이 보내진다.

AM-SC 파 $f(t)_{AM-SC}$는 그림 2.6과 같이 신호파 $s(t)$와 반송파 $A_c\cos\omega_c t$ 를 승적기(multiplier)에 입력시키면 다음과 같이 표현된다.

$$f(t)_{AM-SC} = A_c s(t)\cos\omega_c t \qquad (2\text{-}9)$$

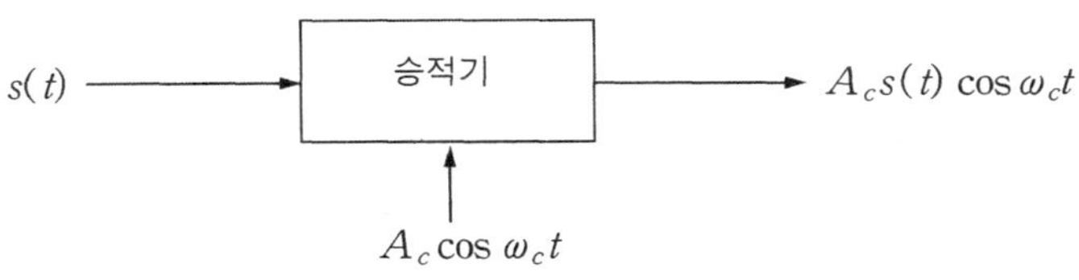

그림 2.6 AM-SC의 원리

$f(t)_{AM-SC}$의 푸리에 변환 $F(\omega)_{AM-SC}$는 다음과 같이 표시된다.

$$F(\omega)_{AM-SC} = \frac{A_c}{2}[S(\omega-\omega_c)+S(\omega+\omega_c)] \qquad (2\text{-}10)$$

여기서 $S(\omega)$는 $s(t)$의 푸리에 변환이다. 식(2-4)와 식(2-10)을 비교하면 $F(\omega)_{AM-SC}$는 $F(\omega)_{AM}$의 반송파 성분이 제거됨을 알 수 있다.

$f(t)_{AM-SC}$의 주파수 스펙트럼을 그림 2.7에 나타내었다. 신호파 $s(t)$에 $\cos\omega_c t$를 곱하면 그 스펙트럼을 $\pm\omega_c$ 만큼 이동시킬 수 있음에 주의한다.

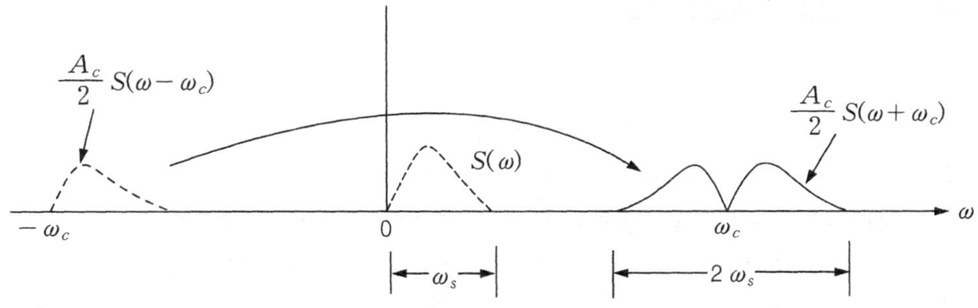

그림 2.7 AM-SC파의 주파수 스펙트럼

예제 진폭변조파 V_{AM}=(100+40cos2 π400t)cos2 π 10^5t로 표시될 때 다음 질문에 답하시오.

(1) 피변조파는 어떤 주파수로 구성되며, 그 때의 진폭은?

풀이 피변조파는 반송파, 상측파대, 하측파대 주파수로 구성된다.

AM파에서 피변조파 전압

$V_{AM}=(V_c+V_s\cos 2\pi f_s t)$

$= V_c(1+m\cos 2\pi f_s t)\cos 2\pi f_s t)\cos 2\pi f_c t=(100+40\cos 2\pi 400t)\cos 2\pi 10^5 t$

이므로

① 반송파 주파수 : f_c= 10^5Hz=100kHz

② 상측파대 주파수 : f_c+ f_s=100kHz+400Hz=100.4kHz

③ 하측파대 주파수 : f_c− f_s=100kHz−400Hz=99.6kHz

이때 반송파 진폭 V_c=100V, 신호파 진폭 V_s=40V이고, 피변조파에서 상하측파대의 각각의 진폭은 $\frac{V_s}{2}=\frac{40}{2}$=20V이다.

(2) 변조도는 몇 %인가?

풀이 변조도 m= $\frac{V_s}{V_c} = \frac{40}{100}$ =0.4=40%

(3) 각 전력 성분의 비는?

풀이 $1 : \frac{m^2}{4} : \frac{m^2}{4} = 1 : \frac{0.4^2}{4} : \frac{0.4^2}{4} = 1 : 0.04 : 0.04$

(5) 단측파대 진폭변조(SSB)

반송파 억압 진폭변조(AM-SC)에서는 송신 전력이 모두 정보의 전달에 기여하고, 진폭 변조(AM)에 비하여 전력의 절감이 됨을 알 수 있었다. 그러나 그림 2.7에서 알 수 있듯이 AM-SC 파는 반송파 주파수 ω_c를 경계로 하여 좌우대칭이기 때문에 정보로서는 양측파대 중의 한쪽만을 보내면 충분하다.

이와 같이 AM-SC 파의 한쪽의 측파대만을 전송하는 변조법을 단측파대 진폭변조(single side-band AM : SSB)라고 한다. SSB에서는 송신 전력이 AM-SC의 1/2, 변조파의 대역폭도 AM-SC의 1/2이 된다. SSB의 복조에 있어서도 AM-SC와 마찬가지로 변조시의 반송파와 주파수 및 위상이 완전히 일치한 국부 반송파가 필요하다.

그림 2.8은 SSB 변조기의 기본구성을 나타낸 것이다. 즉 SSB파는 평형 변조기의 출력(DSB)에서 하나의 측파대를 대역 필터(BPF)를 이용하여 꺼내면 된다. 변조 신호가 낮은 주파수 성분을 포함하는 경우에는 상측파대와 하측파대를 분리할 수 있도록 예리한 차단 특성을 갖는 대역 필터가 필요하지만, 이와 같은 필터를 만드는 것은 대단히 어렵다. 또한 변조 신호가 직류분을 포함하는 경우에는 무한대의 경사의 차단 특성이 필요하며, 이와 같은 대역 필터를 만드는 것은 현실적으로 불가능하다. 이러한 SSB 변조기(필터법)외에 2개의 평형 변조기와 90° 이상 회로를 이용한 SSB 변조기(이상법)도 있지만 광대역 변조 신호의 경우 90° 이상 회로를 만드는 것은 곤란하다.

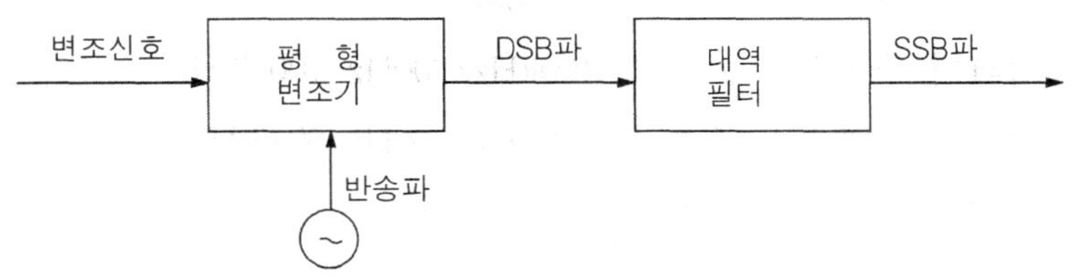

그림 2.8 SSB 변조기

SSB의 이점으로는 "페이딩에 강하다"는 것을 들 수 있다. 페이딩(fading)이란 무선 통신에 있어서 여러 개의 전파로를 통하여 신호가 수신기에 도달하기 때문에 그 합성파의 수신 강도가 시간적으로 랜덤하게 변동하는 것을 말한다.

AM-SC의 경우에는 페이딩에 따라 상하측파대의 강도 변동에 차이가 생겨 복조 왜곡을 일으킨다. SSB에서는 측파대가 한개이므로 이와 같은 현상은 일어나지 않는다.

(6) 잔류 측파대 진폭 변조(VSB)

비디오 신호, 팩시밀리 신호, 고속 데이터 신호 등과 같이 광대역에서 직류분과 나란히 저주파 성분을 포함하는 신호에 대해서는 SSB 방식을 이용하지 않는다. 이와 같은 신호에 대해서는 SSB와 DSB 방식의 중간에 위치한 잔류 측파대 진폭변조(Vestigial Side Band AM : VSB AM) 방식이 사용된다. 이는 반송파 주파수에 가까운 범위에 대해서는 DSB를 적용하고, 그 이상의 주파수 성분에 대해서는 SSB를 적용하는 방식이다.

원리적으로는 어떤 신호파에 대해서도 SSB가 가능하지만 신호파가 직류 또는 직류에 가까운 주파수 성분을 포함하는 경우에는 현실 문제로서 필터에 의한 단측파대의 분리 추출이 불가능하다. 이와 같은 경우에 AM-SC파의 한쪽의 측파대를 완전히 제거하지 않고, 반송파 측파대에 가까운 주파수 성분은 그대로 두어 전체적으로 주파수 대역의 압축을 꾀하는 변조법을 VSB라고 부른다. VSB파의 주파수 스펙트럼의 예를 그림 2.9에 나타내었다.

VSB 방식은 소위 DSB와 SSB의 양방식의 장점만을 갖춘 변조 방식이며, 다음과 같은 장점을 가지고 있다.

① 소요 전송 대역은 SSB 방식의 대역보다 약간 넓다.

② 대역 필터의 감쇠 특성은 부드러운 것이 좋기 때문에 실현이 용이하다.

③ DSB 방식과 같은 정도의 양호한 저주파 특성을 지니고 있다.

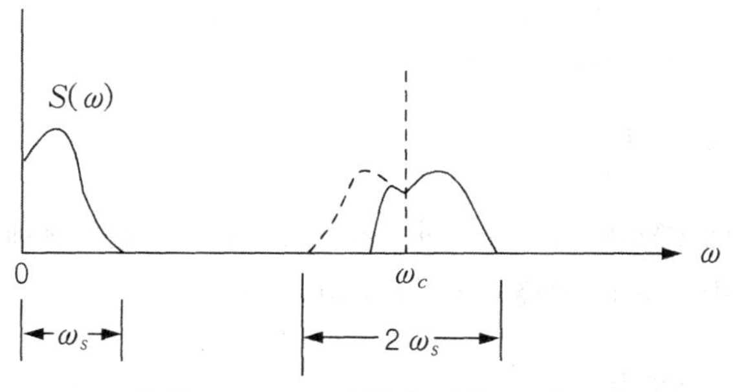

그림 2.9 VSB파의 주파수 스펙트럼

2.2.2 각도 변조 방식

(1) 주파수 변조와 위상 변조

반송파 $A_c\cos(\omega_c t+\phi_c)$의 반송파 각주파수 ω_c, 혹은 위상각 ϕ_c를 변조 신호 $s(t)$에 따라 변화시키는 변조 방식을 총칭하여 각도 변조(angle modulation)라고 부른다.

특히 주파수 변조(frequency modulation : FM)란 반송파 $A_c\cos(\omega_c t+\phi_c)$의 각주파수 ω_c를 신호파의 크기에 비례하여 변화시키는 방법이며, 위상 변조(phase modulation : PM)란 반송파의 위상각 ϕ_c을 변화시키는 방법이다.

FM 및 PM은 AM에 비하여 전송 대역폭을 넓게 할 수 있으므로 복조후의 신호대 잡음비를 크게 할 수 있는 장점을 갖고 있으며, 잡음에도 강한 방식이다.

신호파를 $s(t)$라고 할 때 반송파의 위상이 시간의 함수로서

$$\theta(t)=ms(t) \tag{2-11}$$

이고, $s(t)$에 비례하여 변화하는 것이 PM이다. PM파 $f(t)_{PM}$는

$$\begin{aligned} f(t)_{PM} &= A_c\cos\{\omega_c t+\phi_c+\theta(t)\} \\ &= A_c\cos\{\omega_c t+\phi_c+ms(t)\} \end{aligned} \tag{2-12}$$

로 표시된다. 식 (2-12)의 괄호안의

$$\phi(t)=\omega_c t+\phi_c+ms(t) \tag{2-13}$$

는 PM파의 각 시점에 있어서의 위상각을 나타내는 함수로서 이것을 순시 위상각이라고 한다. 순시 위상각 $\phi(t)$의 시간미분 $\dfrac{d\phi(t)}{dt}$는 각 시점의 각속도(각주파수)를 나타내며, 이것을 순시 각주파수라고 한다.

식 (2-12)의 순시 각주파수는

$$\frac{d\phi(t)}{dt}=\omega_c+m\frac{ds(t)}{dt} \tag{2-14}$$

가 된다. 따라서 PM에서는 각주파수가 신호파의 시간미분에 비례하여 변화한다.

한편 FM에서는 순시 위상각을 $\phi(t)$라고 하면

$$\frac{d\phi(t)}{dt}=\omega_c+ms(t) \tag{2-15}$$

로 표시되므로

$$\phi(t) = \omega_c t + \phi_c + m\int s(t)dt \tag{2-16}$$

이다. 따라서 FM파 $f(t)_{FM}$는

$$f(t)_{FM} = A_c \cos\left\{\omega_c t + \phi_c + m\int s(t)dt\right\} \tag{2-17}$$

로 표시된다.

이것은 위상각을 신호파의 적분에 비례하여 변화시킨 것과 동등하다.

식 (2-12)와 식 (2-17) 및 식 (2-14)와 식 (2-15)를 비교하면 알 수 있듯이 위상을 변화시키는 것과 주파수를 변화시키는 것은 본질적으로 같으며

$s(t)$을 PM ⇔ $\dfrac{ds(t)}{dt}$를 FM

$s(t)$을 FM ⇔ $\int s(t)dt$을 PM

인 대응 관계가 성립한다. 이들의 관계를 나타내면 그림 2.10과 같다.

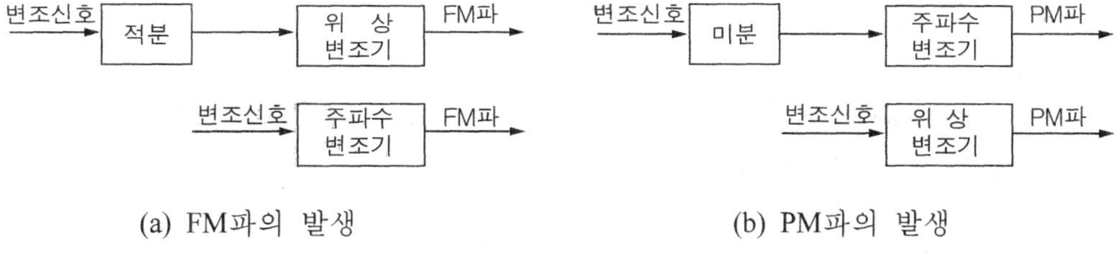

(a) FM파의 발생 (b) PM파의 발생

그림 2.10 FM과 PM의 관계

(2) 각도 변조파의 스펙트럼

먼저 신호파가 단일 정현파인 경우를 생각해 보자. 신호파를

$$s(t) = \cos\omega_s t \tag{2-18}$$

라고 하면, PM파 및 FM파는 각각 (2-12), (2-17)에서

$$f(t)_{PM} = A_c \cos\{\omega_c t + \phi_c + m\cos\omega_s t\} \tag{2-19}$$

$$f(t)_{FM} = A_c \cos\{\omega_c t + \phi_c + m_f \sin\omega_s t\} \quad (m_f = \frac{m}{\omega_s}) \tag{2-20}$$

이 된다.

여기서 m_f는 반송파의 최대 주파수 편이와 신호파의 최대 주파수와의 비로서 변조지수라고 부른다. PM파나 FM파는 본질적으로 같으므로 식 (2-20)에서 간단히 하기 위하여 $\phi_c = 0$이라고 놓으면

$$\begin{aligned} f(t)_{FM} &= A_c \cos\{\omega_c t + m_f \sin \omega_s t\} \\ &= A_c\{\cos \omega_c t \ \cos(m_f \sin \omega_s t) - \sin \omega_c t \ \sin(m_f \sin \omega_s t)\} \end{aligned} \quad (2\text{-}21)$$

가 된다.

여기서 다음의 공식을 이용하여 식 (2-21)을 다시 바꿔 쓰면

$$\cos(m_f \sin \omega_s t) = \sum_{n=-\infty}^{\infty} J_n(m_f) \cos n\omega_s t \quad (2\text{-}22)$$

$$\sin(m_f \sin \omega_s t) = \sum_{n=-\infty}^{\infty} J_n(m_f) \sin n\omega_s t \quad (2\text{-}23)$$

$J_n(m_f)$는 제 1 종 Bessel 함수라고 부르며

$$\begin{aligned} J_n(m_f) &= J_{-n}(m_f) \qquad (n : \text{우수}) \\ J_n(m_f) &= -J_{-n}(m_f) \qquad (n : \text{기수}) \end{aligned} \quad (2\text{-}24)$$

이다.

각 n의 값에 대한 $J_n(m_f)$의 그래프를 그림 2.11에 나타내었다. 식 (2-22), (2-23)을 식 (2-21)에 대입하면

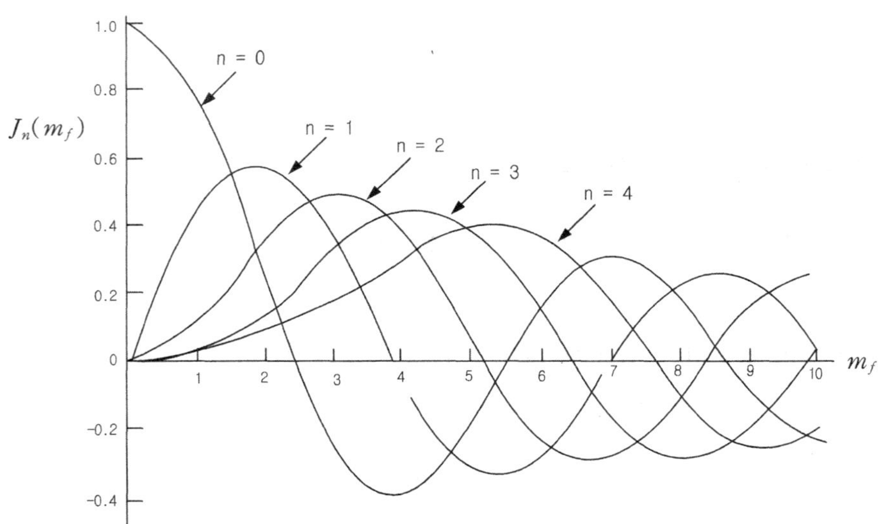

그림 2.11 Bessel 함수

$$f(t)_{FM} = A_c\left\{\cos\omega_c t \sum_{n=-\infty}^{\infty} J_n(m_f)\cos n\omega_s t - \sin\omega_c t \sum_{n=-\infty}^{\infty} J_n(m_f)\sin n\omega_s t\right\}$$
$$= A_c \sum_{n=-\infty}^{\infty} J_n(m_f)\cos(\omega_c + n\omega_s)t \quad (2\text{-}25)$$

가 된다.

이 식에서 정현파의 각도 변조파는 반송파의 각주파수 ω_c를 중심으로 하여 정부의 방향으로 서로 ω_s만큼 떨어진 무한 개의 스펙트럼을 갖는다.

실제로 높은 주파수 성분은 무시되기 때문에 FM파의 대역폭은 유한하고 변조지수 m_f에 관계되므로 m_f 가 클 때는 넓고, 작을 때는 좁아진다. FM파의 주파수 스펙트럼을 그림 2.12에 나타내었다.

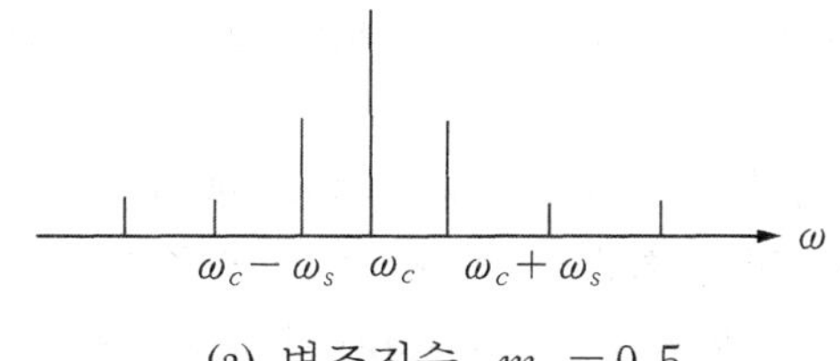

(a) 변조지수 $m_f = 0.5$

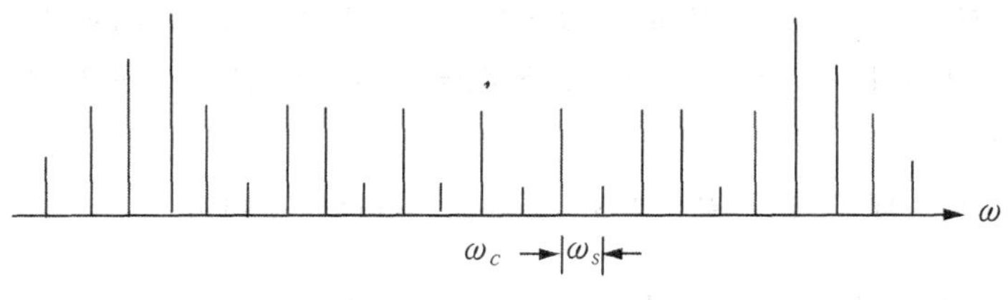

(b) 변조지수 $m_f = 10$

그림 2.12 FM파의 스펙트럼

그림 2.11에서 알 수 있듯이 $m_f \ll 1$인 경우에는 |n|이 2 이상의 $J_n(m_f)$의 값은 무시되므로 식 (2-25)는

$$f(t)_{FM} = A_c\{J_0(m_f)\cos\omega_c t + J_1(m_f)\cos(\omega_c + \omega_s)t + J_{-1}(m_f)\cos(\omega_c - \omega_s)t\}$$

$$= A_c[J_0(m_f)\cos\omega_c t + J_1(m_f)\cos(\omega_c + \omega_s)t + J_1(m_f)\cos\{(\omega_c - \omega_s)t - \pi\}] \quad (2\text{-}26)$$

로 쓸 수 있다.

2.2.3 펄스 변복조 방식

진폭변조나 각도변조를 이용하는 통신방식은 정현 반송파의 진폭, 위상 및 주파수를 변조신호에 따라 변화시켜 전송하는 방식이다. 아날로그 신호는 반복 펄스의 진폭, 폭, 위치 등의 파라미터의 연속적인 변화나 2진 혹은 다진 펄스열의 형태로 변환하여 전송하는 것도 가능하며, 이와 같은 신호 변환 조작을 펄스 변조(pulse modulation)라고 한다. 그리고 펄스 변조를 이용하여 신호를 전송하는 방식을 펄스 변조 통신 방식이라고 한다.

신호 파형의 표본값에 따라 펄스의 많은 파라미터를 변화시킴에 따라 혹은 표본값을 2진 또는 다진 부호화하고, 더욱이 이와 같은 부호를 펄스열로 변환함에 따라 표본값을 전송하는 방식을 펄스 변조 방식이라 하며, 여기에는 여러 가지 방식이 있다.

① 펄스 진폭 변조(Pulse Amplitude Modulation : PAM) : 변조 신호의 표본값에 따라서 펄스의 진폭만을 변화시키는 변조방식

② 펄스 위치(위상) 변조(Pulse Position(Phase) Modulation : PPM) : 변조신호의 표본값에 따라 펄스의 위치(위상)만을 변화시키는 변조방식

③ 펄스폭 변조(Pulse Width Modulation : PWM 또는 Pulse Duration Modulation : PDM) : 변조 신호의 표본값에 따라서 펄스의 폭만을 변화시키는 변조방식

그림 2.13은 대표적인 펄스변조 방식을 나타낸 것이다.

이러한 PAM, PWM(또는 PDM) 및 PPM 변조 방식에서는 펄스의 파라미터를 변조 신호의 표본값에 따라 연속적으로 변화시키는 것이 특징이며, 아날로그 펄스변조에 속한다.

한편 신호의 표본값을 2진 혹은 다진 부호 펄스로 변환시키는 방법은 디지털 통신에 주로 사용되며, 표본화된 펄스의 진폭을 디지털화한 후에 부호화하여 전송하는 통신방식을 펄스 부호 변조(Pulse Code Modulation : PCM)라고 부른다. 또한 신호파의 진폭에 따라 진폭과 폭이 일정한 단위펄스를 일정한 시간내에 그 수를 변화시켜 변조하는 방식을 펄스 수 변조(Pulse Number Modulation : PNM)라고 한다.

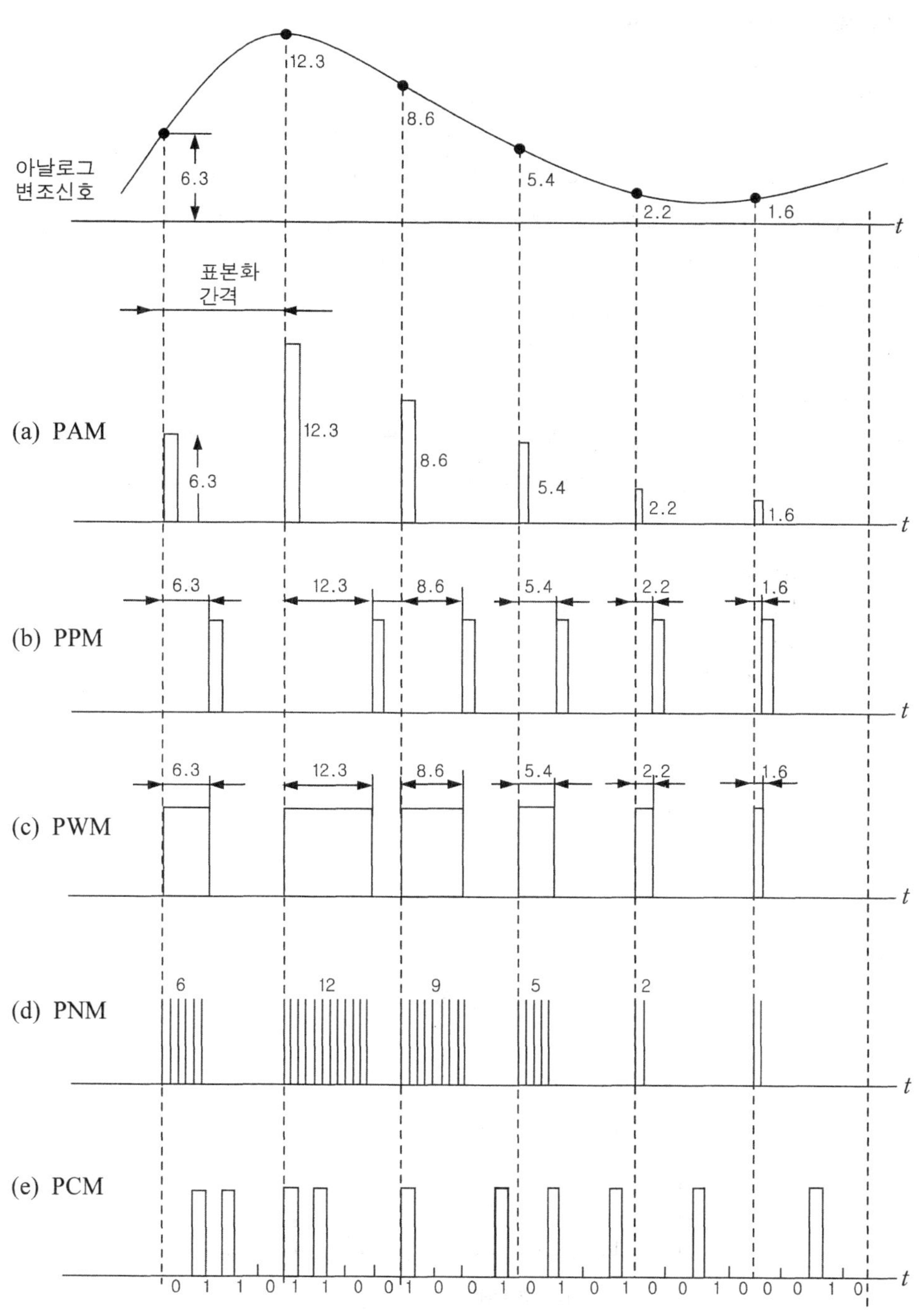

그림 2.13 대표적인 펄스 변조의 종류

(1) 펄스 진폭 변조(PAM)

이상적인 연속파 변조법에서는 반송파로서 단일 정현파를 이용하고 있지만, 정현파 대신에 반송파로서 펄스열을 이용하는 방법을 펄스 변조(pulse modulation)라고 부른다. 즉, 표본화 정리를 그대로 이용하는 방식이다.

신호파의 진폭에 비례하여 정현 반송파의 진폭을 변화시키는 AM의 경우와 마찬가지로 신호파의 진폭에 비례하여 펄스열 반송파의 각 펄스의 진폭을 변화시키는 것이 펄스 진폭 변조(Pulse Amplitude Modulation : PAM)이다.

표본화 정리에 의하면 나이키스트 간격으로 취한 표본치에 의해 원래의 신호가 복원되기 때문에, 펄스열 반송파의 펄스 간격을 나이키스트 간격으로 잡아 그의 표본치의 정보를 펄스진폭에 실어서 보낸다면 수신측에서 원래의 신호파를 바르게 복조할 수 있다. PAM 파형의 예를 그림 2.14에 나타내었다.

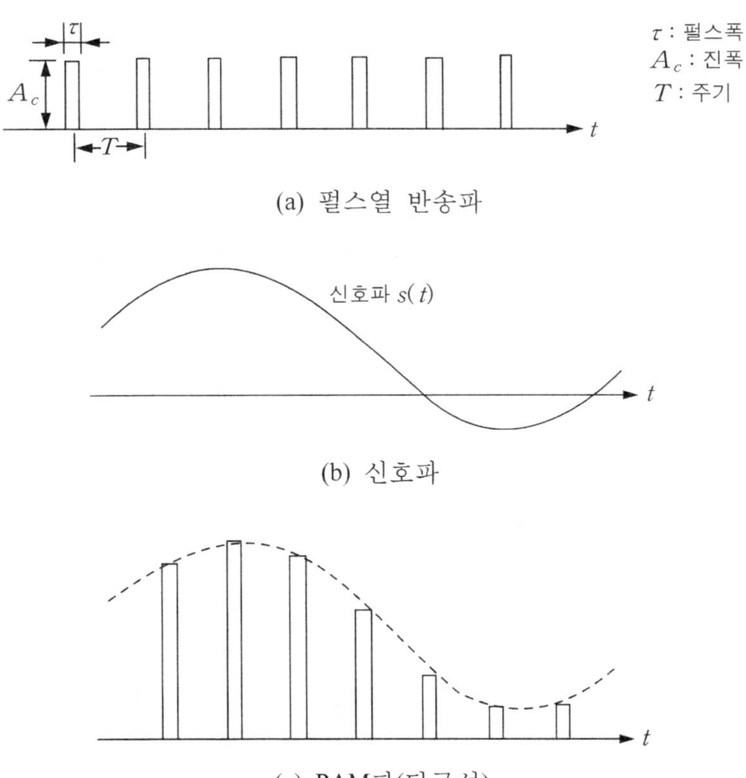

(a) 펄스열 반송파

(b) 신호파

(c) PAM파(단극성)

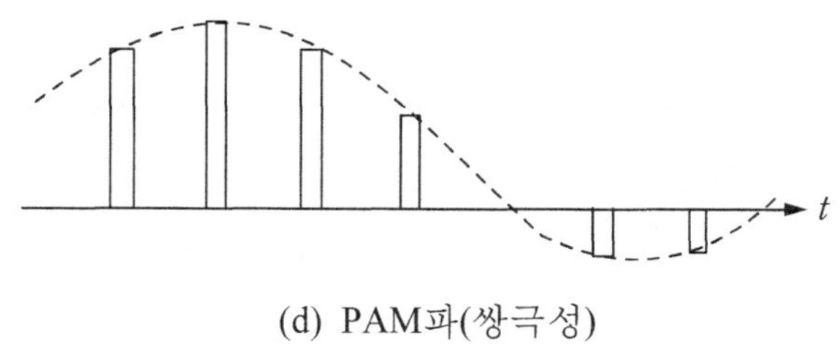

(d) PAM파(쌍극성)

그림 2.14 PAM파

PAM파는 무한 개의 주파수 성분을 갖고 있으므로 전송할 때에 무한의 대역폭을 갖는 전송로가 필요하다. 그러나 정보는 펄스의 높이에만 포함하고 있기 때문에 펄스의 형이 왜곡을 받아 어떤 형태로 일그러져 있어도 높이가 유지되는 한 수신측에서 바르게 신호파를 복원할 수 있다.

PAM파의 주파수 스펙트럼에는 신호파 자신의 성분도 포함하고 있어 전송할 때에는 적어도 이 성분을 바르게 전송하면 되기 때문에 신호파의 대역폭이 1/2T일 때 PAM파의 전송에 필요한 대역폭은 1/2T 이상이다.

(2) 펄스폭 변조(PWM)

펄스열 반송파의 각 펄스의 폭을 신호파의 진폭에 비례하여 변화시키는 것이 펄스폭 변조(Pulse Width Modulation : PWM)이다. PWM 파형의 예를 그림 2.15에 나타내었다.

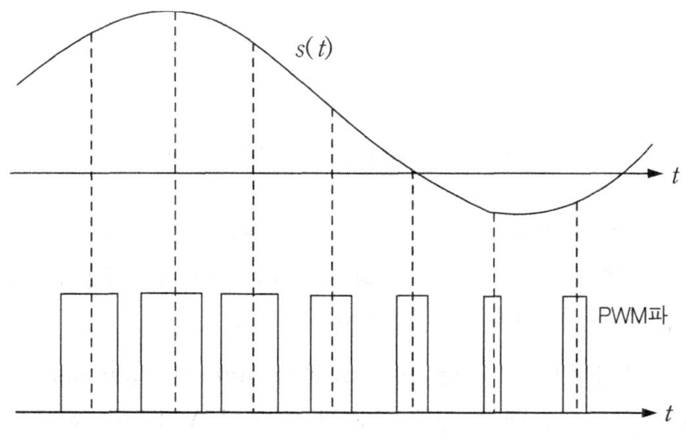

그림 2.15 PWM파

그림 2.16에 보인 바와 같이 신호파 (a)에 반복 주파수가 샘플링 주파수와 같은 톱니파 (b)를 가한 (c)를 적당한 레벨로 슬라이스하여 펄스정형을 하면 PWM파가 얻어진다. 이 방법에서는 펄스폭이 시각 b_1, b_2, b_3, ……에 있어서 신호의 진폭에 비례하고 표본화 간격은 일정하지 않다. 이와 같은 경우를 자연 표본화(natural sampling)라고 한다.

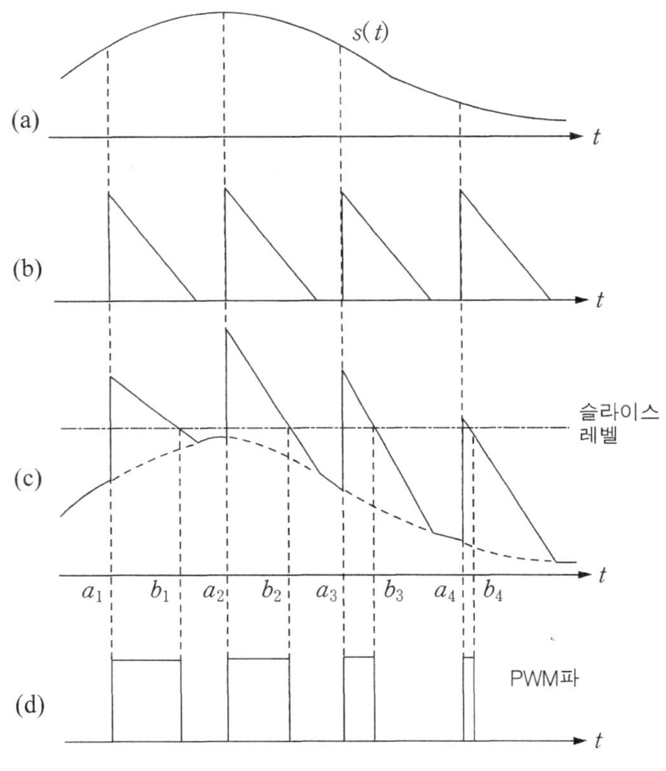

그림 2.16 PWM의 원리(자연 표본화)

표본화 간격을 일정하게 하려면 그림 2.17에 보인 바와 같이 신호파의 PAM파를 만들고 (a)에 톱니파 (b)를 가하여 (c)를 적당한 레벨로 슬라이스하여 펄스정형하면 된다. 이 방법에서는 펄스폭이 시각 a_1, a_2, a_3, …… 에 있어서의 신호의 진폭에 비례한다. 이것을 균일 표본화(uniform sampling)라고 한다.

PWM파를 복조하는데는 그림 2.18과 같이 PWM파와 톱니파를 곱하고 그 출력파의 진폭을 PAM파에서 꺼낸 것을 저역 필터에 통과시키면 된다.

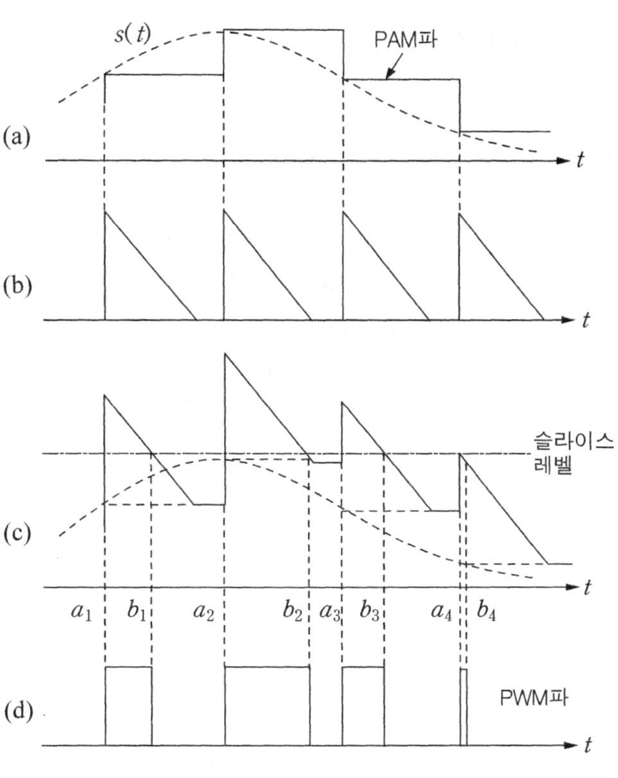

그림 2.17 PWM의 원리(균일 표본화)

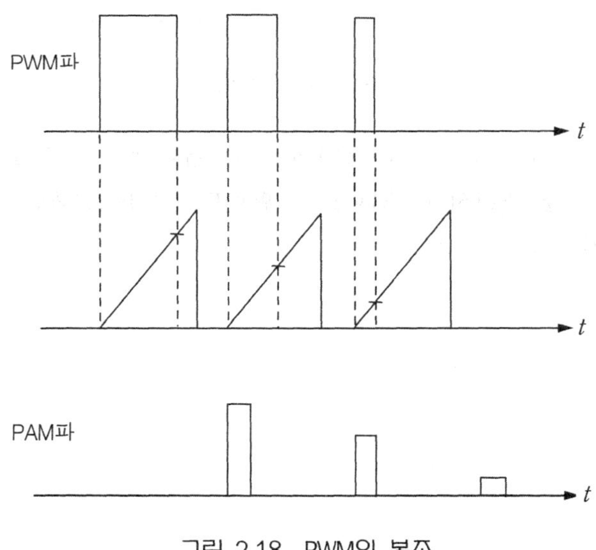

그림 2.18 PWM의 복조

(3) 펄스 위치 변조(PPM)

펄스열 반송파의 각 펄스의 위치를 신호파의 진폭에 비례하여 기준 위치에서 편이시킴에 따라 정보를 전달하는 변조 방식이 펄스 위치 변조(Pulse Position Modulation : PPM)이다.

PPM 파형의 예를 그림 2.19에 나타내었다. 그림 2.15와 비교하면 알 수 있듯이 PPM파는 PWM파의 정보를 포함하고 있는 부분만을 꺼내는 것이다. 이와 같이 PWM과 PPM은 본질적으로 같은 것으로 생각할 수 있다. 그러나 송신 전력의 경제성인 점에서 보면 PPM 쪽이 유리하다. PPM파는 그림 2.20에 보인 바와 같이 먼저 PWM파를 만들고, 이 PWM파를 미분하여 정보를 포함하는 측의 미분 파형을 정형함에 따라 얻어진다.

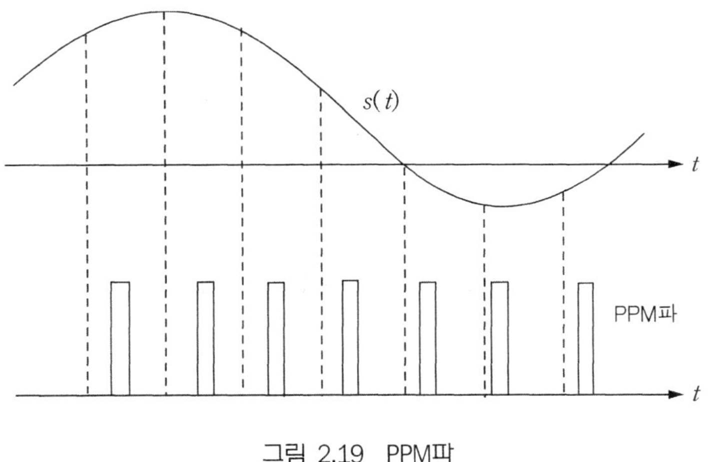

그림 2.19 PPM파

PPM파를 복조하는데는 그림 2.21과 같이 톱니파에 PPM을 가하고, 그 파형의 일정 레벨 이상을 꺼내서 PAM파로 변환한다. 이 PAM파를 저역 필터에 가하면 신호파가 얻어진다.

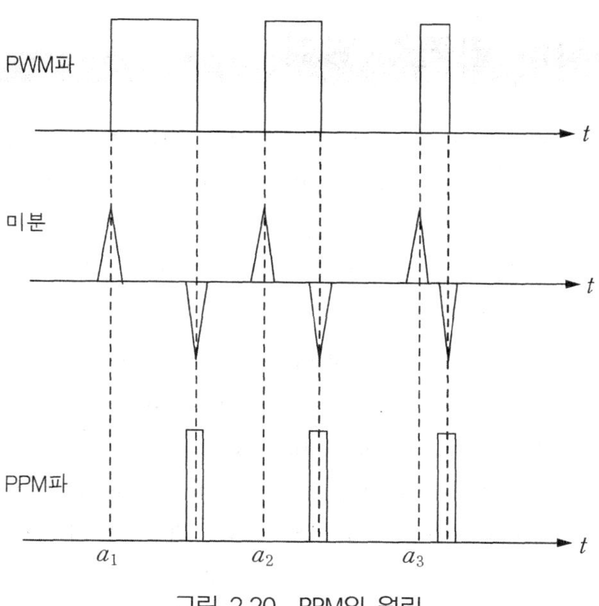

그림 2.20 PPM의 원리

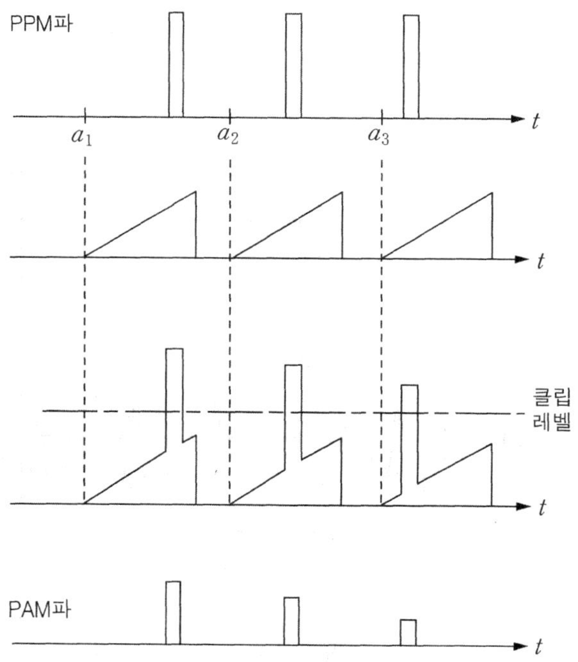

그림 2.21 PPM파의 복조

2.3 디지털 변복조 방식

디지털 변조(digital modulation)란 디지털 신호(digital signal)에 의해서 반송파를 변조하는 것을 말한다. 이러한 변조에 따라서 디지털 신호를 주어진 주파수 대역내의 신호로 변환하여 전송하는 것을 반송 대역 전송(bandpass signaling)이라고도 부른다. 디지털 변조방식에는 아날로그 변조방식과 마찬가지로 다음과 같이 여러 가지 종류가 있다.

① 진폭 편이 변조(ASK : Amplitude Shift Keying)
② 주파수 편이 변조(FSK : Frequency Shift Keying)
③ 위상 편이 변조(PSK : Phase Shift Keying)
④ 직교진폭변조(QAM : Quadrature Amplitude Modulation)

즉, 단일주파수의 정현파인 반송파의 진폭, 위상 및 주파수 중의 어느 것을 데이터 비트(data bit)에 따라 이산적으로 변화시키는 경우, 또는 진폭 및 위상을 동시에 변화시키는 것 등이 있다.

ASK, FSK, PSK에 대한 간단한 예가 그림 2.22에 나타내었다.

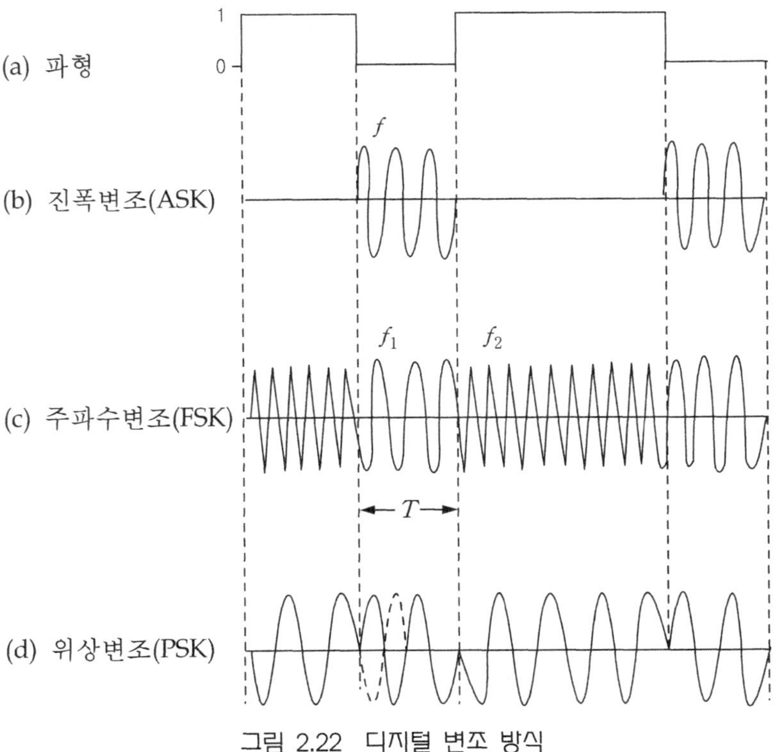

그림 2.22 디지털 변조 방식

가장 간단한 디지털 변조 방식은 반송파의 진폭을 디지털 신호에 따라 변화시키는 ASK(amplitude shift keying) 방식이다. ASK방식은 2진 신호의 경우 반송파의 온・오프가 1, 0에 대응하며 아날로그 변조에 있어서 진폭 변조(Amplitude Modulation : AM)에 대응한다.

반송파의 주파수 또는 위상을 디지털 신호에 따라 변화시키는 것을 각각 FSK (frequency shift keying) 방식, PSK(phase shift keying) 방식이라고 부른다. 이러한 방식들은 각각 아날로그 변조에 있어서 주파수 변조(frequency modulation : FM), 위상 변조(phase modulation : PM)에 대응한다.

이 중에서 ASK 방식은 전파 도중에 페이딩(fading)이나 간섭 등의 영향으로 오율(error rate)이 증가하기 때문에 일반적으로 FSK, PSK 방식이 주로 사용되고 있다.

ASK와 PSK의 합성은 QAM(Quadrature Amplitude Modulation)이라 부르고 데이터 비트 “1”에 대응하여 두 개의 이산적인 상태를 사용하는 2진 변조(binary modulation)가 있는 반면에 많은 비트를 한 번에 전송하기 위하여 많은 이산적인 상태를 사용하는 다원 변조(multilevel modulation) 방식도 있다.

2.3.1 진폭 편이 변조(ASK : Amplitude Shift Keying)

진폭 편이 변조(ASK)란 디지털 신호에 따라 반송파의 진폭을 변화시키는 방식으로서 2진 부호인 “1”에 대해서는 정현파 신호가 존재하고 “0”에 대해서는 정현파 신호가 존재하지 않는다. ASK 방식은 갑작스런 이득(gain)의 변화에 민감하게 반응하며, 다소 비효율적인 변조 기법이다. 음성급회선에서는 보통 1200bps 이하의 속도에서 사용된다.

ASK 방식의 기본원리와 파형의 예를 그림 2.23에 나타내었다.

이와 같이 변조된 신호 파형은 스위칭에 의해서 반송파의 단속(on-off) 파형이므로 OOK(On-Off Keying)라고도 부른다.

또한 ASK방식은 1회의 진폭변조로 1비트의 2진신호 1 또는 0을 나타내므로 데이터 전송속도와 변조속도가 동일함을 알 수 있다.

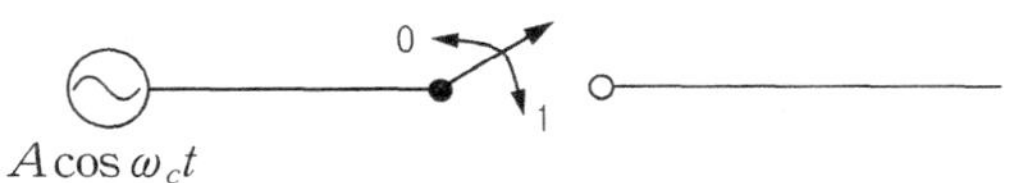

(a) OOK의 변조기의 설명도

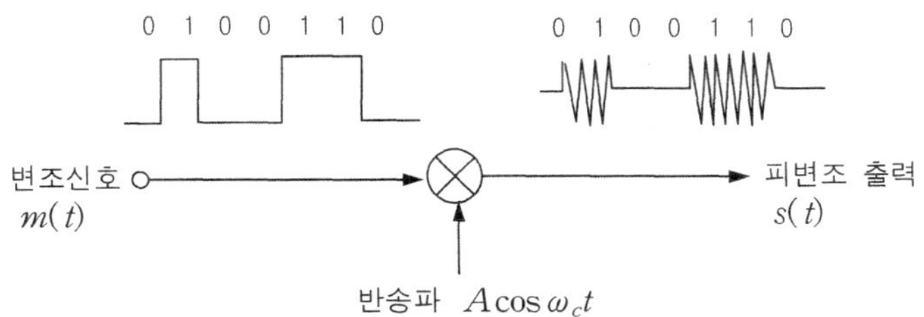

(b) 진폭편이 변조 방식의 원리

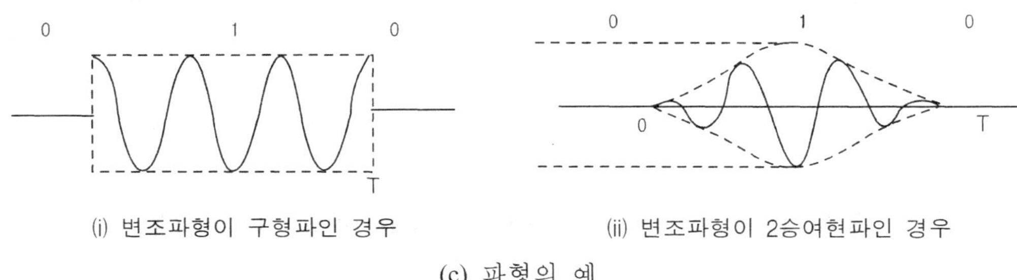

(c) 파형의 예

그림 2.23 진폭편이변조(ASK)방식의 원리와 파형

ASK 파형은 다음 식으로 표현될 수 있다.

$$s(t) = A[1 + mg(t)]\cos\omega_c t \qquad (2\text{-}27)$$

여기에서 $A\cos\omega_c t$는 정현파인 반송파, $m(0 \le m \le 1)$은 변조도, $g(t)$는 베이스 밴드 신호인 변조신호이며 그 신호 파형은 반드시 구형파일 필요는 없다. 그림 2.23의 예에 사용된 베이스 밴드 신호는 그림 2.24(a)와 같은 단극 NRZ 펄스이며 복조 방식은 비동기식의 포락선 검파(envelop detection)에 의한다. 최근에는 광통신에 사용되며 그 파형은 다음과 같은 식으로 표현된다.

$$\begin{aligned} s(t) &= A\cos\omega_c t \quad \text{“1” 인 경우} \\ &= 0 \quad \text{“0” 인 경우} \end{aligned} \qquad (2\text{-}28)$$

그림 2.24(b)와 같은 양극 NRZ 펄스에 의하여 변조된 신호 파형은 반송파의 위상이 메시지(정보)에 따라 180° 반전되는 것과 동일한 결과를 나타내므로 2진

PSK에 의한 방식과 같다. 이것은 비트 오율 특성이 좋은 최적 방식의 하나이고 비교적 저속의 디지털 전송에 많이 쓰이며 복조는 동기검파(coherent detection)에 의한다.

그림 2.24(c)의 4원 양극 NRZ 펄스에 의하여 변조된 신호 파형은 다원 방식의 한 예로서 QAM(Quadrature Amplitude Modulation)에 잘 적용되며, 이에 대한 복조도 동기검파에 의한다.

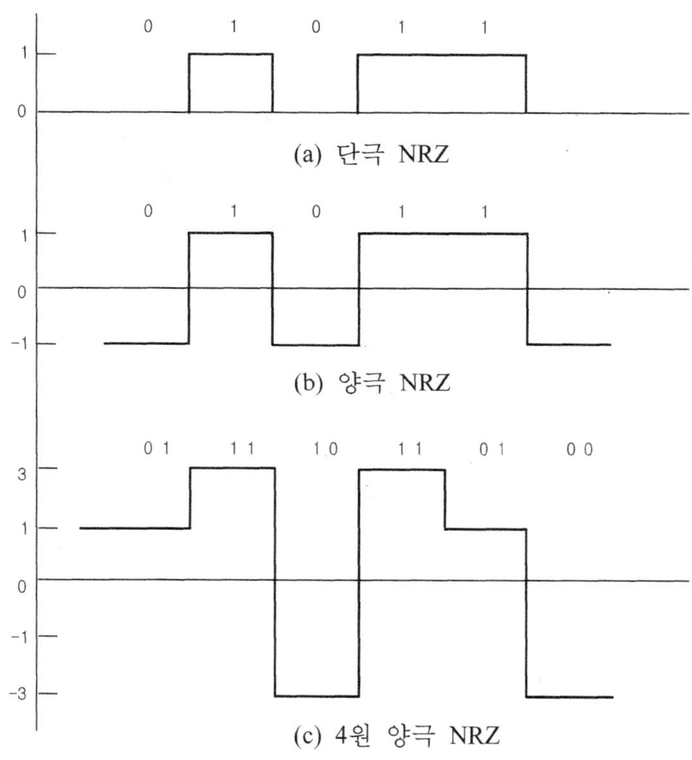

(a) 단극 NRZ

(b) 양극 NRZ

(c) 4원 양극 NRZ

그림 2.24 베이스 밴드 신호

2.3.2 주파수 편이 변조(FSK : Frequency Shift Keying)

주파수 편이 변조(FSK)란 디지털 신호에 따라 반송파의 주파수를 변화시키는 방식이다. 가장 단순하고 널리 사용되는 디지털 변조의 한 방식은 2개의 독립된 발진기를 정보비트에 따라 스위칭시키면 발생되는 2진 주파수 편이 변조(BFSK : Binary Frequency Shift Keying)이다.

즉 BFSK 방식의 원리는 베이스 밴드 신호의 펄스 "1"에 대해서는 반송파 주파수 f_1을 할당하고, "0"에 대해서는 다른 반송파 주파수 f_2를 할당하는 것으로서 그림 2.25와 같다. 주파수 편이를 Δf 라고 하면 BFSK 변조된 출력 신호를 수식으로 표시하면 다음과 같다.

$$s_1(t) = A\cos 2\pi(f_c + \Delta f)t \quad ; \; 0 \le t \le T \;\; \text{"1"인 경우}$$
$$s_2(t) = A\cos 2\pi(f_c - \Delta f)t \quad ; \; 0 \le t \le T \;\; \text{"0"인 경우} \qquad (2\text{-}29)$$

단, T : 한 비트의 펄스폭

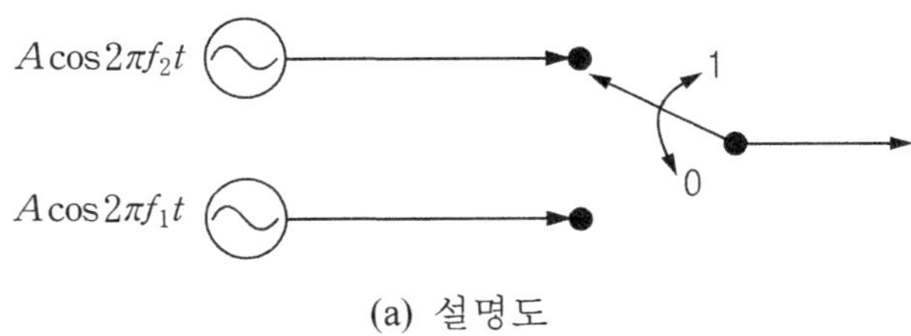

(a) 설명도

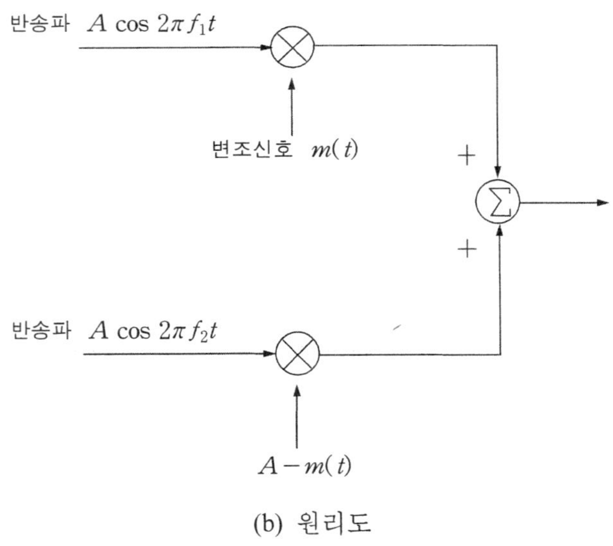

(b) 원리도

그림 2.25 BFSK의 원리도

BFSK 방식은 그림 2.25에 보인 바와 같이 2개의 ASK 파형을 중첩시킨 것과 등가인 방식으로 생각할 수 있으며 그 파형의 예를 그림 2.26에 나타내었다. 그림에서 BFSK방식은 1회의 주파수 변조로 1비트의 2진신호 '1' 또는 '0'을 나타내므로 데이터 전송속도와 변조속도가 동일함을 알 수 있다.

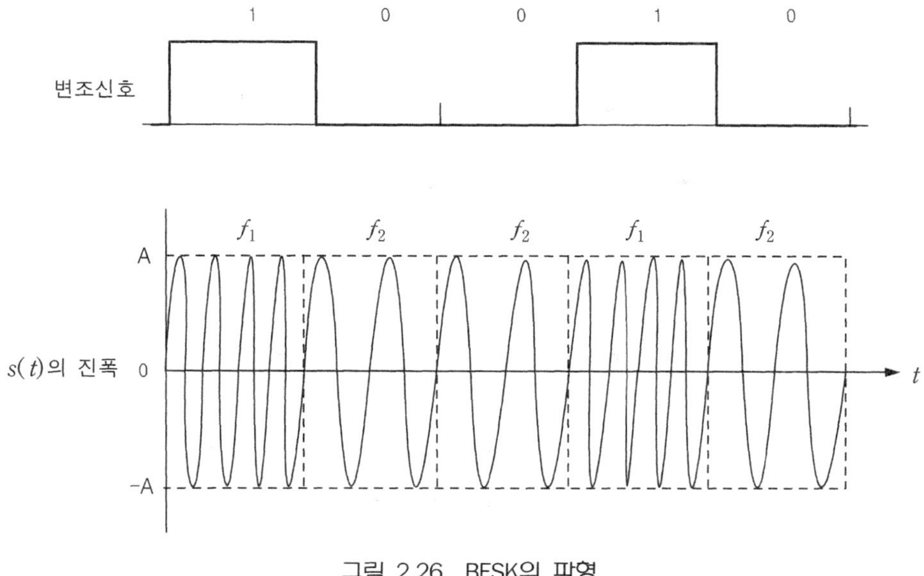

그림 2.26 BFSK의 파형

FSK는 ASK 방식보다 에러에 대해서 덜 둔감하다. 또한 고주파(3~30MHz)의 라디오에서도 흔히 사용되며, 동축케이블을 사용하는 근거리 통신망에서도 사용될 수 있다.

2.3.3 위상 편이 변조(PSK : Phase Shift Keying)

PSK(Phase Shift Keying)는 입력 디지털 신호에 따라서 반송파의 위상을 변화시키는 방식으로써 디지털 신호의 각 값에 대응하여 0에서 2π까지의 위상각이 지정된다. 즉, 2상, 4상, 8상인 경우의 위상 배치도는 그림 2.27과 같다. 이때 2상이면 각각의 위상이 원신호의 1비트분에 대응하고 4상이면 각각의 위상이 원신호의 2비트분에 대응하며 8상이면 각각의 위상이 원신호의 3비트분에 대응한다.

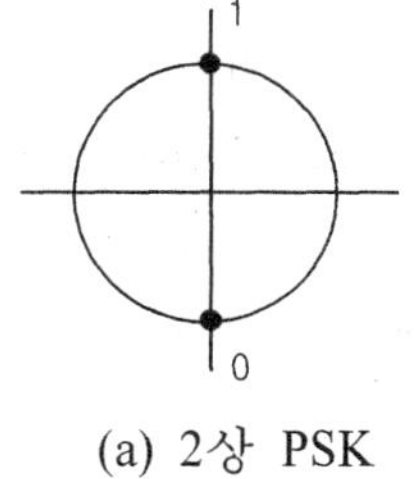

(a) 2상 PSK

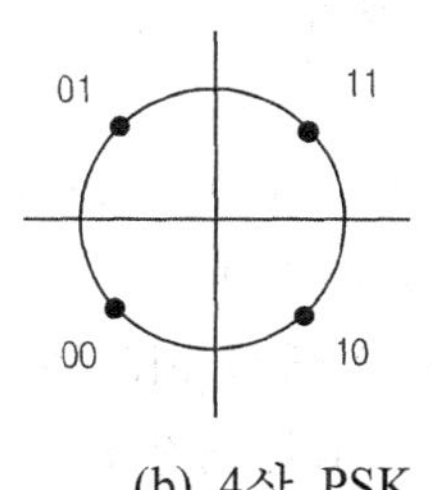

(b) 4상 PSK

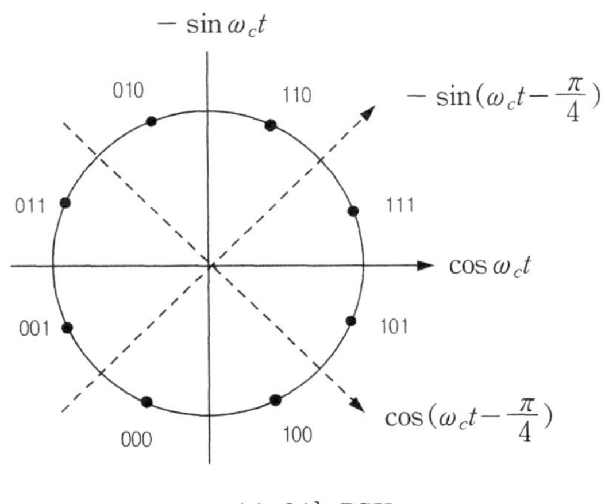

(c) 8상 PSK

그림 2.27 PSK 위상배치 예

가장 간단한 PSK 방식은 디지털 신호의 0, 1을 반송파 위상의 0° 및 180°에 대응시키는 방식으로서 2진 PSK(2 level PSK) 또는 BPSK(Binary Phase Shift Keying)방식이라고도 부르며 그 파형의 예를 그림 2.28에 나타내었다.

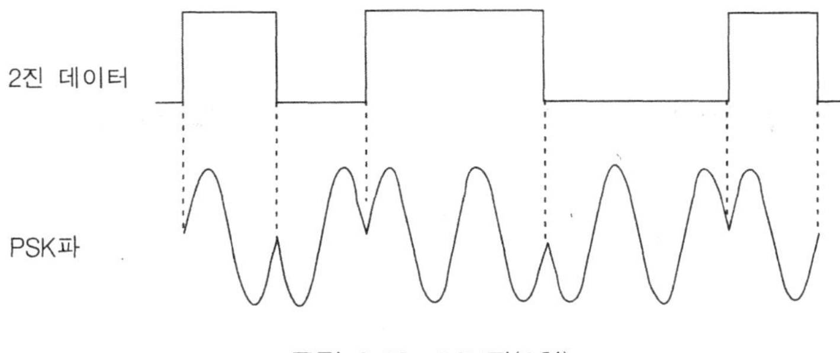

그림 2.28 PSK파(2상)

반송파의 위상으로서 0°, 90°, 180°, 270°의 4개의 위상을 이용하면 2진 PSK 방식의 2배의 정보량, 즉 2비트의 정보량을 한번에 전송할 수 있는데, 이것을 4진 PSK 또는 4상 변조(four phase modulation)방식이라고 부른다. 또 4진 PSK는 벡터가 직교하고 있기 때문에 QPSK(Quadrature Phase Shift Keying) 방식이라고도 부르며 반송파 전송 방식중에서 가장 널리 사용된다.

더욱이 0°에서 315°까지 45°씩 취한 8개의 위상을 이용하면 3비트의 정보량을 전송할 수 있는 8진 PSK(8상 위상변조) 방식도 있다.

다상의 PSK는 실질적으로 높은 비트율로 부호를 송출할 수 있기 때문에 능률이 좋은 전송 방식이라고 생각된다. 디지털 신호와 위상을 대응시키는 방법은 여러 가지 생각될 수 있지만 그림 2.29와 같은 방식이 자주 사용되고 있다. 이와 같이 대응시키는 방법은 서로 인접한 위상 사이에 수신 오율이 일어나도 1비트의 오율밖에 발생하지 않는다는 그레이 부호(gray code)를 이용하고 있다.

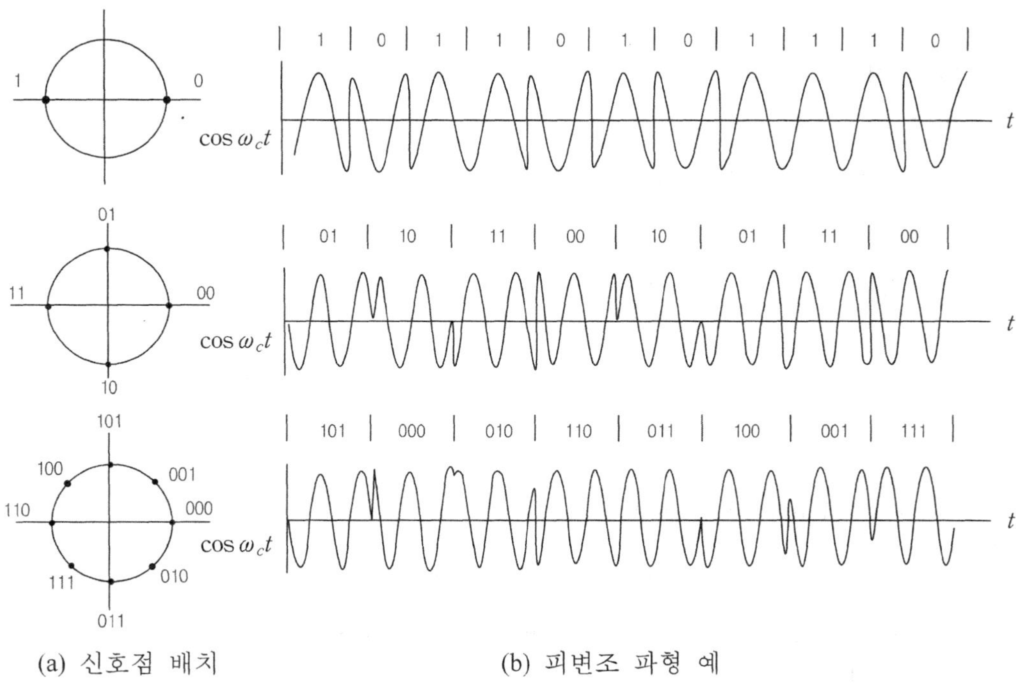

(a) 신호점 배치 (b) 피변조 파형 예

그림 2.29 다치 PSK 방식

PSK에서 디지털 신호를 재생하기 위해서는 반송파의 위상기준이 필요하게 된다. 그러나 수신측에서 동기 검파를 하기 위한 정확한 위상기준을 준비하는 것이 매우 어렵기 때문에 통상 디지털 신호에 반송파의 절대 위상뿐만 아니라 위상 변화를 대응시키는 방식이 자주 사용되고 있다. 이와 같은 변조 방식을 차동 위상편이변조(Differential PSK : DPSK) 방식이라고 부른다. DPSK의 복조는 인접 타임슬롯의 반송파의 위상을 비교하여 행해지므로 위상 기준이 필요 없다.

2.3.4 2진 위상 편이 변조(BPSK : Binary Phase Shifting Keying)

2진 위상 편이 변조(BPSK : Binary Phase Shift Keying)란 디지털 신호에 따라 반송파의 위상을 변화시키는 것으로서, 2진 디지털 신호의 "1"에 대해서는 반송파 위상각 θ_1, "0"에 대해서는 반송파 위상각 θ_2를 대응해서 변조하는 방식이다. 이 때 두 개의 위상각 θ_1, θ_2사이에는 180°의 간격을 유지하면 된다. BPSK변조된 일반적인 출력신호를 수식으로 표현하면 다음과 같은 식으로 쓸 수 있다.

$$s_1(t) = A\cos(2\pi f_c t + \theta_1) \ (\text{단},\ 0 \le t \le T) \ : \quad \text{2진 신호가 "1" 인 경우}$$
$$s_2(t) = A\cos(2\pi f_c t + \theta_2) \ (\text{단},\ 0 \le t \le T) \ : \quad \text{2진 신호가 "0" 인 경우} \qquad (2\text{-}30)$$

여기서 $\theta_2 - \theta_1 = 180°$ 이면 다음 식과 같이 쓸 수 있다.

$$s_1(t) = A\cos(2\pi f_c t + 0°)$$
$$s_2(t) = A\cos(2\pi f_c t + 180°) = -A(\cos 2\pi f_c t + 0°) = -s_1(t) \qquad (2\text{-}31)$$

또는

$$s_1(t) = A\cos(2\pi f_c t + 90°)$$
$$s_2(t) = A\cos(2\pi f_c t + 270°) = -A(\cos 2\pi f_c t + 90°) = -s_1(t) \qquad (2\text{-}32)$$

이와 같은 BPSK의 발생기를 그림 2.30에 나타내었다.

또한 BPSK 방식은 두 신호간의 위상차가 180°로서 서로 역위상(reverse phase) 관계를 이루므로 PRK(Phase Reversal Keying) 방식이라고도 부른다. BPSK 변조된 파형의 예를 그림 2.31에 나타내었다.

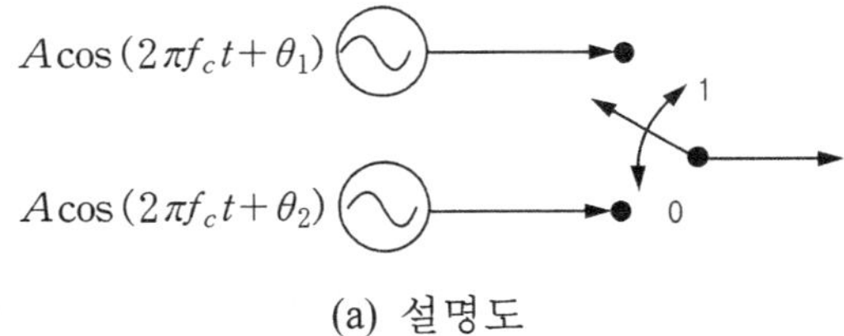

(a) 설명도

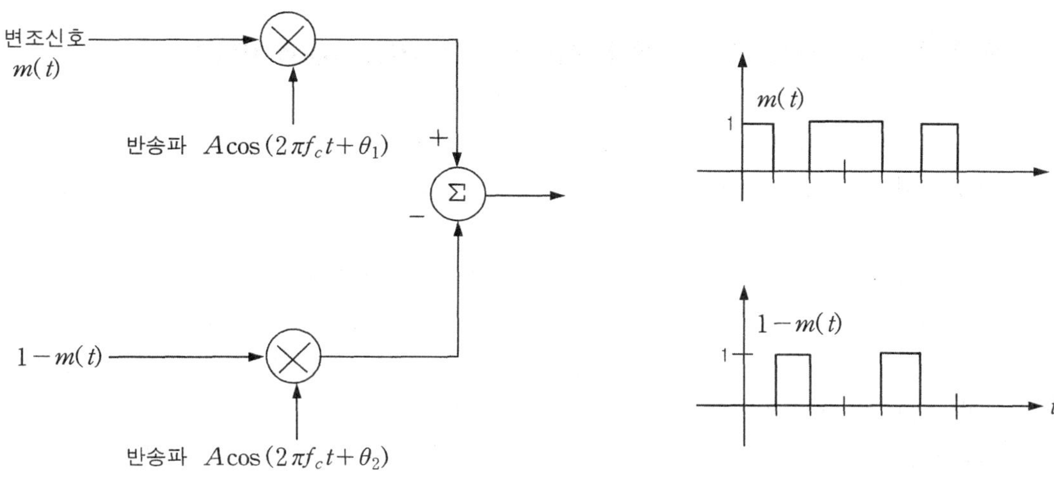

(b) 원리도

그림 2.30 BPSK의 발생기

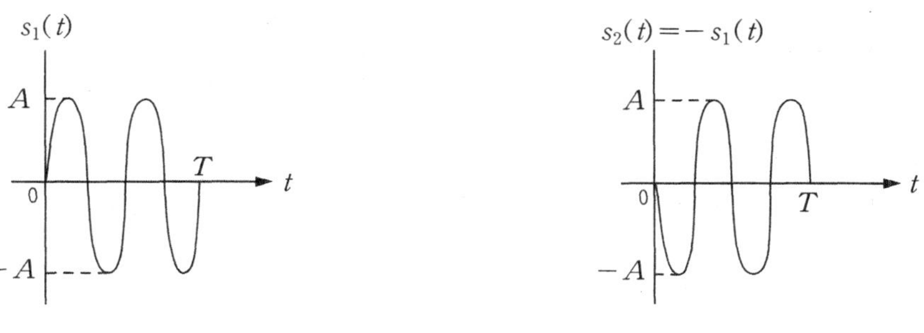

(a) "1"를 나타내는 파형

(b) $s_1(t)$와 역위상으로 "0"을 나타내는 파형

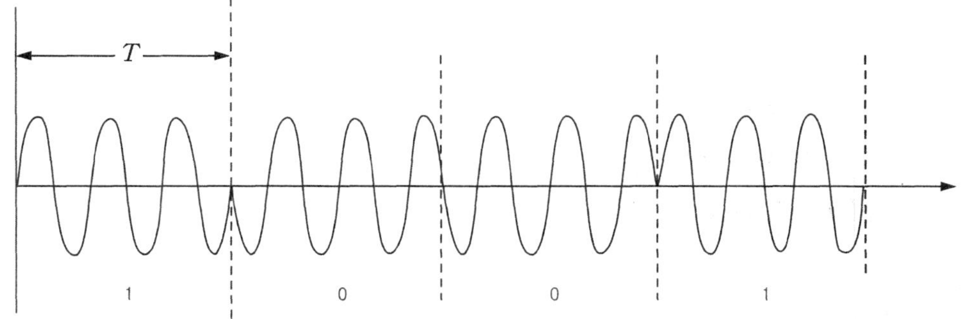

(c) 1001을 나타내는 BPSK 변조된 파형

그림 2.31 BPSK의 파형

2.3.5 4진 위상 편이 변조(QPSK : Quadrature PSK)

4진 위상 편이 변조(QPSK)란 90°의 위상차를 갖는 2개의 반송파를 각각 BPSK에서 처럼 변조시킨 후 합성한 변조 기술로서 4개의 위상 상태인 $\pi/4(45°)$, $3\pi/4(135°)$, $5\pi/4(225°)$ 및 $7\pi/4(315°)$를 갖는다. 즉, 2비트의 2진 신호에 대하여 반송파의 위상을 할당하는 디지털 변조 방식이다. QPSK에서 변조기는 한쌍의 비트(11, 01, 00, 10)를 4개의 위상 상태의 하나에 대응시킨다.

그림 2.32에서 알 수 있듯이 서로 이웃하는 신호 사이에 단지 한 비트의 차이가 나도록 부호화시켰는데 이와 같이 대응시키는 방식을 그레이 코딩(gray coding) 방식이라고 부르며, 서로 이웃하는 신호 사이에 수신 에러가 일어나더라도 단지 한 비트의 에러만 일어나는 특징이 있다.

2진 입력 I	2진 입력 Q	QPSK의 출력 위상
0	1	135°
0	0	-135°(225°)
1	1	45°
1	0	-45°(315°)

(a) 진리표

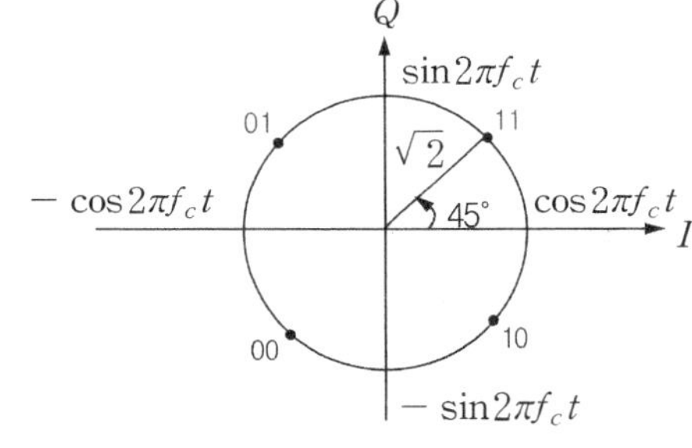

(b) 위상 다이어그램

그림 2.32 QPSK의 Gray 부호 할당표

4개의 Gray 부호 상태를 수학적으로 표현하면 다음과 같다.

$$
\begin{aligned}
d_{11}(t) &= A\cos(\omega_c t + \frac{\pi}{4}) \\
d_{01}(t) &= A\cos(\omega_c t + \frac{3\pi}{4}) \\
d_{00}(t) &= A\cos(\omega_c t + \frac{5\pi}{4}) \\
d_{10}(t) &= A\cos(\omega_c t + \frac{7\pi}{4})
\end{aligned}
\tag{2-31}
$$

QPSK 방식의 회로 구성도는 그림 2.33에 나타내었다.

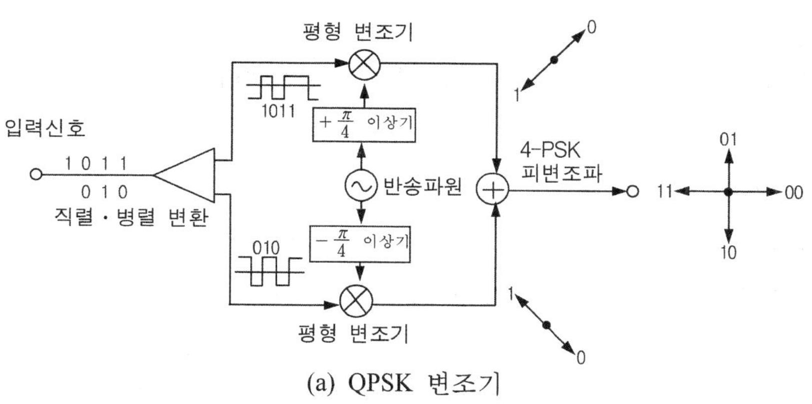

(a) QPSK 변조기

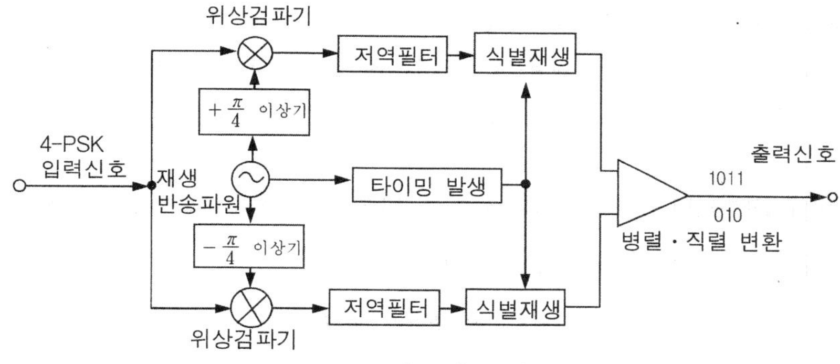

(b) QPSK 복조기(동기검파)

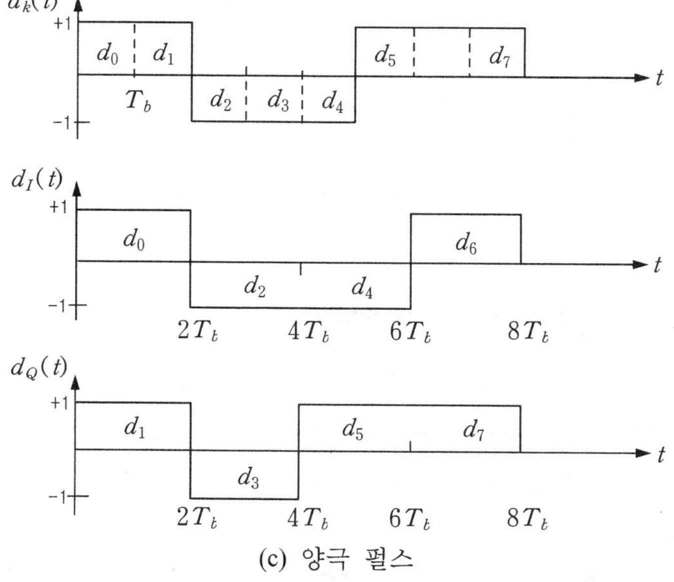

(c) 양극 펄스

그림 2.33 QPSK 변복조기의 구성도

2진 부호로 나타내는 양극 NRZ의 입력 데이터 열은 직·병렬 변환기에 의하여 분리되며 I 채널 또는 Q 채널의 데이터 열은 다음과 같이 표시된다.

$$\{d_I(t)\} = d_0,\ d_2,\ d_4, \ldots\ldots\ (\text{짝수비트})$$
$$\{d_Q(t)\} = d_1,\ d_3,\ d_5, \ldots\ldots\ (\text{홀수비트}) \qquad (2\text{-}34)$$

여기서 주의할 것은 $\{d_I(t)\}$와 $\{d_Q(t)\}$는 입력 데이터 열 $\{d_k(t)\}$ 전송 속도의 1/2이라는 점이다. 즉, $T_s = 2T_b$ (또는 $f_s = f_b/2$)이다. 이와 같이 분리된 $\{d_I(t)\}$와 $\{d_Q(t)\}$에 따라 90°의 위상차를 갖는 2개의 반송파 (즉, $A\cos 2\pi f_c t$와 $A\sin 2\pi f_c t$)를 각각 BPSK에서처럼 변조시킨 후 합성하면 90°의 위상차를 갖는 2개의 BPSK를 선형적으로 더한 것과 같게 된다. 그러므로 이와 같은 PSK를 Q(Quadrature) PSK라고 부른다. 그러므로 BPSK의 한 채널을 I(in-phase : 0 또는 π위상 : 동상) 채널, 다른 채널을 Q(quadrature-phase : $\pi/2$위상) 채널이라고 부른다.

따라서 QPSK변조된 신호의 출력은 다음과 같은 식으로 표시된다.

$$\begin{aligned} s_{QPSK}(t) &= A[d_I(t)\cos 2\pi f_c t - d_Q(t)\sin 2\pi f_c t] \\ &= A[\cos\phi_i \cos 2\pi f_c t - \sin\phi_i \sin 2\pi f_c t] \\ &= A\cos(2\pi f_c t + \phi_i) \end{aligned} \qquad (2\text{-}35)$$

여기서, A 및 f_c는 각각 반송파의 진폭 및 주파수이고 $d_I(t) = \cos\phi_i$, $d_Q(t) = \sin\phi_i$이다.

$$\phi_i = \tan^{-1}\frac{d_Q(t)}{d_I(t)} \qquad (2\text{-}36)$$

식(2-35)에서 $\phi_i = \pm 45°$, $\pm 135°$라고 놓으면 다음과 같은 4개의 가능한 파형을 얻을 수 있다.

$$s_{QPSK}(t) = \frac{A}{\sqrt{2}}[a_i \cos 2\pi f_c t - b_i \sin 2\pi f_c t] \qquad (2\text{-}37)$$

여기서 $a_i = \pm 1$, $b_i = \pm 1$이다. 위의 식은 비트가 독립적으로 선택되고 있음을 나타낸다. 예를 들어 홀수의 비트가 $\cos 2\pi f_c t$의 부호를 선택하면 짝수의 비트는 $\sin 2\pi f_c t$의 부호를 결정하게 된다. 여기서 (+)부호는 논리 1에, (-)부호는 논리 0에 대응한다.

식 (2-35)를 벡터 다이어그램을 사용하여 물리적으로 설명하면 다음과 같다.

그림 2.34에 보인 바와 같이 I채널의 데이터 열 $\{d_I(t)\}$와 Q채널의 데이터 열 $\{d_Q(t)\}$를 평형 변조기의 역할을 하는 곱셈기에 각각 인가하면 $\{d_I(t)\}$에 국부 발진 반송파 $\cos 2\pi f_c t$를 곱하면 그 결과는 2개의 BPSK 신호를 벡터 합성한 것이 된다.

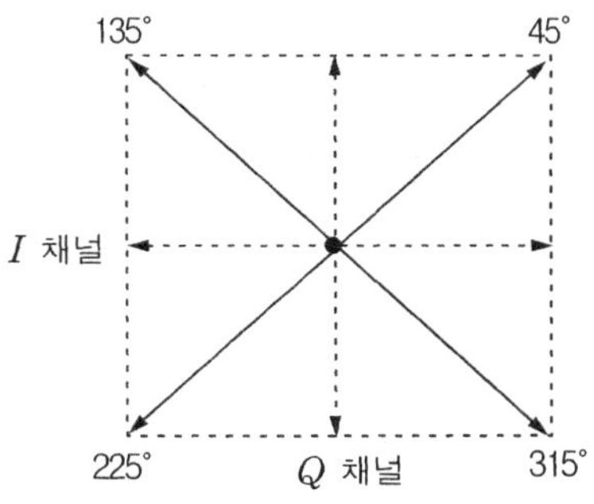

그림 2.34 I와 Q의 벡터 합성

여기서 I 채널은 0°와 180°를 갖는 BPSK 신호이고 Q 채널의 출력은 90°와 270°를 갖는 BPSK 신호이다. BPF를 사용하여 이 두 BPSK 신호의 합성 신호 $S_{QPSK}(t)$의 주파수 스펙트럼을 제한한다. 한편 QPSK 파형은 1회의 위상 변조로 2비트의 2진 신호를 나타내므로 데이터 전송 속도는 변조 속도의 2배인 방식임을 알 수 있다.

그러므로 QPSK 방식은 BPSK 방식에 비하여 필요 주파수 대역폭이 이상적으로 1/2 이므로 BPSK 방식에 비하여 동일한 주파수 대역폭이 주어진다면 2배로 빠른 고속 데이터 전송이 가능하며, 또한 동일한 데이터 전송 속도에 대해서는 1/2의 주파수 대역폭을 필요로 한다. 그러나 QPSK 방식은 BPSK 방식에 비하여 송·수신기 시스템 구성이 복잡하다.

2.3.6 M진 위상 편이 변조(M-ary PSK : MPSK)

일반적으로 2진변조 방식에서 입력 정보 비트는 "0"이거나 "1" 중의 어느 하나를 나타내는 2진 신호로서 2비트의 디지털 정보를 두 종류의 파형을 사용하여 전송한다. 그러나 전송에 사용되는 파형이 두 종류에 한정할 필요 없이 더 많은 종류의 파형을 사용하여 여러개의 비트를 한 묶음으로 표현해서 전송할 수 있다.

예를 들면 입력 정보 비트 2개를 한 묶음으로 표현하고 이를 한 개의 파형으로 변환하면 그림 2.35에 보인 바와 같이 1개의 입력 펄스는 2^2(=4)개의 값 중의 한 값으로 표현할 수 있다. 이 경우 4진("00", "01", "10", "11")을 표현하는 펄스는 2진(0, 1)를 표현하는 펄스에 대하여 2배의 정보량을 갖는다. 일반적으로 2진 정보 비트열의 여러 비트를 한 개의 전송부호에 대응시키는 변조 방식을 다진 변조 방식(M-ary modulation method)이라고 한다.

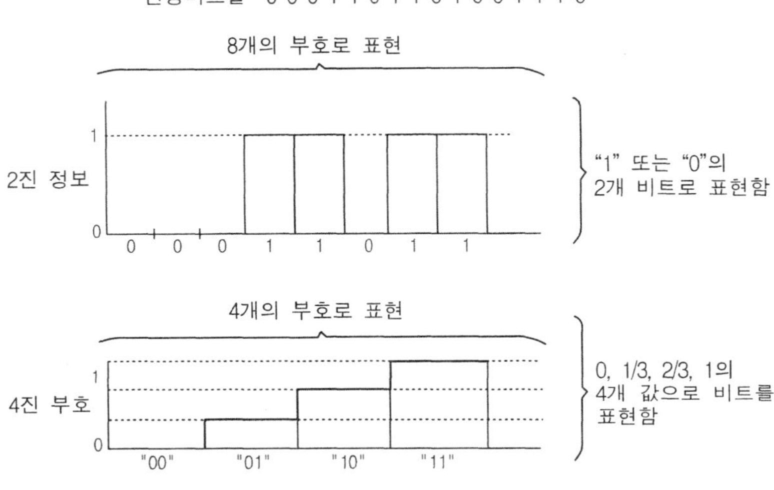

그림 2.35 부호의 다진화(2진 정보비트의 4진화)

k 비트를 한 개의 전송 부호로 변환하는 경우 한 개의 부호는 $M=2^k$ 개의 값을 나타내므로 변조 방식의 이름 앞에 M진(또는 M-ary) 이라는 용어를 붙여서 읽는다. 예를 들어 $k=2$ 이면 $M=2^2=4$ 가 되어 ASK, FSK, PSK 이면 4진 ASK, 4진 FSK, 4진 PSK라고 한다.

M진 PSK에서는 송신하는 반송파의 위상을 다원화의 레벨에 따라 대응시키면 다음과 같은 신호의 집합으로 표시된다.

$$s_n(t)=A\cos(2\pi f_c t+\theta_n), \qquad 0\le t\le T \tag{2-38}$$

여기서

$$\theta_n=\frac{2(n-1)\pi}{M} \qquad (\text{단, } n=1,\ 2,\ 3,\cdots\cdots M) \tag{2-39}$$

따라서 반송파의 위상과 위상간의 차이(또는 간격)는 2π/M이다. 예를 들면 BPSK(2진 PSK)의 위상차는 π, QPSK(4진 PSK)의 위상차는 $\pi/2$, 8-ary PSK (8진 PSK)의 위상차는 $\pi/4$, 16-ary PSK(16진 PSK)의 위상차는 $2\pi/8$이다.

식 (2-38)의 M진 PSK 신호를 나타내는 편리한 방법은 위상 다이어그램(페이저도)으로서 그림 2.36에 나타내었다.

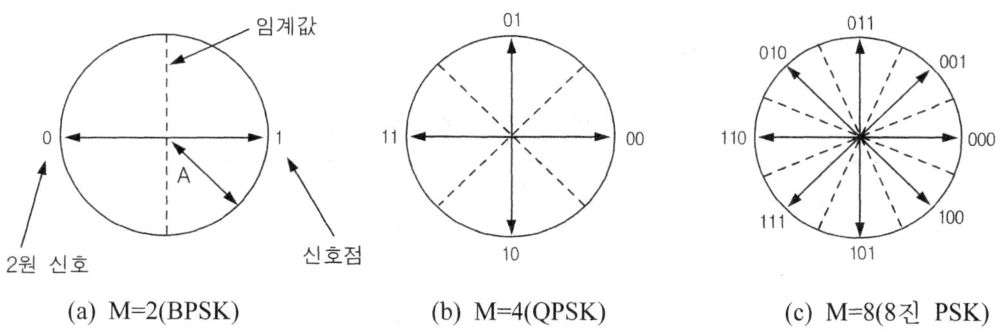

(a) M=2(BPSK) (b) M=4(QPSK) (c) M=8(8진 PSK)

그림 2.36 M진 PSK 신호의 위상 다이어그램

각 페이저도의 신호점은 신호격자를 나타내며 각 신호는 동일한 진폭을 갖기 때문에 A 의 반경을 갖는 원주 위에 존재한다. 그러므로 수신기의 결정적인 임계값은 각 위상 θ_n 간의 중간값에 위치하므로 수신된 신호의 위상이 전송된 신호의 $\pm\pi$/M이내에만 있으면 수신기가 오류없이 정확한 판정을 할 수 있다.

한편 M진 PSK를 표시하는 또 다른 편리한 방법으로는 직교 신호 표시법(quadrature signal representation)이 있다. 즉 식 (2-38)을 반송파 신호 $\cos 2\pi f_c t$ 와 $\sin 2\pi f_c t$ 의 선형 조합으로 다시 표시하면 다음과 같다.

$$s_n(t) = A[p_n \cos 2\pi f_c t - q_n \sin 2\pi f_c t], \qquad (0 \le t \le T) \tag{2-40}$$

여기서 p_n 과 q_n 은 다음과 같이 정보에 따라 변화하는 값이다.

$$\begin{aligned} p_n &= \cos\theta_n \\ q_n &= \sin\theta_n \end{aligned} \tag{2-41}$$

그림 2.36(a)와 같이 0과 π의 위상을 갖는 BPSK 방식을 직교 계수(quadrature coefficient)로 표시하면 다음과 같이 된다.

$$\begin{aligned} (p_n,\ q_n) &= (1,\ 0) \qquad 0[\text{rad}] \\ &= (-1,\ 0) \qquad \pi[\text{rad}] \end{aligned} \tag{2-42}$$

같은 방법으로 4진 PSK와 8진 PSK의 직교 계수는 표 2-1과 표 2-2에 나타내었다.

$A\cos 2\pi f_c t$와 $A\sin 2\pi f_c t$는 페이저도에서 직교성이다. 따라서 cosine 계수 p_n은 수평축상에 위치하므로 동상(in-phase) 또는 I신호라 하고 sine 계수 q_n은 수직축상에 위치하므로 직교(quadrature) 또는 Q신호라고 한다. 이와 같이 M진 PSK신호는 직교선형합성으로 표시할 수 있다.

표 2.1 4진 PSK의 직교 계수 및 위상각

비트값	직교 계수		위상각 θ_n
	p_n	q_n	
0 0	1	0	0
0 1	0	1	$\frac{\pi}{2}$
1 0	-1	0	π
1 1	0	-1	$-\frac{\pi}{2}$

표 2.2 8진 PSK의 직교 계수 및 위상각

비트값	직교계수		위상각 θ_n
	p_n	q_n	
0 0 0	1	0	0
0 0 1	$\frac{1}{\sqrt{2}}$	$\frac{1}{\sqrt{2}}$	$\frac{\pi}{4}$
0 1 0	0	1	$\frac{\pi}{2}$
0 1 1	$-\frac{1}{\sqrt{2}}$	$-\frac{1}{\sqrt{2}}$	$\frac{3\pi}{4}$
1 0 0	-1	0	π
1 0 1	$-\frac{1}{\sqrt{2}}$	$-\frac{1}{\sqrt{2}}$	$-\frac{3\pi}{4}$
1 1 0	0	-1	$-\frac{\pi}{2}$
1 1 1	$\frac{1}{\sqrt{2}}$	$-\frac{1}{\sqrt{2}}$	$-\frac{\pi}{4}$

M진 PSK 변조기의 구성도는 그림 2.37에 나타내었다.

변조기의 입력에 들어온 2원 데이터는 직·병렬 변환기에 의하여 m(= $\log_2 M$) 개의 병렬 비트를 발생한다. 또한 I 와 Q 신호 발생기는 m개의 비트어(bit word)

를 각각 I 채널 신호와 Q 채널 신호에 해당하는 한 쌍의 직교계수 (p_n, q_n)로 변화시킨다. 그리고 I와 Q 채널 신호에는 각각 반송파 신호 $A\cos 2\pi f_c t$ 와 반송파 신호를 $-\pi/2$ 위상천이시킨 신호 $A\sin 2\pi f_c t$ 를 곱한 다음 이들을 다시 합성시키면 M진 PSK 변조된 신호가 얻어진다.

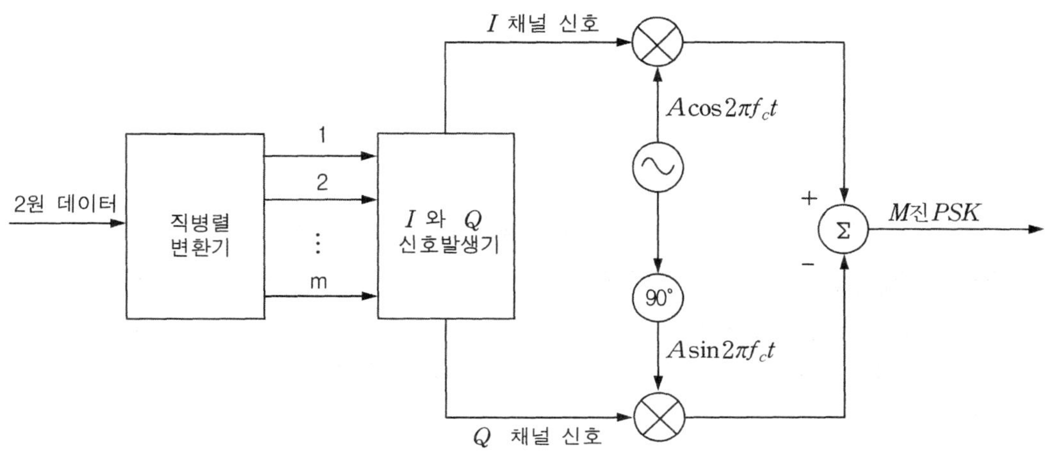

그림 2.37 M진 PSK 변조기의 구성도

2.3.7 차동 위상 편이 변조(DPSK : Differential PSK)

차동 위상 편이 변조(DPSK)는 부호화와 신호화가 서로 합쳐진 형태이다. 예를 들어 일반적인 PSK에서는 논리 0은 0°의 위상천이에 대응되고, 논리 1은 180°의 위상천이에 대응한다. 그러나 데이터를 차동 부호화하게 되면 논리 1은 이웃하는 신호간의 0° 의 위상 변화에 해당되고, 논리 0 은 이웃하는 신호간의 180°의 위상 변화에 해당된다.

그림 2.38은 차동 PSK(DPSK) 인코더의 블록도를 나타낸 것이다. Exclusive-NOR 게이트의 출력은 2개의 입력이 같은 경우에는 논리 1이 출력되며, 서로 다른 입력일 경우에는 논리 0이 출력된다. 임의의 데이터 열에 대한 부호화의 예는 표 2.3과 같다.

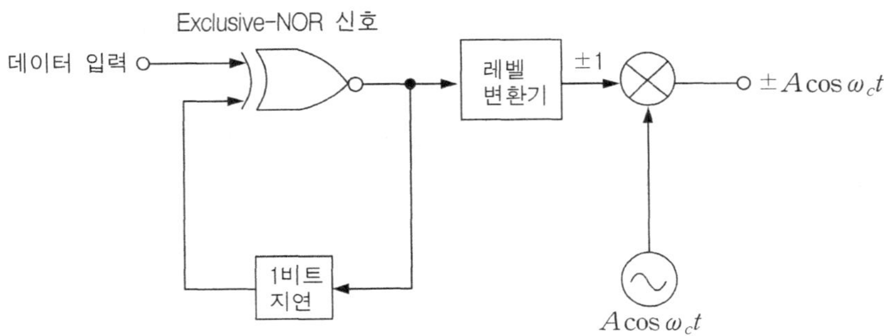

그림 2.38 DPSK 변조기

표 2.3 임의의 데이터 열에 대한 부호화의 예

데이터 입력		1	1	0	1	1	1	0	0	1	1	0
부호화된 메시지 기준 비트	1	1	1	0	0	0	0	1	0	0	0	1
전송 위상	0	0	0	π	π	π	π	0	π	π	π	0

표 2.3에서 부호화를 시작하기 위해 기준신호의 논리는 1이 선택되었다. 한 비트를 지연시킴으로써 현재 데이터 비트를 이전의 데이터 비트와 비교한다. 부호화된 데이터는 레벨천이기(level shifter)를 통과하여 ±1이 된 후 곱셈기의 출력에서 DPSK 신호가 나온다. 다시 말하면 반송파는 0 또는 π[rad]로 위상 천이된다.

데이터 복호화기의 블록도는 그림 2.39와 같으며 차동 복호화의 한 예는 표 2-4에 나타내었다.

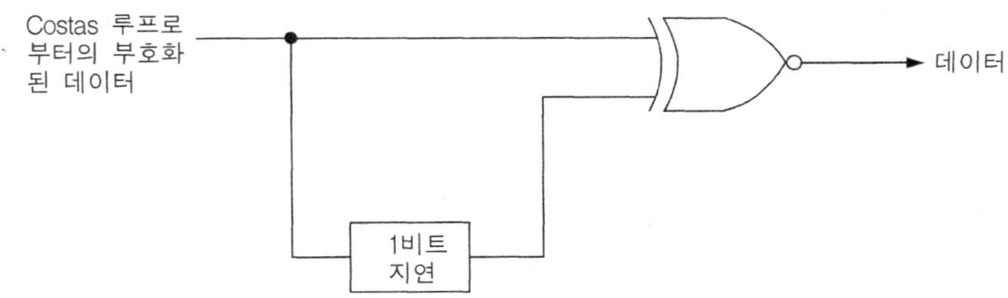

그림 2.39 차동 데이터 복호화기

표 2.4 차동 데이터 복호화

부호화된 메시지	1	0	0	1	1	1	1	0	1	1	1	0	
천이된 메시지		1	0	0	1	1	1	1	0	1	1	1	0
데이터		0	1	0	1	1	1	0	0	1	1	0	

2.3.8 직교 진폭 변조(QAM : Quadrature Amplitude Modulation)

제한된 대역폭을 사용하여 효율이 높은 디지털 정보를 전송하는데는 아무래도 다치 전송이 필요하게 된다. PSK 변조 기법으로 8상 PSK가 사용되는 것도 이 때문이다. 왜냐하면 위상 상태의 갯수가 많아질수록 신호 공간은 더욱 밀집되어 에러가 발생할 확률이 그만큼 증가하기 때문이다. 예를 들면 2상 PSK에서 수신기는 서로 180° 위상차가 나는 2개의 신호만을 분별하면 되지만, 8상 PSK에서는 45° 위상차로 줄어들게 된다. 따라서 반송파의 위상 변화에 진폭의 변화를 조합하여 데이터 신호를 전달하는 방법이 있는데 이것을 직교 진폭 변조(QAM : Quadrature Amplitude Modulation)라고 한다.

즉 다진 변조 방식중에서 M진 ASK, M진 FSK, M진 PSK는 각각 반송파의 진폭, 주파수, 위상의 어느 하나를 변화시키는 변조 방식이지만, 반송파의 진폭과 위상을 동시에 변화시키는 변조방식을 직교 진폭 변조(QAM ; Quadrature Amplitude Modulation)라고 한다.

QAM은 서로 90° 위상차가 나는 동일 주파수를 가지는 두 개의 반송파에 의해서 발생되는데, 이 두 개의 반송파는 먼저 하나의 반송파를 90° 위상 천이함으로써 얻어진다.

QAM은 I 반송파 성분과 Q 반송파 성분의 2가지 성분을 가지며, 이때 Q 반송파 성분은 I 반송파 성분에 대해 90° 위상차이가 있다. QAM의 신호 $s(t)$는 I와 Q성분의 함수로서 다음과 같이 식으로 표현할 수 있다.

$$s(t) = I(t)\sin 2\pi f_c t + Q(t)\cos 2\pi f_c t \qquad (3\text{-}43)$$

여기서 $I(t)$는 I 성분(sine)의 진폭이며, $Q(t)$는 Q 성분(cosine)의 진폭이다.

이 신호는 2차원 신호 공간내의 점 $[I(t)_i,\ Q(t)_i]$, $i = 1, 2, \cdots\cdots k$로 표시할 수 있는데 이와 같은 신호를 표시하는 점의 집합을 신호점 배치(signal sonstellation)라고 부른다.

예를 들면 9,600[bit/s]로 데이터 전송을 하는 경우 변조 속도를 2,400[Baud]로 하고 1변조에 4비트(quard bit)를 전송한다고 하면 $2^4=16$의 값의 위상과 진폭의 조합으로 된 상태가 신호 배치점을 나타내고 있다. 즉, k=16인 경우의 대표적인 신호점 배치의 예를 그림 2.40에 나타내었다.

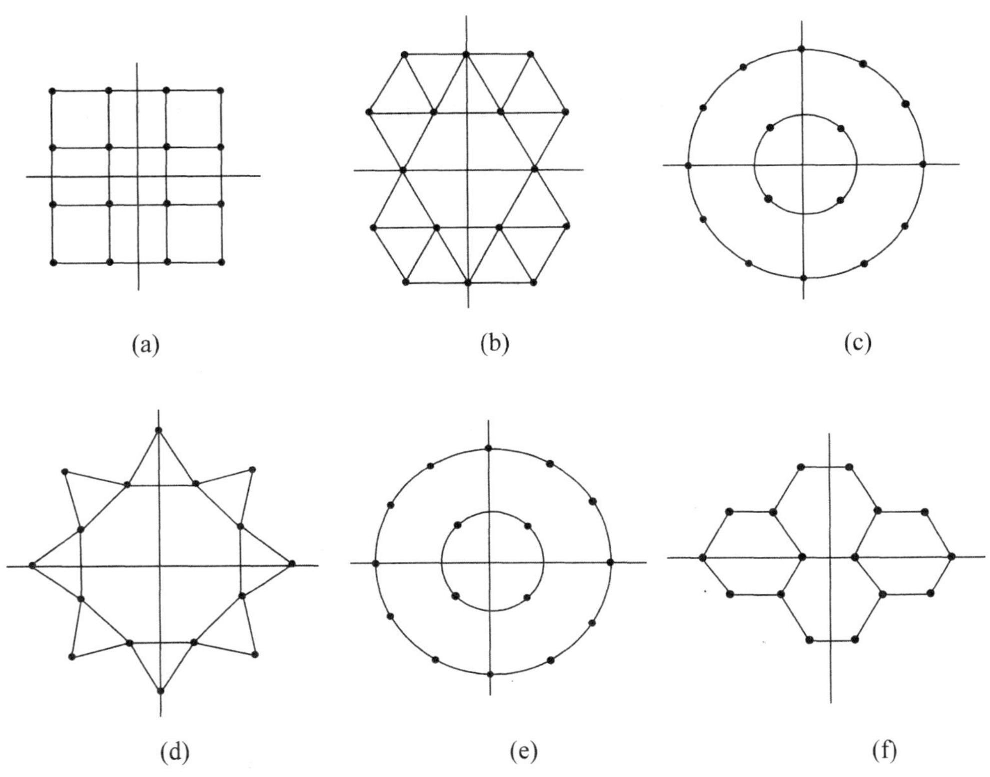

그림 2.40 16진 QAM의 신호점 배치

이 방식은 한정된 전송 대역내에서 고속의 데이터 전송이 이루어지며, 또 신호의 진폭·위상을 나타내는 신호점 배치가 전송로의 잡음에 대해서 우수한 특징을 가지고 있다.

그림 2.41은 ASK와 PSK를 사용한 4심벌 주기들에 대한 전형적인 다중 레벨의 신호 파형을 나타낸 것이다.

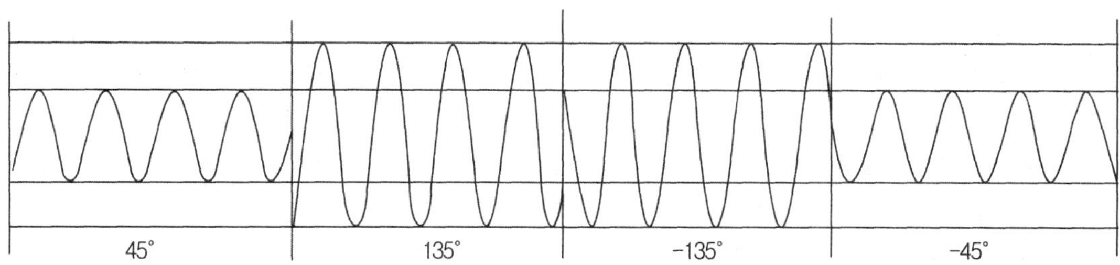

그림 2.41 ASK와 PSK 신호에 의한 디지털 레벨 정보

QAM에서 각각의 반송파는 여러 개의 디지털 레벨 중의 하나로 변조된다. 만약 각각의 반송파에 대하여 n개의 레벨이 있다면 모두 $n \times n = n^2$개의 유일한 디지털 상태가 하나의 QAM 신호에 의해서 나타낼 수 있다.

예를 들면 두 개의 진폭 레벨과 두 개의 위상 레벨은 모두 2×2=4개의 디지털 신호점을 만들고, 이 4개의 점들은 각각 하나의 2비트 패턴을 나타낸다. 또한 4×4 변조에 있어서는 모두 16개의 신호점들이 있으며 각각의 신호점들은 4비트에 의해서 표현되고 있으며 가장 널리 사용된다. 여러가지 QAM의 신호 배치를 나타내면 그림 2.42와 같다.

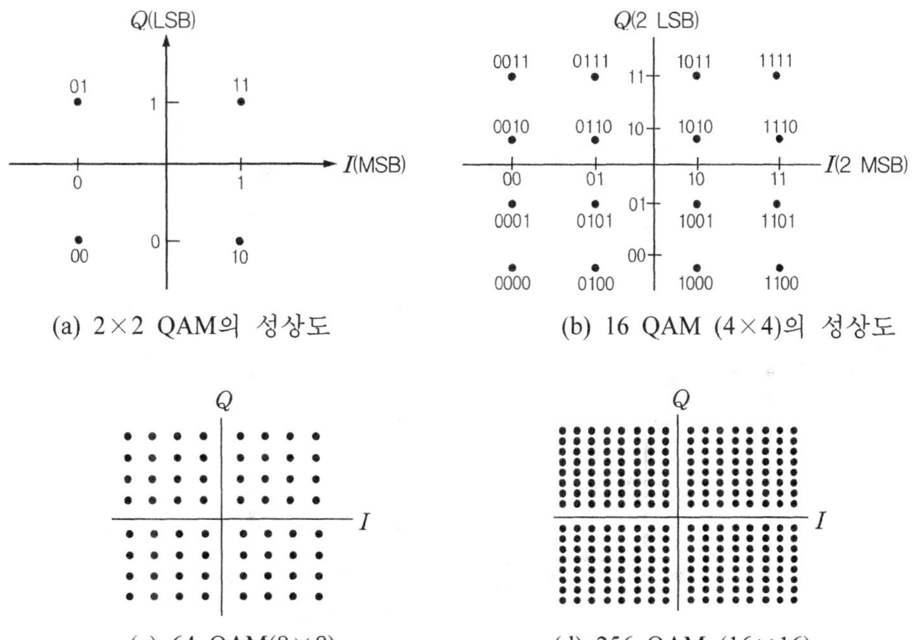

(a) 2×2 QAM의 성상도

(b) 16 QAM (4×4)의 성상도

(c) 64 QAM(8×8)

(d) 256 QAM (16×16)

그림 2.42 여러가지 QAM시스템의 신호점 배치도

QAM은 좁은 전송 대역폭으로 다량의 정보를 보낼 필요가 있는 시스템에서는 필수적인 변조 기술로서 오류가 적은 통신을 하기 위해서는 가능한 신호점 상호간의 거리를 멀리 떨어지게 하는 것이 바람직하다. 그밖에 신호의 송신 전력을 억제하기 위해서는 원점으로부터 멀리 떨어져 있는 곳에 신호점을 만들지 않도록 하는 것이다. 이러한 조건을 고려하면서 가능한 많은 신호점을 만들면 한번에 다량의 정보를 전송할 수 있다.

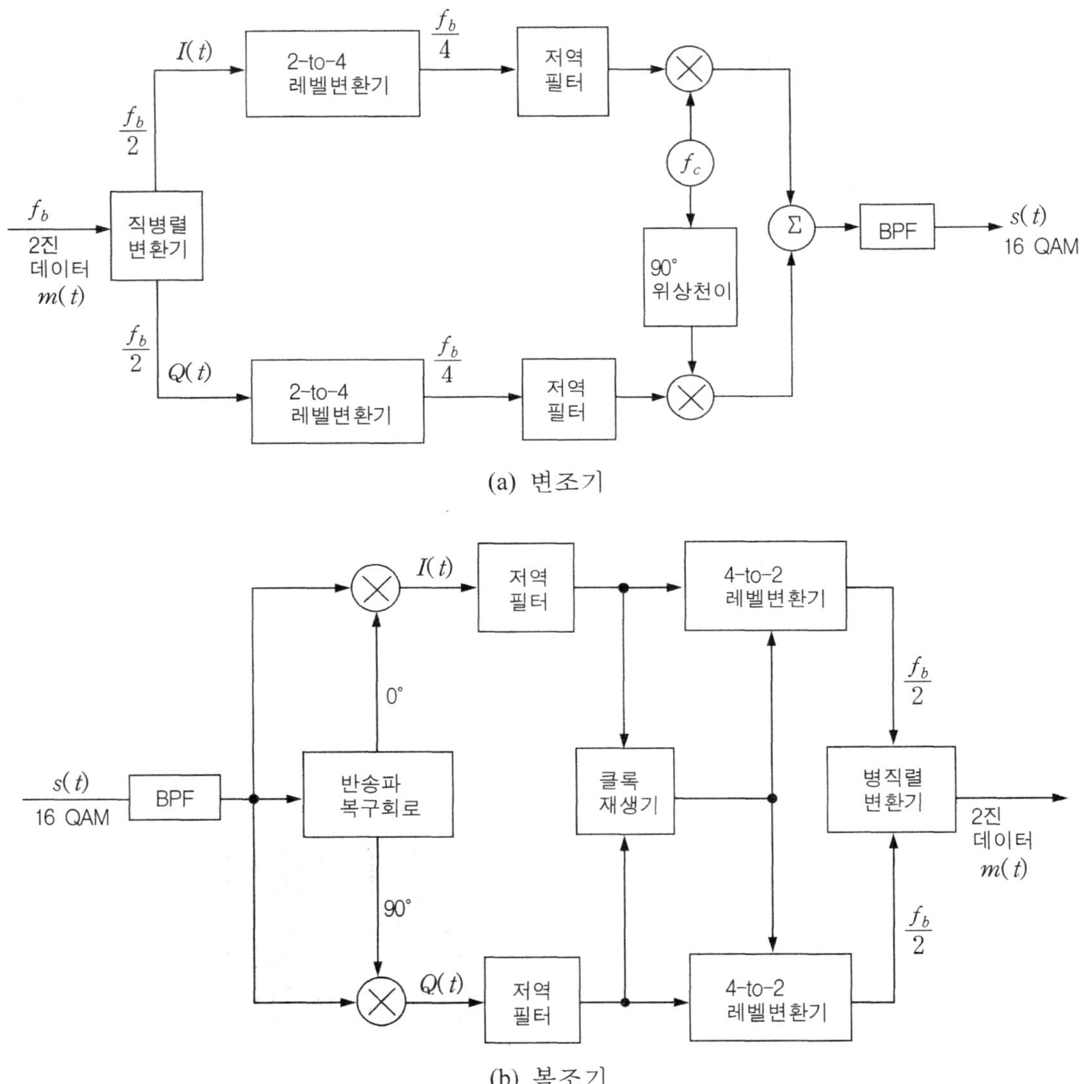

(a) 변조기

(b) 복조기

그림 2.43 QAM의 변조기와 복조기

QAM 변조기의 일반적인 계통도는 그림 2.43에서 보인 바와 같다. 직·병렬 변환기는 PSK의 경우처럼 $f_b/2$의 전송속도를 갖는 2개의 비트 계열을 만들어 2개의 각 채널에 분배하는 회로이다. 2-to-4 레벨 변환기는 2개의 직교 채널에 들어온 비트 계열을 4레벨 신호로 발생시키는 회로이다. I 와 Q 채널에 90° 의 위상차를 갖는 2개의 반송파를 곱하게 하는 곱셈기와 2채널의 합성기는 16진 QAM 신호를 발생시킨다.

QAM 복조기는 I 채널과 Q 채널 신호를 각각 독립적으로 복조 및 복호화한다. 하나는 동상(in-phase) 기준 신호가 I 성분을 뽑아내기 위하여 위상 검출기에서 사용되었으며, 이 복조 과정에서 I(t)가 결정된다. 마찬가지로 같은 기준 신호를 90° 위상 천이시켜 Q 성분을 뽑아낸 후 Q(t)를 결정하게 된다. I (t)신호와 Q (t) 신호는 윈도우 비교기와 디지털 논리 회로에 의해서 원래의 데이터 비트로 복호화 된다.

연습문제 주관식 문제

1. 진폭변조(AM)에서 변조지수가 1보다 크면 어떤 문제가 발생하는가?

2. 반송파 전력이 5[KW]일 때 100[%]로 진폭변조하면 피변조파 전력 및 상하측파대의 전력은 각각 얼마인가?

3. 디지털 변조방식의 종류를 쓰고 간단히 정의하여라.

4. 진폭편이변조(ASK) 방식을 OOK(On-Off Keying)라고 부르는 이유는 무엇인가?

5. 디지털 신호의 변조방식인 ASK, FSK, PSK방식에 대한 변조파형을 그리고 각각의 특징에 대해 기술하여라.

6. QAM을 정의한 후 특징을 열거하여라.

7. 4상 PSK방식을 사용한 변복조기에서 데이터 신호속도가 2400비트/초일 때 변조속도는 얼마인가?

8. 다음의 디지털 변조방식의 원리 및 장단점을 설명하여라.
   (1) ASK 방식
   (2) FSK 방식
   (3) PSK 방식
   (4) DPSK 방식

9. PSK 방식이 ASK 방식과 FSK 방식보다 오율면의 관점에서 우수하다는 것을 설명하여라. 또 PSK 방식에서는 전력이 ASK 및 FSK보다 몇 dB 작아도 되는가?

연습문제 객관식 문제

1. 변조의 개념을 옳게 설명한 것은?
   ㉮ 전송 신호를 고주파 신호 성분과 저주파 신호 성분으로 분리하는 것이다.
   ㉯ 수신 신호로부터 반송파를 제거하는 것이다.
   ㉰ 아날로그 신호를 디지털 신호로 변환하는 것이다.
   ㉱ 채널을 통해 효율적으로 전송되도록 송신 신호를 변환하는 것이다.

   풀이 변조(modulation) : 정보신호를 전송하기에 알맞은 형태로 변환하는 조작이다.

2. 100〔W〕 전력의 반송파를 사용하여 신호를 변조도 90〔%〕로 진폭변조하여 전송하고자 할 때 소요되는 총전력은 몇 〔W〕인가?

   ㉮ 90 ㉯ 120
   ㉰ 141 ㉱ 145

   풀이 $P_m = P_c\left(1+\frac{m^2}{2}\right) = 100\left(1+\frac{0.9^2}{2}\right) \fallingdotseq 141$

3. 아날로그(analog) 전송 방식이 아닌 것은?

   ㉮ PCM ㉯ PTM
   ㉰ PAM ㉱ PWM

   풀이 펄스의 전송 방식의 분류
   ① 아날로그(analog)전송 방식
   ㉠ 펄스 진폭 변조(PAM) ㉡ 펄스 폭 변조(PWM)
   ㉢ 펄스 위치 변조(PPM) ㉣ 펄스 주파수 변조(PFM)
   ㉤ 펄스 시간 변조(PTM)
   ② 디지털(digital) 전송 방식
   ㉠ 펄스 수변조(PNM) ㉡ 차동 PCM(DPCM)
   ㉢ 펄스 부호 변조(PCM) ㉣ 델타변조(DM)

4. 다음 펄스변조방식 중 양자화를 하지 않는 방식은?

   ㉮ PPM ㉯ PNM
   ㉰ PCM ㉱ ΔM

해답 1. ㉱ 2. ㉰ 3. ㉮ 4. ㉮

5. 다음 중에서 디지털 전송 방법은?

㉮ PAM ㉯ PCM

㉰ PPM ㉱ PWM

6. 전송 신호 방식에서 아날로그 변조 방식이 아닌 것은?

㉮ PWM ㉯ PPM

㉰ PAM ㉱ PCM

풀이 아날로그 변조 방식은 PAM, PFM, PPM, PWM 등이고, 디지털 변조 방식에는 PCM, DM, PNM, DPCM 등이 있다.

7. 시간폭과 진폭이 일정한 펄스의 위치를 입력 신호에 따라 변화시키는 변조 방식은?

㉮ PCM ㉯ PNM

㉰ PWM ㉱ PPM

풀이 PPM(Pulse Position Modulation : 펄스 위치 변조) : 신호의 표본치에 따라 펄스의 진폭과 폭은 일정하고 그 위치(위상)만을 변화시키는 변조방식이다.

8. 펄스 변조 방식 중 펄스의 진폭과 펄스폭이 일정한 방식은?

㉮ PDM ㉯ PAM

㉰ PPM ㉱ PWM

풀이 PPM(펄스위치변조) : 펄스의 진폭, 폭 등은 일정하고 펄스의 시간상의 위치를 입력 신호에 따라 변화시키는 변조방식이다.

9. 다음 중 가장 빠른 속도로 데이터를 전송할 수 있는 변조방식은?

㉮ 진폭변조방식 ㉯ 주파수변조방식

㉰ 위상변조방식 ㉱ 시분할변조방식

10. 다음 변조방식들 중에서 데이터 통신 시스템에서 사용하지 않는 것은 어느 것인가?

㉮ 강도 변조방식 ㉯ 주파수 변조방식

㉰ 위상 변조방식 ㉱ 직교 진폭 변조방식

11. 상호 혼신과 외래 잡음을 적게 하는데 가장 적당한 변조 방법은?

㉮ 위상 변조 ㉯ 주파수 변조

㉰ 펄스 변조 ㉱ 진폭 변조

해답 5. ㉯ 6. ㉱ 7. ㉱ 8. ㉰ 9. ㉰ 10. ㉮ 11. ㉯

12. 양측파대(double side band) 중 상측파대는 억제하고 하측파대만을 송신하는 방식을 하잔류파대 변조라고 한다. 이와같이 측파대를 이용한 변조 방식은?

㉮ ASK　　㉯ PSK
㉰ FSK　　㉱ QAM

풀이 진폭변조(AM 또는 ASK)방식의 종류
① 양측파대 진폭변조방식(DSB-AM)
② 단측파대 진폭변조방식(SSB-AM)
③ 잔류측파대 진폭변조방식(VSB-AM)

13. 다음의 그림은 어떤 변조 파형인가?

㉮ 폭천이변조
㉯ 진폭천이변조
㉰ 주파수천이변조
㉱ 위상천이변조

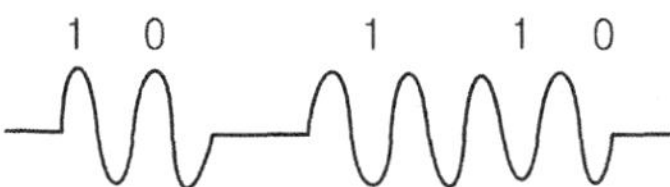

14. 반송파로 사용하는 정현파의 진폭에 정보를 실어 보내는 변조 방식은?

㉮ ASK　　㉯ FSK
㉰ PSK　　㉱ DPSK

풀이 디지털 변조 방식
① 진폭 편이 변조(ASK) : 반송파로 사용하는 정현파의 진폭에 정보를 싣는 변조방식
② 주파수 편이 변조(FSK) : 반송파로 사용되는 정현파의 주파수에 정보를 싣는 변조방식
③ 위상 편이 변조(PSK) : 반송파로 사용하는 정현파의 위상에 정보를 싣는 변조방식

15. 다음 중 디지털 데이터를 아날로그 신호로 변환하는 기법으로 사용되지 않는 것은?

㉮ PCM　　㉯ ASK
㉰ FSK　　㉱ PSK

풀이 PCM(Pulse Code Modulation)은 아날로그 데이터를 디지털 신호로 변환하는 기법으로 사용된다.

16. 반송파로 아날로그 신호를 ON-OFF하는 방식으로 전송대역을 유효하게 이용할 수 있으며 비동기 전송이 가능한 이점을 가진 변조방식은?

㉮ 주파수 변조방식(FM)　　㉯ 진폭 변조방식(AM)
㉰ 위상 변조방식(PM)　　㉱ 진폭위상 변조방식(AM-PM)

해답 12. ㉮ 13. ㉯ 14. ㉮ 15. ㉮ 16. ㉯

17. 다음 중 ASK변조 방식의 특성에 대한 설명으로 옳지 않은 것은?
   ㉮ 2진 신호를 반송파의 진폭의 변화로 변조한다.
   ㉯ 갑작스러운 이득의 변화에 민감하다.
   ㉰ 음성급 회선에서 전형적으로 1,200〔bps〕 이내의 속도에서 사용된다.
   ㉱ 가장 효율적인 변조 기법이다.

풀이 ASK는 신호의 유무에 따라 반송파의 진폭이 갑자기 변화되므로 이득의 변화에 민감하고 다소 비효율적인 변조 기법이다.

18. 다음 중 정보에 따라 주파수를 변환시키는 디지털 변조 방식은?
   ㉮ ASK ㉯ FSK
   ㉰ PSK ㉱ QAM

풀이 FSK(주파수편이변조)는 반송파로 사용하는 정현파의 주파수에 정보를 싣는 변조 방식이다.

19. 비동기식 변복조기는 주로 지능이 없는 낮은 속도의 터미널에서 많이 사용되고 통신 속도는 1800〔bps〕이다. 이때 주로 사용하는 변조 방식은?
   ㉮ ASK ㉯ PSK
   ㉰ FSK ㉱ QAM

풀이 FSK 방식은 비교적 저속(비동기식으로 2,000[bps] 이하)의 데이터 전송에 많이 이용되고 있다.

20. FSK(Frequency Shift Keying)에 관한 설명이다. 옳지 못한 것은?
   ㉮ 비동기식 변조 방식이며 기술적으로 간단하다.
   ㉯ 주파수 f_1과 f_2는 2진수 1과 0에 대응되어 변조된다.
   ㉰ 고속도 전송에 사용된다.
   ㉱ 수신단에 필터가 부착되어 있다.

풀이 FSK는 비교적 저속도의 데이터 전송에 사용된다.

21. 1200〔b/s〕 이하의 저속도 모뎀에서 사용되고 있는 변조방식은?
   ㉮ ASK ㉯ PSK
   ㉰ FSK ㉱ DPSK

해답 17. ㉱ 18. ㉯ 19. ㉰ 20. ㉰ 21. ㉰

22. 다음 중 주파수편이(FSK) 변복조방식에 대한 설명 중 틀리는 것은?
   ㉮ 1800[bps]의 전송 속도로 사용할 수 있다.
   ㉯ 부호 1과 0에 다른 주파수만 바뀐다.
   ㉰ 1200[bps] 모뎀일 경우 110[bps]로 사용하게 되면 에러가 발생한다.
   ㉱ 2선식 전 이중 방식에서는 4가지의 주파수가 사용된다.

23. 전송하는 데이터 신호를 연속되는 3비트의 조합(TRIBIT)으로 분할해서 직전에 전송한 반송파의 위상을 기준으로 하여, 다음에 전송할 TRIBIT의 종류에 의해 결정되는 각도만큼 위상을 변화시키는 방식은?
   ㉮ 2 위상 편이 변조 방식　　㉯ 4 위상 편이 변조 방식
   ㉰ 8 위상 편이 변조 방식　　㉱ 16 위상 편이 변조 방식

풀이 위상 편이변조에서는 일반적으로 1회의 위상 변위에 대하여 2비트(dibit)나 3비트(tribit) 등 복수 비트의 정보를 한꺼번에 보낼 수 있다.
   ① 2비트(dibit) : 위상차를 90° 씩 나누면 4개의 위상을 얻는다. 즉, 4 위상일 때 2비트를 하나의 위상 변위로 표현한다.
   ② 3비트(tribit) : 위상차를 45° 씩 나누면 8개의 위상을 얻는다. 즉, 8 위상일 때 3비트를 하나의 위상 변위로 표현한다.

24. 정보 비트의 전송률[bit/s]이 일정할 때 채널 대역폭이 가장 넓은 변조 방식은?
   ㉮ BFSK　　㉯ 16 PSK
   ㉰ 4 FSK　　㉱ 8 ASK

풀이 채널 대역폭 $B=\dfrac{R_b(\text{전송률})}{\log_2 M}$ 이므로 전송률 R_b가 일정할 때 진수 M이 작을수록 B가 넓어진다.

25. 데이터 모뎀의 변조 방식으로 적당하지 않는 것은?
   ㉮ FSK　　㉯ DPSK
   ㉰ SSB　　㉱ QAM

풀이 전송 속도가 1200[bps] 이하인 비동기식 저속 모뎀에서는 FSK 방식이 사용되고 2400[bps] 이상의 전송속도에서는 PSK방식 또는 QAM 방식이 주로 사용된다.

해답 22. ㉱ 23. ㉰ 24. ㉮ 25. ㉰

26. 12개의 위상각을 사용하는 QAM 변조 방식의 4800[bps] 모뎀에서의 신호 전송률은?

㉮ 1,200 [baud]　　㉯ 2,400 [baud]

㉰ 4,800 [baud]　　㉱ 9,600 [baud]

풀이 12개의 위상각은 4개의 비트로 표현되므로 신호 전송률은 변조율의 1/4 이 된다.
∴bps=baud× 단위시간당 비트수

27. 4진폭 편이 변조 방식에서 한 번에 변조할 수 있는 데이터의 수는?

㉮ 1bit　　㉯ 2bit

㉰ 3bit　　㉱ 4bit

풀이 4 진폭 편이 변조는 4가지의 진폭 변화를 가지므로 2비트의 데이터(00, 01, 10, 11)를 한 번에 부호화하여 전송할 수 있다.

28. 다음 중 진폭과 위상을 변화시키는 정보를 전달하는 디지털 변조 방식은?

㉮ PSK　　㉯ QAM

㉰ FSK　　㉱ ASK

풀이 QAM(진폭 위상 편이 변조 방식)은 반송파의 진폭과 위상을 상호 변화하여 신호를 얻는 디지털변조 방식이다.

29. 다음 중 진폭 변조 방식과 위상 변조 방식을 혼합한 변조 방식은?

㉮ PSK　　㉯ QPSK

㉰ QAM　　㉱ FSK

풀이 QAM은 다상 PSK방식에 ASK방식을 조합한 복합 변조 방식이므로 효율이 높은 다치전송을 가능하게 한다.

30. 데이터의 전송률이 일정할 때 채널당 대역폭이 가장 작은 변조 방식은?

㉮ QPSK　　㉯ PSK

㉰ FSK　　㉱ ASK

풀이 QPSK(4진 PSK)는 하나의 신호 요소로 4개의 데이터를 변조할 수 있으므로 점유 주파수대역폭이 다른 변조 방식에 비하여 1/2이 된다.

해답 26. ㉮ 27. ㉯ 28. ㉯ 29. ㉰ 30. ㉮

31. 다음 중 최고 속도의 데이터 통신에 사용되는 모뎀(MODEM)의 변조 방식은?

㉮ DPSK ㉯ FSK
㉰ PSK ㉱ ASK

풀이 일반적으로 PSK라 하면 차동위상편이변조(DPSK)를 의미하게 된다.

32. 다음 그림은 어떤 변조 방식을 나타낸 것인가?

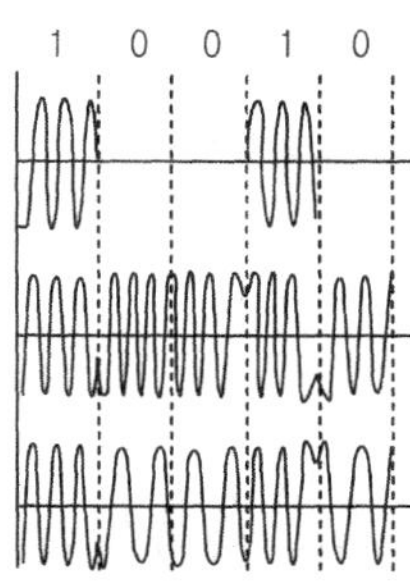

㉮ ASK ㉯ PSK ㉰ FSK ㉱ QAM

풀이 QAM : 반송파의 진폭과 위상을 상호변화하여 신호를 얻는 변조방식

33. 진폭 변조 방식에 본래의 신호를 제일 원상태 가까이 복조할 수 있는 장치는?

㉮ 잔류측파대 진폭 변조 방식 ㉯ 양측파대 진폭 변조 방식
㉰ 단측파대 진폭 변조 방식 ㉱ 다(多)위상 변조 방식

풀이 AM-SC파의 한쪽의 측파대를 완전히 제거하지 않고 반송파 주파수에 가까운 주파수 성분은 그대로 남겨, 전체로서 주파수대역의 압축을 꾀하는 변조법을 잔류측파대(VSB)진폭 변조 방식이라고 한다.

34. 다음 디지털 통신 방식 중 오율(error probability)이 가장 적은 것은?

㉮ DPSK ㉯ FSK
㉰ ASK ㉱ PSK

풀이 오율이 가장 작은 순서 : PSK<DPSK<FSK<ASK

해답 31. ㉮ 32. ㉱ 33. ㉮ 34. ㉱

35. MODEM에서 채택하고 있는 변조 방식 중 가장 빠른 속도로 전송할 수 있는 변조 방식은?(단, 주파수 대역은 동일하다고 본다.)

㉮ AM ㉯ FM
㉰ PM ㉱ TDM

풀이 변조방식에 의한 모뎀의 분류

① ASK 모뎀 : 거의 사용되지 않음
② FSK 모뎀 : 저속 비동기방식(1200bps이내)
③ PSK 모뎀 : 중고속 비동기방식(2400, 4800bps)
④ QAM 모뎀 : 고속(9600bps이상)

36. 다음의 그림은 어떤 변조파형인가?

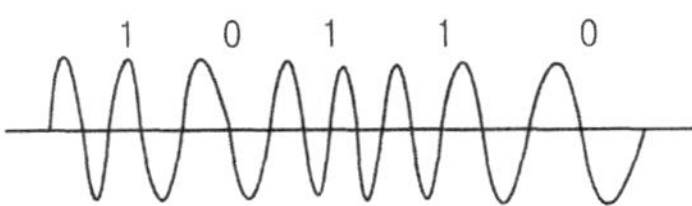

㉮ 폭 편이 변조 ㉯ 진폭 편이 변조
㉰ 주파수 편이 변조 ㉱ 위상 편이 변조

풀이 주파수편이변조(FSK)는 디지털신호에 따라서 각각 반송파의 주파수를 다르게 할당한다.

37. 다음의 그림은 어떤 변조 파형인가?

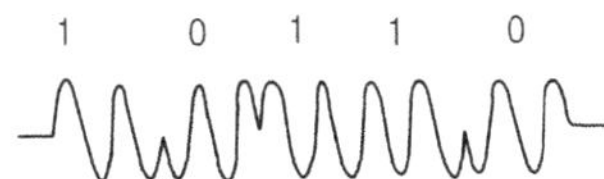

㉮ 폭천이변조 ㉯ 위치천이변조
㉰ 주파수천이변조 ㉱ 위상천이변조

해답 35. ㉰ 36. ㉰ 37. ㉱

38. 변조기에 사용하는 변조 방법 중 기술적인 실현 타당성이 없어 거의 이용되지 않는 것은?

㉮ 주파수 편이 변조 ㉯ 진폭 편이 변조(ASK)
㉰ 차동 위상 편이 변조(DPSK) ㉱ 절대 위상 편이 변조(APSK)

풀이 위상 편이 변조 방법에는 절대 위상 편이 변조(APSK)와 차동 위상 편이 변조(DPSK)가 있는데 APSK방식은 기술적인 실현의 타당성이 없어 거의 이용되지 않고 있기 때문에 일반적으로 PSK라 하면 DPSK를 의미하게 된다.

39. 잡음이 존재하는 통신로에서 부호 오율의 특성이 가장 좋은 디지털 변조 방식은?

㉮ 16 QAM ㉯ 16 FSK
㉰ 16 PSK ㉱ 16 ASK

풀이 동일 진수일 경우의 부호오율특성 : ASK<FSK<PSK<QAM

40. 다음의 그림은 어떤 변조 파형인가?

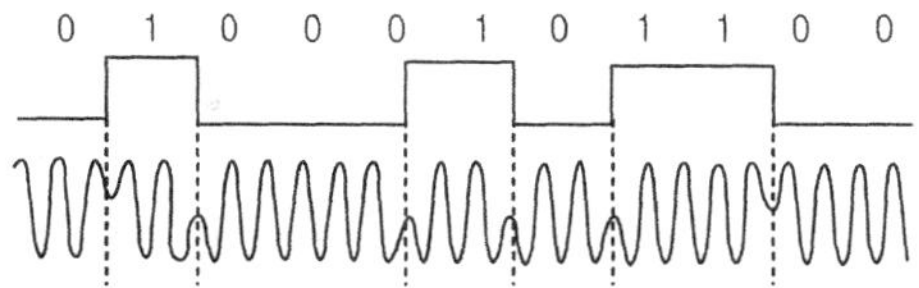

㉮ 진폭 편이 변조 ㉯ 주파수 편이 변조
㉰ 위상 편이 변조 ㉱ 직교 진폭 변조

풀이 위상편이 변조(PSK)는 디지털 신호의 정보내용에 따라서 반송파의 위상을 변화시키는 변조방식이다.

41. 다중 신호 $s_i(t) = a_i \cos \omega_o t + b_i \sin \omega_c t$ 의 a_i, b_i 를 다중 부호의 값으로 대응하는 변조 기술은?

㉮ PSK ㉯ FSK
㉰ APK ㉱ ASK

풀이 APK(amplitude phase keying)는 반송파의 진폭과 위상이 베이스밴드 신호에 따라 변하는 디지털변조시스템에 사용되는 일반적인 용어이다. 따라서 QAM은 APK의 한 형식이다.

해답 38. ㉱ 39. ㉮ 40. ㉰ 41. ㉰

42. 다음 BPSK 방식과 QPSK 방식을 비교한 것 중 틀린 것은?
㉮ 심벌오율은 BPSK 방식이 QPSK 방식에 비해 우수하다.
㉯ 비트 오율은 두 방식이 같다.
㉰ 전송속도는 QPSK 방식이 BPSK 방식에 비해 2배이다.
㉱ QPSK 방식의 스펙트럼폭은 BPSK 방식에 비해 2배이다.

43. 8개의 위상과 2개의 진폭을 혼합하여 어느 신호를 변조해야 할 때 적당한 방법으로 맞는 것은?
㉮ FSK(Frequency Shift Keying)
㉯ FSK + AM
㉰ DPSK(Differential Phase Shift Keying) + AM
㉱ DPSK

44. 다음과 같은 신호공간 다이어그램을 나타내는 변조방식은?
㉮ ASK
㉯ BPSK
㉰ FSK
㉱ QAM

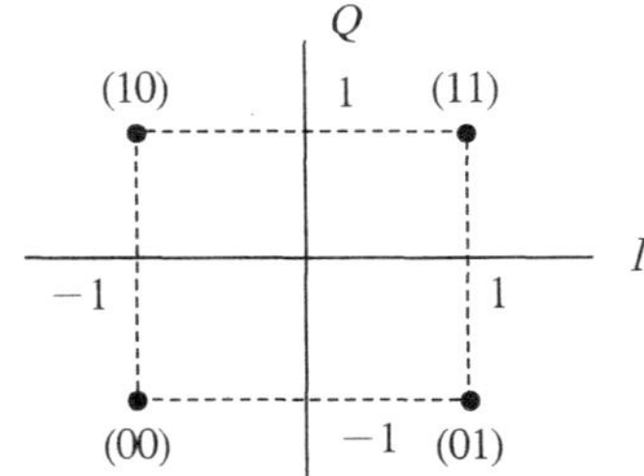

45. 정보 전송상 주파수(스펙트럼)의 이용 효율이 가장 좋은 변조기 방식은?
㉮ 16 QAM(16 직교 진폭 변조)
㉯ FSK(주파수 편이 변조)
㉰ ASK(진폭 편이 변조)
㉱ PSK(4치 위상 변조)

풀이 변조방식에 관계없이 진수가 클수록 스펙트럼의 이용효율(대역폭효율)이 좋다.
∴ 대역폭 효율 = $\log_2 M$[bps/Hz] 단, M : 진수

46. 반송파의 진폭 및 위상을 상호 변환하여 정보를 싣는 변조 방식은?
㉮ QAM
㉯ ASK
㉰ PSK
㉱ FSK

풀이 QAM(진폭 위상 편이 변조 방식)은 반송파의 진폭과 위상을 상호 변환하여 신호를 얻는 변조 방식이다.

해답 42. ㉱ 43. ㉰ 44. ㉱ 45. ㉮ 46. ㉮

47. FSK의 동기 검파에 PLL(Phase-Locked Loop)를 사용하여 국부발진 주파수를 입력 신호에 동기시킨다. 이 때 PLL의 구성이 아닌 것은?
㉮ 위상 검출기　　㉯ 저역통과필터
㉰ 정궤환　　㉱ 전압제어 발진기

48. 다음 중 디지털통신에서 비동기 검파의 포락선 검파방식이 가능한 변조방식은?
㉮ ASK와 FSK　　㉯ FSK와 PSK
㉰ ASK와 PSK　　㉱ PSK와 QAM

49. 1비트의 평균 에너지대 잡음전력비(E_b/N_o)가 동일한 경우 오류확률이 가장 낮은 변조방식은? (단, 모두 동기식 검파를 가정한다.)
㉮ BPSK　　㉯ QPSK
㉰ 8-PSK　　㉱ 16-PSK

50. 8 FSK 신호의 에너지가 E_s일 때 비트 에너지는 얼마인가?
㉮ $E_s/3$　　㉯ $E_s/8$
㉰ $3E_s$　　㉱ $8E_s$

51. 동기검파의 변조신호가 $f_c(t) = f(t)\cos\omega_c t$인 경우 수신단에서 $k\cos\omega_c t$를 곱하게 된다. 주파수 $2\omega_c$를 중심으로 한 제2 고조파 출력은 어떻게 되는가?
㉮ $(k/2)f(t)$　　㉯ $kf(t)$
㉰ $2kf(t)$　　㉱ $4kf(t)$

해답 47. ㉰ 48. ㉮ 49. ㉮ 50. ㉮ 51. ㉱

52. 다음은 변복조 방식에 대한 설명이다. 이중 맞지 않은 것은?

㉮ 진폭 편이 변조(ASK)는 정현파의 진폭에 정보를 실는 방식으로 2 내지 4 진폭을 이용한다.

㉯ 직교 진폭 변조(QAM)는 정현파의 진폭에 정보를 실는 방식으로 저속도 변조 방식에 이용한다.

㉰ 주파수 편이 변조(FSK)는 정현파의 주파수에 정보를 실는 방식으로 2가지의 진폭을 이용한다.

㉱ 위상 편이 변조(PSK)는 정현파의 위상에 정보를 실는 방식으로 2, 4, 8 위상 편이 변조 방식이다.

풀이 직교 진폭 변조(QAM)는 반송파의 진폭과 위상을 상호 변환하여 신호를 얻는 변조 방식으로 ITU-T에서 9600[bps] 변복조기의 표준 방식으로 권고하고 있다.

53. 다음 중 변조 방식과 복조 방식의 조합이 잘못된 것은?

㉮ PSK- 포락선 검파 ㉯ DPSK -. 차동위상 검파

㉰ QAM - 동기 직교 검파 ㉱ QPSK - 동기 직교 검파

풀이 비동기 검파인 포락선 검파는 ASK와 FSK의 경우에만 가능하다.

54. QAM은?

㉮ AM-PM의 혼합 시스템이다.

㉯ AM-FM의 혼합 시스템이다.

㉰ AM-QPSK의 혼합 시스템이다.

㉱ AM-DPSK의 혼합 시스템이다.

풀이 QAM(quadrature AM) : 반송파의 진폭과 위상을 데이터비트에 따라 변화시키는 진폭 변조(AM)와 위상변조(PM)방식을 혼합한 것이다.

해답 52. ㉯ 53. ㉮ 54. ㉮

55. 다음 그림과 같은 블록 선도가 나타내는 디지털 신호 변조 방식은?

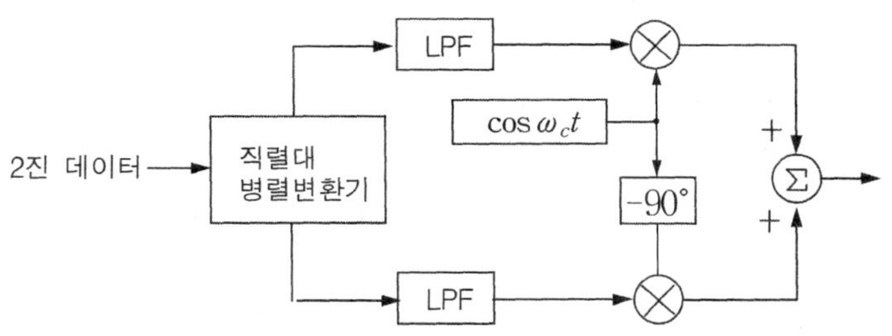

㉮ ASK　　　㉯ DPCM

㉰ FSK　　　㉱ QAM

풀이 QAM 변조기에서 직렬대 병렬 변환기는 f_b = 1/ T_b [bps]의 비트율(bit rate)인 2진 데이터 열을 받아들여 f_s = 1/ T_s[bps]인 데이터 열을 2개의 각 채널에 분배한다. 여기서 T_s = 2 T_b 이고 f_s 는 symbol rate 또는 baud rate라고 부른다.

① 저역필터들은 대역폭을 제한하여 원하는 스펙트럼 모양을 제공한다.

② I 와 Q채널에 90° 의 위상차를 갖는 2개의 반송파를 곱하게 하는 승산기(multiplier)와 2채널의 합성기는 M진 QAM신호를 발생시킨다.

56. QAM의 스펙트럼 효율을 향상시키기 위하여 I 와 Q 채널에 PR(partial response) 필터를 사용한 QAM을 무엇이라고 하는가?

㉮ QPR　　　㉯ APK

㉰ QPSK　　　㉱ PRK

풀이 QPR(quadrature partial response) : 2개의 PRS 신호를 직교적으로 합성한 QAM방식이다.

① 16진 QAM의 I와 Q 채널은 각각 4개의 레벨을 가지나 PR 부호화하면 7×7 = 49 개의 신호점이 된다.

② 4진 QAM의 신호점은 4(=2×2)개 QPR이면 9(=3×3)개의 신호점이 된다.

즉 4진 QAM은 9진 QPR이 되고 효율은 2[bps/Hz]이며, 16진 QAM은 49진 QPR이 되고 효율은 4[bps/Hz]이다.

해답 55. ㉱ 56. ㉮

57. 16 QAM에 관한 설명으로 틀린 것은?
   ㉮ 2차원 벡터 공간에 신호를 나타낼 수 있다.
   ㉯ 진폭과 위상이 변화하는 변조 방식이다.
   ㉰ Noncoherent 방식으로 신호를 검출할 수 있다.
   ㉱ 16 PSK변조 방식보다 동일한 전송 에너지에 대한 오류 확률이 낮다.

풀이 16진 QAM이 16진 PSK 보다 오류 확률면에 다소 우수하다.

58. 비동기식 변복조기에서 널리 사용되며 대체로 2000 〔bps〕 이하의 전송시 사용되는 변복조 방식은?
   ㉮ ASK ㉯ PSK
   ㉰ FSK ㉱ QAM

풀이 비동기식 변복조기와 동기식 변복조기
① 비동기식 변복조기 : 비교적 낮은 속도의 데이터 전송에 사용되며, 전송속도는 일반적으로 2000 [bps] 이하 정도까지이며 주로 FSK 방식을 사용하고 있다.
② 동기식 변복조기 : 대화형 터미널이나 지능형 터미널에 주로 사용되며, 통신속도는 2400 ~ 9600 [bps] 또는 16000 [bps] 까지 대단히 빠른 데이터 전송이 가능하며, 주로 PSK 또는 QAM 방식을 사용하고 있다.

59. 반송파의 진폭과 위상을 상호 변환하여 신호를 전송함으로써 4위상 2진폭으로 한 번에 3비트 전송이 가능한 변조 방식은?
   ㉮ ASK ㉯ PSK
   ㉰ DPSK ㉱ QAM

풀이 QAM(Quadrature Amplitude Modulation)은 반송파의 진폭과 위상을 상호 변환하여 신호를 얻는 변조 방식으로서 다상 PSK방식에 ASK방식을 조합한 복합변조방식이다.

해답 57. ㉱ 58. ㉰ 59. ㉱

제 3 장 다중화 방식

3.1 다중화의 개요

전화의 수요가 급증하기 시작하면서 전송로의 경제적 이용을 위한 다중화 방식은 필연적이었다. 즉 다중화 방식은 하나의 전송로를 매체로 하여 동시에 다수의 통화로를 구성하여 통신할 수 있도록 하는 방식을 말하며, 궁극적인 목적은 통신설비의 비용을 절감하여 경제화를 도모하는데 있다.

이와 같이 전송로를 다중적으로 이용하는 방식에는 주파수 분할 다중화(FDM : Frequency Division Multiplexing)와 시분할 다중화(TDM : Time Division Multiplexing) 방식으로 크게 구별된다. FDM 방식은 각 통화로에 들어오는 음성신호를 각각의 다른 반송주파수로 변조하고, 서로 다른 주파수 대역으로 이동시켜 전송로를 통하는 여러 통화로의 신호가 서로 혼합되지 않도록 주파수적으로 분할하여 전송하는 방식이다. 진폭변조, 주파수변조 및 위상변조방식에 의한 종래의 FDM 방식에는 나선반송방식, 무장하케이블방식, 동축케이블방식, 마이크로웨이브 방식 등이 있으며 기존의 공간을 전송매체로 하는 라디오, 텔레비전 방송도 주로 FDM 방식이 사용되고 있다.

이에 반하여 TDM 방식은 다수의 통화로가 전송로를 점유하는 시간이 분할되어 있기 때문에 전송로를 통하는 신호가 서로 혼합되지 않고 전송할 수 있으며, 그 시간을 미세하게 분할하는 정도에 따라 다중회선을 구성할 수 있는 방식이다. 이와 같은 TDM 방식은 주로 PAM(Pulse Amplitude Modulation), PWM(Pulse Width Modulation), PPM(Pulse Position Modulation), PCM(Pulse Code Modulation) 등을 들 수 있으며, PCM방식은 TDM의 가장 대표적인 통신방식이다.

그림 3.1은 다중화의 방법으로서 FDM과 TDM의 개념을 나타낸 것이다. 즉, FDM은 음성전송 대역의 4[kHz]마다 차례로 주파수대를 다르게 배열하는 방법인 반면에, TDM은 음성전송 대역의 전송에 필요한 표본화 주기(125μs=1/8000

초)의 시간대를 차례로 세분화하여 가는 방법이다.

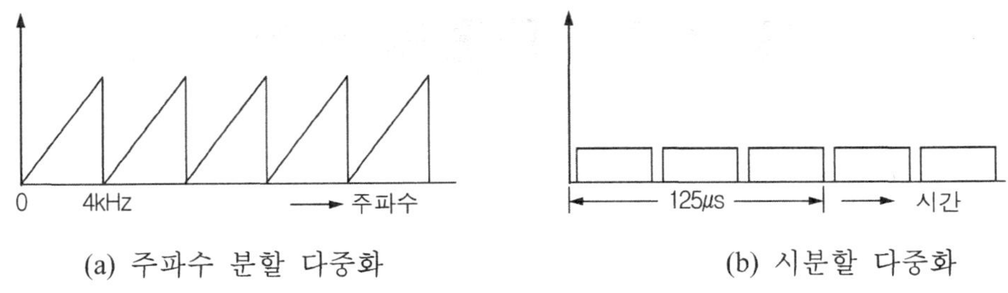

(a) 주파수 분할 다중화　　　　(b) 시분할 다중화

그림 3.1　다중화의 개념

3.2 주파수 분할 다중(FDM) 방식

하나의 전송로를 공동으로 이용하기 위해서 각 전송회선에 조금씩 주파수가 벗어난 반송파(carrier)를 사용하여 변조하고 서로 신호가 중복되지 않도록 하여 하나의 전송로에 다수의 이용자들이 동시에 신호를 전송하는 방식으로 진폭 변조나 주파수 변조에 주로 사용된다.

이 방식은 아날로그 전송회선의 다중화에 주로 이용되는데 신호파에 비해 조금 높은 일정한 정현파의 주파수(반송파)를 선택하여 변조하면 반송파에 따라 높은 것(상측파대)과 낮은 것(하측파대)이 생기는데 전송에는 이 중에서 어느 한쪽를 주파수의 필터를 통해 꺼내서 보내고 수신측은 이 보내온 측파대를 원래의 신호로 회복하는 것이다. 이것이 진폭변조에 의한 전송의 원리이다.

FDM 통신의 목적은 보통 단측파대(SSB) 변조 방식을 선택하는데 그 이유는 SSB 변조 방식을 사용하는 것이 점유 주파수 대역폭을 가장 효율적으로 사용할 수 있기 때문이다.

지금 전화 회선을 사용하여 음성 대역으로 300~3400[Hz]를 전송한다고 가정하면 반송파를 12[kHz]로 하는 양측파대-억압 반송파(DSB-SC) 변조 방식의 양측파대 중 상하 어느 측파대를 사용해도 SSB의 신호로 할 수 있다. 이것이 SSB 변조 방식을 사용한 FDM 통신의 원리로서 그림 3.2와 같다.

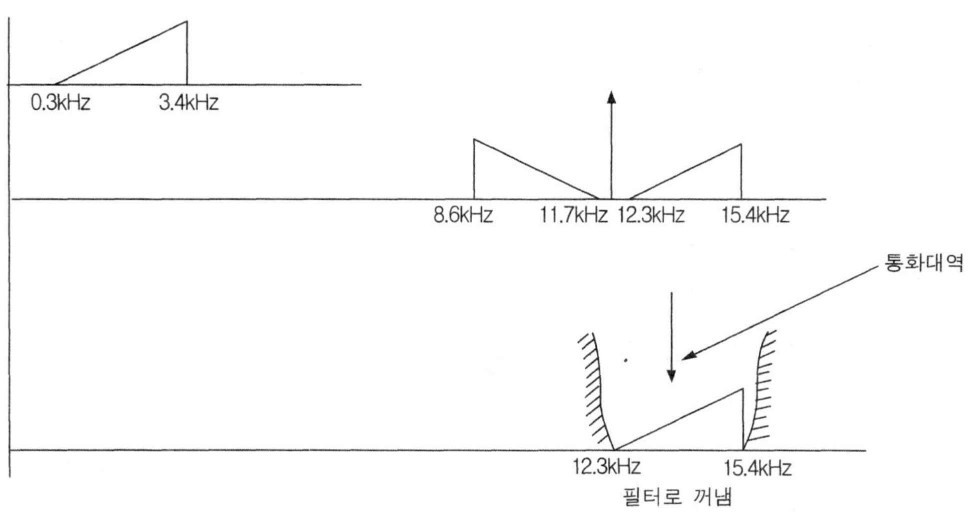

그림 3.2 필터링에 의한 SSB 변조 방식

다음에 별도의 음성 회선을 16[kHz]로 변조하면 16.3~19.4[kHz]의 변조파를 얻을 수 있고, 20[kHz]로 변조하면 20.3~23.4[kHz]의 변조파를 얻을 수 있다. 이와 같이 동일 주파수 대역을 갖는 음성 신호가 있다면 변조 후에는 각각의 다른 주파수 대역이 된다. 따라서 하나의 전송회선에 동시에 보내도 혼선이 생기지 않으므로 다중화된 것이다. 최종적으로는 A, B, C 3개의 음성신호는 각각 반송파에 따라 변조되어 12.3에서 23.4kHz까지 주파수축상에 배치된다. 이러한 관계를 그림 3.3에 나타내었다.

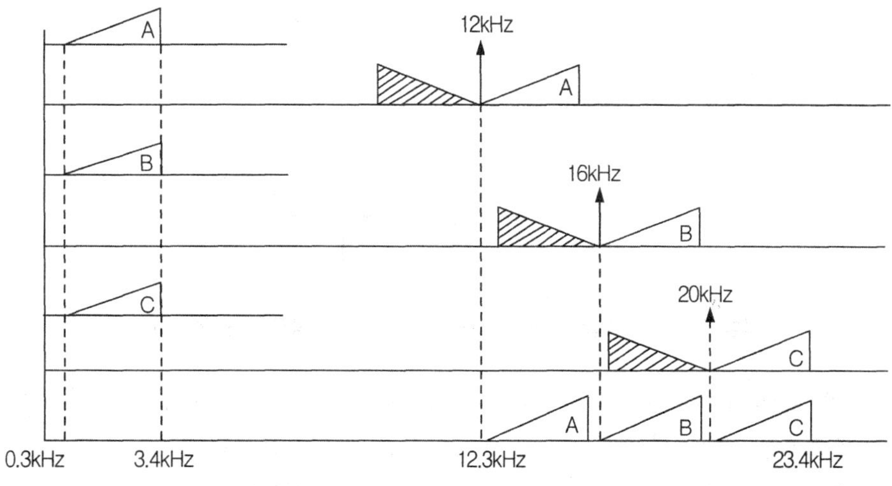

그림 3.3 진폭 변조에 의한 다중화의 예

그림 3.3에 보인 바와 같이 각 신호에 대해서 각각 다른 반송파를 사용하여 서로 중복되지 않는 주파수 대역으로 이동시킬 수 있다. 실제로 사용되고 있는 SSB에 의한 12채널 FDM통신 원리와 각각의 반송주파수를 그림 3.4에 나타내었다.

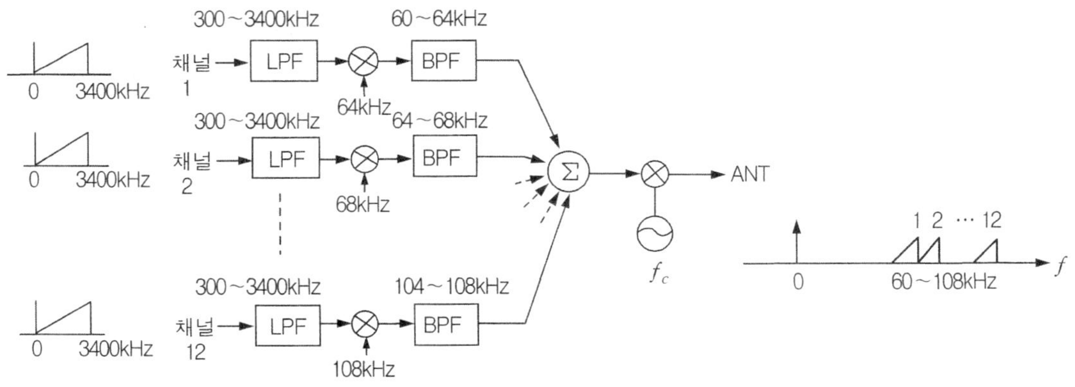

그림 3.4 SSB에 의한 12채널 FDM통신의 원리도

음성 전송인 경우에는 반송 주파수를 적당히 선택함으로써 12개의 채널을 서로간에 간섭없이 주파수 축상에 배열시킬 수 있다. 12채널의 음성다중 신호로부터 특정의 한 음성신호를 복조하는 원리도는 그림 3.5와 같다.

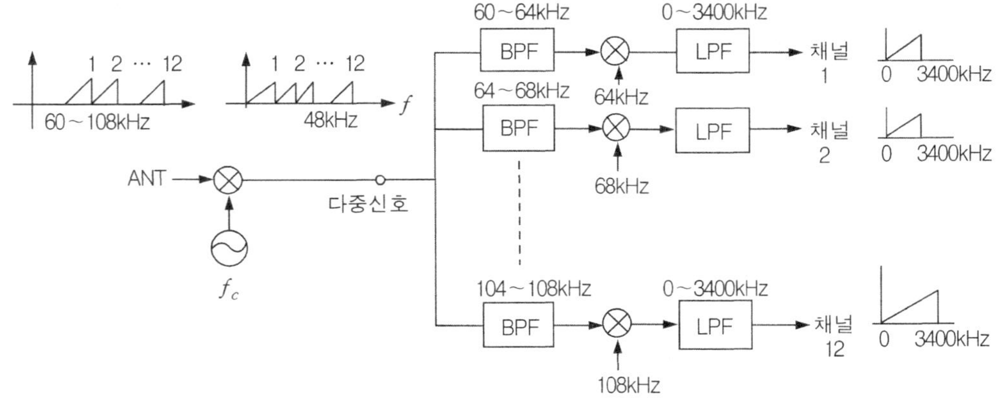

그림 3.5 12채널의 음성 다중 신호로부터 복조되는 원리도

이와 같이 12채널의 음성 신호를 다중화시킨 신호는 4[kHz]×12채널=48[kHz]의 대역폭을 가진 하나의 군(group) 신호로 된다. 이러한 군 신호를 다시 하나의 신호로 간주하고 그보다 높은 주파수 대역으로 재배치할 수 있다. 5개의 군을 다

시 다중화하여 하나의 초군(super group)를 형성시키고 있는데, 이 한 개의 초군은 12(채널)×5=60(채널)의 음성을 다중화한다.

예를 들면 그림 3.6과 같이 부반송파를 12, 16, 20[kHz]로 하여 1~3ch의 각 음성 신호를 각각 BM(평형변조)하면 반송파가 억압된 DSB파가 얻어진다. 이것을 각각 BPF(대역통과필터)에 통과시켜 상측파대의 SSB파를 얻은 후 합성하면 12.3~22.4[kHz]에 ch1~3이 배열된다. 이것을 전군(pre-group)이라고 한다.

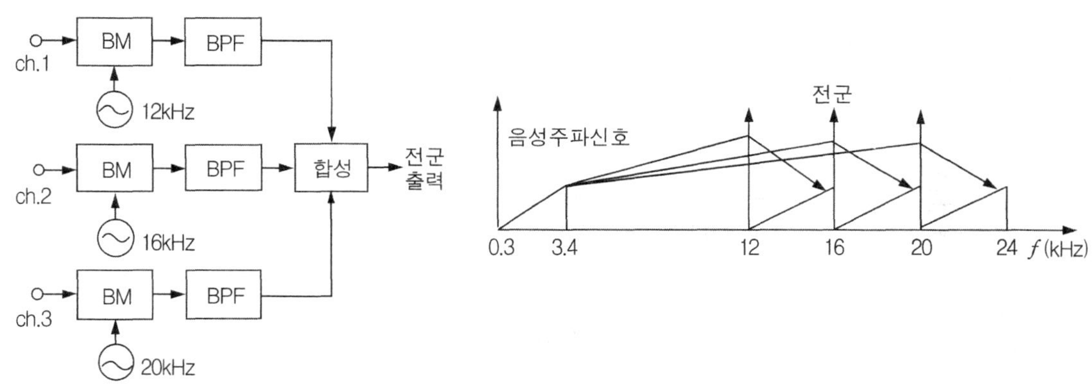

그림 3.6 전군(pre-group)의 변환

이와 같은 방법으로 ch 4~6, ch 7~9, ch 10~12에 대해서도 전군으로 배열한다. 그림 3.7과 같이 24, 36, 48[kHz]의 부반송파(전군 변환 주파수, pre-group carrier frequency)와 전군을 SSB화하여 각각의 상측파대를 얻어 ch 1~3의 전군과 합성하면 약 12~60[kHz]의 사이에 ch 1~12가 배열된다. 이것을 기초군(base group)이라고 한다.

마찬가지로 ch 13~60에 대해서도 전군, 기초군 변환을 행하면 5개의 기초군을 얻게 된다. 그림 3.8과 같이 60, 108, 156, 204[kHz]의 부반송파(기초군 변환 주파수, base group carrier frequency)와 기초군을 각각 SSB화하여 각각의 상측파대를 얻어서 ch 1~12의 기초군과 합성하면 약 12~252[kHz] 사이에 ch 1~60이 배열된다. 이것을 초군(super group)이라고 한다.

이와 같이 몇 단의 단계로 다중화해서 보다 높은 주파수 대역에 배치시키기 위하여 사용되는 반송파를 부반송파(sub-carrier)라고 부른다.

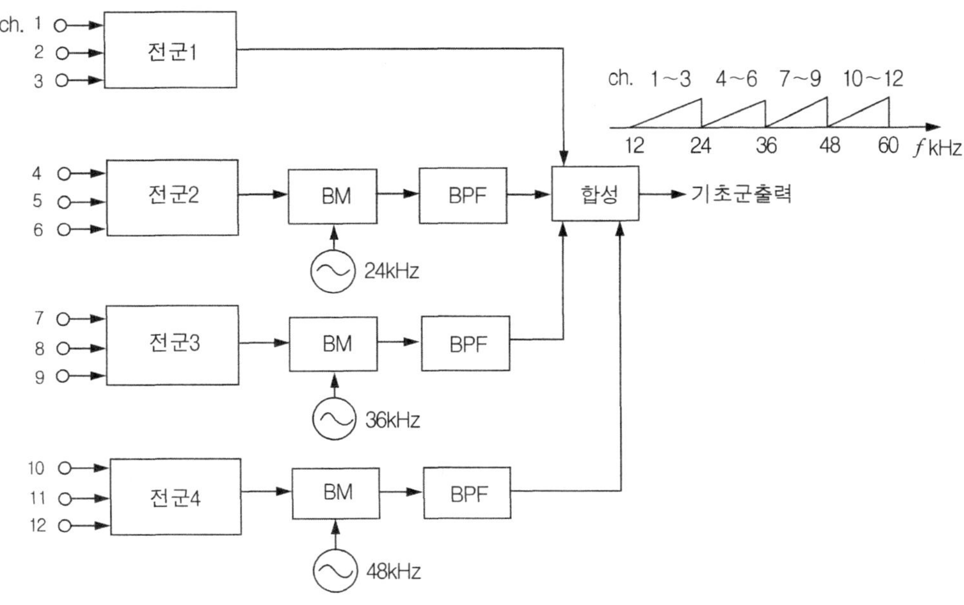

그림 3.7 기초군(base group)의 변환

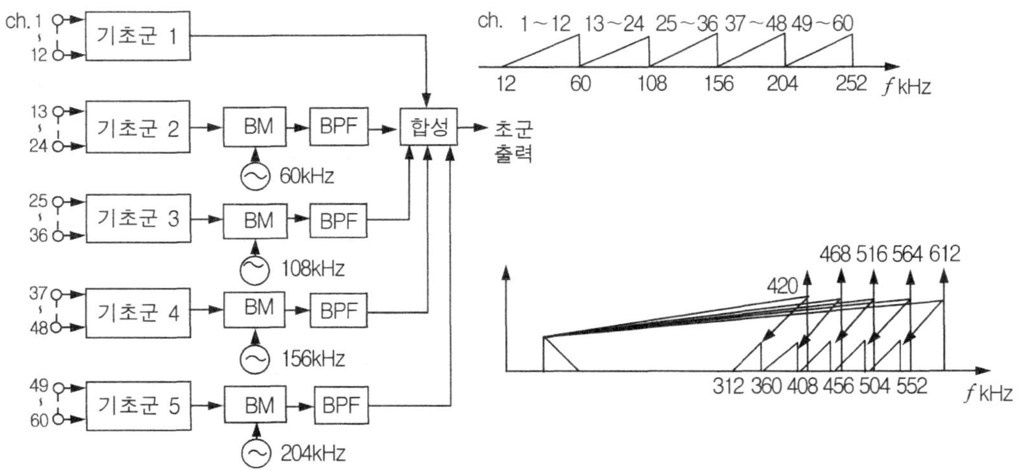

그림 3.8 초군(super group)의 변환

3.3 시분할 다중(TDM) 방식

디지털 통신에서는 부호화된 정보가 일정한 시간 간격으로 배열된 펄스열로 전송되기 때문에 수신측에서 보낸 정보를 복조하기 위해서는 펄스의 도착 시점을 정확히 알아야 한다. 이와 같이 송수신간에 펄스의 시간 위치를 일치시키는 조작을 동기(synchronization)라고 한다. 또 디지털 전송에서는 통상 사용하는 전송 매체를 효율적으로 이용하여 경제성을 향상시키기 위해서 정보를 다중화하여 전송한다. 이 다중화는 시간축상에서 행해져 다중화된 신호의 1 주기를 프레임(frame)이라고 한다. 이와 같은 다중화법을 시분할 다중화(time division multiplexing : TDM)라고 한다.

시분할 다중 방식(TDM)은 표본화 정리에 일치하는 일정한 주기의 펄스를 채널 수만큼 시간적으로 다르게 사용하여 각 채널의 신호로 각각 변조를 행함으로써 출력에는 시간적으로 배열된 각 채널의 변조 펄스 신호가 얻어진다.

예를 들면 그림 3.9와 같이 다수의 전송회선에 신호 A, B, C를 보내려고 할 때 고속인 데이터 전송이 가능한 전송로를 이용하여 t_1 시각에는 A 부분의 신호를, t_2 시각에는 B 부분의 신호를, t_3의 시각에는 C 부분의 신호를 전송하는 방식이다.

이 방식에 의해 다수의 이용자들이 전송로를 공동으로 이용하는 것이 가능하게 되며 TDM 방식은 디지털 회선의 다중화로 사용된다.

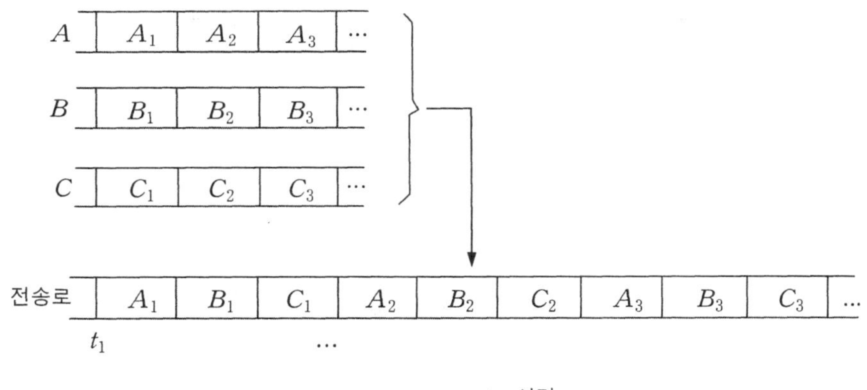

그림 3.9 TDM 방식의 기본 개념

수신측에서는 차례로 전송되는 각 채널의 변조 펄스 신호를 채널마다 정확히 분리되어야 한다. 이 때문에 송신측에서는 최초로 동기 펄스를 전송하도록 하고, 수신측에서는 이 동기 펄스를 기준으로 각 채널의 펄스를 분리하는 방법이 행해진다.

그림 3.10(a)와 같이 디지털 회선의 시분할 다중화 구성을 생각해 보자. 회전 스위치 S_1은 입력 채널의 신호 속도에 맞추어서 회전한다. 각 채널의 비트 속도가 200[bps]라 하면 S_1은 1/200초에 1회전한다. 또 각 채널은 완전히 같은 타이밍으로 동작하게 된다. 지금 각 채널에 비트가 차례로 입력된다고 가정하면 전송회선에는 그림 3.10(b)와 같이 비트가 전송된다. 이 때 한개 채널의 1비트가 전송되는 사이에 4개 채널의 비트가 전송된다. 즉, 전송로에는 다중화된 부호가 전송된다. 이 부호는 각 채널에서 송신측과 같은 200[bps]의 부호로 출력된다. 전송로의 전송 속도를 높게 하면 더욱 많은 전송회선을 다중화할 수 있다. 그림에서 알 수 있듯이 S_1과 S_2는 완전히 동일 속도로 전송되지 않으면 정확히 신호가 송수신되지 않는다. 이 속도로 일치시키는 것을 "동기를 취한다"라고 한다. 또 수신측에서는 동기를 취해도 위상이 일치하지 않으면 다른 채널로 출력되는 일이 생긴다. 이 때문에 1회전할 때마다 특정의 신호를 넣어서 이것으로 위상을 맞추는 방법을 취하고 있는데 이것을 프레임 동기라고 한다.

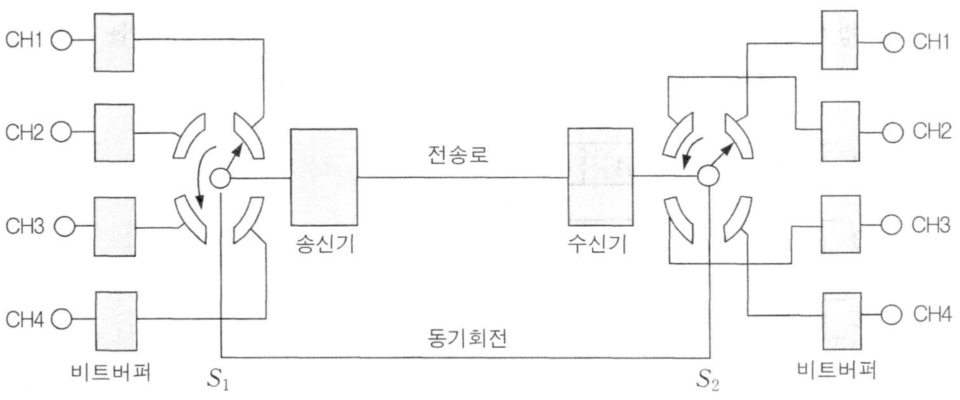

(a) 다중화와 동기

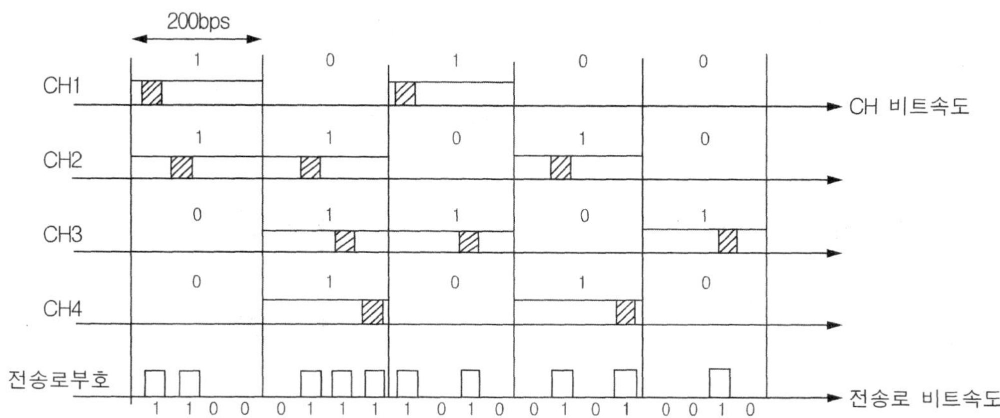

(b) 다중화의 원리

그림 3.10 디지털 회선에서 시분할 다중화의 원리

이 회전 스위치 대신에 게이트 회로와 타이밍 펄스가 이용되고 있다. 멀리 떨어진 두 지점간에 동기를 맞추는 것도 중요하나 이것은 대단히 어려운 일이며 여기에는 표준 클록을 이용한 망동기와 스텝동기를 취하는 경우가 있다.

TDM 방식에서는 동기를 취하기 위하여 각각의 채널에 일정 시간마다 전송로를 할당할 필요가 있으며, 자신의 채널에 할당된 시간이 오면 전송되는 데이터가 없어도 빈신호를 보내야 한다. 결국 TDM 방식은 저밀도의 전송에서는 다소 비효율적이다.

반면에 동기를 취하지 않는 비동기 시분할 다중 방식은 보낼 데이터에 표시를 붙여서 보낼 데이터가 있을 때만 전송하는 방식으로 수신측에서 표시를 보고 어느 단말에서 보내면 좋은가를 판단할 수 있게 된다. 비동기 시분할 다중방식은 저밀도의 전송에서는 효율적이며 패킷 교환 방식에서는 대표적인 방법이다.

그림 3.11은 간단한 TDM 방식의 구성도이다. 송신단국에서는 동기 신호를 기준으로 하여 각 채널에 할당되는 위상이 다른 신호를 발생시키고 각 채널을 펄스변조를 행하여 합성한다. 이것에 의하여 각 채널은 시간적으로 나열된 다중 신호로 된다. 이 다중 신호를 송신기의 변조 입력에 가하여 주반송파를 변조한 후 안테나에서 송출한다.

수신단국에서는 수신기 출력의 다중 신호에서 동기신호를 기준으로 각 채널에 할당되는 게이트 펄스를 만들어 각 채널의 펄스 변조파를 복조한다.

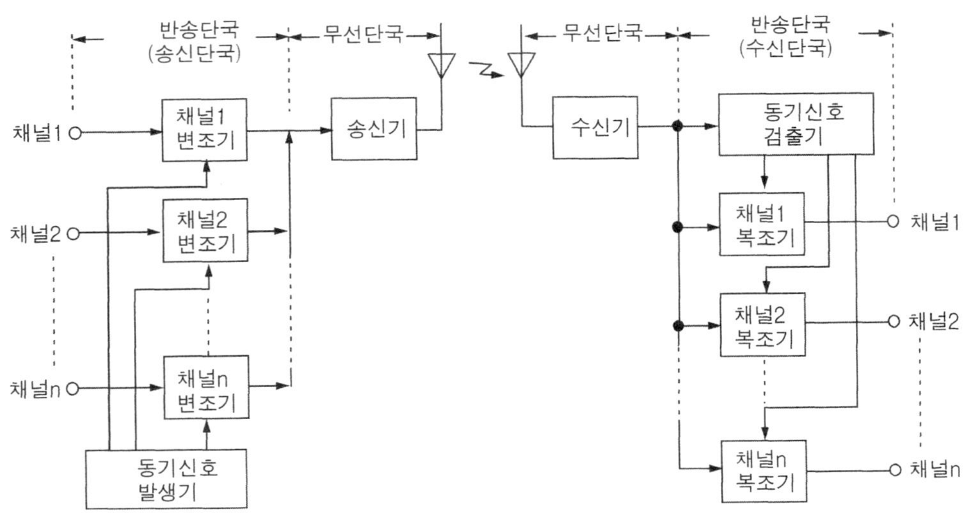

그림 3.11 간단한 TDM 방식의 구성도

3.4 PCM/TDM

시분할 다중(TDM) 통신은 표본치와 표본치 사이에 시간공간이 비어 있으므로 이 비어 있는 시간공간에 다른 신호의 표본치를 삽입시켜 다중통신을 도모하는 방식이며, 타이밍(timing)에 관한 정보가 필요하므로 동기 방식에 해당한다.

잡음이 있는 전송로에 신호를 보낼 때 아날로그 신호를 PCM 파형으로 변환시킨 많은 PCM 신호를 동일 전송로에 보낼 경우 PCM 신호를 시분할 다중화(TDM) 시켜야 한다.

시분할 다중 통신은 PAM 또는 PCM을 이용하여 실현될 수 있으며 PCM 다중 통신의 기본적인 구성도는 그림 3.12에 나타내었다.

그림에서 표본·유지화(sample and hold)를 각 채널마다 시간적으로 겹치지 않게 하여 동기신호를 기준으로 차례로 양자화·부호화(A/D 변환)하여 다중화된 PCM 펄스 출력을 얻는다. 송신기의 주반송파는 이 PCM 펄스로 변조되며 피변조파의 방식으로는 주로 PM이나 FM이 사용된다.

수신측에서는 동기 펄스를 검출하여 이 동기 펄스를 기준으로 각 채널에 할당되는 시간 게이트를 만들어 순차적으로 각 채널을 복호화함으로써 각 채널의 양자화 파형 출력이 얻어진다. 이것을 각각의 적분회로(LPF)에 통과시켜 보간하면 원래의 신호에 가깝게 된다.

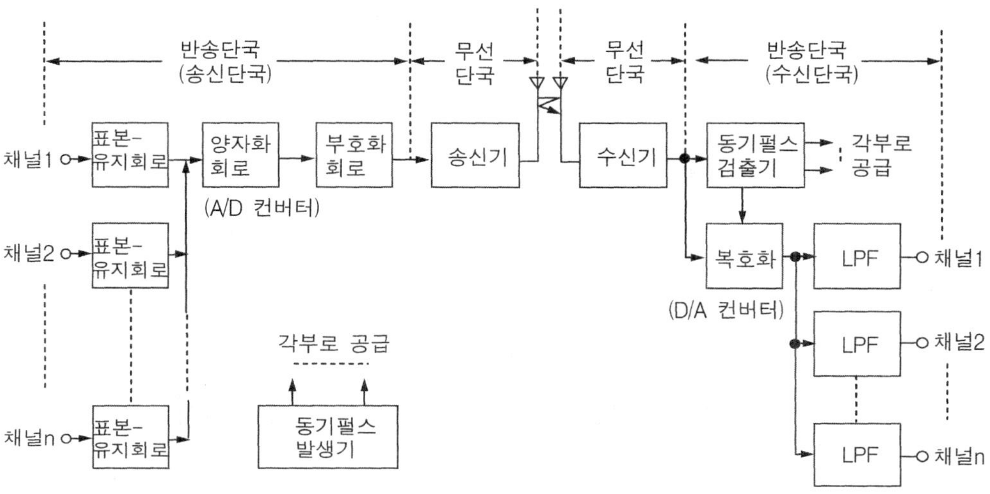

그림 3.12 PCM 다중통신장치의 구성도

지금 미국의 Bell 시스템이 디지털 신호의 시분할 다중 방식으로 개발한 T-1 반송 방식(T-1 carrier system)을 예로 들어 설명한다.

T-1 반송 방식은 펄스 전송 속도가 1.544[Mb/s]인 24채널 시스템으로서 ITU-T 표준화가 발표되기 전에 미국과 일본에서 널리 사용되었으며(우리 나라도 미국과 동일한 방식을 사용하고 있다.), 미국과 일본을 제외한 모든 나라는 펄스 전송 속도가 2.048[Mb/s]인 32채널 시스템을 사용하고 있다.

그림 3.13은 전화인 경우 PCM 다중화 과정을 나타낸 것으로 표본화 시간은 125[μs]이며, 이 사이에 전체 채널의 펄스가 들어오게 된다. 따라서 다중도와 부호 비트 수를 증가할수록 각 펄스의 펄스폭을 좁게 해야 하고, 전체 채널이 한번 회전할 때마다 동기 펄스를 부여해야 한다.

각 채널의 음성 신호는 3.4[kHz]의 저역 필터에 의해서 대역 제한되지만 엘리어싱(aliasing)의 영향을 감소시키기 위하여 각 채널의 신호를 8,000[samples/sec]의 율로 표본화 한다. 따라서 고속의 전자회전 스위치인 분배기(commutator)가 1회전하면 24 채널 × 8 비트 = 192 비트가 된다.

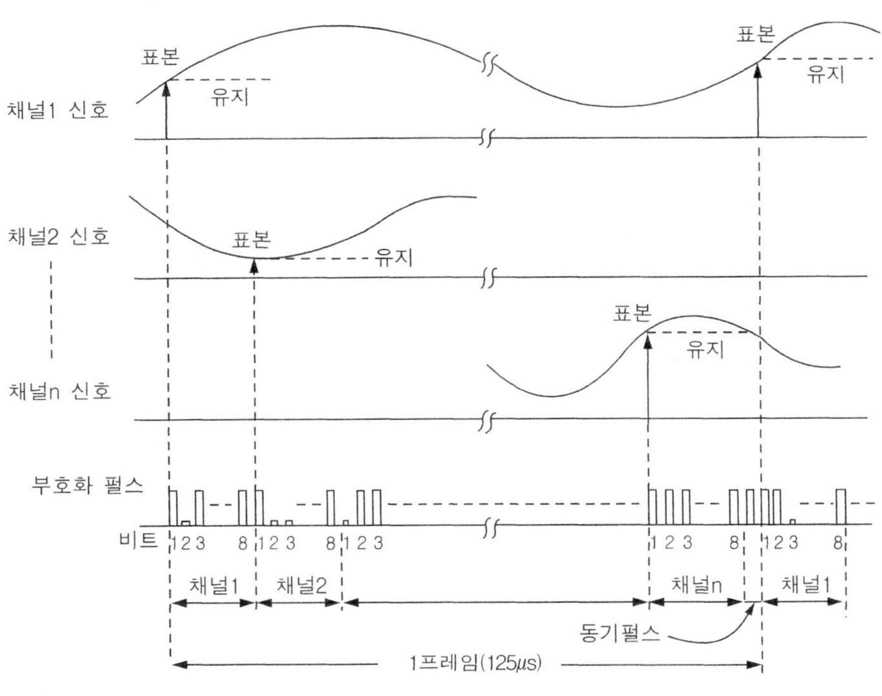

그림 3.13 PCM 다중화 과정

수신측에서는 부호화된 정보신호의 비트뿐만 아니라 동기화 정보도 필요하게 된다. 이러한 동기화(또는 timing) 정보가 없으면 수신측에서 각 채널의 비트가 원래의 신호의 어느 것에 해당하는지 알 수가 없다. 이러한 동기정보를 제공하기 위하여 부호화된 신호를 나타내는 192비트 다음에 1비트를 추가하여야 한다. 추가된 하나의 동기용 신호를 합한 193비트를 프레임(frame)이라고 한다. 동기용 비트는 매 193번째 펄스위치에 "1"과 "0"을 교대로 갖는 일정한 패턴이다.

지금까지 설명한 몇 가지를 단계적으로 요약하면 다음과 같다.

1 프레임 = 1/ (8000 sample/sec) = 125[μs]

$$\text{타임슬롯 } (\tau) = \frac{125[\mu s]}{8 \times 24 + 1} = 0.65[\mu s]$$

총 비트율=193 [비트/프레임] × 8000 [프레임/sec] = 1.544[Mb/s]

1초당 펄스수(비트수) N은 125[μs] 중에 193개의 타임슬롯(펄스)이 들어오므로 $N = 1/\tau = 1.544 \times 10^6$[개]가 된다. 이것을 비트 레이트(bit rate)라 하며, 1.544 [Mbps]가 된다.

T-1전송로는 24채널을 시분할 다중화한 PCM 전화신호를 광대역 동축 케이블을 사용하여 전송하고, 중거리 전송의 경우 가장 경제적이며 다중화된 신호의 비트율은 1.544Mb/s이다.

앞에서 설명한 바와 같이 FDM 방식의 다중화에서는 전군, 기초군, 초군 등의 다중화 계급이 있으며, 이러한 다중화 계급을 다중화 계층(hierarchy)이라고 한다.

PCM(TDM)에 있어서의 다중화 계층은 1차군, 2차군, 3차군 등과 같이 부르고, 1차군은 24 채널를 수용하며, 8비트 부호의 전화인 경우 전송속도(bit rate)는 앞에서 설명한 바와 같이 {(전송신호의 부호화 비트수 × 채널수) + 프레임 동기비트수} × 표본화 주파수[bit/s] ={(8비트 × 24 채널) + 프레임 동기 1비트} × 8000[Hz]=1.544[Mbps]이며, 1채널당 64[kbps]이다.

2차군은 1차군의 4배인 클록(6.312 MHz)이고, 4개의 1차군을 표본화하여 행하므로 펄스폭은 1 차군의 1/4이 되어 전체 채널수는 96채널이 되며, 비트레이트는 6.312Mbps이다. 마찬가지로 3차군 이후도 보다 높은 주파수의 클록으로 표본화된다. 이러한 것들을 현재 사용되고 있는 방식으로 나타내면

1차군 : 24채널(1.544 Mbps)
2차군 : 1차군 × 4 = 96채널(6.312 Mbps)
3차군 : 2차군 × 5 = 480채널(32.064 Mbps)
4차군 : 3차군 × 3 = 1440채널(97.728 Mbps)
5차군 : 4차군 × 4 = 5760채널(397.2 Mbps)

로 된다. 이 관계를 그림 3.14에 나타내었다.

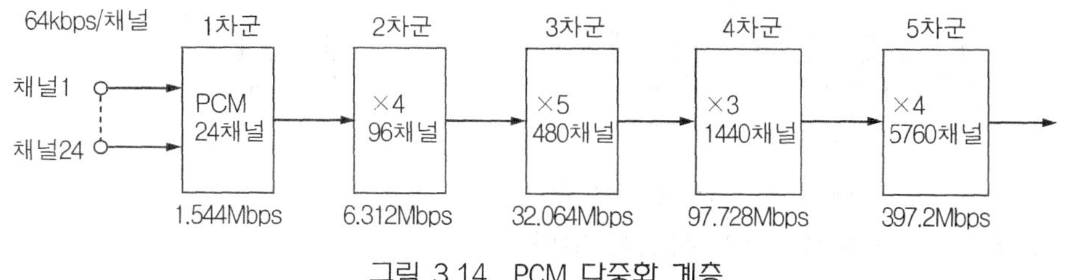

그림 3.14 PCM 다중화 계층

그밖에 다중화 계층의 국제표준으로는 ITU-T의 표준화에 근거한 방식이 있으며, 우리 나라도 이 방식으로 이행하도록 규정하고 있다.

연습문제 주관식 문제

1. 주파수 분할 다중 방식과 시분할 다중 방식에 대해 설명하여라.

2. 선로의 다중적 이용 방법을 두가지 방식으로 대별하면 어떻게 분류하는가?

3. FDM 하이어러키에 관하여 설명하여라.

4. FDM과 TDM의 장단점을 비교하여 설명하여라.

5. 우리나라에서 현재 사용되는 디지털 신호계위를 설명하여라.

6. PCM-24 방식에서 클럭 펄스의 반복주파수는 얼마인가?

7. 다음 그림은 PCM 24ch 방식의 프레임 동기방식에 의한 타임슬롯이다. 다음 물음에 답하여라.

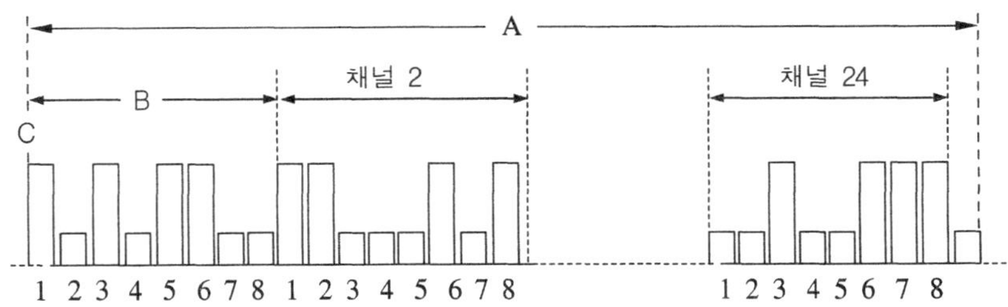

(1) A의 한 프레임 주기는 얼마인가?
(2) B의 한 통화로(ch)의 시간은 얼마인가?
(3) C의 1펄스당 점유시간(time slot)은 얼마인가?
(4) 부호 펄스의 주파수(클럭 주파수)는 얼마인가?
(5) 1프레임에 수용하는 펄스의 수는 몇 개이며, 또 그림에서 음성비트, 신호비트 및 동기비트는 각각 어디인가?

연습문제 객관식 문제

1. 다음 용어 중 다중전송기술이 아닌 것은?
   ㉮ TDM　　㉯ FDM
   ㉰ PCM　　㉱ MODEM

2. 다중화기의 기능 중 거리가 먼 것은?
   ㉮ 데이터의 시분할　　㉯ 원격 네트워크 프로세싱
   ㉰ 메시지 스위칭　　㉱ 순수한 경쟁 선택

3. 주파수 분할 다중화(frequency division multiplexing)에 대한 잘못된 설명은?
   ㉮ 한 전송로를 일정한 시간폭을 나누어 사용한다.
   ㉯ 주파수 대역폭을 작은 대역폭으로 나누어 사용한다.
   ㉰ 가드(guard) 밴드(band)의 이용으로 채널의 이용률이 낮아진다.
   ㉱ 시분할 다중화 장비에 비해 가격이 비싸다.

   풀이 주파수 분할 다중화(FDM) : 일정한 폭을 가진 통신 선로의 대역폭을 몇 개의 작은 대역폭으로 나누어 여러 개의 저속도 장비를 동시에 이용하는 방식으로 특징은 다음과 같다.
   ① 비동기식 데이터를 다중화하는데 주로 사용한다.
   ② 가드 밴드의 이용으로 대역폭을 낭비하게 된다.
   ③ 단국장치의 가격이 고가이다.

4. 주파수 분할다중방식(FDM)과 비교했을 때의 시분할다중방식(TDM)의 특징으로서 맞지 않는 것은?
   ㉮ 단국장치가 간단하다.
   ㉯ 통화코딩의 점유주파수 대역폭이 넓다.
   ㉰ 통화회선을 많게 할 수 없다.
   ㉱ 불완전한 대역통과 필터링과 비선형 상호변조에 의해 영향을 심하게 받는다.

해답 1. ㉱　2. ㉮　3. ㉮　4. ㉱

5. 다음은 주파수 분할 멀티플렉스(FDM) 방식에 대한 설명이다. 맞지 않는 것은?
   ㉮ 전송되는 각 신호의 반송주파수는 동시에 전송된다.
   ㉯ 전송하려는 신호의 필요 대역폭보다 전송매체의 유효 대역폭이 작을 때 사용한다.
   ㉰ 반송 주파수는 각 신호의 대역폭이 겹치지 않도록 충분히 분리되어야 한다.
   ㉱ 전송매체를 지나는 혼성신호는 아날로그 신호이다.

6. 반송 다중통신에서 기초군(B/G)의 주파수 범위는 얼마나 되는가?
   ㉮ 312~552[kHz] ㉯ 60~108[kHz]
   ㉰ 300~3400[kHz] ㉱ 12~60[kHz]

7. 다음 그림은 어떤 다중화 방식을 보인 것인가?
   ㉮ 통계적 다중화
   ㉯ 주파수 분할 다중화
   ㉰ 진폭 분할 다중화
   ㉱ 시분할 다중화

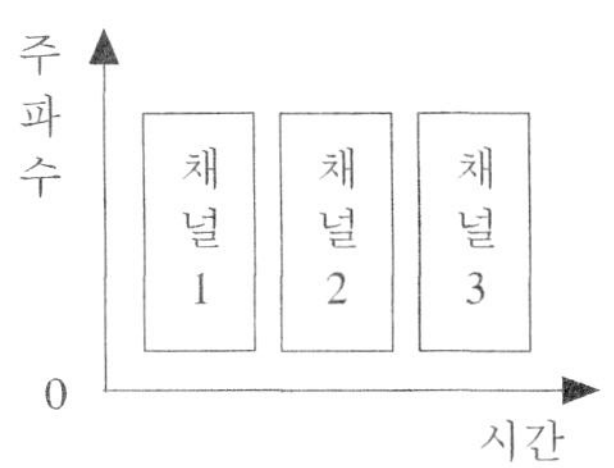

8. 시분할 다중화(Time Division Multiplexing)에 대해 잘못된 설명은?
   ㉮ 한 전송로를 일정한 시간폭으로 나누어 사용한다.
   ㉯ 비트 삽입식과 문자 삽입식이 있다.
   ㉰ point-to-point 시스템에서 널리 사용된다.
   ㉱ 폴(poll)과 셀렉션(selection)을 이용하여 송수신한다.

풀이 시분할 다중화의 특징
   ① 전송 시간을 일정한 시간폭으로 나누어 각 부채널에 차례로 분배한다.
   ② 동기 및 비동기식 데이터를 다중화 하는데 사용된다.
   ③ 비트 삽입식과 문자 삽입식이 있다.
   ④ 저속, 고속 DTE 도 이용할 수 있는 융통성이 있다.
   ⑤ 포인트 투 포인트(point to point)방식에 적합하다.

해답 5. ㉯ 6. ㉯ 7. ㉱ 8. ㉱

9. 다음 중 시분할 다중(multiplex)방식에 관한 설명 중 틀린 것은?
   ㉮ 신호들이 겹치지 않기 위해서는 표본화 속도가 커야 한다.
   ㉯ 송신측과 수신측에서 동기를 맞추어야 한다.
   ㉰ 주파수 분할 다중방식에 비해 특성이 나쁘며, 장치도 복잡하다.
   ㉱ 장거리 전화 통신에도 이용된다.

10. 북미표준방식의 TDM 신호규격에 맞지 않는 것은 어느 것인가?
   ㉮ DS1은 24회선이며 전송속도는 1.544〔Mb/s〕이다.
   ㉯ DS2는 4 DS1이며 전송속도는 6.312〔Mb/s〕이다.
   ㉰ DS3은 7 DS2이며 전송속도는 32.064〔Mb/s〕이다.
   ㉱ DS4는 6 DS3이며 전송속도는 274〔Mb/s〕이다.

11. 32채널 PCM 방식에서 하나의 타임 슬롯이 점유하는 시간 간격은?
   ㉮ 3.9〔μs〕 ㉯ 5.2〔μs〕
   ㉰ 0.65〔μs〕 ㉱ 125〔μs〕

풀이 PCM방식의 비교

방 식	1 프레임 시간	1 타임슬롯 시간	1 비트 타임슬롯
24 채널	125 [μs]	5.2 [μs]	0.65 [μs]
32 채널	125 [μs]	3.9 [μs]	488 [ns]

12. 우리 나라에서 사용중인 24 채널 PCM에 대한 설명으로 틀린 항은?
   ㉮ 프레임 당 비트 수는 193이다.
   ㉯ 다중화 프레임 수는 12이다.
   ㉰ 압신 특성은 μ =255, 13 절선식이다.
   ㉱ 전송 속도는 1.544 〔Mbps〕이다.

풀이 압신특성은 μ=255, 15절선식이다.

13. 1 통화로의 부호가 음성용은 7 단위, 신호용이 1 단위일 때 24 통화로의 경우 1 개의 표본화 주기내에 time slot 수는 몇 개인가?
   ㉮ 190개 ㉯ 192개
   ㉰ 193개 ㉱ 195개

풀이 1프레임의 펄스 수 = 24채널 × 8단위 + 1(동기용)= 193개이다.

해답 9. ㉰ 10. ㉰ 11. ㉮ 12. ㉰ 13. ㉰

14. PCM 전송 방식에서 표본화 주파수가 8 〔kHz〕이고, 1 프레임(frame)에 수용되는 펄스의 수가 193개 일 때 전송로에 송출하는 부호 펄스의 주파수인 반복 주파수는 얼마인가?

㉮ 0.772 〔MHz〕 ㉯ 2.088 〔MHz〕
㉰ 1.544 〔MHz〕 ㉱ 0.386 〔MHz〕

풀이 반복 주파수 : 8 [kHz] × 193=1544[kHz]= 1.544 [MHz]

15. 24채널의 음성 신호를 다중화하는 PCM/TDM 이 있다. 각 채널은 8〔kHz〕로 대역 제한되었다고 한다. 8 비트 PCM 부호어를 사용한 경우 필요한 대역폭은 얼마인가?

㉮ 1.544 〔MHz〕 ㉯ 3.072 〔MHz〕
㉰ 2.044 〔MHz〕 ㉱ 4.088 〔MHz〕

풀이 대역폭 B = 24 × (2 × 8000) × 8 = 3.072 [MHz]

16. 전화 24회선을 시분할(TDM) 방식으로 펄스열로 만들어 1개의 케이블로 보내고자 한다. 통화의 최고 주파수를 5000 〔Hz〕로 할 때 24 회선분을 합했을 때의 펄스열 간격은 몇 〔sec〕인가?

㉮ 2.82〔μs〕 ㉯ 4.17〔μs〕
㉰ 8.3〔μs〕 ㉱ 16.6〔μs〕

풀이 1 통화량의 표본점은

$$\frac{1}{2\times5000} \text{ [sec]} = 10^{-4} \text{ [sec]}$$

이고, 이 사이에 다음 23 회분이 들어가므로

$$10^{-4}\times\frac{1}{23} \text{ [sec]} \fallingdotseq 4.17 \text{ [}\mu\text{s]}$$

17. 시분할 방식 스위치 회로망을 사용하는 디지털 교환기가 음성 32채널의 PCM 신호 처리 경우 그 부호속도는 몇 〔M bit/s〕인가?

㉮ 1.544 ㉯ 2.048 ㉰ 6.212 ㉱ 8.192

풀이 PCM 방식의 비교

구 분	유럽방식	북미방식
부호(전송)속도	2.048 [Mbit/s]	1.544 [Mbit/s]
프레임당 비트수	32 × 8= 256 bit	24 × 8 + 1 = 193 bit
프레임당 타임슬롯/채널수	32/30	24/24
표본화 주파수	8[kHz]	8[kHz]

해답 14. ㉰ 15. ㉯ 16. ㉯ 17. ㉯

18. 24채널용 PAM 시스템이 있다. 각 채널의 입력 주파수가 0~10〔kHz〕이고 Nyquist 간격으로 동일하게 표본화하였다. 만일 SSB 변조방식을 사용하여 이를 주파수 분할 다중화하였을 경우의 최소 주파수 대역폭은 몇 〔kHz〕인가?

㉮ 120　　㉯ 240
㉰ 360　　㉱ 480

19. 32채널 전송방식에 대한 설명 중 틀린 것은?

㉮ 유럽에서 사용하기 시작한 방식이다.
㉯ 통화채널의 5개 비트를 모두 정보전송에 사용할 수 있다.
㉰ 교환기와 정합이 곤란한 단점이 있다.
㉱ 프레임 간격은 1/8000초로 24채널 전송방식과 같다.

20. 펄스부호변조(PCM) 전송에서 음성 1채널의 대역폭을 4〔kHz〕로 잡았다. 이 대역폭의 2배로 표본화(sampling)하고 8비트(bit)로 인코드(encode)했을 경우의 음성 1채널의 비트 레이트(bit rate)와 음성 24채널을 시분할 다중화시켰을 경우의 최종 비트 레이트는 어느 것인가?

㉮ 4〔Kb/sec〕, 96〔Kb/sec〕　　㉯ 16〔Kb/sec〕, 384〔Kb/sec〕
㉰ 32〔Kb/sec〕, 788〔Kb/sec〕　　㉱ 64〔Kb/sec〕, 1544〔Kb/sec〕

해답 18. ㉯ 19. ㉯ 20. ㉱

MEMO

제 2 편 전송선로

제 4 장 유선 전송로

4.1 균일 분포 정수선로

(1) 기초식

균일 매질 중에 그림 4.1과 같은 평행한 두 가닥의 도선에서 선 간격이 선 길이에 비하여 매우 짧을 경우를 고려한다. 이 선로에 정현파 신호를 가할 때 선로상의 전압 $V(x)e^{j\omega t}$ 및 전류 $I(x)e^{j\omega t}$는 다음에 나타내는 2계상미분방정식에 의해서 결정된다.

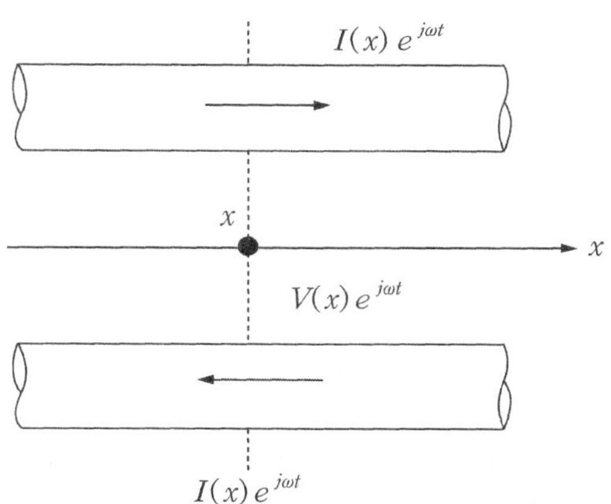

그림 4.1 평행 두 도체형 선로

$$\frac{d}{dx^2} V(x) - \gamma^2 V(x) = 0 \tag{4-1}$$

$$\frac{d}{dx^2} I(x) - \gamma^2 I(x) = 0 \tag{4-2}$$

여기서

$$\gamma^2 = (R + j\omega L)(G + j\omega C) \qquad (4\text{-}3)$$

로서 R은 단위 길이당의 저항, L은 단위 길이당의 인덕턴스, G는 단위 길이당의 누설 콘덕턴스, C는 단위 길이당의 커패시턴스이다. 이러한 R, L, G, C를 선로의 1차정수(primary constant)라고 한다.

식 (4-1), (4-2)를 풀어서 $V(x)$ 및 $I(x)$를 구하면 각각 다음 식이 얻어진다.

$$V(x) = Ae^{-\gamma x} + Be^{\gamma x} \qquad (4\text{-}4)$$

$$I(x) = \frac{1}{Z_0}(Ae^{-\gamma x} - Be^{\gamma x}) \qquad (4\text{-}5)$$

여기서

$$Z_0 = \sqrt{\frac{R + j\omega L}{G + j\omega C}} \qquad (4\text{-}6)$$

따라서 선로상의 전압, 전류를 거리 x 및 시간 t의 함수로 나타내면 다음과 같다.

$$v(x,\ t) = (Ae^{-\gamma x} + Be^{\gamma x})e^{j\omega t} \qquad (4\text{-}7)$$

$$i(x,\ t) = \frac{1}{Z_o}(Ae^{-\gamma x} - Be^{\gamma x})e^{j\omega t} \qquad (4\text{-}8)$$

여기서 γ는 일반적으로 복소수이며

$$\gamma = \alpha + j\beta,\ \ \alpha,\ \beta > 0 \qquad (4\text{-}9)$$

라고 하면

$$v(x,\ t) = Ae^{-\alpha x}e^{j(\omega t - \beta x)} + Be^{\alpha x}e^{j(\omega t + \beta x)} \qquad (4\text{-}10)$$

$$i(x,\ t) = \frac{1}{Z_o}[Ae^{-\alpha x}e^{j(\omega t - \beta x)} - Be^{\alpha x}e^{j(\omega t + \beta x)}] \qquad (4\text{-}11)$$

로 된다. $e^{j(\omega t - \beta x)}$는 시간적 및 공간적인 정현파 진동을 나타내며 점 x에서의 시간 t에 있어서 위상이 $(\omega t - \beta x)$임을 나타낸다. 시간 Δt의 다음에 동위상의 점이 거리 Δx만큼 진행한다면,

$$\omega t - \beta x = \omega(t + \Delta t) - \beta(x + \Delta x)$$

이며 즉,

$$\omega \cdot \Delta t = \beta \cdot \Delta x \text{ 또는 } \Delta x / \Delta t = \omega / \beta$$

이다. 따라서 $e^{j(\omega t - \beta x)}$는

$$v = \frac{dx}{dt} = \frac{\omega}{\beta} \qquad (4\text{-}12)$$

의 위상속도(phase velocity)로서 x의 정(+) 방향으로 진행하는 정현파동임을 나타낸다. 또 $e^{-\alpha x}$는 이 파동의 진폭이 파동의 진행과 함께 감쇠하는 것을 나타낸다. 그리고 $e^{j(\omega t+\beta x)}$는 x의 부(−) 방향으로 진행하는 파동을 나타낸다. x의 정 및 부의 방향으로 진행하는 두 개의 파의 성분을 각각 입사파(incident wave) 및 반사파(reflect wave)라고 한다.

이와 같이 평행선로에 교류신호를 입력시킬 때 전류는 두 가닥의 도선이 만드는 폐회로중을 흐르는 전도전류라고 하면 두 가닥의 도선을 따라 진행하는 파동이라고 보는 것이 타당하다는 것을 나타내고 있다.

한편, γ를 전파정수(propagation constant)라고 하며, 그 실수부 및 허수부인 α 및 β는 각각 진폭의 감쇠 및 위상을 결정하므로 감쇠정수(attenuation constant) 및 위상정수(phase constant)라고 한다. 또 위상속도 v에 대해서 파동을 가진 정보의 군속도(group velocity) v_g는

$$v_g = \frac{d\omega}{d\beta} \qquad (4\text{-}13)$$

로서 주어진다. v 및 v_g의 역수는 위상지연(phase delay) 및 군지연(group delay)이라고 하며, 모두 시간의 단위를 갖는다.

(2) 선로 임피던스와 반사

반사파가 없을 경우, 즉 $B=0$의 경우에는

$$Z_0 = \frac{V(x)}{I(x)} \qquad (4\text{-}14)$$

로 되어, 임의의 점에서 본 선로의 임피던스를 나타낸다. Z_0는 식 (4-6)에서와 같이 선로의 1차정수에 의해서 정해지는 양이며, 선로의 특성 임피던스(characteristic impedance)라고 한다.

일반적으로 입사파와 반사파가 존재할 때, 선로상의 임의의 점에서 본 임피던스를 Z_l이라 하면 식 (4-4), (4-5)로부터

$$\frac{Z_l}{Z_0} = \frac{Ae^{-\gamma x} + Be^{\gamma x}}{Ae^{-\gamma x} - Be^{\gamma x}} \qquad (4\text{-}15)$$

로 된다. 지금

$$m = \frac{Be^{\gamma x}}{Ae^{-\gamma x}} \tag{4-16}$$

라 하면 m은 임의의 점 x에 있어서의 입사파와 반사파와의 비이며, x점에 있어서의 반사계수(reflection coefficient)라고 한다. 식 (4-15), (4-16)으로부터

$$\frac{Z_l}{Z_0} = \frac{1+m}{1-m} \quad \text{또는} \quad m = \frac{Z_l - Z_0}{Z_l + Z_0} \tag{4-17}$$

로 된다. 즉, 선로상의 임의의 점에서의 임피던스 Z_l이 특성 임피던스 Z_0에 근접할수록 그 점에 있어서의 반사는 적으며, 선로의 종단을 특성 임피던스로서 종단하면($Z_l = Z_0$일 때), 종단의 반사계수는 0으로 되어 반사파는 존재하지 않는다.

이와 같이 두 개의 회로를 종속 접속할 경우에는 앞의 회로의 출력 임피던스와 뒤의 회로의 입력 임피던스가 같을 때 반사에 의한 손실 없이 신호의 전달이 행해진다. 이 때 이 접속 부분에서는 임피던스의 정합(matching)이 되었다고 한다.

(3) 정재파

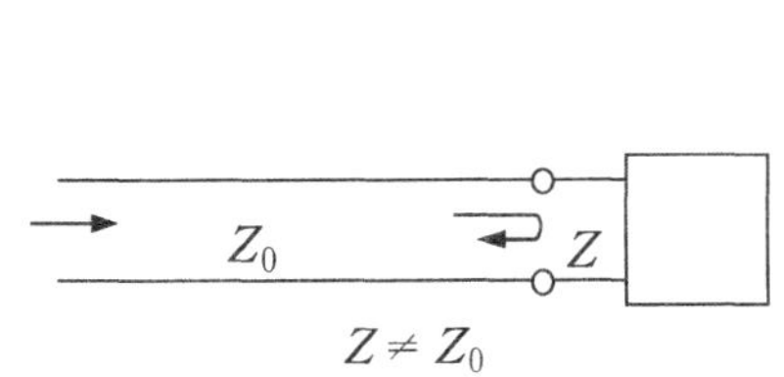

(a) 임피던스의 부정합

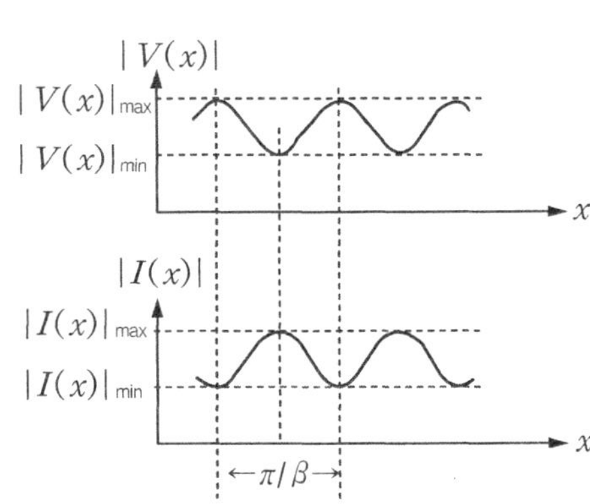

(b) 무손실 선로의 정재파

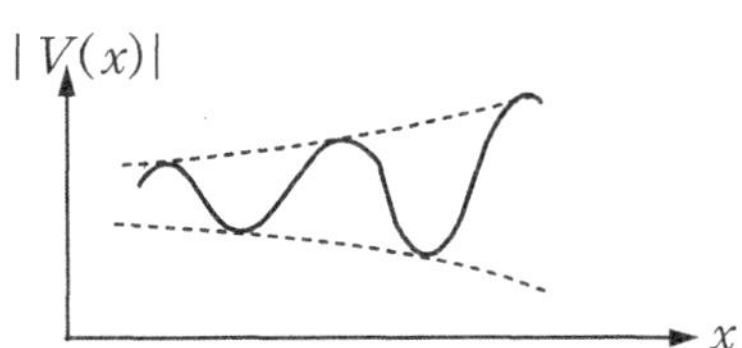

(c) 손실이 있는 선로의 정재파

그림 4.2 정재파

그림 4.2(a)와 같이 전송선로의 종단에서 임피던스가 부정합(mismatch)의 경우에는 여기서 반사파가 생긴다. 지금 간단히 하기 위해 선로의 1차 정수 중에서 $R=0$, $G=0$이 되는 이상적인 무손실 선로를 고려하면,

$$\alpha=0,\quad \beta=\omega\sqrt{LC},\quad Z_0=\sqrt{\frac{L}{C}} \tag{4-18}$$

로 되어 선로상의 전압과 전류는 각각

$$\begin{cases} V(x)=A\,e^{-j\beta x}+Be^{j\beta x} \\ I(x)=\dfrac{1}{Z_0}\,(A\,e^{-j\beta x}-Be^{j\beta x}) \end{cases} \tag{4-19}$$

로 된다. 따라서 전압과 전류의 진폭은 각각

$$\begin{cases} |V(x)|=[A^2+B^2+2AB\cdot\cos(2\beta x)]^{1/2} \\ |I(x)|=\dfrac{1}{Z_o}[A^2+B^2-2AB\cdot\cos(2\beta x)]^{1/2} \end{cases} \tag{4-20}$$

로 되어 전압과 전류는 그림 (b)와 같이 x에 따라 π/β의 주기로서 주기적으로 변화한다. 최대값 및 최소값의 크기는 각각

$$\begin{cases} |V(x)|_{\max}=A+B, & |V(x)|_{\min}=A-B \\ |I(x)|_{\max}=\dfrac{1}{Z_o}(A+B), & |I(x)|_{\min}=\dfrac{1}{Z_o}(A-B) \end{cases} \tag{4-21}$$

이며 전압이 최대일 때 전류는 최소로 되며, 전압이 최소일 때 전류는 최대로 된다. 이와 같은 상태를 정재파(standing wave)라고 한다. 그의 최대와 최소의 비

$$\frac{A+B}{A-B}=\frac{1+m}{1-m}\equiv \text{VSWR} \tag{4-22}$$

를 정재파비(Standing Wave Ratio, SWR) 또는 전압정재파비(Voltage Standing Wave Ratio, VSWR)라고 한다. 정재파비는 반사파가 없을 때 즉, m=0일 때 1과 같으며, 반사파가 있을 때 1보다 큰 값을 갖는다. 식 (4-22)는 정재파비를 측정해서 반사계수를 구하는 데도 가끔 쓰이며, 또 정재파비는 임피던스 정합을 시키는 척도로서 잘 쓰인다.

반사 또는 임피던스 부정합의 척도로는 반사 감쇠량이 쓰이는 경우도 많다. 반사 감쇠량은 반사파의 입사파에 대한 감쇠를 dB로 나타내는 것으로서 $-20\log|m|$[dB]이다.

위에서는 선로가 무손실의 경우이었지만 일반적으로 선로에 손실이 있을 경우에는 x에 따라서 입사파와 반사파와의 크기가 변하므로, 정재파는 그림 4.2(c)와 같이 장소에 따라 최대값과 최소값이 변화한다.

정재파가 존재한다는 것은 입사된 신호의 일부가 반사하여 신호에 전송손실이 생겼다는 것을 의미하지만 선로의 전송 특성에 주어지는 영향은 그것뿐만이 아니다. 그림 4.3(a)와 같이 선로의 양단에서 반사가 있으면, 선로의 출력에는 직접파 외에도 그림과 같은 다중 반사파도 출력되어 이러한 것들이 간섭해서 출력전압에 변화를 준다.

출력전압은 반사파의 강도(선로의 입출력점에 있어서의 반사계수와 선로손실이 관계한다) 및 직접파와 반사파의 위상차(선로의 위상정수와 길이 및 신호주파수에 관계한다)에 의존하며, 직접파와 반사파가 같은 위상일 때 최대로 되며, 역위상일 때 최소로 된다. 출력전압은 신호주파수에 대해서 그림 4.3(b)와 같이 주기적으로 변화하여 직접파에 대한 반사파의 지연시간을 τ로 하면 그 주기는 $1/\tau$과 같다. 따라서 신호가 주파수대역을 가지며, 그 대역폭이 $1/\tau$에 비해서 충분히 작지 않을 경우에는 이 전송선로는 신호에 왜곡을 발생하게 된다.

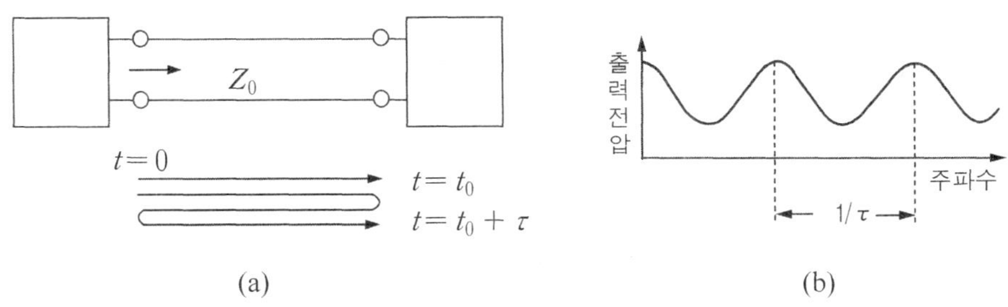

(a) (b)

그림 4.3 반사파와 전송 특성

(4) 선로의 2차정수

앞에서 설명한 전파정수 γ, 감쇠정수 α, 위상정수 β 및 특성 임피던스 Z_0를 선로의 2차정수(secondary constant)라고 하며, 이것은 선로의 전송 특성을 나타내는 중요한 정수이다. 어느 것이든 선로의 1차정수 및 각주파수 ω의 함수로서 다음 식으로 표현된다.

$$\gamma=\sqrt{(R+j\omega L)(G+j\omega C)}=\alpha+j\beta \tag{4-23}$$

$$Z_o=\sqrt{\frac{R+j\omega L}{G+j\omega C}}=|Z_o|\cdot e^{j\phi} \tag{4-24}$$

식 (4-23), (4-24)로부터

$$\alpha = \left[\frac{1}{2} \{ \sqrt{(R^2 + \omega^2 L^2)(G^2 + \omega^2 C^2)} - (\omega^2 LC - RG) \} \right]^{1/2} [\text{Nep/km}] \quad (4\text{-}25)$$

$$\beta = \left[\frac{1}{2} \{ \sqrt{(R^2 + \omega^2 L^2)(G^2 + \omega^2 C^2)} + (\omega^2 LC - RG) \} \right]^{1/2} [\text{rad/km}] \quad (4\text{-}26)$$

$$|Z_o| = \sqrt[4]{\frac{R^2 + \omega^2 L^2}{G^2 + \omega^2 C^2}} \, [\Omega] \quad (4\text{-}27)$$

$$\phi = \frac{1}{2} \left\{ \tan^{-1} \frac{\omega L}{R} - \tan^{-1} \frac{\omega C}{G} \right\} [\text{rad}] \quad (4\text{-}28)$$

이다. 이러한 2차정수는 각주파수에 의존하여 변화하지만, 고주파인 경우에는 $R \ll \omega L$, $G \ll \omega C$이 성립되므로 다음의 값으로 근사된다.

$$\alpha \fallingdotseq \frac{R}{2}\sqrt{\frac{C}{L}} + \frac{G}{2}\sqrt{\frac{L}{C}} \quad (4\text{-}29)$$

$$\beta \fallingdotseq \omega \sqrt{LC} \quad (4\text{-}30)$$

$$|Z_o| \fallingdotseq \sqrt{\frac{L}{C}} \quad (4\text{-}31)$$

$$\phi \fallingdotseq \frac{1}{2}\left(\frac{R}{\omega L} - \frac{G}{\omega C} \right) \quad (4\text{-}32)$$

(5) 전송 손실을 가져오는 요인(실효 저항 증가)

① 표피효과(skin effect) : 도체 내부의 각 부(部)의 전류가 서로 반발하여 전류가 도체 표면에 집중되는 현상

② 근접작용(proximity) : 선로의 선간 근접 부분이 주파수 증가에 따라 전류밀도가 커지는 현상으로 이는 근접병행하고 있는 두 도체의 전류가 각기 동일 방향이면 서로 반발하고, 반대 방향이면 흡인하기 때문에 왕복 두 도체의 전류가 안쪽으로 집중되는 것이다.

③ 유전체(와류) 손실 : 도체, 연피, 차폐대 등에 와류가 생기는데, 이 와류에 의하여 생기는 전력 손실을 말하며 이는 누설 콘덕턴스의 증가를 초래한다.

4.2 평형 케이블

유선 전송에서 최초의 전송로로는 나선(open wire)이 이용되었으나, 폭풍우나 큰 눈 등의 자연 환경의 영향을 받기 쉽고 선로 손실이 큰 것이 문제점으로 되었다. 그러한 문제점으로 인하여 장거리 전송에 적합한 전송로로는 도선을 절연체로 피복하고 쌍(pair)으로 감싼 평형 케이블(balanced cable)이 만들어지게 되었다.

평형 케이블은 전기적으로 왕복 2개의 도체가 같은 구조이고, 대칭성을 가지며 주위의 정전계와 전자계에 대하여 개방성인 통신 선로이다. 기본 구조는 적당한 절연 피복을 갖는 동일 간격의 연동선 또는 알루미늄선을 2개 또는 4개의 도선을 연합하여 1개 또는 다수의 집합을 한 묶음으로 만든 것이며, 이 연법에는 그림 4.4에 나타내었다.

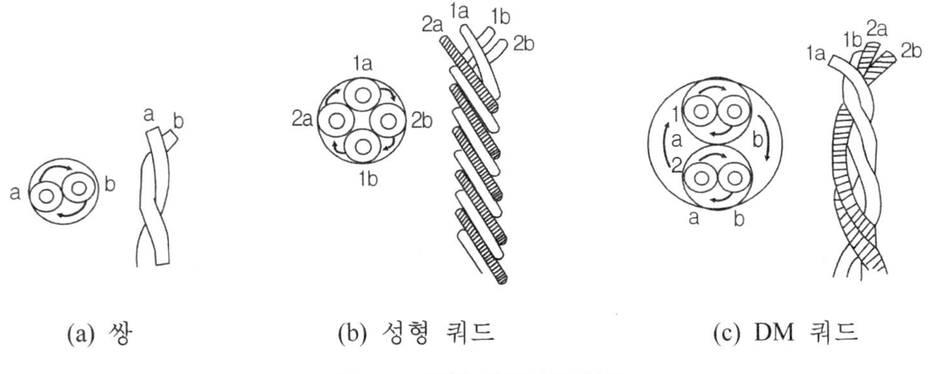

(a) 쌍 (b) 성형 쿼드 (c) DM 쿼드

그림 4.4 평형 케이블의 심선

2개의 심선을 연합한 것을 쌍연(pair)이라 하고, 쌍연 2조를 쌍으로 다시 연합한 것을 쿼드(quad)라 한다. 쿼드는 4개의 심선 연법에 따라 복쌍쿼드(DM quad)와 성형쿼드(star quad)로 나누는데 DM쿼드는 중신회로에 많이 사용되어 중신쿼드라고도 한다.

이와 같이 쌍연 또는 쿼드를 필요에 따라 적당한 수로 나란히 두는 것을 케이블 집합이라 하여 심선 크기가 다른 경우의 조합을 층연, 같은 경우의 집합을 보통연 또는 유니트(unit)연이라고 한다. 유니트 연은 보통 400쌍이 넘는 다쌍 케이블에 적용되어 100쌍을 한 단위로 하여 400쌍에서 2400쌍까지 조합한 것도 있다.

평형 케이블의 심선용 도체에는 주로 연동선이 사용되며 일반 케이블용으로는 선 직경이 주로 0.32[mm], 0.4[mm], 0.5[mm], 0.65[mm], 0.9[mm]인 것이 사용되고, 반송 케이블용으로는 1.2[mm], 1.4[mm]가 사용된다. 또 절연체로는 종이나 발포 폴리에틸렌(PEF)이 사용된다.

시내 전화 케이블 등의 통신 케이블은 이러한 도선을 4줄 감싼 쿼드를 만들고 알루미늄 테이프로 피복하여 강도를 높인 것으로 시내 별형 케이블이라고도 한다. 최근에는 경량화를 꾀하기 위하여 납 대신 폴리에틸렌, 염화비닐 등의 플라스틱 피복이 사용되고 있다.

현재 널리 사용되고 있는 평형케이블의 종류 및 특징은 표 4.1과 같다.

표 4.1 평형 케이블의 종류

<table>
<tr><th colspan="2" rowspan="2">종 류</th><th rowspan="2">심선경</th><th rowspan="2">쌍 수</th><th colspan="2">구 조</th><th rowspan="2">용 도</th></tr>
<tr><th>절 연</th><th>외 피</th></tr>
<tr><td colspan="2">시내 성형 케이블</td><td>0.4, 0.5, 0.65, 0.9</td><td>10~2400</td><td>종이밸브</td><td>연피</td><td>시내 가입자용 케이블
시내 중계 케이블</td></tr>
<tr><td rowspan="2">CCP 케이블</td><td>SS</td><td rowspan="2">0.4, 0.5, 0.65, 0.9</td><td>300~200</td><td rowspan="2">PE</td><td rowspan="2">PE 또는 알페스</td><td rowspan="2">시내 배선 케이블</td></tr>
<tr><td>환형</td><td>10~200</td></tr>
<tr><td colspan="2">스탈페스 케이블</td><td>0.4, 0.5, 0.65, 0.9</td><td>200~2400</td><td>종이밸브</td><td>스탈페스</td><td>시내 궤선 케이블
시내 중계 케이블</td></tr>
<tr><td colspan="2">시내 PEF 케이블</td><td>0.32</td><td>1000~3600</td><td>PEF</td><td>스탈페스</td><td>시내 궤선 케이블</td></tr>
<tr><td colspan="2">시외 PEF 케이블</td><td>0.65, 0.9</td><td>8~300</td><td>PEF</td><td>알페스</td><td>시외 케이블</td></tr>
<tr><td colspan="2">반송 케이블</td><td>1.2, 1.4</td><td>6~56</td><td>종이</td><td>연피</td><td>반송회선</td></tr>
<tr><td colspan="2">국내 케이블</td><td>0.5</td><td></td><td>PVC</td><td>PVC</td><td>국내배선</td></tr>
</table>

트위스트 페어선(twisted pair wire)은 페어 케이블(pair cable) 또는 삐삐선이라고도 하며 종이 테이프나 폴리에틸렌에 의해 피복된 두 가닥의 동선을 꼬아서 한 개의 통신 선로를 구성하든가 또는 여러 쌍의 동선을 하나로 묶어 케이블 구조를 형성하고 있으며 두 가닥의 동선이 대칭 특성을 갖는다.

통상 전화기와 교환기 사이를 연결하는데 많이 사용되고 있으며 빌딩의 내부 배선이나 장거리를 포설할 경우는 여러 선을 꼬아서 만든 케이블 구조가 사용되고 있다.

전기적 특성으로는 최대 전송률이 구내 디지털 사설 교환기(PBX)의 경우

64[Kbps]까지 전송이 가능하며 장거리 전송을 위해서 변복조기를 사용할 경우 최대 9600[bps]까지 전송이 가능하다. 또 중계기는 디지털 신호인 경우 2~3[km] 마다, 아날로그 신호인 경우 5~6[km] 마다 필요하며 중계 없이 전송거리는 최대 10[km] 정도이다.

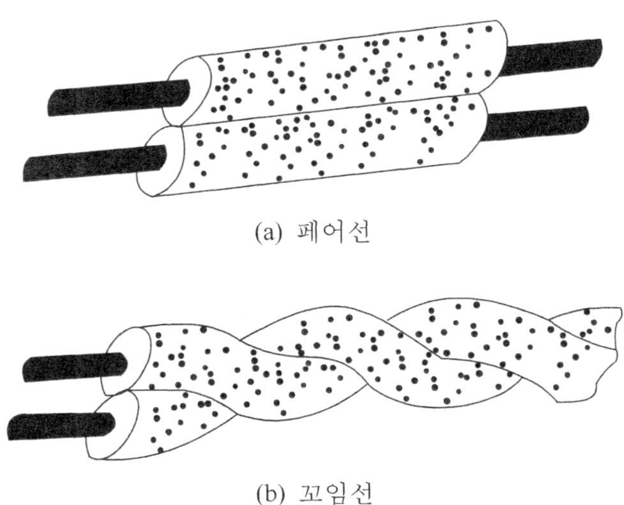

(a) 페어선

(b) 꼬임선

그림 4.5 트위스트 페어선(twisted pair wire)

동선은 절연물 피복으로 둘러싸여 있기 때문에 전기적 신호의 간섭이나 잡음에 매우 민감한 반응을 보이는 단점이 있으나 가격이 싸고 시설이 간편하다는 장점도 있다. 이러한 점을 보완하기 위하여 금속망으로 도체를 감싸서 외부 신호로부터의 간섭을 감소시키고 두 가닥의 동선의 길이를 다르게 꼬아서 유기 전압이나 누화(crosstalk)를 방지하기도 한다.

4.3 장하 케이블과 무장하 케이블

음성 전류를 장거리로 전송하기 위해서 최초로 사용된 것이 장하 케이블(loading cable)이다. 이것은 2[km] 정도의 간격으로 케이블에 장하 선륜(loading coil)이라는 코일을 삽입하여 음성 전류에 코일의 자체 유도 작용으로 공진을 일으켜서 신호 감쇠를 적게 한 것이다. 즉, 균일한 선로의 최소 감쇠량의 조건은

RC=LG이다. 그러나 실제에서는 선로의 이러한 조건을 만족하지 못하여 선로의 손실이 증가하게 된다.

이와 같이 감쇠량 최소 조건을 만족시키기 위하여 인위적으로 인덕턴스 L을 증가시키기 위해 L을 첨가하는 것을 장하(loading)라 하고, 장하를 한 케이블을 장하 케이블(loading cable)이라 하며 그림 4.6(a)에 나타내었다.

장하 케이블에 의해 사용하는 신호 전송 거리를 어느 정도 연장할 수는 있지만 트랜지스터의 출현으로 감쇠된 신호를 증폭하기가 쉬워져서 최근에는 거의 사용되지 않는다.

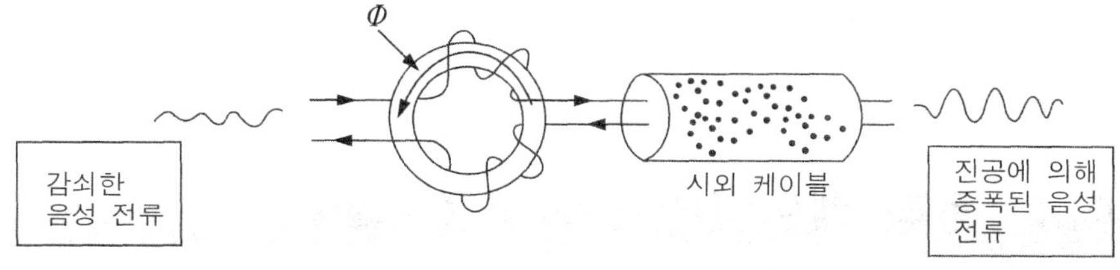

(a) 장하 케이블

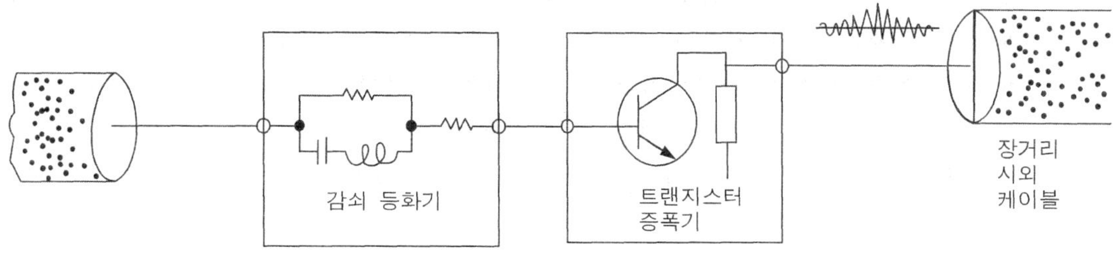

(b) 무장하 케이블

그림 4.6 장하 케이블과 무장하 케이블

장거리 전송을 실현하기 위하여 케이블에 장하 선륜을 넣으면 등가적으로 저역 필터가 구성되어 고주파 전류를 억제할 수 있기 때문에 넓은 주파수 대역을 필요로 하는 반송 통신에는 오히려 역효과가 난다. 그래서 반대로 생각하여 케이블에서 코일을 빼고 증가한 감쇠를 감쇠 등화기에 의하여 감쇠의 일그러짐을 보상하고 트랜지스터 증폭기를 사용하여 감쇠된 전파를 크게 함으로써 넓은 주파수 대역을 신호 전송에 쓰이는 무장하 케이블에 의한 반송통신 방식이 개발되었다.

무장하 케이블의 특징은 다음과 같다.

① 감쇠가 크고 감쇠 특성이 직선적이다.
② 위상특성이 직선적이므로 전송된 음성의 일그러짐이 적다.
③ 표준 중계소의 간격이 좁다(보통 50[km]정도).
④ 장하 케이블보다 차단 주파수가 높고, 전파 속도가 빠르다.
⑤ 사용 주파수가 높을수록 감쇠량과 누화가 커지나 감쇠량은 중계기로서 어느 정도까지 보상이 가능하다.
⑥ 저주파에서는 누화특성이 양호하나 감쇠특성이 나빠서 12[kHz]이하에서는 사용치 않는다.
⑦ 반송 케이블에 이용된다.

4.4 동축 케이블(Coaxial Cable)

동축 케이블(coaxial cable)은 불평형 선로이기 때문에 저주파에 있어서는 외부로부터 방해를 받기 쉬우나 정전계·전자계를 외부에 개방하지 않는 폐쇄성 선로이고, 외부 도체의 차폐작용으로 고주파에 있어서는 차폐성이 우수하고, 손실이 적어서 장거리 및 광대역 전송에 적합하다.

동축 케이블에는 다음과 같이 두 종류로 나누어진다.

① 표준 동축 케이블(standard coaxial cable)
- 영국 STC 회사의 9.5[mm] S형 동축케이블
- 미국 WE 회사의 9.5[mm] W형 동축케이블

② 세심 동축 케이블(pencil type coaxial cable)
- 5.6[mm] 세심 동축케이블
- 4.4[mm] 세심 동축케이블

일반적으로 동축 케이블이라고 하면 9.5[mm] 동축 케이블(표준 동축케이블)을 말한다.

동축 케이블의 구조는 그림 4.7과 같이 왕복 2개의 도체가 중심축을 공유하는 2개의 동축을 이루고 있을 때를 말하며 내부도체, 외부도체 및 내부도체와 외부도체와의 사이에 있는 절연층으로 구성되어 있다.

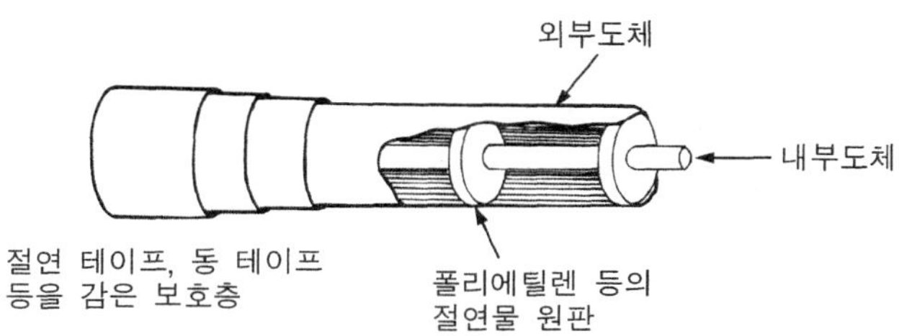

그림 4.7 동축 케이블의 구조

일반적으로 내부 도체는 중심도체로서 고주파 저항이 적은 연동 단선을 사용하며 정확한 치수의 외경으로 임피던스 균등성이 좋아야 하며, 잘 구부러지는 성질이 있어야 한다. 또 외부 도체는 전류의 귀로가 되기 위해서 양도체가 되어야 하며, 동시에 차폐체를 형성하고 있기 때문에 외부로 전자계의 누설이 없도록 하여야 하며, 또한 임피던스의 균등성을 좋게 하기 위하여 편심되지 않아야 한다.

절연물은 동축의 형상을 유지하기 위하여 케이블의 굴곡 등과 같은 외력에 대해서 충분히 견딜 수 있는 내력을 갖게 하고 케이블을 구부릴 때 내·외부 양도체의 위치가 일그러지지 않게 하며, 전송 손실을 낮게 하기 위한 유전율이 작은 것이 요구된다.

(1) 전송 특성

그림 4.8에 표시한 동축 케이블의 치수와 사용 재료의 여러 기호를 다음과 같이 나타낸다.

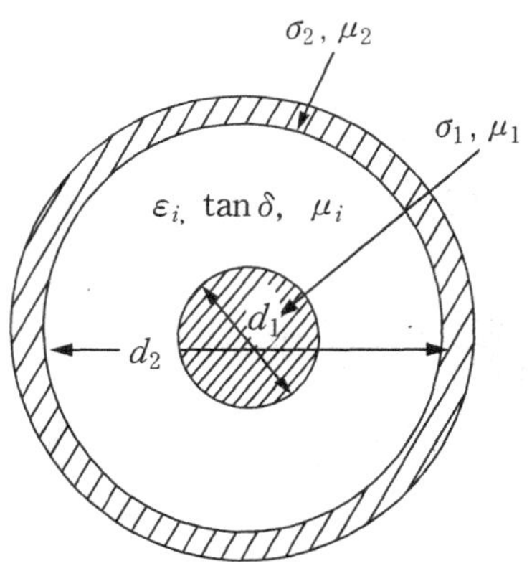

그림 4.8 동축 케이블의 단면도

d_1, d_2 : 내부도체, 외부도체의 내경 [mm]
μ_1, μ_2 : 내부도체, 외부도체의 유전율 [F/m]
σ_1, σ_2 : 내부도체, 외부도체의 도전율 [℧/m]
ε_i : 절연체의 실효 유전율 [F/m]
μ_i : 절연체의 실효 투자율 [H/m]
$\tan\delta$: 절연체의 실효 유전체 역률
f : 주파수 [Hz]

① 1차 정수

동축 케이블은 보통 60[kHz] 이상의 높은 주파수에서 사용하기 때문에 표피효과에 의하여 도체 표면에만 전류가 흐른다. 동축 케이블의 저항 R과 인덕턴스 L은 원통함수로 표시되지만, 고주파 영역에서의 근사식은 각각 다음과 같다.

$$R = \sqrt{\frac{f}{4\pi}}\left(\frac{1}{d_1}\sqrt{\frac{\mu_1}{\sigma_1}} + \frac{1}{d_2}\sqrt{\frac{\mu_2}{\sigma_2}}\right)\ [\Omega/\mathrm{m}] \tag{4-33}$$

$$L = \frac{\mu_i}{2\pi}\ln\frac{d_2}{d_1} + \frac{1}{2\pi\sqrt{4\pi f}}\left(\frac{1}{d_1}\sqrt{\frac{\mu_1}{\sigma_1}} + \frac{1}{d_2}\sqrt{\frac{\mu_2}{\sigma_2}}\right)\ [\mathrm{H/m}] \tag{4-34}$$

정전용량 C는 동축심의 치수 및 절연체의 실효 유전율에 따라서 정하고, 다음 식으로 나타낼 수 있다.

$$C = \frac{2\pi\varepsilon_i}{\ln\dfrac{d_2}{d_1}}\ [\mathrm{F/m}] \tag{4-35}$$

여기에서 실효 유전율 ε_i는 폴리에틸렌의 원판(PE판)을 내부도체상에 등간격으로 설치한 경우는 다음과 같다.

$$\varepsilon_i = \frac{\text{PE판의 거리} - \text{PE판의 두께}}{\text{PE판의 거리}} \times \varepsilon_0 + \frac{\text{PE판의 두께}}{\text{PE판의 거리}} \times \varepsilon_p$$

$$= \varepsilon_0 + (\varepsilon_p - 1)\frac{\text{PE판의 두께}}{\text{PE판의 거리}}\ [\mathrm{F/m}] \tag{4-36}$$

여기서, ε_0는 공기의 유전율[F/m], ε_p는 폴리에틸렌의 유전율[F/m]이다.

또한, 누설 콘덕턴스 G는 $\tan\delta$의 정의로 다음과 같이 나타낼 수 있다.

$$G = 2\pi f C\tan\delta\ [℧/\mathrm{m}] \tag{4-37}$$

② 2차 정수

동축 케이블은 60[kHz] 이상의 고주파에서 사용하므로 $R \ll \omega L$, $G \ll \omega C$ 로 고려하면 동축 케이블의 2차 정수는 다음과 같이 구해진다. 감쇠량 α는

$$\alpha = \frac{R}{2}\sqrt{\frac{C}{L}} + \frac{G}{2}\sqrt{\frac{L}{C}} = \alpha_{\gamma} + \alpha_0 \tag{4-38}$$

가 되고 제1항을 **저항 감쇠량**, 제2항을 **누설 감쇠량**이라 한다. 감쇠량은 절연체에 유전체손이 적은 폴리에틸렌을 채용하고 있기 때문에 주로 도체손에 의존하고 $\sqrt{f}$의 비례에 가깝게 되어 있다. 또 위상정수 β, 특성 임피던스 Z_o, 전파속도 v는 각각 다음과 같다.

$$\beta = \omega\sqrt{LC} \tag{4-39}$$

$$Z_0 = \sqrt{\frac{L}{C}} \tag{4-40}$$

$$v = \sqrt{\frac{1}{LC}} = \frac{\omega}{\beta} \tag{4-41}$$

식 (4-38)의 제1항에서 외부도체의 내경 d_2를 일정하게 하고 d_1으로 미분하면 d_2가 일정할 때 감쇠정수가 최소로 되는 내외도체의 직경비 d_2/d_1가 구해진다. 즉 다음 식이 얻어진다.

$$\frac{d_2}{d_1}\left(\ln\frac{d_2}{d_1} - 1\right) = \sqrt{\frac{\sigma_1}{\sigma_2}} \tag{4-42}$$

또한, 내부도체와 외부도체가 같은 재질이라면 감쇠량이 최소로 되는 최적 직경의 비는

$$\frac{d_2}{d_1} = 3.59, \quad \ln\frac{d_2}{d_1} = 1.278 \tag{4-43}$$

이 된다. 이와 같은 d_1과 d_2의 비를 도체경의 최적비라고 하며, 동축 케이블을 설계하는 경우 가장 중요한 값이다. 이와 같은 최적비에서의 α_r은 다음과 같다.

$$\alpha_r = \frac{0.692}{d_1}\sqrt{\varepsilon_r f} \ [\mathrm{Nep/km}]$$

$$= \frac{6.01}{d_1}\sqrt{\varepsilon_r f} \ [\mathrm{dB/km}] \tag{4-44}$$

여기서, ε_r은 절연체의 비유전율, f의 단위는 [MHz], d_1의 단위는 [mm]이다.

따라서 그림 4.9에 동축 케이블의 전송 특성을 나타낸다. 그림에서 감쇠정수는 거의 $\sqrt{f}$ 에 비례하기 때문에 고주파의 감쇠량이 평형 케이블에 비하여 적고 누화도 적으므로 사용가능 주파수를 높게 하고 있다. 그리고 위상정수는 거의 $\sqrt{f}$ 에 비례하고 특성 임피던스는 주파수에 관계없이 일정하다.

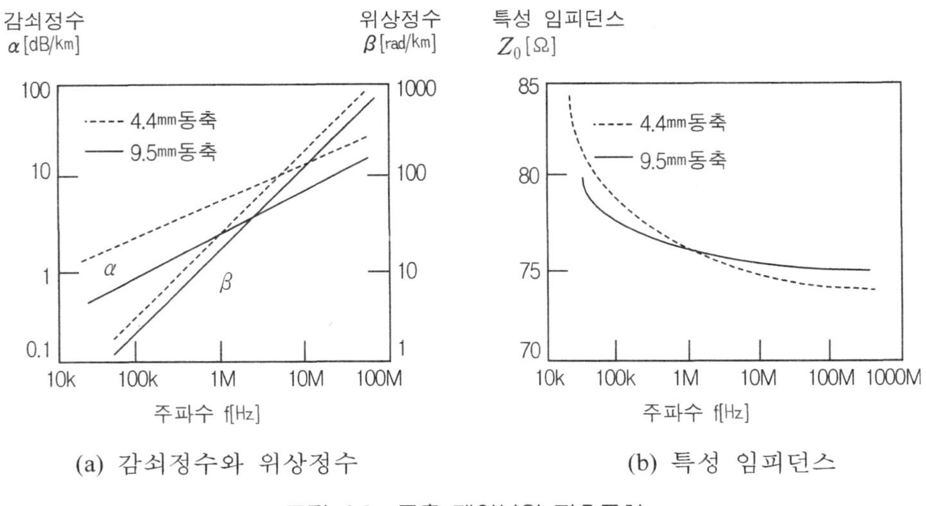

(a) 감쇠정수와 위상정수　　　　(b) 특성 임피던스

그림 4.9 동축 케이블의 전송특성

(2) 동축 케이블의 특징

① 누화 특성이 양호하다.
평형 케이블에서는 사용 주파수가 높아지면 케이블의 중심속에서 인접한 회선으로부터의 신호 누화나 외부로부터 유도장해의 영향이 증가하지만, 동축 케이블은 주위의 도체(심선, 외피 등의 금속 부분)에서 소비되는 에너지가 없으므로 고주파 신호 전송에 적합하며 고주파에서는 외부도체의 차폐가 거의 완벽하여 누화특성이 양호하다.
저주파에서는 외부 도체의 외측에도 전류가 흘러 누화를 야기시키기 때문에 60[kHz] 이하에서는 사용치 않는다. 저주파에서 누화를 경감시키기 위하여 코어의 외측에 강 또는 연철 테이프를 감는다. 또 동축케이블간의 누화는 근단 누화보다 원단 누화가 크다.

② 장거리 및 광대역 전송에 적합하다. 즉, 외부 도체의 차폐 작용 때문에 고주파에서는 차폐성이 대단히 우수하고, 손실이 적어 장거리 및 광대역 초다중 전송에 적합하다.

③ 전력 전송에 적합하다. 즉, 동축 케이블에서는 내부 도체와 외부 도체의 절연특성이 우수하여 전력 전송이 가능하며, 모국으로부터 전력을 공급함으로써 중계소의 무인화가 가능하다.

④ 임피던스의 불균등성 : 선로의 도중에 임피던스 불균등점이 있으면 반사 현상이 일어나고, 반사와 재반사가 반복되어 명음을 야기시킨다. 그 원인으로는 내부도체 외경 및 외부도체 내경의 변동, 실효 유전율의 변동, 절연체의 두께 또는 외경이 불균등한 부분에서 생기며, 절연체의 구조 또는 재질의 불균등으로 인하여 발생한다.

⑤ 위상 정수는 거의 f에 비례하며, 특성 임피던스는 주파수에 관계없이 일정하다.

⑥ 감쇠량은 거의 $\sqrt{f}$ 에 비례하며, 고주파 영역에서 감쇠량이 적어 사용 가능 주파수를 높게 할 수 있다.

연습문제 주관식 문제

1. 균일선로의 1차정수에 대하여 설명하여라.

2. 2차정수의 의미와 특성을 설명하여라.

3. 통신 전송로의 종류를 용도별로 분류하여라.

4. 통신 전송로에 요구되는 기본적인 특징에 관해 설명하여라.

5. 동축 케이블의 구조와 그 용도를 설명하여라.

6. 동축 케이블의 전송 특성을 설명하여라.

연습문제 객관식 문제

1. 다음 사항 중 일반적인 통신 선로에서 선로의 길이에 관계되지 않는 것은?
   ㉮ 상호 임피던스　　　　㉯ 특성 임피던스
   ㉰ 절연 저항　　　　㉱ 정전용량

   풀이 어떤 특정 주파수에서의 특성 임피던스는 선로의 길이나 부하에 관계없이 선로의 종류에 따라서 일정한 값을 갖는다.

2. 전송 선로에 있어서 사용 주파수가 높아지면 그 값 또는 작용이 감소되는 것은?
   ㉮ 특성 임피던스　　　　㉯ 표피 작용
   ㉰ 근접 작용　　　　㉱ 와류 손실

   풀이 사용 주파수가 높아지면 표피 작용, 근접 작용 및 타도체의 와류 손실 등에 의해서 실효 저항이 증가하여 전송손실을 가져온다.

3. 일반적으로 통신선로의 전송손실을 다음과 같은 자연대수로 표시한다. 그 단위는?(단, P_1 : 입력, P_2 : 출력)

$$L = \frac{1}{2} \log_{10} \frac{P_1}{P_2}$$

   ㉮ decibel　　　　㉯ dB/km
   ㉰ Neper　　　　㉱ percent

해답 1. ㉯　2. ㉮　3. ㉰

4. 전송로의 동적인 불완전성에 해당하는 것은 다음 중 어떠한 왜곡인가?

㉮ 백색 잡음 ㉯ 지연 왜곡
㉰ 주파수 편이 ㉱ 특성 왜곡

풀이 전송로의 불완전성

① 정적인 불완전성(시스템적인 왜곡) : 임의 채널에서 언제나 일어나는 왜곡으로서 진폭 감쇄 왜곡, 하모닉 왜곡, 지연 왜곡, 주파수 편이, 바이어스와 특성 왜곡 등이 있다.

② 동적인 불완전성(우연적인 왜곡) : 예측할 수 없게 무작위적으로 발생하는 왜곡으로서 백색잡음, 충격성 잡음, 혼선, 상호변조 잡음, 진폭변화 및 위상 변화, 선로 일시 고장, 라디오 페이딩(radio fading), 위상 지터(phase jitter) 및 히트(hit) 등이 있다.

5. 전용회선의 전송특성 열화요인 중 정상 열화요인이 아닌 것은?

㉮ 랜덤잡음 ㉯ 위상지터
㉰ 누화 ㉱ 진폭히트

6. 전송선로에서의 감쇠왜곡의 원인은?

㉮ 진폭에 대한 감쇠 불균형 ㉯ 주파수에 대한 감쇠 불균형
㉰ 주파수에 대한 속도의 불균형 ㉱ 진폭에 대한 속도의 불균형

7. 누화잡음 왜곡 등의 발생률이 낮고 전송특성의 질이 저하된 선로에서도 다중화를 할 수 있는 가장 이상적인 전송방식은?

㉮ AM 주파수 분할 다중 전송방식
㉯ FM 주파수 분할 다중 전송방식
㉰ PCM 시분할 다중 전송방식
㉱ PM 주파수 분할 다중 전송방식

8. Ferranti 현상을 맞게 설명한 것은?

㉮ 전화선의 누화현상을 말한다.
㉯ 장하 케이블에서 발생하는 현상이다.
㉰ 전송로의 특성 임피던스가 클 때 발생하는 현상이다.
㉱ 수단이 개방된 선로에서 수단전압이 송단전압보다 커지는 현상을 말한다.

해답 4. ㉮ 5. ㉱ 6. ㉯ 7. ㉰ 8. ㉱

9. 다음 그림은 케이블 선로에서 가장 많이 사용되는 **T**형 패드(pad)이다. 이 선로의 특성 임피던스가 600이기 때문에 R은 얼마로 하여야 완전정합이 되는가?

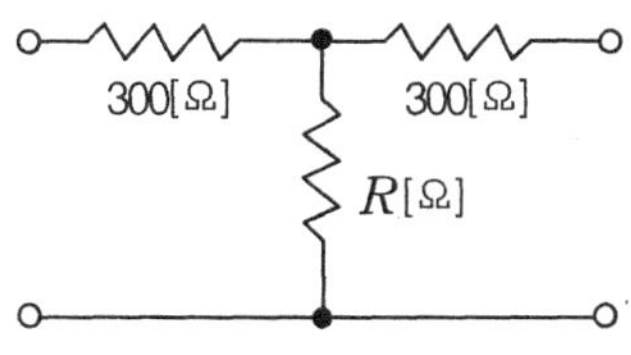

㉮ 200[Ω] ㉯ 350[Ω]
㉰ 450[Ω] ㉱ 500[Ω]

풀이 2차측 단락시 $Z_1 = 300 + \frac{300R}{300+R}$이고 2차측 개방시 $Z_2 = 300 + R$이므로

$\therefore Z = \sqrt{Z_1 \times Z_2} = 450[\Omega]$

10. 2단자 임피던스의 허수부가 어떤 주파수에 관해서도 언제나 0이 되고 실수부도 주파수에 무관하게 항상 일정하게 되는 회로는?

㉮ 정저항 회로 ㉯ 정리액턴스 회로
㉰ 정인덕턴스 회로 ㉱ 정임피던스 회로

11. 어느 중계 케이블의 잡음레벨을 알기 위하여 통화전압, 잡음전압을 측정하였더니 각각 45[V], 0.045[V]라고 한다. 잡음레벨[dB]은?

㉮ 30[dB] ㉯ 40[dB]
㉰ 50[dB] ㉱ 60[dB]

풀이 $20\log\frac{45}{0.045} = 20\log 10^3 = 60[\text{dB}]$

12. 다음은 신호대잡음[S/N]비의 영향의 정도를 나타낸 것이다. 무잡음 상태라고 볼 수 있는 것은 몇 [dB]인가?

㉮ 0 ㉯ 10
㉰ 30 ㉱ 60

13. 전송선로의 무왜조건이 되기 위해서 1차 정수 R, C, L, G의 관계식은?

㉮ $RL = 2CG$ ㉯ $RC = LG$
㉰ $RG = LC$ ㉱ $RG = 2LC$

해답 9. ㉰ 10. ㉮ 11. ㉱ 12. ㉱ 13. ㉯

14. 다음 법칙들 중에서 동심선 케이블을 사용하는 전기통신방식에 관계없는 법칙은?
㉮ Coulomb의 법칙 ㉯ Snell의 법칙
㉰ Lenz의 법칙 ㉱ Kirchhoff의 법칙

15. 다음의 손실들 중에서 동심선 케이블에 한해 야기되는 손실은?
㉮ 레일리 산란손실 ㉯ 적외 흡수손실
㉰ 구조 불완전손실 ㉱ 와류손실

16. 통신시스템의 채널에 적당하지 않는 것은?
㉮ 금속선로 ㉯ 비금속선로
㉰ 공중선과 공중선 사이 ㉱ 공중선과 선로 사이

17. 다음 고속 데이터 전송에 영향을 줄 수 있는 것이 아닌 것은?
㉮ 전송 선로의 접촉 저항 ㉯ 장하 케이블의 장하량
㉰ 전송 부호의 코딩 방식 ㉱ 하이브리드 코일

18. 부하 임피던스가 600〔Ω〕인 회로에 특성 임피던스가 75〔Ω〕인 패드(pad)를 연결시키면, 이 때 정재파비(s) 및 반사계수 (m)는 각각 얼마인가?
㉮ $s=0.77$, $m=7.69$ ㉯ $s=1.28$, $m=6.32$
㉰ $s=6.32$, $m=1.28$ ㉱ $s=7.69$, $m=0.77$

풀이 ① 반사계수 $(m) = \dfrac{Z_L - Z_o}{Z_L + Z_o} = \dfrac{600-75}{600+75} = 0.77$

② 정재파비 $(s) = \dfrac{1+|m|}{1-|m|} = \dfrac{1+0.77}{1-0.77} = 7.69$

19. 서울, 인천간에 포설된 세심 동축 케이블의 특성 임피던스를 측정하였던 바, 개방 임피던스는 25〔Ω〕이고, 단락 임피던스는 225〔Ω〕이었다. 이 케이블의 특성 임피던스 (Z_0)는 얼마인가?
㉮ 225〔Ω〕 ㉯ 250〔Ω〕
㉰ 25〔Ω〕 ㉱ 75〔Ω〕

풀이 $Z_0 = \sqrt{\text{단락} \times \text{개방}} = \sqrt{225 \times 25} = 75[\Omega]$

해답 14. ㉯ 15. ㉱ 16. ㉯ 17. ㉱ 18. ㉱ 19. ㉱

20. 동축 케이블의 이점이 아닌 것은?
   ㉮ 용량이 커서 많은 음성 신호를 한 번에 전송할 수 있다.
   ㉯ 케이블간의 혼선은 무시될 수 있다.
   ㉰ 주파수에 따른 신호 세력의 감쇠나 전송 지연의 변화가 크다.
   ㉱ 신호 전파 속도가 빠르기 때문에 에코 억제기(echo supressor)가 필요치 않은 경우가 많다.

풀이 동축 케이블은 주파수에 따른 신호세력의 감쇠나 전송지연의 변화가 적다.

21. 다음 중 동축 케이블의 구성 요소가 아닌 것은?
   ㉮ 심선　　㉯ 외부 도체
   ㉰ 내부 도체　　㉱ 절연체

풀이 동축 케이블의 구성 요소
① 내부도체(중심도체)
② 외부도체
③ 절연체

22. 다음 중 동축 케이블의 특징이 아닌 것은? 단, f는 주파수이다.
   ㉮ 감쇠량은 $\sqrt{f}$에 비례하며 고주파 영역에서 감쇠량이 작아서 사용 가능 주파수를 높게 할 수 있다.
   ㉯ 위상정수는 f^2에 비례한다.
   ㉰ 특성 임피던스는 주파수에 관계없이 일정하다.
   ㉱ 왜곡이 적으며 전력전송이 가능하다.

23. 다음 중 표준 동축 케이블의 외경은?
   ㉮ 9.5〔mm〕　　㉯ 4.4〔mm〕
   ㉰ 4.5〔mm〕　　㉱ 12〔mm〕

풀이 표준 동축 케이블의 종류
① S형 동축 케이블 : 내부 도체의 외경 2.64[mm], 외부 도체의 내경 9.5 [mm]인 케이블
② W형 동축 케이블 : 내부 도체의 외경 2.5[mm], 외부 도체의 내경 9.37[mm]인 케이블

해답 20. ㉰ 21. ㉮ 22. ㉯ 23. ㉮

24. 다음 중 동축 케이블의 특징이 아닌 것은?
   ㉮ 전파 속도가 빠르다.
   ㉯ 누화 특성은 주파수의 증가에 따라 양호해진다.
   ㉰ 내압 특성이 불량하고 도체 저항이 크다.
   ㉱ 광대역 전송 방식에 적합하다.

풀이 내압 특성이 우수하고 도체저항이 매우 적다.

25. 동축 케이블에서 반사 현상이 생기는 주요 원인은?
   ㉮ 케이블의 접속점
   ㉯ 케이블 내부 구조의 불균일
   ㉰ 내부도체와 외부 도체간의 절연 불균일
   ㉱ 케이블 피복 재료의 종류

풀이 임피던스 불균등성 : 선로의 도중에 임피던스 불균등점이 있으면 반사 현상이 일어나고, 또 반사와 재반사가 반복되어 명음을 야기시킨다. 임피던스 불균등점의 원인으로는 케이블 제작중의 재질이나 구조의 불균등 및 포설 작업중의 변형 등을 들 수 있다.

26. 다음 전송선로 중 케이블간의 혼선은 무시될 수 있는 정도이고 신호 세력의 감쇄나 전송 지연으로 인한 변화가 적은 매체는?
   ㉮ 나선(open wire)　　㉯ 와이어-페어(wire-pair) 케이블
   ㉰ 동축 케이블　　㉱ 광케이블

풀이 동축 케이블의 특징
   ① 케이블간의 혼선은 무시할 수 있을 정도로 작다.
   ② 주파수에 따른 신호 세력의 감쇠나 전송 지연의 변화가 적다.
   ③ 용량이 커서 많은 음성 신호를 한 번에 전송할 수 있다.
   ④ 신호 전파속도가 빠르기 때문에 에코 억제기가 불필요하다.

27. PCM 전송 방식으로 가장 높은 다중화를 할 수 있는 전송로는?
   ㉮ 음성 케이블　　㉯ 반송 케이블
   ㉰ 동축 케이블　　㉱ 도파관

해답 24. ㉰ 25. ㉯ 26. ㉰ 27. ㉰

제 5 장 무선 전송로

5.1 무선 전파의 분류 및 용도

무선통신에 사용되는 전자파의 주파수에는 현재 3,000[㎓]라는 상한이 정해져 있으며 이 범위 내에서 사용되는 주파수의 대역별(파장별)로 국제적인 명칭이 표 5.1과 같이 정해져 있다. 주파수 f[Hz](1초당 전파의 진동수)와 파장 λ(1회 진동에 전파한 거리) 사이에는 $f = v/\lambda$의 관계가 있다. 여기서 v는 1초 동안 전파가 전파한 거리로서 대략 3×10^8[m]이며, 관계식에서 파장이 짧을수록 주파수가 높아짐을 알 수 있다.

표 5.1 주파수 대역별 명칭과 용도

주파수 범위	대역 명칭	주된 전파 형태	용 도	전파 특징
3〔㎑〕~30〔㎑〕	VLF(저장파)	지표파	· 군용 선박통신 · 소나 통신	· 주야 안정된 전파
30〔㎑〕~300〔㎑〕	LF(장파)	지표파	· 장거리 고정통신 · 무선 항행	· 주파수 높으면 주야 계절에 따라 상태 변화
300〔㎑〕~3〔㎒〕	MF(중파)	지표파(단거리)	· 표준 방송	· 주간은 지상파 · 야간은 공간파
		공중파(장거리)	· 항공, 선박 등	
3〔㎒〕~30〔㎒〕	HF(단파)	전리층 반사파	· 대륙간 통신 · 원거리 선박통신	· 시간, 계절에 따라 전파 상태가 상이
30〔㎒〕~300〔㎒〕	VHF(초단파)	공간파, 산란파	· TV 방송 · 다중 통신	· 가시거리 통신
300〔㎒〕~3〔㎓〕	UHF(극초단파)	공간파, 산란파	· 레이더 · 이동통신	
3〔㎓〕~30〔㎓〕	SHF(마이크로파)	직접파	· 위성통신 · 레이더	

주파수 범위	대역 명칭	주된 전파 형태	용 도	전파 특징
30(GHz)~300(GHz)	EHF(밀리미터파)	직접파	· 미래 통신 · 전파 천문	· 초가시거리 사용 · 전파의 감쇠 심함
300(GHz)~3(THz)	데시밀리미터파	직접파	· 전파 천문 · 우주 연구	

※ VLF : Very Low Frequency
MF : Medium Frequency
VHF : Very High Frequency
SHF : Super High Frequency
LF : Low Frequency
HF : High Frequency
UHF : Ultra High Frequency
EHF : Extremely High Frequency

표 5.1에서는 주파수 범위, 대역의 명칭, 대역의 전파전파(電波傳播) 형태와 특징, 주된 용도를 나타내었는데 주파수 대역이나 파장에 의하여 분할하는 경우도 있다. 파장에 의하여 분할하는 경우 1~20 [GHz] 부근의 주파수 대역은 파장이 짧음을 의미하는 마이크로파 대역이라고 하며, 30[GHz] 이상의 주파수 대역은 파장의 단위가 밀리미터이므로 밀리미터파 대역이라고 한다. 무선통신에서 사용되는 주파수 대역이 점점 높아짐에 따라 표 5.1과 같이 UHF 대역과 SHF, EHF 대역을 분할하던 방식에서 표 5.2와 같이 더욱 세분화하여 사용되고 있다.

표 5.2 주파수 대역별 명칭

명 칭	주파수 대역(GHz)
P-band	0.23~1
L-band	1~2
S-band	2~4
C-band	4~8
X-band	8~12.5
Ku-band	12.5~18
K-band	18~26.5
Ka-band	26.5~40
Milimeter wave	40~300
Submilimeter wave	300~3000

5.2 마이크로파 통신

5.2.1 마이크로파 통신의 개요와 특징

마이크로파(Microwave)란 극초단파대에 속하는 전파이며 UHF 및 SHF대의 전파를 가리킨다.

오늘날 마이크로파 중계가 급속히 발달하는 이유는 다중 통신을 하기 위하여 반송파 주파수로써 수[GHz]에서 수십[GHz]내를 사용하는 마이크로파 통신 방식은 FDM과 FM에 의한 아날로그 전송 방식으로 운용되었으나, 20[GHz]~30[GHz]를 사용하는 준 밀리미터파 통신 방식과 30[GHz] 이상 대역을 사용하는 밀리미터파 통신 방식은 통화 음성을 부호화하여 TDM과 PM방식으로 디지털 변조하여 전송하는 디지털 전송 방식으로 운영되고 있다.

5.2.2 마이크로파 통신의 특징

마이크로파에 의한 통신은 다음과 같은 여러 가지 특징을 가지고 있다.

(1) 마이크로파 통신의 장점

① 안테나의 지향성이 강하고 고이득을 가진 소형 안테나의 제작이 가능하다. 즉, 주파수가 높게 되면 전파의 회절이 적어서 파장에 비해 대형 안테나를 만드는데 용이하게 되어 예리한 지향성이 얻어진다. 그러기 위해 동일 주파수를 사용해서도 다른 전파에 방해를 주지 않는다.

② 전파 상태가 안전하다. 즉, 마이크로파는 가시거리를 통신하기 때문에 전파 손실이 적은 고품질의 통신이 가능하며 가시거리내 만큼 중계소를 설치하면 장거리를 안전하게 통신할 수 있다. 또 FM 방식을 적용하므로 페이딩에 의한 레벨 변동이 강하여 변조 지수를 크게 하여 SNR을 크게 할 수 있다.

③ 광대역 전송이 가능하다. 즉, 반송파의 주파수가 높으므로 10[GHz] 이상에서도 광대역성이 용이하게 얻어져 다중회선 및 TV와 같은 광대역 신호에도 중계가 된다. 또 반송파 주파수가 높기 때문에 외부 잡음에 의한 영향을 무시할 수 있어 잡음 특성이 양호하다.

④ 회선 건설 기간이 짧고, 경비가 저렴하며 재해등의 영향이 적다. 즉, 단국간은 케이블로써 연결하는 것보다 가격이 저렴하므로 비용이 적게 들고 부품의 진보에 의한 장치의 신뢰도가 높게 되어 마이크로파 회선의 변경이 간단하고 설치에 용이하다.

(2) 마이크로파 통신의 단점

① 비, 눈, 안개 등에 의해 전파가 자유 공간에서 감쇠를 받는다.
② 기상 조건에 따라 전송 품질이 시간적으로 변화한다.
③ 유지 보수에 어려움이 따른다.
④ 무선통신이기 때문에 보안성이 떨어진다.

5.2.3 마이크로파 중계 방식(microwave relay system)

마이크로파 중계 방식의 계통도는 그림 5.1과 같은 방법을 사용한다. 시외 전화국으로부터 보내온 음성 신호는 반송단국에서 FDM방식의 다중 신호로 되어 무선단국으로 TV에서는 스튜디오로부터 보내진 영상 신호를 유선 또는 무선으로 ST링크 단국에 보내져 무선단국으로 들어간다.

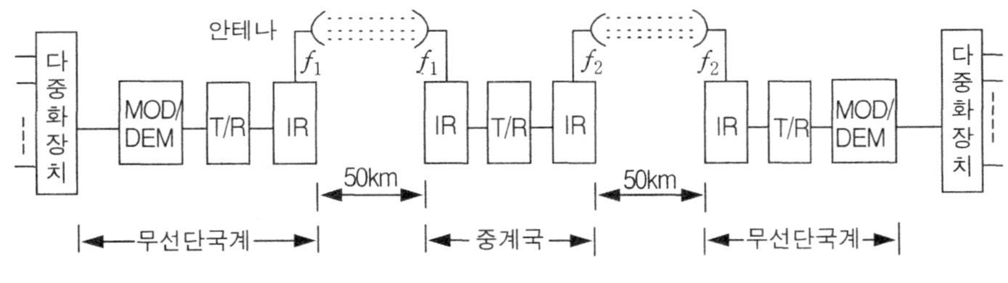

그림 5.1 마이크로파 중계 방식

무선단국에서는 이들의 다중신호 또는 영상 신호로 마이크로파 진폭변조하여 안테나에 의해 예리한 빔상태로 방사된다. 중계국에서는 안테나에 들어온 전파를 그대로 또는 중간 주파수로 변환하여 중계기에 의해서 전송중 감쇠한 양만큼 증폭한다. 중간 주파수로 변환하는 방법으로는 재차 마이크로파를 변조하여 다음의 중계국에 보낸다. 어떠한 경우에도 페이딩을 수반하므로 충분한 AGC를 걸어서 거의 일정 전력으로 하여야 한다.

송수신의 주파수는 동일하지 않고 보통 40[MHz] 정도의 차의 주파수를 제1 검파의 중간 주파수로 하면 송신 주파수를 그대로 제1 검파의 국부발진 주파수로 이용된다. 이와 같이 제1 중계국이 높은 주파수를 받아서 낮은 주파수로 보내고 제2 중계국에서는 낮은 주파수로 받아서 높은 주파수로 보내는 것을 반복하는 방식을 2 주파 방식이라고 부른다.

마이크로파 통신에 있어서 장거리에 전송할 경우 전파도중에 발생하는 전력 손실을 보강하여 필요한 전력으로 목적국까지 신호가 전송되도록 하기 위해서 일정구간(보통 50~70[km])마다 중계소가 설치된다. 이 때문에 중계 방식으로는 무선국의 설치조건 등을 고려하여 가장 적절한 방식을 선택해야 한다.

종래의 마이크로파 FDM 방식 등에서는 표준적으로 중계 구간의 거리를 50[km] 마다 중계가 이루어져 왔지만 PCM 방식 등의 디지털 무선 통신에서는 주파수의 다양화가 행해짐에 따라서 중계거리도 다양하게 사용되고 있다. 예를 들면

2~6[GHz]에서는 50~25[km]
10~12[GHz]에서는 25~10[km]
14~22[GHz]에서는 8~3[km]

이며, 주파수가 높아지면 전송 대역은 넓어지게 되지만, 비나 눈, 안개 등의 영향을 받기 쉽기 때문에 중계 거리를 짧게 해야 한다.

(1) 헤테로다인(heterodyne) 중계 방식

헤테로다인 중계 방식이란 무선 수신기의 슈퍼 헤테로다인 방식과 마찬가지로 수신한 마이크로파의 주파수를 증폭하기 쉬운 중간주파수로 변환하여 증폭한 후 다시 마이크로파로 변환하여 송신하는 방식이며 현재 사용되는 공중 통신용 마이크로파 중계 방식에 가장 많이 채택되고 있는 방식이다.

헤테로다인 중계방식의 원리는 그림 5.2와 같이 수신 주파수를 일단 중간 주파수(VHF대)로 변환하여 증폭하고, 다시 마이크로파나 밀리파 등의 송신 주파수로 변환한 후 전력 증폭하여 송신하는 방식이다.

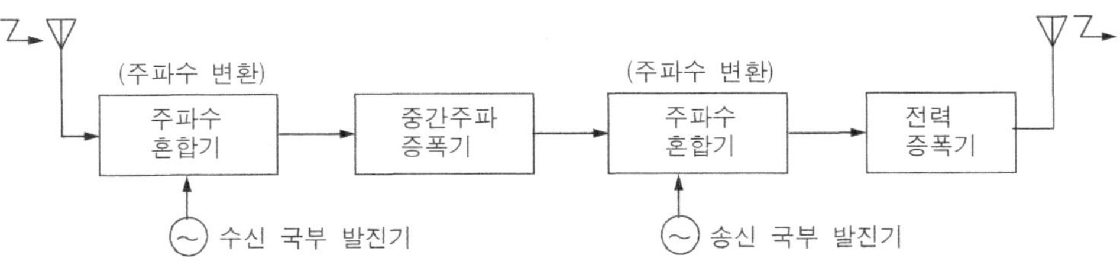

그림 5.2 헤테로다인 중계 방식

헤테로다인 중계방식은 중계시마다 변복조를 행하지 않기 때문에 검파 중계 방식보다 구성이 간단하며, FDM 방식에서도 비직선성 등의 특성열화가 없고, 송수신기에 있어서 중간 주파수가 동일하기 때문에 회선의 전환이나 분기가 용이하다.

헤테로다인 중계 방식의 특징으로는 다음과 같다.

① 마이크로파를 일단 중간 주파수로 변환하는 방식이며 예비 회선으로의 전환이 중간 주파수의 단계에서 가능하며 정합에 좋다.

② 변조 및 복조가 중계를 할 때마다 반복되지 않으므로 장치가 간단하고 열화 특성이 부가되지 않는다.

③ TV중계를 할 때 중간 주파수로 분기하는 것이 용이하다.

④ 장거리 전송 중계에 적합하다.

(2) 검파(detection) 중계 방식

검파 중계 방식이란 그림 5.3과 같이 중계를 행할 때 반송파를 복조하여 부호펄스를 재생한 후 다시 반송파를 변조하여 전송하는 방식이다.

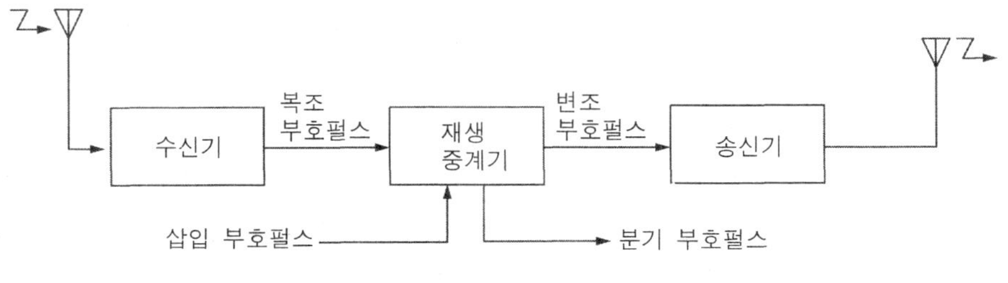

그림 5.3 검파 중계 방식

따라서 검파중계방식은 중계를 할 때마다 변조 및 복조가 반복되며 이것에 의한 왜곡이 계속적으로 첨가되어 중계를 많이 할수록 왜곡이 비례적으로 매우 커지는 결점이 있다. 그러므로 중계기가 대단히 많은 간선에서는 별로 사용되지 않으나 중계국마다 통화로군을 분기하는데는 편리하므로 근거리 로컬 중계 회선에 사용된다.

또 검파중계 방식에서는 수신된 마이크로파를 일단 음성 신호로 변환한 후 다시 마이크로파로 만들어서 중계하는 방식이므로 베이스 밴드(base band) 중계 방식이라고도 한다. 검파 중계 방식은 다른 방식에 비해 S/N비가 가장 우수하므로 펄스 통신에 많이 사용되고 있다.

(3) 직접(direct) 중계 방식

직접 중계 방식이란 그림 5.4와 같이 중계국에서 수신한 마이크로파를 중간 주파수로 변환하지 않고 그대로 증폭하여 중계하는 방식이며, 이때 증폭 방식으로는 광대역 특성이 우수한 진행파관(TWT)을 사용한다.

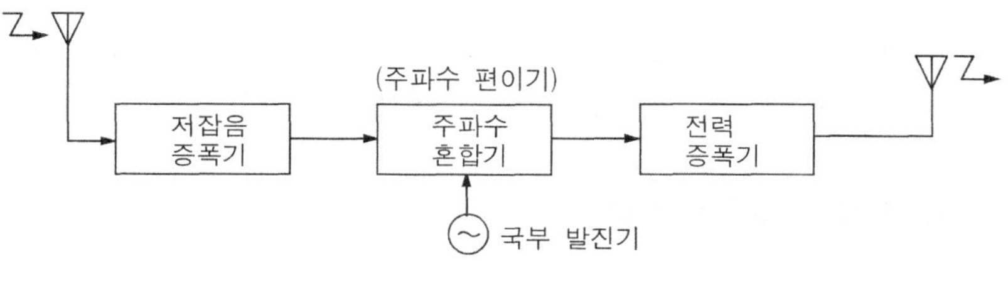

그림 5.4 직접 중계 방식

직접 중계 방식은 송수신 주파수를 동일하게 하는 중계방식(booster system)과 일정한 주파수만큼 편이시키는 중계 방식(translator system)이 있다. 전자는 송수신 안테나의 결합 회로와 중계장치의 송수신 회로 간의 차폐를 완전히 해야 하며, 후자는 마이크로파 증폭기로 증폭할 때 일정치 만큼 주파수를 편이하여 증폭을 행하는데 주파수 편이 국부 발진기를 필요로 한다.

직접 중계 방식의 특징은 장치의 구성이 간단하고, 다른 방식에 비하여 광대역이며 안정도가 양호하지만, 중간 주파수에 있어서 통화로의 회선 전환이나 분기 등은 할 수가 없다. 그리고 통신 위성이나 방송 위성의 중계기에 사용된다.

(4) 무급전(passive) 중계 방식

무급전 중계 방식은 비교적 근거리의 중계에 있어서 중계 도중에 산악 등과 같은 장해물이 있는 경우에는 중계소를 설치하지 않고 그림 5.5(a)와 같이 장해

물의 정상에 2개의 파라볼라 안테나가 서로 뒤를 보게 합쳐서 연결하여 중계를 하든가, 그림 (b)와 같이 금속판 또는 금속망으로 된 반사판을 사용하여 전파를 목적하는 방향으로 유도시켜서 중계를 행할 수 있다.

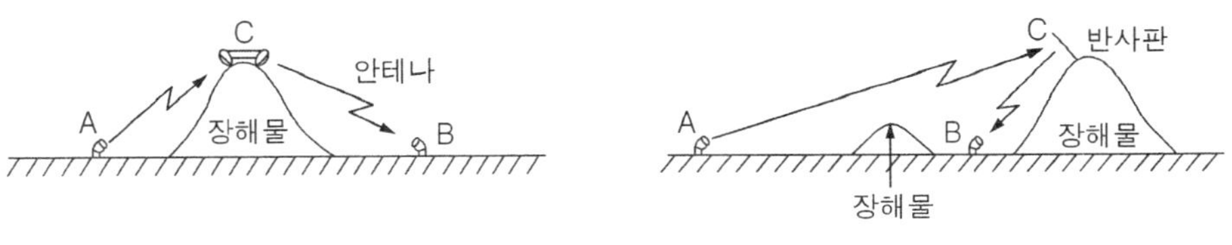

(a) 안테나에 의한 방법　　　(b) 반사판에 의한 방법

그림 5.5 무급전 중계 방식

따라서 전파의 방향만을 변경할 뿐 중계용 전력이 필요하지 않기 때문에 무급전 중계 방식이라고 한다. 무급전 중계 방식에 의한 수신 전력의 감소는 파장이 짧을수록 작기 때문에 파장이 짧은 마이크로파에 많이 사용된다. 그리고 무급전 중계에 의한 전력손실은 중계구간이 짧을수록 적고, 반사판 등을 사용할 때에는 반사판의 크기가 클수록, 또 반사각도가 직각에 가까울수록 손실이 작다.

(5) 마이크로파 주파수의 분배

마이크로파는 안테나의 지향 특성이 극히 양호하면 송신파는 정면의 방향으로만 발사되고, 그 외의 방향에는 거의 발사되지 않으므로 수신할 때에도 정면으로부터 온 마이크로파만을 받게 된다.

그림 5.6과 같이 마이크로파의 중계소에는 상하행으로 동일 주파수의 송신 마이크로파 f_1 과 수신 마이크로파 f_2 를 사용한다. 즉, 중계소 양측의 송신 및 수신 주파수를 각각 동일하게 하여 1 왕복 부하(load)에 2개의 주파수 밖에 사용하지 않는 2주파 중계 방식(two frequency relay system)이 널리 채용되고 있다. 이와는 달리 주파수가 비교적 낮은 초단파대의 중계에서는 되돌아 오는(회절) 간섭을 제거하기 위하여 그림 5.7과 같이 상행과 하행이 1조로 된 중계소에 각각 적당한 주파수만을 변화시켜 4개의 주파수를 사용하는 4주파 중계 방식(four-frequency relay system)이 사용된다.

이 때문에 안테나의 지향성이 예민한 마이크로파 회선에서는 일반적으로 2주파 중계 방식을 사용하여 주파수대를 유효하게 이용하고 있으나 그외의 경우에는 4주파 중계 방식을 사용해야 한다.

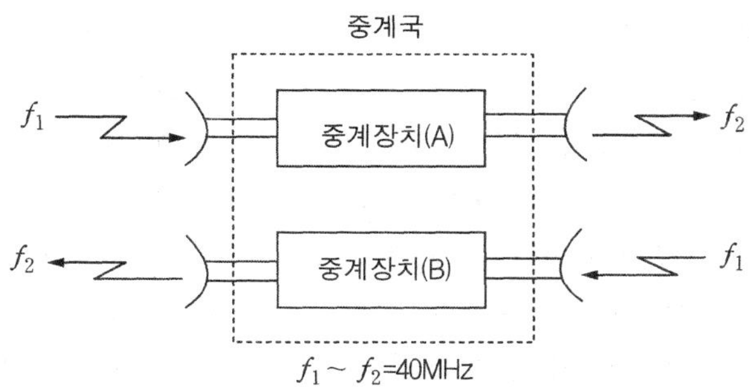

그림 5.6 2주파 중계 방식

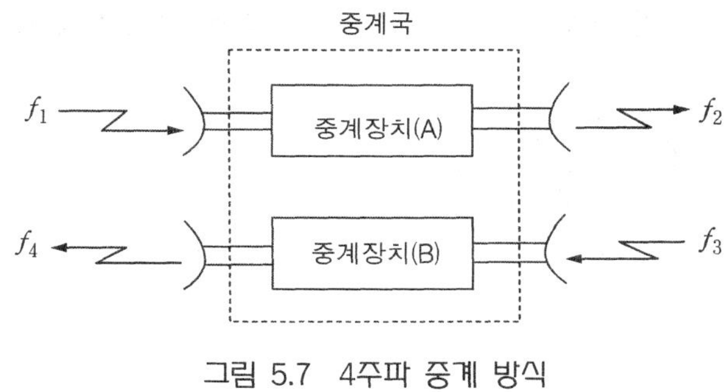

그림 5.7 4주파 중계 방식

5.3 위성통신

5.3.1 위성통신의 개요 및 특징

유선 통신은 전선을 사용하여 신호를 멀리까지 전달하게 되지만, 무선 통신은 전선을 사용하지 않고 정보를 상대방에게 전달할 수 있는 것으로서 전파라고 하는 주파수가 높은 전류에 의해서 발생하는 전자파의 일종을 이용하여 공간을 파동의 형태로 전달해 간다.

무선 통신에 이용되는 전파는 파장으로서 10[km]에서 수 [cm] 정도의 범위의 것이 있다. 주파수가 높은 마이크로파나 밀리파는 도중에 장애물의 영향을 받기 쉽고, 원거리 통신에서는 파장이 긴 중파가 이용된다. 또 초단파나 극초단파는 투과성이 강하고 전리층을 뚫고 대기권 밖으로 벗어나지만, 지향성이 강하고 장애물에 의해서 방해를 받기 어려운 성질을 갖고 있다.

최근에 급속히 이용되고 있는 마이크로파는 약 1[GHz]~수십 [GHz]까지 대단히 높은 주파수의 전파이다. 마이크로파는 빛에 가까운 성질을 가지고 있으며 직진성이 있으나 너무 먼데까지는 가지 않고 주로 고정 지점간의 통신에 이용되고 있다. 멀리까지 전달하기 위해서는 산간 지점간에 중계기를 설치하고 순차적으로 마이크로파를 중계하여 대량의 정보를 전달하고 있다. 산꼭대기에 자주 보이는 둥근 원통형의 파라볼라 안테나가 그 중계소이다.

위성 통신은 대평양 적도 상공 약 36000[km]의 고도에서 돌고 있는 통신 위성을 사용하여 음성, 영상, 이미지, 데이터 등 모든 미디어 통신을 광범위하게 전달하고 있으며 전파가 전달되는 모양을 그림 5.8에 나타내었다.

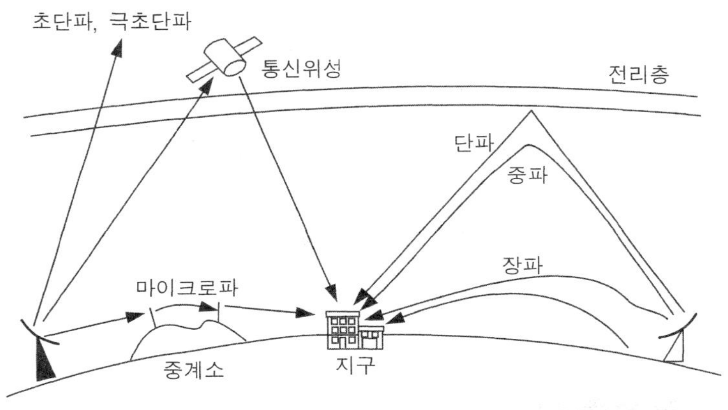

그림 5.8 전파가 전달되는 모양

세계 최초로 발사된 인공위성 제 1호는 1957년 10월 소련의 스푸트니크(sputnik : 러시아어로 길동무, 동행자) 1호였으며, 중계기가 탑재된 위성에 의한 통신 실험은 1962년 미국의 텔스터와 릴레이 등을 시작으로 세계 각국의 위성통신에 대한 연구는 활발히 진행되었다.

그리하여 1962년 미국의 통신 위성기구(COMSAT ; Communication Satellite Corporation)와 1965년 11월에는 국제 전기 통신 위성기구(INTELSAT ; International Telecommunication Satellite Consortium)가 발족되었고, 1965년 4월 6일 세계 최초로 상업용 위성인 INTELSAT 1호인 "Early Bird"가 대서양 상공에 발사된 이후 INTELSAT 2호가 전화 240[ch]이 중계되었으며 위성 통신이

국제통신망의 핵심을 이루면서 TV 프로그램의 세계 중계에 대해서 거의 모두를, 또 국제 전화 회선의 대부분을 담당하고 있는 상태에 이르고 있다.

우리 나라에서도 1990년 7월부터 무궁화 위성사업을 추진하여 1995년 8월 초순께 미국 마이애미주 케이프 커내버럴 기지에서 국내 최초 방송통신 위성인 무궁화 위성(KOREASAT)이 텔타 2 로켓에 탑재되어 지구 상공에 발사되어 적도 상공 35786[km]인 인도네시아 보르네오 상공의 정지궤도에 진입하여 서비스를 하고 있다.

INMARSAT을 비롯하여 전세계의 상용 통신 위성의 대부분은 정지궤도상의 위성으로 적도상공 35786km의 원궤도에 쏘아올려진 3개의 위성의 공전주기는 지구의 자전주기와 일치하기 때문에 지구상에서 위성을 보면 마치 한 점에 정지해 있는 것처럼 보이기 때문에 정지위성이라고 한다.

위성통신은 주로 준밀리파인 SHF 주파수를 이용하여 통신 위성의 중계를 거쳐 먼 거리까지 통신이 가능하다. 일반적으로 마이크로파 통신 방식에서 사용하는 주파수 대역은 가시거리 범위의 통신이다. 즉 마주 보이는 안테나가 있어야만 통신이 가능하기 때문에 장거리 통신을 하기 위해서는 많은 중계소가 설치되어야 하지만 위성 통신은 중계소(통신 위성)만으로 대륙간의 통신이 가능하다.

5.3.2 위성통신의 특징

위성 통신의 장점은 다음과 같다.

① 광역성 : 거리나 지형에 관계없이 산간벽지나 낙도 등 지구상의 어떠한 지역도 통신이 가능하다.
② 동보성 : 동시에 넓은 지역에 많은 사람과의 통신이 가능하다.
③ 즉시성, 기동성 : 신속하게 회선설정이 가능하기 때문에 비상 재해 등에 활용할 수 있다.
④ 대용량성 : 언제든지 대용량의 정보의 전달이 가능하다.
⑤ 다원 접속성 : 다수의 지구국과 동시에 독립하여 회선 설정이 가능하다.
⑥ 경제성 : 전송비용과 전송품질이 지구국간의 거리에 관계없다.
⑦ 내재해성 : 지진, 태풍 등의 재해시 영향이 없다.

위성통신의 단점은 다음과 같다.

① 기상의 영향과 강우에 의한 감쇠 등이 있다.
② 전파에 지연 시간이 발생할 수 있다.

③ 통신 비밀의 보장이 어렵다.
④ 사용 주파수가 높을수록 신호의 감쇠가 심하다.
⑤ 포인트- 투- 포인트 네트워크 구성만 가능하다.
⑥ 고장의 경우 수리가 곤란하다.
⑦ 전파지연 : 전파의 전파속도에 의한 0.25초 지연된다.
⑧ 신호의 암호화 필요성 : 불특정 다수인이 수신 가능하므로 통신내용의 비밀 유지를 위해 필요하다.

5.3.3 위성통신 방식

궤도 조건과 배치방법에 따른 위성 통신방식에는 임의(random) 위성 방식, 위상 위성 방식, 정지 위성 방식 등이 있다.

그밖에 위성통신에 이용되는 인공위성은 기능에 따라 수동위성과 능동위성으로 분류되고 이용 목적에 따라 통신 위성, 방송 위성, 지상 관측 위성, 항법 위성 등으로 분류되며 또한 위성의 고도에 따라 저고도 위성(지상에서 100[km]이하), 중고도 위성(지상에서 수천 [km]), 정지 위성 등으로도 분류된다.

(1) 임의 위성 방식(random satellite system)

초기의 위성통신 방식으로 지구 고도 수백 km에서 수천 km의 궤도상을 수 시간의 주기로 순회하는 위성을 이용하는 방식이다.

이 방식은 통신을 행하는 지구국간에 위성이 마주 보이는 시간만 사용할 수 있으므로 항상 통신 회선을 확보하기 위해서는 많은 위성을 사용하여야 하며, 각종 관측(기상, 해양 등)위성에서만 사용되고 있다.

(2) 위상 위성 방식(phased satellite system)

지구 주위 상공에 등간격으로 여러 개의 위성을 띄우고 각 지구국은 안테나를 사용하여 차례로 위성을 추미하여 항상 통신망을 확보하는 방식이다. 이 방식을 이용하면 정지 위성에서 커버할 수 없는 극지점과의 통신이 가능하게 되며, 정지 위성의 경우보다 고도를 낮게 할 수 있기 때문에 지연 시간이 짧은 이점이 있으나 지구국을 포함한 총 경비가 비경제적인 것이 단점이다.

(3) 정지 위성 방식(stationary satellite system)

현재 주로 사용되고 있는 위성통신방식으로 지구 적도 상공 35,786[km]의 원 궤도에 쏘아올려진 3개의 위성을 이용하므로 지구국은 항상 위성을 찾을 필요가 없이 정지위성의 투영 범위에만 있으면 언제나 위성에 의한 통신이 가능한 방식이다. 그림 5.9와 같이 정지위성이 지구를 보는 각도는 17.34°이고, 통신 가능 반지름은 약 6°(앙각 5°)이며, 3개의 통신 위성을 120°간격으로 궤도상에 배치하면 지구 표면의 42.2%를 포함할 수 있으므로 지구의 극지역만 제외하고는 일련의 통신망을 형성할 수 있다.

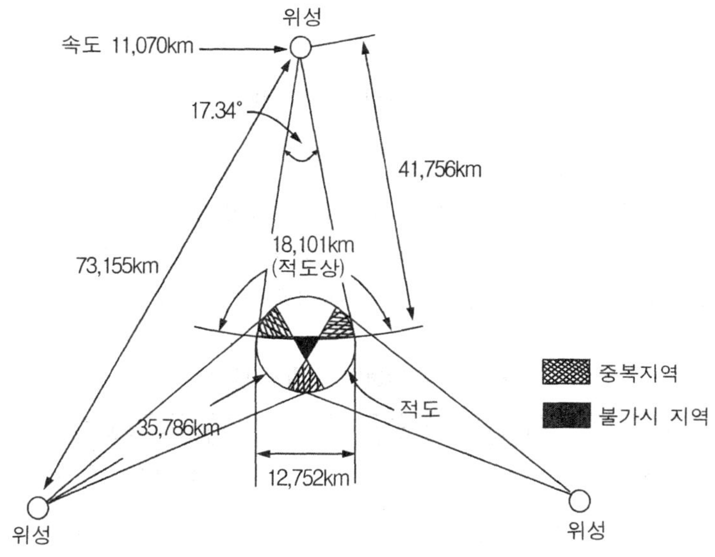

그림 5.9 정지위성의 기하학적 배치도

5.3.4 위성통신의 기본구성

위성 통신은 인공위성을 중개하여 지구상의 두 지점 사이의 통신을 하는 것으로서 다른 통신방식에 비하여 통신거리가 매우 크지만 수신 신호는 미약하여 궤도상의 위성과 이에 접속하는 여러 개의 지구국으로 구성되어 있으며 가장 기본적인 구성은 그림 5.10과 같다. 그림과 같이 하나의 위성을 통하여 송신 지구국과 수신 지구국이 연결되는 경로를 위성링크(satellite link)라고 부른다.

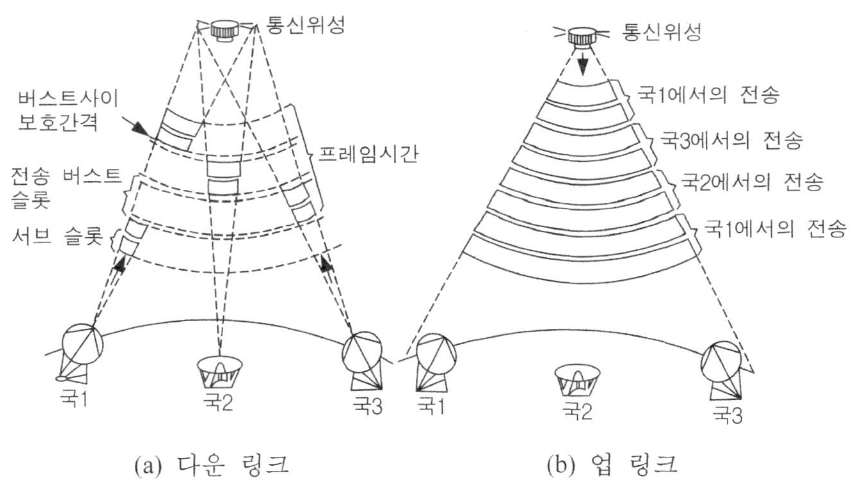

그림 5.10 위성통신의 기본구성

위성링크에는 다시 송신 지구국으로부터 위성으로의 회선을 업링크(up link), 위성으로부터 수신 지구국으로의 회선을 다운링크(down link)라고 부르며 통상 업링크에는 높은 주파수, 다운링크에는 낮은 주파수가 사용되고 있다. 일반적으로 위성통신에 사용되고 있는 주파수 대역은 표 5.3과 같다.

표 5.3 위성통신 주파수 대역

대 역〔GHz〕	다운링크 주파수〔GHz〕	업링크 주파수〔GHz〕
4/6	3.7～4.2	5.925～6.425
12/14	11.7～12.2	14.0～14.5
20/30	11.7～21.2	27.5～31

5.3.5 다원접속방식

다원 접속(multiple access)은 지리적으로 분산되어 있는 다수의 지구국이 위성에 탑재된 중계기를 공용할 수 있도록 하는 기술이다. 즉, 각 지구국에서 신호를 집신하는 기술과 각국의 요구에 따라 신호를 분배하는 기술의 결합기술, 즉 집배신 기술과 각 지구국에서 랜덤하게 발생하는 정보 신호를 순서대로 효율적으로 할당하는 할당 기술이 조화를 이룬 기술이라 할 수 있다.

통신 위성의 구성방식에 있어서 각 지구국은 똑같이 하나의 위성을 공동 이용한다는 특징이 있으며, 위성의 이용 효율을 최대한으로 향상시키는 기술로 다원 접속(multiple access : MA) 방식이 통상 이용되고 있다. 다원 접속 방식에는 변조 및 다중화 방법의 차이에 따라서 주파수분할 다원 접속(FDMA : Frequency Division Multiple Access), 시분할 다원 접속(TDMA : Time Division Multiple Access), 부호분할 다원 접속(CDMA : Code Division Multiple Access), 공간분할 다원 접속(SDMA : Space Division Multiple Access)등으로 분류할 수 있다.

1970 년대 다원 접속 방식은 디지털 신호의 고속 처리 동기 확립 기술이 미숙했으며 각 지구국에 고가인 대용량 메모리 등이 필요했기 때문에 모두 FDMA 방식이었다. 그러나 그 후에 디지털 기술의 급속한 진보와 그에 따른 경제화로 TDMA 방식이 실현할 수 있게 되었다.

(1) 주파수 분할 다원 접속(FDMA)

주파수 분할 다원 접속(FDMA : Frequency Division Multiple Access) 방식은 그림 5.11과 같이 송신 지구국마다 다른 반송 주파수(carrier frequency)를 사용하여 다수의 지구국이 동일한 중계 증폭기를 사용하도록 하여 여유도를 높이기 위한 방식을 말한다. 이 방식의 특징은 회선 이용효율이 낮고 간섭에 약하지만, 지구국들 사이에 송신 동기신호가 필요없으므로 지구국의 장치가 간단하고 저렴하게 된다.

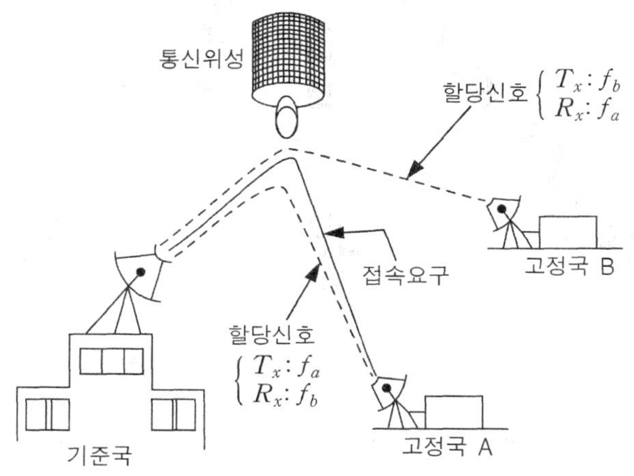

그림 5.11 주파수 분할 다원 접속(FDMA)

(2) 시분할 다원 접속(TDMA)

시분할 다원 접속(TDMA : Time Division Multiple Access)은 그림 5.12와 같이 다수의 지구국에서 송수신하는 디지털화된 신호를 시간적으로 분할하여 각 지구국에 할당하는 방식으로, 각 지구국이 사용하는 전파는 동일한 반송 주파수이지만 사용할 때 시간을 할당해 놓고 위성의 중계기 내에서는 각 지구국에서의 신호를 시간적으로 예정된 위치에 정확히 배치되어 있다. 즉 같은 주파수의 반송파를 둘 이상의 지구국 사이에서 공통으로 사용하기 때문에 각 국에서 송신하는 신호를 단속적인 신호(버스트 신호라고 한다)로 만들어 각 국에서 오는 버스트 신호가 서로 시간적으로 충돌하지 않도록 배열하여 다원접속을 실현하고 있다. 이 때문에 지구국에서의 시간이 정확하고 발신 타이밍을 적절히 제어할 필요가 있다.

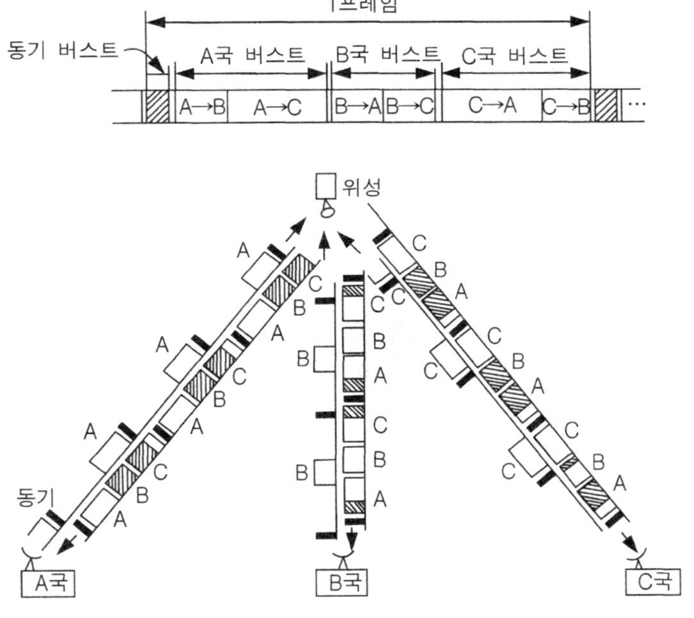

그림 5.12 시분할 다원 접속(TDMA)의 기본 원리

시분할 다원 접속 방식의 특징은 각 지구국의 전송 모드시 별개의 타임슬롯(time slot)을 이용하고 모든 지구국이 특정 중계기의 동일한 반송 주파수를 사용하여 여유도를 높이는 방식으로서 상호변조잡음(inter modulation noise)을 줄이고 중계기의 용량을 개선할 수 있는 장점을 갖고 있지만 FDMA에 비하여 각 지구국의 하드웨어가 복잡해진다는 단점을 가지고 있다.

(3) 부호 분할 다원 접속(CDMA)

부호 분할 다원 접속(CDMA : Code Division Multiple Access) 또는 스펙트럼 확산 다원접속(SSMA : Spread Spectrum Multiple Access) 방식은 각 지구국으로부터의 전송 신호를 의사-난수 코드로 묶어서 전송이 중계기의 전체 대역폭에 걸쳐 이루어지도록 하는 방식으로서 재밍(jamming)에 대한 위성 수신기를 강화하기 위한 대역 확산 스펙트럼 기법을 사용하고 난수 코드를 사용하여 통신보안을 높일 수 있어 위성 통신의 주요 문제점인 다수의 지구국이 존재하여 발생하는 통신 보안을 유지할 수 있어 군사용으로 사용한다. 또 페이딩의 영향을 감소시킬 수 있으며 전송시간에 유연성이 있다.

(4) 공간 분할 다원 접속(SDMA)

공간 분할 다원 접속(SDMA : Space Division Multiple Access)은 위성에 빔 출력인 다수의 안테나를 사용하여 각 지구국을 지역으로 분할한 후, 각 지역별로 각 안테나를 할당하는 방식으로 멀티빔(multi-beam) 위성 통신 방식이라고도 한다.

그림 5.13은 싱글빔(single-beam)방식과 멀티빔(multi-beam)방식의 개념도를 나타낸 것이다. 그림 (b)와 같이 위성에 대형 안테나를 설치하여 지상에 복사되는 전파의 빔 폭을 좁게하면 실효 방사 전력(EIRP ; equivalent isotropic radiation power)이 크게 되어 S/N이 양호해지므로 대용량 전송이 가능하게 된다. 또 각 빔에 할당되는 주파수의 차가 크면 전파 간섭이 작게 되므로 그림 (b)와 같이 멀티빔 내에서 동일 주파수를 할당(주파수를 재사용)할 수도 있다. 이 결과 주파수 이용 효율을 높일 수 있을 뿐만 아니라 경제적으로도 유리하다.

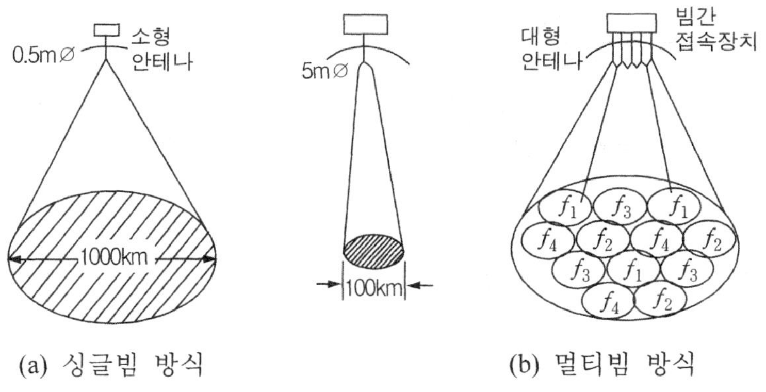

그림 5.13 싱글빔과 멀티빔의 위성통신 방식

특히 직경 1.5[m] 이하의 소형 안테나를 사용하는 지구국과 직경 30[m]이하의 초소형 안테나를 사용하는 지구국 등에 유리하다.

위성에 의한 빔전환(SS : satellite switch)에는 어떤 빔으로부터 송신된 업링크 신호를 다른 빔의 다운링크 신호로 중계기의 내부에서 전환하는 방식과 주사형 스폿빔 안테나에 의하여 중계기의 외부에서 전환하는 방식이 있다.

5.3.6 통신위성의 기본구성

통신 위성은 목적을 달성하기 위한 통신기기(미션 기기)와 그것을 지원하기 위한 공통 기기(버스 기기)로 구성된다.

통신 위성의 미션(mission) 기기에는 통신용 중계기(transponder)와 안테나로 구성되어 있으며, 버스 기기에는 위성의 자세제어 및 탑재기기 등에 관한 정보를 지상으로 보내거나 지상에서 송신된 정보를 수신하여 각 탑재기기에 전송하는 텔레메트리 및 명령계(telemetry and command), 안테나 제어계, 위성의 궤도와 자세 및 온도를 제어하는 제어계, 로켓(thruster) 및 원지점 모터(appogee motor)를 포함한 추진계, 위성에 전력을 공급하는 전원계, 구체계 등으로 구성되어 있다. 통신위성의 주요 구성도는 그림 5.14와 같다.

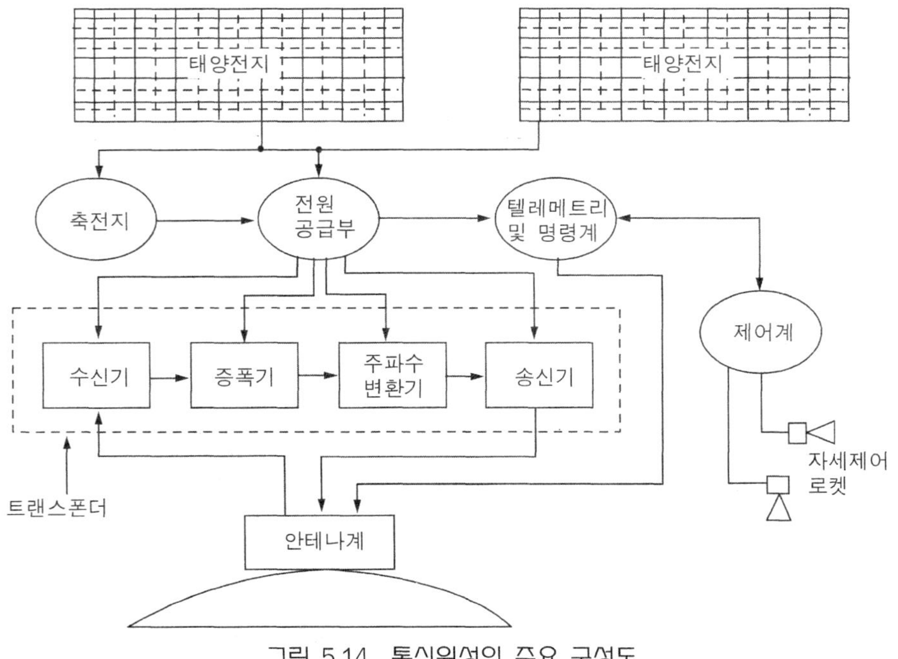

그림 5.14 통신위성의 주요 구성도

(1) 안테나계

지상의 지구국으로부터 송신되어 온 신호전파를 포착하여 중계기로 보내고 변환된 송신 주파수를 다시 지구국으로 송신하는 역할을 담당한다. 안테나는 송신 신호의 낭비를 막기 위하여 신호를 한 지점으로 지향시켜 송신한다. 초기의 안테나들은 그 빔의 지표면 전체로 흩어져 낭비가 많았으나 INTELSAT Ⅲ호 이후 혼(horn) 안테나를 사용하여 빔을 집속하는 방법이 채택되고 있으며 그후 통신량이 많은 특정지역에 스폿빔(spot beam)을 송신할 수 있는 방법이 개발되어 INTELSAT Ⅳ호에서부터 사용되고 있다.

안테나의 빔 집속도가 높을수록 수신하는 지구국의 수신 감도가 높아지고 지구국의 안테나 크기를 줄일 수 있어 지구국의 설치 비용이 감소될 수 있다.

(2) 중계기계(transponder)

중계기계(transponder)는 지구국으로부터 송신되어 온 신호 주파수를 수신하여 저잡음 증폭한 다음에 송신 주파수로 변환하여 증폭한 후 지구국에 송신하는 부분이다. 이 경우에 중간 주파수로 변환하여 증폭하는 방법과 직접 증폭하는 방법이 있다. 또 증폭기에는 AGC(Automatic Gain Control)를 사용하여 출력 레벨을 일정하게 하는 포화 증폭기와 입출력의 레벨이 비례 관계에 있는 직선형 증폭기로 구분할 수가 있으며 그 밖에 변조 방식을 변환하는 방법도 사용되고 있다.

포화형 증폭기는 수신된 신호를 중간 주파수로 변환하여 증폭하고, 진폭 제한기를 통과한 후에 송신 주파수로 변환시켜 전력 증폭기로 증폭하여 지구국으로 송신하는 것이다. 이 방식은 원리적으로 단일 반송파의 운용에만 사용되어 Telstar, Relay, Early bird 등 초기의 통신 위성에 채택되었다.

직선형 증폭기는 수신된 전파를 직접 증폭하고 주파수 변환한 후에 전력 증폭하는 방식으로서 입력 및 출력의 진폭 특성이 직선형이므로 구성이 간단하고 가벼워지며 안정도도 좋고 다원접속(multiple access)에 적합하다. INTELSAT Ⅱ호 및 Ⅲ호의 위성에 채용되고 있다.

한편 중계 수신기의 초단에는 저잡음 증폭기(LNA : Low Noise Amplifier)가 필요하다. 전력증폭기로는 진행파관(TWTA : Traveling Wave Tube Amplifier)이나 GaAs-FET가 사용된다.

(3) 전원계

전원계는 태양 에너지를 전기 에너지로 변환하는 전원발생부, 변환된 전기 에너지를 각 장치별로 구분하여 공급하는 전원공급부 및 예비전원인 축전지로 구성된다.

통신위성에 필요한 전력은 평면으로 배열된 2000여개의 태양 전지(solar cell)에 의해서 얻어진다. 태양과 수직인 1[m^2]의 면적에는 1,000[W]정도의 태양 에너지가 도달하는데 현재 이용되는 태양 전지의 효율은 25[%]정도이므로 실제로 1[m^2]의 면적에서 얻어지는 전력은 250[W]가 출력된다. 이러한 태양 전지판은 대체로 원통형을 이루는 위성의 표면에 설치되거나 별도로 설치하기도 한다. 현재 25[%] 정도의 태양전지의 효율을 개선하여 좀더 무거운 위성의 발사가 가능할 것으로 보며, 실제로 INTELSAT Ⅳ호는 15[m^2] 태양 전지판으로 400[W]의 출력을 얻을 수 있다.

(4) 기타

통신 위성에서는 지상의 관제소에 보고하고 관제소의 명령을 수신하여 행하게 하는 부분과 위성의 궤도 위치를 유지하기 위하여 때때로 위성 위치 추적을 위한 분사 시스템과 안정된 위성의 위치를 유지하기 위한 stabilization subsystem 등이 있다. 이러한 시스템들에 의해 위성의 위치, 중계기의 상태 등이 지상에 보고 되고 지상의 명령에 따라 위치를 바로 잡아 중계기 등의 스위칭을 행하게 된다. 이와 같이 지상과의 지령을 주고 받기 위해서는 별도의 안테나가 설치되어 있어야 한다.

그림 5.15는 무궁화 위성(GE-3000)의 위성 모형도를 나타낸 것이다.

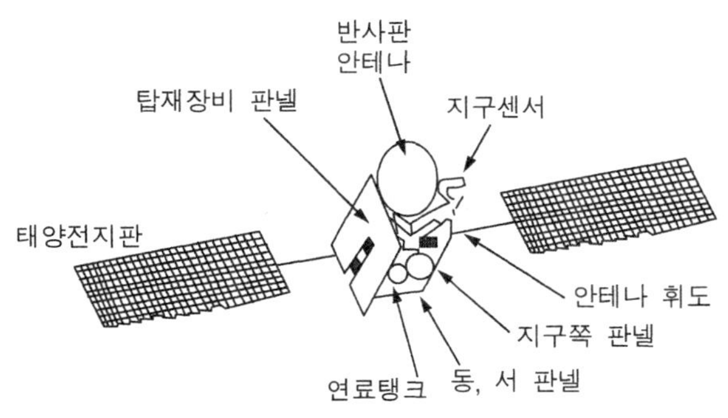

그림 5.15 무궁화 위성의 위성체 모형도

인공위성은 로켓 등에 탑재되어 지상에서 발사된 후 소정의 대기궤도(고도 약 200[km])에서 로켓에서 분리되어 천이궤도(transfer orbit)에 진입된다. 천이궤도는 원지점 고도 약 36,000[km]에 가까운 지점 고도 약 200[km]인 둥근 궤도이다.

정지궤도에 위성을 진입하는 데는 원지점(apogee)에서 위성탑재 고체로켓(원지점 모터)을 점화하고 정지 위치에 가까운 드리프트 궤도(drift orbit)에 투입하여 계속 위성의 자세, 궤도 수정을 수행하여 정지 위성이 된다. 이러한 과정을 그림 5.16에 나타내었다.

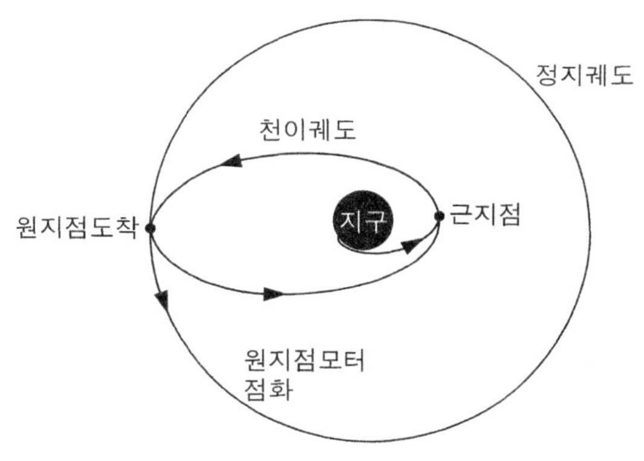

그림 5.16 정지위성의 발사 과정

(5) 위성통신의 사용주파수

통신 위성이 우주공간(지구 대기권 외측)을 비행하면서 우주국과 지구국 사이의 우주 통신에 이용되는 전파의 주파수는 전리층의 반사나 감쇠, 대기중의 흡수나 산란이 적고 수신기 계통의 잡음이 적은 주파수이어야 한다. 이러한 점을 고려한 상한 주파수와 하한 주파수 범위를 전파의 창(radio window)이라고 하며, 여러 번의 실험결과 위성 통신에 가장 적합한 주파수대는 1[GHz]~10[GHz] 정도의 범위가 실용적인 것으로 밝혀져 있으며 이것을 개념적으로 나타낸 것이 그림 5.17이다.

이 주파수대는 INTELSAT를 비롯한 대부분의 위성통신에 사용되고 있으며 또 지상의 마이크로파 통신방식에도 사용되고 있다. 앞으로 위성이 사용될 새로운 주파수로 10[GHz] 이상의 높은 주파수 이용이 진행되고 있으며 세계적으로는 이미 SHF대인 14[GHz], 12[GHz]대가 사용되고 있다. 한국의 무궁화 위성에서는 14/11[GHz], 14/12[GHz]의 주파수대를 사용할 계획이다.

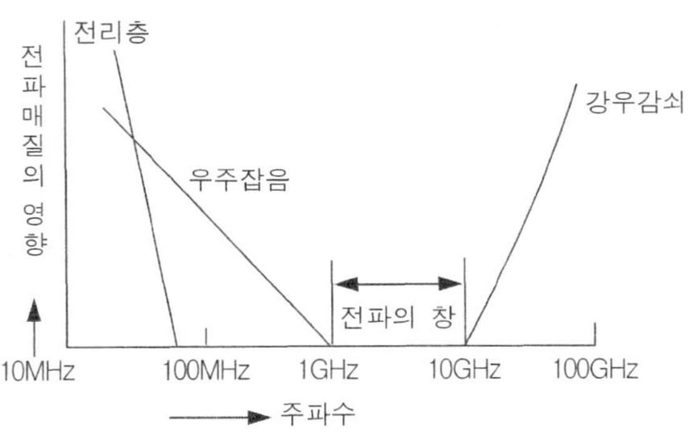

그림 5.17 전파의 창

위성 통신을 운행하기 위해서는 지구국 → 우주국과 우주국 → 지구국의 양방향에 전파가 필요하게 된다. 일반적으로 지구국 → 우주국을 업링크(Up Link), 우주국 → 지구국을 다운링크(Down Link)라고 부른다.

통신 위성에 탑재할 수 있는 안테나와 송신기는 위성의 크기, 소비전력의 제한 등에서 지구국에 비하여 저이득, 저출력이기 때문에 일반적으로 전파손실이 적고 낮은 주파수를 다운 링크에 사용하고 있다.

5.4 이동통신

(1) 이동통신의 개요 및 특징

통신의 궁극적인 목적은 언제든지, 어디서든지, 누구에게나, 즉시에 시간과 공간에 구애받지 않고 신속 원활하게 의사 또는 정보를 전달하고, 교환될 수 있는 것으로 종래의 고정된 지점 상호간의 통신에 더하여 이동통신이 점차 발전하여 왔다.

이동통신은 선박, 자동차 및 항공기 등의 이동체(사람을 포함)와 일반가입전화나 회사들과의 사이의 통신 및 이동체 상호간의 통신이며, 통신의 내용은 음성뿐만 아니라 신호, 데이터 및 화상정보 등도 포함된다.

이동통신의 특징은 다음과 같다.

① 시간과 공간의 제약으로부터 초월하여 언제, 어디서나 누구와도 통신이 가능하다.

② 무선통신방식이므로 전파 자원을 효율적으로 공유할 수 있다.
③ 유선통신방식에 비하여 케이블의 설치 및 유지보수 비용이 적고 설치 소요 기간이 짧아 경제적이다.

(2) 이동통신에 사용되는 주파수대

장파(LF), 중파(MF), 단파(HF)로 가시권을 벗어난 원거리까지 전파하므로 선박, 항공기, 육상의 어느 통신에도 사용되고 있지만 사용될 수 있는 주파수가 한정되어 있고, 혼신이 많아 양호한 통신을 기대하기가 어렵다는 점등 때문에 점차 이동통신에 사용되는 주파수대는 VHF 이상으로 바뀌고 있다.

VHF 이상의 주요한 이동용 주파수대는 54~68[MHz]대, 142~170[MHz]대, 335.4~470[MHz]대, 800~900[MHz]대가 육상 이동 및 해상 이동 업무에, 118~142[MHz]대가 항공 이동 업무에 할당되어 있다. 우리 나라의 이동통신에 할당되고 있는 주요 주파수대는 150[MHz]대와 800[MHz]대이다.

(3) 이동통신의 분류

이동통신서비스는 사용용도에 따라 공중계과 자영계로 구분할 수 있으며 국내에서 서비스되고 있는 이동통신을 분류하면 그림 5.18과 같다.

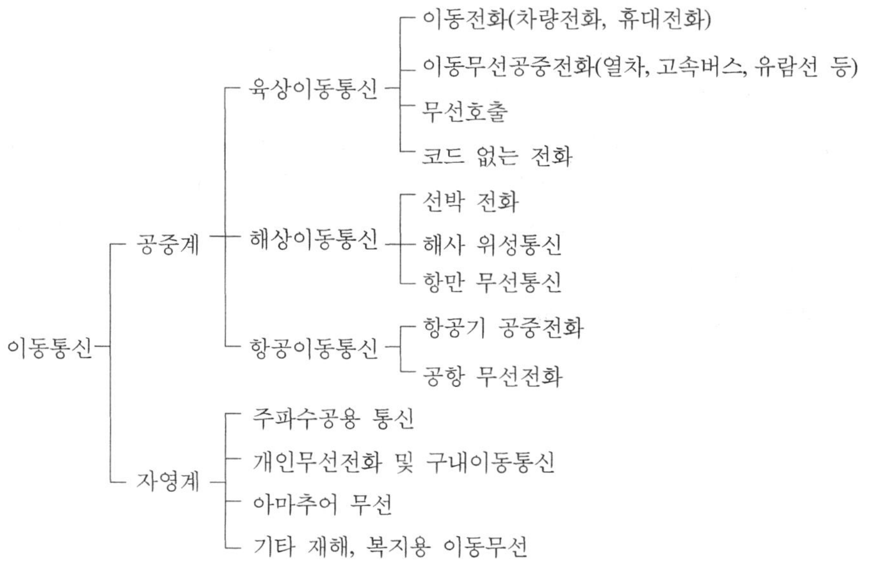

그림 5.18 이동통신의 분류

육상이동통신은 일반적으로 공중계와 자영계로 크게 구별할 수 있다. 공중계는 일반가입전화망에 접속된 통신계를 말하며, 여기에는 자동차 전화, 코드없는 전화(cordless phone), 무선 호출기(pocket bell) 등이 있다. 자영계로는 경, 소방, 방재, 전력, 교통 등 공공업무용 통신계와 개인들간에 또는 사기업 등이 업무용으로 사용하는 통신계가 있는데, 여기에는 기업이 개별적으로 전파를 이용하는 각종 업무용 통신외에도 전파채널들을 공동으로 이용하는 MCA(Multi-Channel Access, Trunk system)시스템, 개인 사용도 가능한 개인용 무선으로 휴대 무선기(walkie-talkie)와 시민 라디오(citizen band radio) 등이 있다.

해상이동통신은 연·근해를 항해중인 선박과 항만 기지국 사이와의 선박전화와 원양선을 위한 해상위성통신으로 구별된다.

항공이동통신으로는 항공기 운항관리업무를 위한 공항 무선전화서비스와 일반 승객을 대상으로 하는 항공기 공중전화가 있다.

(4) 다원접속방법

다수의 가입자들을 동시에 통화 접속시키기 위한 기술을 다원접속(multiple access)이라고 한다. 다원접속방식으로는 가입자들이 주파수대역 중 각각 일부분을 할당받아 통화시간 전체에 걸쳐 사용하는 주파수분할다원접속(FDMA : Frequency Division Multiple Access), 가입자가 하나의 타임슬롯을 할당받아 시스템 주파수대역 전체를 액세스하는 광대역 시분할 다원접속(N-TDMA : Wide Band-Time Division Multiple Access) 또는 시스템 주파수대역 중 일부만을 액세스하는 협대역 시분할 다원접속(N-TDMA : Narrow Band -TDMA), 시스템에서 개별 가입자가 고유의 의사랜덤코드(Pseudo Random Code)를 할당받아서 시간과 주파수 영역을 액세스하는 부호분할다원접속(CDMA : Code Division Multiple Access)이 있다. FDMA는 아날로그 이동통신시스템, TDMA와 CDMA는 디지털 이동통신시스템에서 사용되고 있다.

각 방식별 장단점을 비교하면 표 5.4와 같다.

표 5.4 다원접속방식의 비교

방 식	장 점	단 점
FDMA	① 송수신기가 각각 독립적으로 동작하므로 고신뢰도를 갖는다. ② 다른 이동국과의 충돌을 피하기 위한 동기 기술이 필요하지 않다.	① 기지국 장치가 크다. ② 기지국 장치의 전력소모가 크다. ③ 스펙트럼 효율 및 용량이 낮다.
TDMA	① 기지국 장치에서 안테나 공용장치가 필요없다. ② 기지국 송신기의 상호변조가 없다. ③ 기지국 및 이동국을 소형화할 수 있다. ④ 스펙트럼 효율이 매우 좋다(FDMA에 비하여 3~6배 정도).	① 기지국에서 항상 방사를 해야 한다. ② 다른 이동국 송신 신호와의 간섭을 피하기 위한 동기기술이 필요하다. ③ 등화기가 필요하다.
CDMA	① 가입자 수용 용량이 크다(FDMA에 비하여 19배 정도) ② 채널 불용시에 방사하지 않는다. ③ 다경로 페이딩을 극복할 수 있다.	① 넓은 주파수 대역폭을 필요로 한다. ② 고속코드처리를 요한다. ③ 전력제어 및 동기기술이 필요하다. ④ 장치가 복잡하다.

(5) 존 구성과 채널 배치

① 존(zone) 구성법

이동통신에서는 넓은 범위의 서비스 영역을 몇 개로 분할하여 각각에 기지국(cell station)을 배치하는 방법을 사용하는데, 이때 분할된 각 영역을 무선 존(zone) 또는 셀(cell)이라 하고, 예를 들면 그림 5.19와 같다. 존 구성법에는 하나의 기지국에서 되도록 넓은 지역을 커버하는 것을 목적으로 행하여지고 있는 대존 구성법과 같은 주파수를 구역적으로 되풀이 이용함으로써 효율적인 주파수 유효이용을 도모하는 것을 목적으로 하는 소존 구성법이 있다.

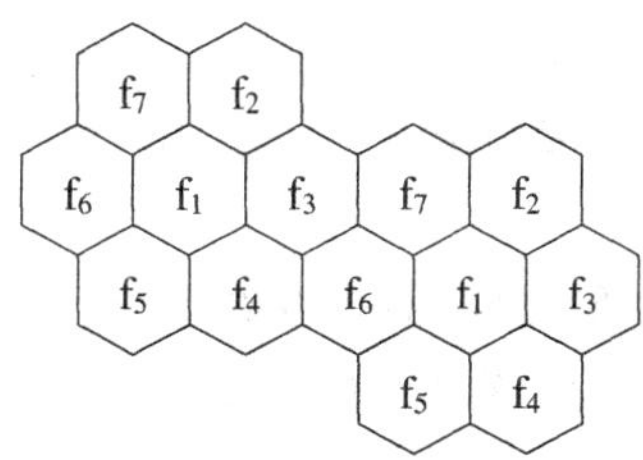

그림 5.19 존 구성 예(6각형)

일반적으로 선상 존 구성은 서비스 영역이 열차 전화나 고속도로 통신과 같이 넓은 경우에 사용되고, 면상 존 구성은 서비스 영역이 자동차 전화나 선박 전화와 같이 넓은 경우에 사용된다.

② 채널 배치

존 구성의 기본은 동일 주파수의 무선 채널을 공간적으로 순서를 바꾸어서 사용하는 패턴이다. 그리고 각 존에 배치되는 채널 수는 트래픽량에 의해 결정할 필요가 있으나, 이것을 고정하지 말고 트래픽의 시간적, 장소적 변동에 가변해야 한다. 또 주파수의 유효 이용 방법은 타이밍 배치나 유연성을 주는 배치가 좋다.

③ 접속제어기능

이동통신에서 가입자와의 통화를 접속하는 기능은 다음과 같이 3가지가 있다.

- 전채널 방식 : 허용된 모든 통화 채널에 각 채널마다 가용 음성대역의 상단이나 하단을 이용하여 접속제어 신호가 교환되는 방식이다.
- 전용채널 방식 : 접속제어용 채널이 통화용 채널과 별도로 설정되어 있는 방식이다.
- 빈채널 방식 : 접속 제어용의 채널이 따로 없고, 모든 채널중에서 통화가 없는 빈 채널을 선택하여, 이 채널을 이용하여 접속 제어가 이루어지는 방식이다.

(6) 이동통신 시스템의 구성

이동통신 시스템은 서비스의 종류에 따라 다르지만 주로 무선교환국, 무선 기지국 및 무선전화 단말장치로 구성된다.

① 무선교환국

교환국은 일반공중전화망과 이동통신망을 접속하여 주는 업무를 수행하고, 교환국에서 운용하고 있는 이동전화교환기는 자동화와 축적 프로그램 제어(SPC) 방식으로 되어 있다. 주요 기능으로는 이동가입자와 일반가입자간, 이동가입자간의 통화를 연결 교환하여 주며, 이를 위해서 일반 전화망의 교환기와 다른 기능인 통화절체기능(hand-off), 위치검출 및 등록기능이 있어야 한다.

또 교환국은 이동가입자와 일반가입자, 이동가입자 상호간에 통화연결을 위하여 이루어지는 모든 정보, 즉 통화상대자 번호, 과금관련정보, 기타 안내정보 등을 교환기내에 기록저장해 두는 기능도 있어야 한다.

② 기지국

기지국은 무선교환국과 이동국간을 연결시켜 주는 업무를 수행하며, 송수신기, 안테나, 제어부분으로 구성되어 있다. 주요 기능으로는 발·착신 신호송출, 통화채널지정, 통화채널감시, 자기진단기능 등이 있어서 담당 무선구역을 제어·관장한다.

③ 무선전화 단말장치

단말장치는 자동차, 선박, 항공기 등 이동체에 설치되는 통신장비를 말하며 사람이 휴대할 수 있는 휴대용 전화, 무선호출기 및 코드없는 전화기 등도 포함된다.

(7) 셀룰러 이동전화 시스템

① 셀룰러(cellular)의 개념

한정된 주파수 자원으로 증가되는 이동통신 수요에 효율적으로 대응하기 위하여 주파수를 공간적으로 재사용함으로써 무선회선의 사용을 극대화한 이동통신 방식이다.

② 셀룰러 이동전화의 특징

셀룰러 이동전화는 주파수를 재사용하여 인접된 무선 기지국간 무선 채널을 효율적으로 단말기에 할당할 수 있기 때문에 주파수 이용 효율이 증대되어 가입자 수용용량을 증대시킬 수 있는 특성을 가지고 있다. 즉,

- 주파수 스펙트럼의 효율적 이용(한정된 스펙트럼으로 최대가입자 수용)
- 전 지역적 호환성
- 통화량 밀집에 대한 적응성
- 저출력, 소규모 서비스 영역으로 인한 경제적인 가격 형성

그림 5.20은 셀룰러 방식의 주파수 재이용 패턴을 나타낸 것이다.

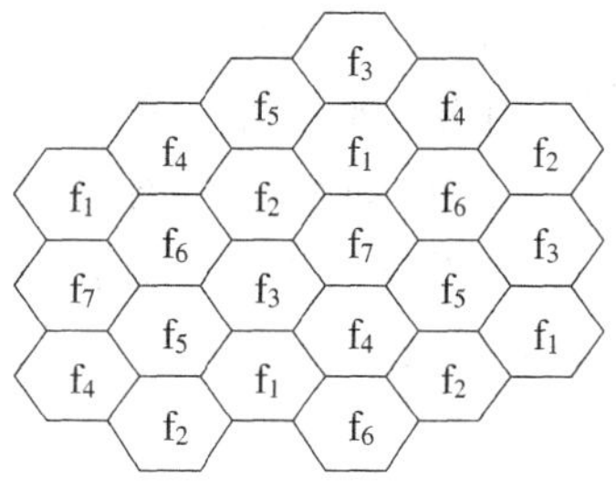

(a) 7-주파수 패턴

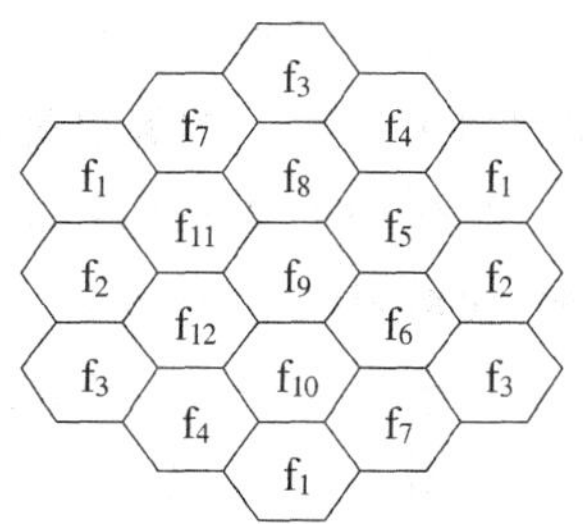

(b) 12-주파수 패턴

그림 5.20 주파수 채널 재이용 패턴

③ 셀룰러 이동전화 시스템의 구성

셀룰러 이동전화 시스템은 그림 5.21과 같이 이동국(MS : Mobile Station), 기지국(BS : Base Station), 이동전화 교환국(MSC : Mobile Switching Center 또는 MTSO : Mobile Telephone Switching Office) 등으로 구성되어 있다.

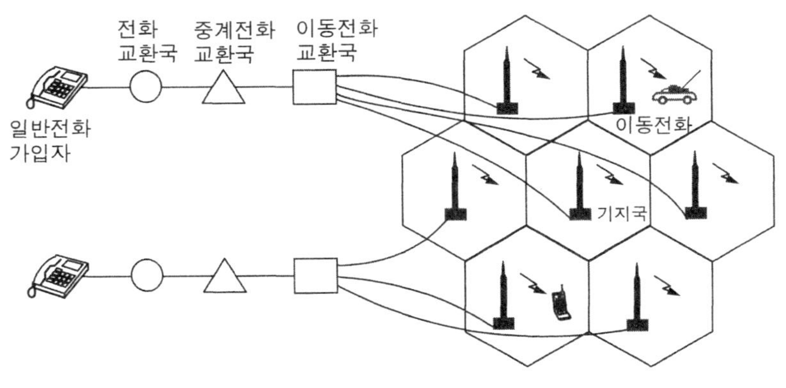

(a) 시스템의 구성

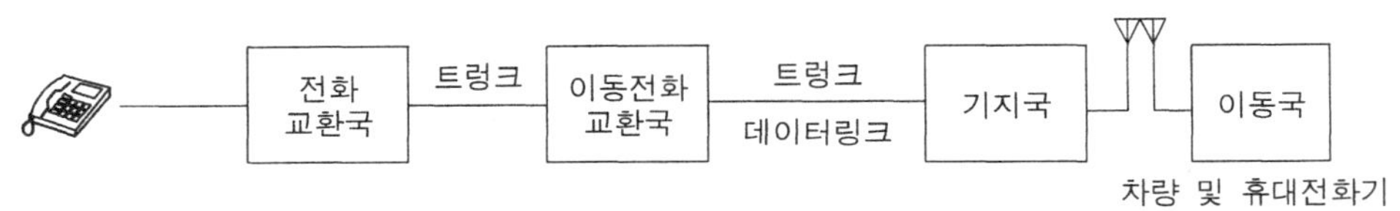

(b) 접속도

그림 5.21 셀룰러 시스템의 구성 및 접속도

이동국(차량 또는 휴대용 이동전화 단말기)은 무선송수신기, 안테나 및 제어장치로 구성되어 있으며 기지국은 단말기와 이동전화교환국을 연결하는 기능을 갖고 있는 기지국 무선송수신기, 안테나, 제어장치, 데이터 터미널 및 전원장치 등으로 구성되어 있다. 이동전화교환국은 각 기지국에서 발·착신되는 호를 처리하고, 모든 기지국이 효율적으로 운용될 수 있도록 하는 중앙통제기능과 함께 공중전화망의 교환기와도 연결할 수 있는 기능을 갖고 있다. 이러한 이동전화 교환국은 제어부, 통화로부 및 주변기기로 구성되어 있으며 통화가 완료된 호에 대한 과금자료 수집기능도 있다.

연습문제 주관식 문제

1. 마이크로파(microwave) 통신방식의 특징을 열거하여라.

2. 마이크로파 중계방식의 종류를 들어 설명하여라.

3. 위성통신의 개요와 그 특징을 설명하여라.

4. 위성 통신 방식의 개요와 그 특징을 설명하여라.

5. 위성통신의 장·단점을 설명하여라.

6. 위성 통신체의 기본 구성을 들고 각 기능을 설명하여라.

7. 위성 통신의 다원 접속에 대하여 설명하여라.

8. 정지위성의 개념을 설명하고 특징을 열거하여라.

9. 이동통신에서 다원접속방식의 종류를 들고 각각 설명하여라.

10. CDMA 방식의 계통도를 그리고 간략히 설명하여라.

연습문제 객관식 문제

1. 다음 중 위성 통신의 장점이 아닌 것은?
   ㉮ 장거리 광역 통신에 적합하다.
   ㉯ 통신간의 거리 및 지형에 관계없이 전송 품질이 우수하다.
   ㉰ 신뢰성이 높다.
   ㉱ 지연 없이 상호 통신이 된다.

풀이 위성 통신의 장단점

(1) 장점
① 대량의 통신 용량을 충족시킨다.
② 에러율(error rate)이 향상되어 신뢰성이 높다.
③ 장거리 통신의 경우 통신 비용이 경감된다.
④ 통신가능 범위가 넓다.

(2) 단점
① 포인트 - 투 - 포인트 네트워크 구성만 가능하다.
② 전송 지연이 발생한다.
③ 통신 비밀이 누설된다.
④ 사용 주파수가 높아질수록 기후 현상에 의한 신호의 감쇠가 심하다.

2. 정지 위성의 고도는 약 얼마인가?
   ㉮ 16,378 〔km〕 ㉯ 35,786 〔km〕
   ㉰ 42,164 〔km〕 ㉱ 27,800 〔km〕

풀이 정지 위성의 고도는 약 35,786 [km]이다.

해답 1. ㉱ 2. ㉯

3. 정지 위성의 경우는 적도면상의 궤도에 어떻게 쏘아 올리면 양극 지방을 제외한 전세계를 포위하는 통신망이 가능한가?

㉮ 2개의 위성을 180°의 간격으로 쏘아 올린다.
㉯ 3개의 위성을 120°의 간격으로 쏘아 올린다.
㉰ 4개의 위성을 90°의 간격으로 쏘아 올린다.
㉱ 5개의 위성을 74°의 간격으로 쏘아 올린다.

풀이 정지궤도에 있는 위성은 지구 표면의 42.2%를 커버할 수 있어 120° 간격으로 3개의 정지위성만 있으면 지구의 극지역을 제외한 지구상의 어떤 지점과도 통신이 가능하다.

4. 상용 위성 통신에서 사용되고 있는 주파수 대역이 아닌 것은?

㉮ 4/6〔GHz〕　　㉯ 12/14〔GHz〕
㉰ 20/30〔GHz〕　　㉱ 24/36〔GHz〕

풀이 위성 통신의 주파수 대역

대　역[GHz]	다운링크 주파수[GHz]	업링크 주파수[GHz]
4/6	3.7 ~ 4.2	5.925 ~ 6.425
12/14	11.7 ~ 12.2	14.0 ~ 14.5
20/30	11.7 ~ 21.2	27.5 ~ 31

5. 다음은 위성 통신으로 지금까지 제안된 방식이 아닌 것은 어느 것인가?

㉮ 랜덤(random) 위성 방식　　㉯ 위상 위성 방식
㉰ 정지 위성 방식　　㉱ 이동 위성 방식

풀이 위성 통신의 종류

① 임의 위성(random satellite)방식
② 위상 위성(phased satellite)방식
③ 정지 위성(gostationary satellite)방식

6. 위성 통신에서 회선 접속 방법에 해당되지 않는 것은?

㉮ TDMA　　㉯ FDMA
㉰ WDMA　　㉱ CDMA

풀이 위성 통신의 다중 접속 방법

① 코드 분할 다중 접속(CDMA) 방식
② 시분할 다중 접속(TDMA) 방식
③ 주파수 분할 다중 접속(FDMA)방식

해답 3. ㉯　4. ㉱　5. ㉱　6. ㉰

7. 다음은 위성에 장착하는 안테나의 종류가 아닌 것은?

㉮ 무지향성 안테나 ㉯ 파라볼라 안테나

㉰ 대수 주기 안테나 ㉱ 헬리컬 안테나

풀이 위성에 장착하는 안테나의 종류

① 무지향성 안테나 : 무지향성이므로 이득은 떨어지나 명령 및 텔리메트리 신호의 통신을 위하여 사용된다.

② 파라볼라(parabola) 안테나 : 좁은 지역에 대한 스폿 빔(spot beam)을 만드는데 사용된다.

③ 헬리컬(helical) 안테나 : 비교적 낮은 주파수대(UHF)에서 사용된다.

④ 혼(Horn) 안테나 : 넓은 지역을 커버하는 빔을 만드는데 사용된다.

8. 코드분할 다중 방식(code division multiple)이란 무엇인가?

㉮ FDM 방식의 일종이다.

㉯ TDM 방식의 일종이다.

㉰ FDM 방식과 TDM 방식의 혼합 방식이다.

㉱ TCM 방식과 ECM 방식의 혼합 방식이다.

풀이 코드 분할 다중 접속 방식(CDMA) : FDMA 방식과 TDMA 방식의 혼합 방식이라고 할 수 있다. 즉, TDM 방식에 의해서 여러 신호를 전송할 시간 대역을 포맷팅하고, 각 시간 대역을 FDM 방식에 의해 각 신호를 전송할 주파수 대역으로 포맷팅한다.

9. 해사위성인 인머셋트(INMARSAT)는 인텔셋트(INTELSAT)와 마찬가지로 3대양 상에 띄워져 있어 전세계 서비스를 행하고 있다. 이 인말셋트에서 사용하는 주파수대 중 선박 지구국과 위성간에 사용되는 주파수대 up link/down link는?

㉮ 1.6/1.5 〔GHz〕 ㉯ 6/4 〔GHz〕

㉰ 8/7 〔GHz〕 ㉱ 14/11 〔GHz〕

풀이 고정 위성 업무에서는 1.6/1.5[GHz], 8/7[GHz], 14/11[GHz], 14/12[GHz], 30/20 [GHz] 대가 분배되고 있으며, 이동위성 업무에서는 1.6/1.5[GHz], 2.6/2.5[GHz] 등이 분배되어 있다.

해답 7. ㉰ 8. ㉰ 9. ㉮

10. 정지 위성 통신에서 다원 접속(multiple access)을 회선 할당면에서 분류할 때 이에 속하지 않는 것은?
㉮ 고정 할당(fix. pre-assignment) 방식
㉯ 요구 할당(demand assignment) 방식
㉰ 개방 할당(open assignment) 방식
㉱ 임의 접속(random access) 방식

풀이 위성 통신의 회선 할당 방식
① 사전 할당 방식(PAMA, 고정할당)
② 요구 할당 방식(DAMA, 예약 방식)
③ 임의 접속 방식(RAMA)

11. 다음 중 송신선로의 레벨을 넓게 잡음신호처럼 확산시키는 다중통신방식은?
㉮ 시분할 다중통신 ㉯ 주파수분할 다중통신
㉰ 부호분할 다중통신 ㉱ 공간분할 다중통신

12. 대역 확산처리의 장점이 아닌 것은?
㉮ 시스템의 간단성 ㉯ 선택적 어드레싱
㉰ 메시지의 비밀 유지 ㉱ 저밀도 전력 스펙트럼

13. 디지털 마이크로파 통신에서 페이딩 현상에 대처하기 위한 것은?
㉮ 엠파시스 ㉯ 스크램블
㉰ DSI ㉱ 다이버시티

14. 여러 개의 타임슬롯(time slot)으로 하나의 프레임이 구성되며 각 타임슬롯에 대해 채널을 할당하여 다중화하는 것은?
㉮ TDMA ㉯ CDMA
㉰ FDMA ㉱ CSMA/CD

15. 최근에 이동통신 분야에서 논의되고 있는 다양한 다중화 방식 중에 시분할 다중화방식이 아닌 것은?
㉮ D-AMPS ㉯ CDMA
㉰ TDMA ㉱ E-TDMA

해답 10. ㉰ 11. ㉰ 12. ㉮ 13. ㉱ 14. ㉮ 15. ㉯

MEMO

제 6 장 광 전송로

6.1 광통신의 개요

인류가 탄생된 이후 오래 전부터 빛을 이용한 통신의 방법으로는 봉화, 횃불, 등불 등에 의하거나 태양빛을 거울에 반사시켜서 통신 수단으로 사용되어 왔다.

전송로에 관해서는 유리 가공이 번성했던 그리스에서는 유리를 세공할 때 빛이 유리봉을 통해 전달됨이 알려져 있었다. 이러한 원리를 기초로 하여 유리 섬유에 의해 빛을 유도하는 최초의 실험이 1930년 경 독일에서 시작되었다. 그 후 1958년 경 영국에서는 유리 섬유를 심으로 하여 그 주위에 다른 종류의 유리로 코팅한 현재의 광섬유의 원형이 고안되었다.

그런데 1966년 경부터 광통신에 있어서 반도체 레이저의 응용이 미국이나 일본에서 주목되어 매우 높은 주파수까지 직접적으로 변조됨이 알려지게 되었으며, 1970년 전후에 광통신 분야에 실용화할 수 있게 되었다.

그림 6.1에 보인 바와 같이 광섬유(optical fiber) 통신에서는 송신측에서 이용자가 전송하고자 하는 신호(음성)를 우선 전기신호로 바꾼 다음, 반도체 레이저나 발광 다이오드 등의 통신용 광원으로부터 나오는 광의 세기를 전기 신호에 따라 변조한 광신호를 광섬유 전송선로에 의해 멀리 떨어진 곳에 보낸다.

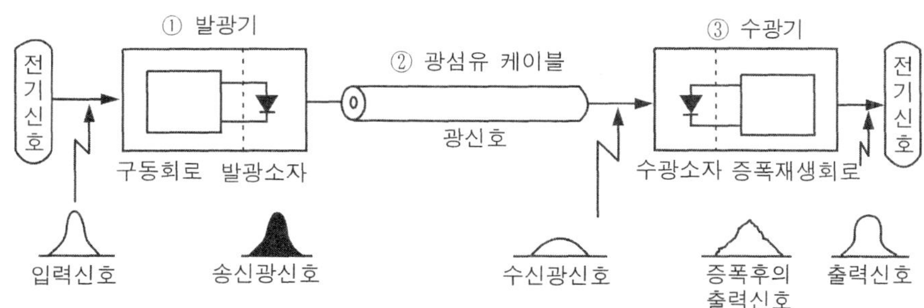

그림 6.1 광섬유 통신의 구성

수신측에서는 광신호를 광검출기로 받아 전기신호로 복조하여 이용자가 이해할 수 있는 신호(음성)로 고침으로서 통신이 완료하도록 구성되어 있다.

광통신에 이용되는 전송로는 광섬유(optical fiber)이며 직경이 100[μm]정도로 대단히 가늘고, 투명도가 높은 유리 섬유이다. 주원료는 지구상에 많이 있는 실리콘(Si)이다.

전송의 원리는 광의 굴절률이 다른 매질의 경계면에서 전반사하는 것을 이용한다. 광섬유는 굴절률이 큰 코어(core)와 굴절률이 작은 클래드(clad)로 구성되어 있으며, 코어는 실제 빛이 전송되는 중심부분이며 클래드는 빛이 밖으로 나가지 못하게 코어를 둘러싸인 부분으로 되어 전송을 실현하고 있다. 즉, 광신호는 클래드 경계면에서 전반사하면서 코어를 따라 진행하고 있다. 기계적 강도를 보강하기 위해서 클래드 위를 피복하여 몇 개에서 수십 개를 하나로 묶어 모아놓은 것을 광섬유 케이블이라고 하며 그 모양을 그림 6.2에 나타내었다.

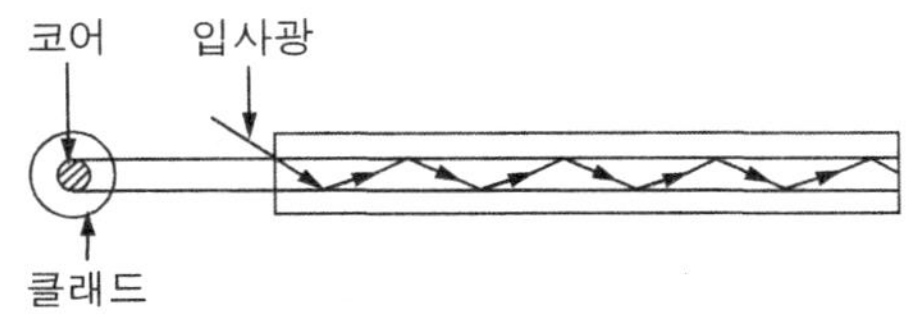

(a) 광섬유의 전송원리

(b) 광섬유

(c) 광섬유 케이블

그림 6.2 광섬유의 구조 및 케이블

6.2 광통신의 특징

광섬유의 장점으로는 다음과 같다.

① 저손실성 : 광섬유는 전송 손실이 대단히 적기 때문에(0.3~30[dB/km]) 장거리 전송이 가능하며 무중계로 수십 km에서 수백 km까지 전송이 가능하다.

② 광대역성 및 대용량성 : 광섬유의 종류에 따라 다르나 전송 대역이 넓고 정보의 전송 용량이 크다.

③ 세경 및 경량성 : 광섬유는 기존의 동선에 비해 가늘고 가벼우므로 케이블의 굵기를 작게 할 수 있어 취급이 용이하고 다심의 광섬유를 수용할 수 있다.

④ 경제성 : 중계기의 설치수가 적어 비용이 절감된다.

⑤ 신뢰성 : 오류의 발생원이 감소된다.

⑥ 비전도 및 무유도성 : 유리 자체가 부도체이기 때문에 습기 등 절연에 영향이 없고 유도 장해를 받지 않으므로 기존의 전력선과 같이 포설하여도 무방하며 도청이 불가능하여 통신 보안성도 우수하다. 또한 충격 잡음, 누화 등 외부적 전기 신호의 영향을 받지 않으며, 다른 기기에 간섭을 유발하지 않는다.

⑦ 유연성 : 설치 및 보수가 용이하다.

광섬유의 단점으로는 다음과 같다.

① 접속이 어렵다. 즉 동축 케이블이라면 팬더 붙임, 압착, 경우에 따라서는 선을 손으로 잇는 것만으로 간단히 접속할 수도 있으나 광섬유의 경우는 접속하는 양쪽 끝을 연마하고 2.5[μm] 직경의 코어를 꼭 맞춰서 2000℃의 버너로 가열 융합시켜야 하며, 또 콘넥터를 사용할 때도 그 콘넥터는 1[μm] 이상의 초정밀 가공으로 제조해야 하며 가격도 높다.

② 광전기의 변환이 원리상 반드시 필요하다. 즉, 광만으로는 지금의 전기와 같이 중계, 무손실 분기, 단속, 교환 등의 조작을 할 수 없고 이것을 필요로 하는 경우 그 전후에 반드시 광전기 변환을 해야 하기 때문에 시스템이 커지고 비용이 많이 든다.

③ 선로의 도중에 중계기를 설치할 경우에는 별도의 급전선이 필요하다.

④ 급격한 휨에 약하다.

⑤ 분기 및 결합이 어렵다.

⑥ 고도의 접속기술을 요한다.

6.3 광통신의 기본원리

(1) 빛의 굴절 및 반사현상

그림 6.3과 같이 굴절률이 서로 다른 두 매질의 경계면에 빛이 입사하면 하나는 입사 광선과 같은 매질로 반사하고, 또 하나는 다른 매질로 투과하여 굴절하게 되는데 이때 입사각(incident angle) θ_i과 반사각(reflected angle) θ_r는 같다.

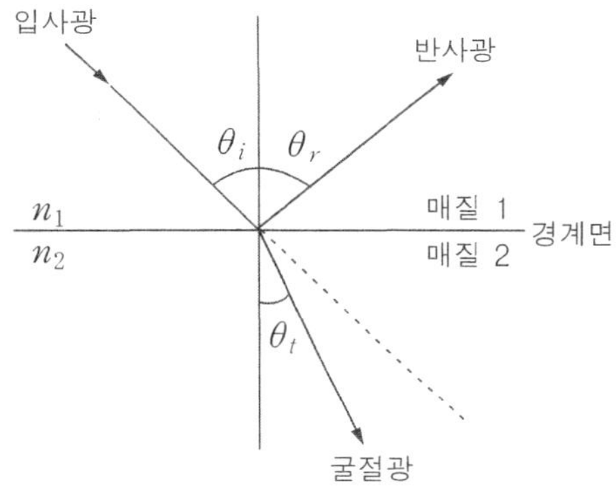

그림 6.3 두 매질의 경계면에서의 빛의 특성

그리고 매질 1과 매질 2의 굴절률을 각각 n_1과 n_2라 하고, $n_1 > n_2$이면 굴절각 θ_t는 θ_i보다 크게 되는데, 이때의 관계를 스넬의 법칙(Snell's law)이라고 한다. 즉

$$n_1 \sin\theta_i = n_2 \sin\theta_t = n_1 \sin\theta_r \tag{6-1}$$

라는 관계가 성립되며

$$\theta_i = \theta_r \tag{6-2}$$

로서 입사각과 반사각은 서로 같다.

그림 6.4에서 굴절률이 큰 매질 1로부터 굴절률이 작은 매질 2로 빛이 입사하면 $\theta_i < \theta_t$이 되는데 입사각 θ_i를 증가시키면 굴절각 θ_t도 증가하게 된다. 여기서 입사각 θ_c가 90°가 되었다면 매질 2에서의 굴절광선은 없어지고 반사 광선만 존재하게 된다. 따라서 θ_c보다 더 큰 각도로 입사한 광선은 매질 1과 매질 2의 경계면으로 모두 반사하게 된다.

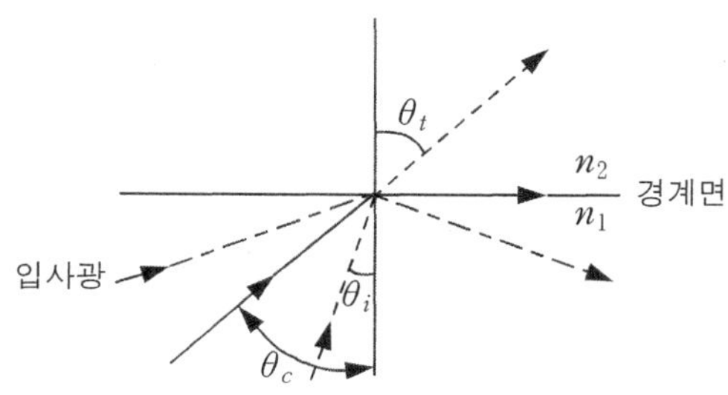

그림 6.4 전반사 현상

이 때의 각 θ_c를 임계각(critical angle)이라고 하며 입사각이 경계면으로 모두 반사되는 것을 전반사(total reflection)라고 한다.

여기서 임계각 θ_c는 Snell의 법칙에 의하여

$$\frac{\sin\theta_c}{\sin 90^\circ} = \frac{n_2}{n_1}(n_1 > n_2) \tag{6-3}$$

$$\theta_c = \sin^{-1}\left(\frac{n_2}{n_1}\right) \tag{6-4}$$

가 된다.

(2) 광섬유의 도파원리

광섬유내에서의 도파현상을 고찰하기 위하여 코어의 굴절률을 n_1, 클래드의 굴절률을 n_2라고 하자.

먼저 광섬유의 특성을 나타내는 비굴절률차 Δ는 다음과 같이 정의된다.

$$\Delta = \frac{n_1 - n_2}{n_1} \tag{6-5}$$

그림 6.5에서 $n_1 > n_2$이므로 코어의 중심축에 대하여 각도 θ_{max}로 입사한 광선중에서 광선 ②와 같은 각도가 큰 것은 클래딩으로 빠져나가지만 광선 ①과 같이 θ_{max}가 전반사 보각 $90^\circ - \theta_c$ 보다 작은 것은 전반사되어 코어 내에 갇히어서 전반사를 반복하여 전파된다.

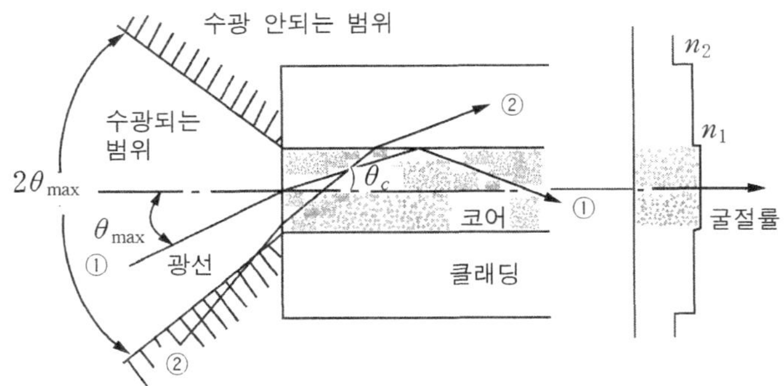

그림 6.5 광섬유의 광 전파와 수광각

전반사의 임계각(전반사 보각) θ_c는 스넬의 법칙으로부터

$$n_1 \cos\theta_c = n_2 \cos 0^0 = n_2$$

가 된다. 여기서 $\sin^2\theta_c + \cos^2\theta_c = 1$의 관계가 성립하므로 식(6-4)에서 $\frac{n_2}{n_1}$를 비굴절률차 Δ로 나타내면 다음과 같다.

$$\sin\theta_c = \sqrt{1-\cos^2\theta_c} = \sqrt{1-\left(\frac{n_2}{n_1}\right)^2}$$

$$= \sqrt{\frac{n_1^2 - n_2^2}{n_1^2}} = \sqrt{\frac{n_1+n_2}{n_1} \cdot \frac{n_1-n_2}{n_1}} \fallingdotseq \sqrt{2\Delta} \qquad (6\text{-}7)$$

이때 n_1과 n_2는 1.5보다 조금 작은 값으로서 Δ는 0.01정도이며 $(n_1+n_2)/n_1 \fallingdotseq 2$의 근사가 행해진다.

따라서 임계각 θ_c 는

$$\theta_c = \sin^{-1}\sqrt{2\Delta} \fallingdotseq \sqrt{2\Delta} \ \text{[rad]} \qquad (6\text{-}8)$$

와 같이 근사된 값으로 표시되는데 이것을 전반사각이라고 한다.

일반적으로 광섬유에 입사하는 광선은 수광각 $2\theta_{max}$ 이내의 각이 이루어지지 않으면 코어에서 클래드로 굴절해 버리거나 멀리 전달되지도 않으며 또 공기중으로부터 코어에 빛이 진입할 때 굴절이 일어난다. 이때 입사한 광선이 코어와 클래드의 경계면으로 전반사하기 위해서는 공기의 굴절률(n_0)을 1이라 할 때 공기와 코어의 경계면에 있어서 입사각 θ_{max}와 굴절각 θ_c의 관계는 Snell의 법칙으로부터 다음 식으로 되어야 한다.

$$n_0 \sin\theta_{max} = \sin\theta_{max} = n_1 \sin\theta_c \tag{6-9}$$

$$NA \equiv \sin\theta_{max} = n_1 \sin\theta_c \fallingdotseq n_1\sqrt{2\Delta} \tag{6-10}$$

특히 NA(Numerical Aperature)를 개구수라 부르고 도파의 특성을 나타내는 중요한 파라미터이다.

이때 θ_{max} [rad] 의 값이 아주 작으면 $\sin\theta_{max} \fallingdotseq \theta_{max}$ 와 같아서

$$\theta_{max} = n_1\sqrt{2\Delta} \tag{6-11}$$

이므로 수광각(acceptant angle) $2\theta_{max}$ 는

$$2\theta_{max} \fallingdotseq 2n_1\sqrt{2\Delta} \text{ [rad]} \tag{6-12}$$

이 된다.

전반사하는 과정에서 입사각이 큰 것은 입사각이 작은 것보다 반사 횟수가 많아지므로 전파 속도가 약간 늦어진다. 따라서 거리가 멀 경우에는 이런 현상이 많이 나타나서 전송 속도의 한계점이 생긴다.

(3) 구조 및 광학 파라미터

광섬유의 기본적 성질을 표시하는 구조 파라미터는 코어의 직경을 표시하는 코어경, 광섬유의 직경을 표시하는 외경 외에 이상적인 동심원 구조로부터의 밀림을 나타내는 편심율, 비원율 등이 있다.

현실적인 코어 및 클래드의 단면은 이상적인 원형이 아니므로 각각의 최소 외접원의 직경과 최대 내접원의 직경의 평균으로 나타내고 있다.

편심율은 코어의 외주원의 중심과 클래드의 외주원의 중심 사이의 거리를 표준적인 코어경으로 나눈 값으로 정의되고 있으며, 비원율은 코어와 클래드 각각의 최소 외접원의 직경과 최대 내접원의 직경의 차를 평균치경으로 나눈 값으로서 정의되고 있다.

코어경은 굴절률과 더불어 광의 전파에 관한 기본 파라미터이다. 외경은 광섬유가 구부러지는 것에 의해서 발생되는 광의 방사손실, 광섬유의 기계적 강도와 접속 특성에 영향을 미친다.

편심율, 비원율은 광섬유의 접속손실에 큰 영향을 미친다. 광섬유 파라미터의 구체적인 예로서 표 6.1에 나타낸다.

표 6.1 광섬유의 구조 파라미터

항 목	표 준 치	공 차 치
코 어 경	50㎛	±3㎛
외 경	125㎛	±3㎛
편 심 율	−	6% 이하
비 원 율	−	6% 이하
굴절률차	0.015	±0.003

광섬유의 기본적 성질을 표시하는 광학 파라미터로서는 코어와 클래드의 굴절률의 차이를 표시하는 비굴절률차, 광섬유에의 광의 입사 또는 광섬유로부터의 광의 출사에 관계하는 수광각, 개구수, 코어 내의 굴절률 분포 형상을 표시하는 굴절률 분포계수, 광전파 모드수에 관계하는 규격화 주파수 등이 있다.

(4) 광섬유의 도파특성

그림 6.6과 같이 굴절률이 큰 물속에서 굴절률이 작은 공기중을 향하는 빛은 입사각이 있는 일정 각도(임계각이라고 한다)를 넘으면 전반사한다. 굴절률이 큰 코어를 굴절률이 작은 클래드로 둘러싸인 곳에 빛을 입사시키면 빛은 코어와 클래드의 경계면에서 전반사를 반복하면서 광섬유내를 전송해 나간다. 이것이 광섬유에서 빛이 전달되는 원리이다.

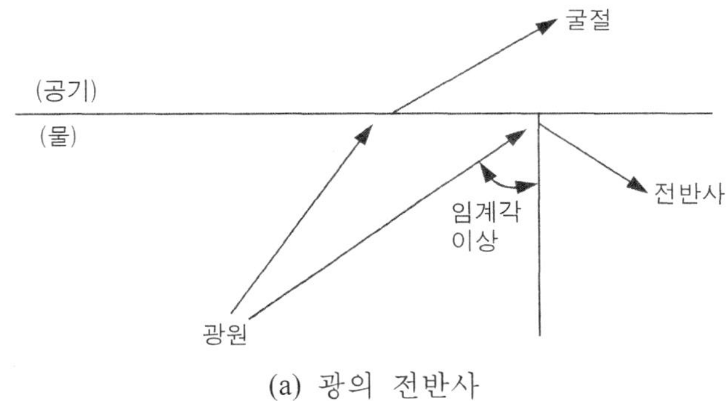

(a) 광의 전반사

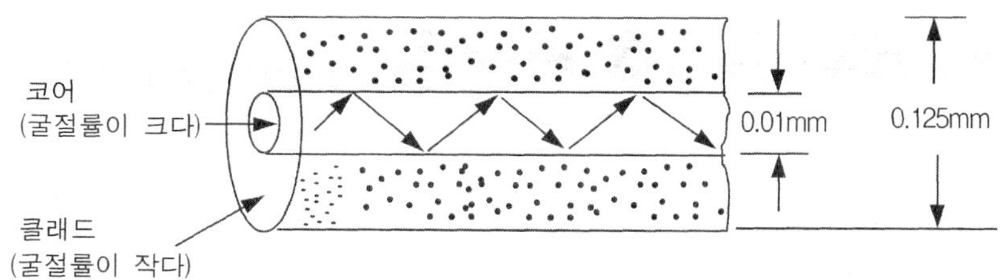

(b) 광섬유의 전송원리

그림 6.6 광섬유 케이블의 전송 원리

광섬유에 의한 전송 기술은 전기적인 에너지 형태의 정보를 광원에 의해 빛 에너지로 변환해 주며, 광통신용의 광원(발광소자)으로는 발광 다이오드(LED : Light Emitting Diode)와 반도체 레이저(LD : Laser Diode)가 가장 많이 사용된다. 광원으로부터 나온 빛은 광섬유를 통해서 전파되는데 광섬유 내에서는 계속 전반사하면서 전송된다. 광섬유를 통해서 전송된 빛은 수신측의 광검출기에 의해서 다시 전기적인 에너지 형태로 복원되며, 광검출기(수광소자)로는 PIN 다이오드와 APD(avalanche photo diode)가 주로 사용된다.

광섬유의 손실률은 광의 파장에 의존하며 파장은 발광 소자에 의해서 정해지기 때문에 그다지 자유롭게 선택할 수는 없으나 광섬유의 손실이 적은 가시광선(0.8[μm] 내외)이나 적외선(0.1[μm] 내외)을 사용하는 경우가 많다. 특히 원거리를 저손실로 연결할 때는 이론적으로 저손실이 이루어지는 1.30[μm](또는 1.31[μm])이나 1.55[μm]의 적외선 광을 고속으로 점멸시켜서 "1", "0"에 대응시켜 사용한다.

이러한 초저손실 특성에 따라 수십 [km]에서 수백[km] 정도까지 무중계 통신이 가능하다. 특히 광섬유는 그 자체가 비전도체이므로 습기의 영향이나 전자파의 영향을 전혀 받지 않기 때문에 기존의 전력선과도 함께 설치할 수 있다. 또한 광섬유 케이블은 타 통신매체에 없는 특징을 갖고 있으며 가볍고 취급이 용이하므로 복잡한 도시에 관로의 증설 없이 경제적인 통신회선의 설치가 가능하다.

6.4 광섬유의 종류 및 구조

광섬유는 표 6.2와 같이 주로 광섬유에 도파되는 빛의 모드수에 따라 단일 모드(SM : Single Mode)와 다중 모드(MM : Multi Mode)가 있으며, 다중모드에는 계단(SI : Step Index)형 다중모드와 언덕(GI : Graded Index)형 다중모드로 구분된다.

이때 모드는 빛의 분포유형으로 모드가 1개 통과할 수 있는 광섬유를 단일모드, 2개 이상 통과할 수 있는 광섬유를 다중모드라 한다. 광섬유의 코어 부분의 굴절률 분포 모양에 따라서 계단형 굴절률 광섬유와 언덕형 굴절률 광섬유 등으로도 구분한다.

표 6.2 전파모드에 따른 광섬유의 분류

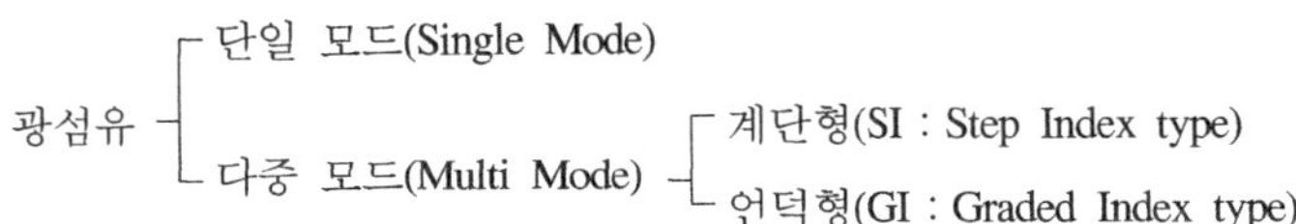

이러한 광섬유의 구조는 그림 6.7과 같다.

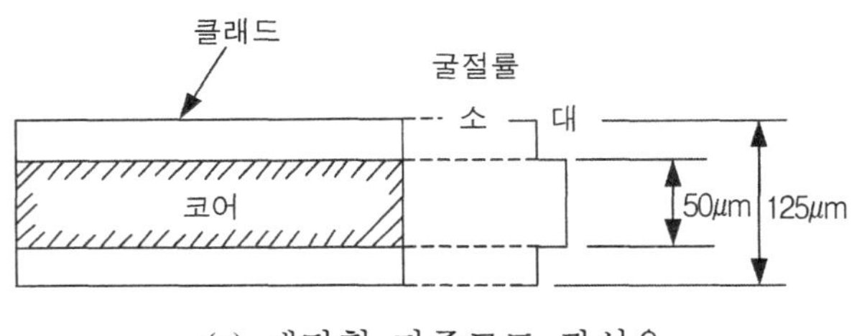

(a) 계단형 다중모드 광섬유

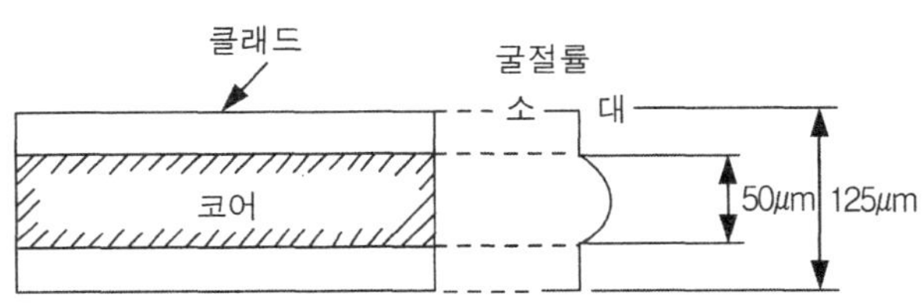

(b) 언덕형 다중모드 광섬유

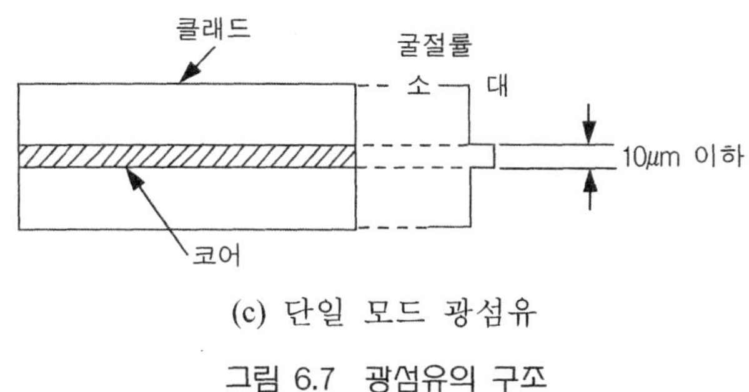

(c) 단일 모드 광섬유

그림 6.7 광섬유의 구조

(1) 계단형(SI : Step Index) 다중 모드 광섬유

그림 6.8과 같이 중심에 코어와 그것을 둘러싸고 있는 클래드(clad)로 구성되어 있으며 재질은 서로 다른 균일한 재질을 사용하여 균일한 반사계수를 갖는다. 즉, 전파되는 빛의 각도가 임계각보다 작은 클래딩의 표면에서 전반사를 계속하면서 직선적으로 코어속을 통해 전파하게 된다. 이 광섬유는 가격이 싼 LED를 사용하는 중・저속의 단거리 전송에 많이 사용된다.

광섬유의 굴절률 분포가 계단 모양으로 변화하는 것으로서 코어경을 크게 해가면 여러 개의 모드가 발생한다. 이러한 것을 계단형 다중 모드(multimode)광섬유라고 한다.

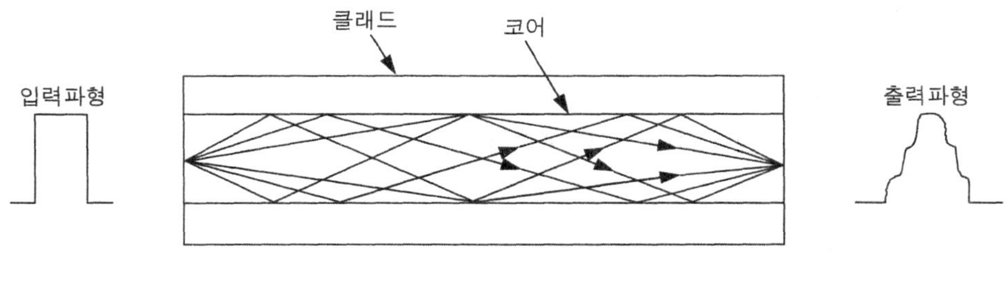

그림 6.8 계단형 다중 모드 광섬유

(2) 언덕형(GI : Graded Index) 다중 모드 광섬유

언덕형은 집속 지수형이라고도 하며 그림 6.9와 같이 광이 완만하게 나선형파나 사행파를 그려가면서 변화하며 전송 속도가 100[Mbit/s] 이하에서 사용된다. 그림에서와 같이 광섬유 코어의 굴절률 n_1은 중심 단면의 반경으로부터 연속적이며 클래드의 굴절률 n_2는 일정한 값이다. 즉 광섬유의 중심부의 굴절률이 가장 높고 클래드의 경계면쪽으로 갈수록 굴절률이 서서히 감소하다가 클래드에서는 굴절률이 일정한 분포를 갖고 있다.

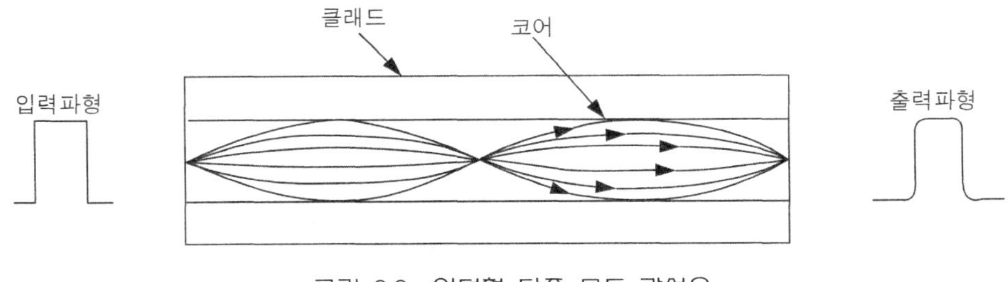

그림 6.9 언덕형 다중 모드 광섬유

(3) 단일 모드(single mode) 광섬유

광섬유가 멀리까지 빛을 전파하기 위해서는 파동을 이용하여야 하는데, 광섬유를 통과하는 광선의 수는 무수히 많지만 전반사의 조건을 만족하는 것은 제한되어 있으며, 더욱이 빛의 파동성을 고려한다면 빛의 간섭 효과에 의하여 한정되므로 광섬유를 통과하는 광선의 수는 적은 수가 될 것이다.

따라서 광섬유 코어의 직경을 더욱 줄여서 단일 광파장(4.10[μm])에 도달하게 하면 방사된 빛은 모두 하나의 경로를 통해 전파되고, 수신되는 광신호는 입력 광신호와 비슷한 펄스파를 가지게 된다. 이와 같이 광섬유 코어의 직경을 적게 하고 비굴절률차도 줄여 하나의 모드만 도파되도록 한 광섬유를 단일모드 광섬유라고 부르며 그림 6.10에 나타내었다.

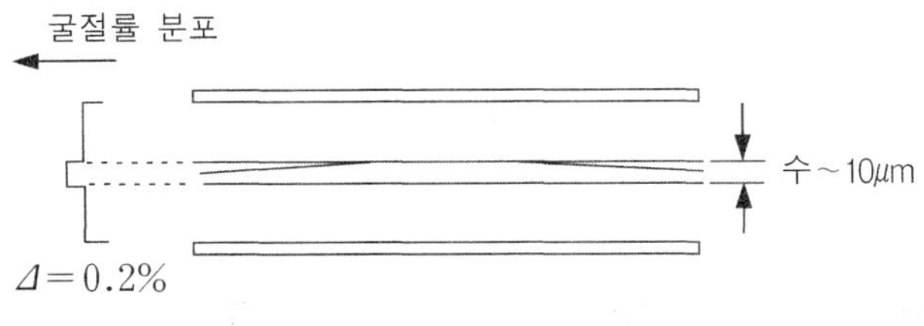

그림 6.10 단일 모드형 광섬유

지금까지 살펴본 전송매체의 주요사항을 비교하면 표 6.3과 같다.

표 6.3 전송 매체의 속도와 특징

전송매체	전송속도	특징
Twisted Pair Wire	1[Mbps]	· 저가격 · 기존 케이블 사용가능 · 잡음에 약하다.
동축 케이블(Baseband) 동축 케이블(Broadband)	10[Mbps] 400[Mbps]	· 잡음에 강하다 · 단말 접속이 용이
광섬유 Shield	1[Gbps]	· 고속, 대용량 전송 · 잡음에 강하다. · 광대역, 저손실 · 설치비용이 높다.

단일 모드 광섬유는 초광대역 전송특성을 갖고 고속전송이 가능하게 되나 코어 직경이 아주 작아 광섬유 제조시 코어의 동심성을 유지시키는 것과 함께 단일모드 광섬유간의 접속에 상당한 어려움이 있다. 현재 개발중인 수백 Mbps~수십 Gbps 급의 광전송 장치는 이 단일 모드 광섬유를 사용하고 있다.

6.5 광섬유의 전송 특징

광섬유의 광손실은 본질적으로 존재하는 고유 손실로서 흡수 손실과 코어와 클래드 굴절률의 불균일성에 의한 산란 손실(레일리 산란)이 있고, 외부로부터 힘이 가해져서 생기는 마이크로 벤딩(micro bending) 손실, 광섬유의 구조 불안전에 의한 손실, 굽힘 손실, 입출력부의 결합 손실 등이 있다. 이러한 광손실을 그림 6.11에 모형적으로 나타내었다.

광섬유의 손실을 분류하면 다음과 같다.

① 광섬유의 고유 손실 : 흡수 손실, 산란 손실, 구조 불안전에 의한 손실

② 외력으로부터 받는 힘에 의한 손실 : 광섬유의 일그러짐, 굴곡에 의한 손실

③ 인위적 원인에 의한 손실 : 접속에 의한 손실

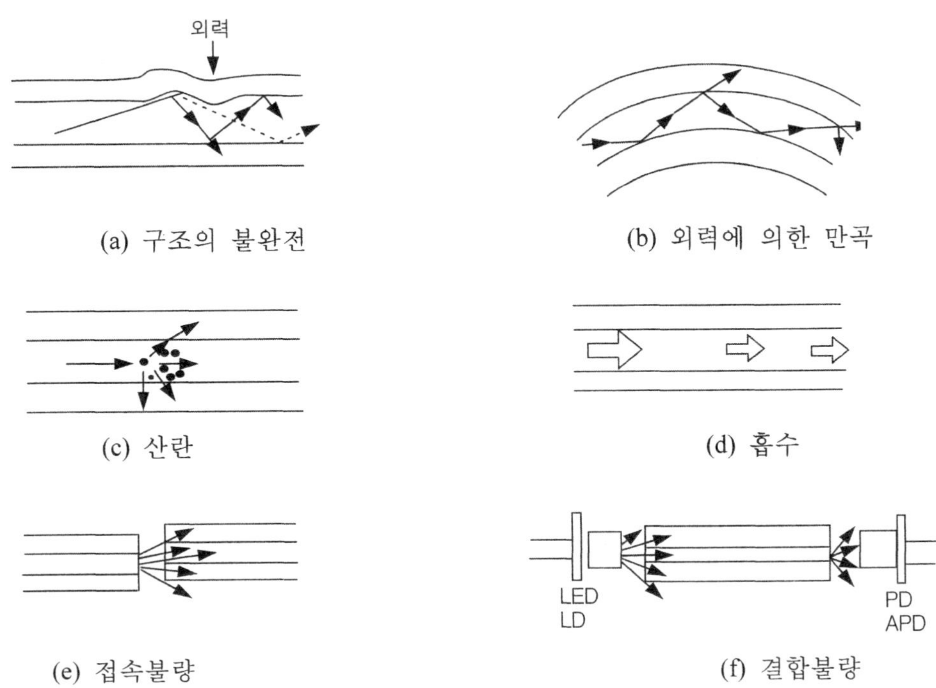

그림 6.11 광섬유의 전송손실 요인

(1) 광손실 특성

① 흡수에 의한 손실

흡수손실의 주요 원인은 유리중에 포함되어 있는 Fe, Cu 등의 천이 금속이나 수분 등의 불순물에 의한 것이다. 이러한 불순물에 의한 흡수손실을 제거하려면 최근 VAD(Vapor phase Axial Deposition) 방법에 의하여 수산기(OH^-기)를 10억분의 1 이하로 줄임으로써 OH^-기에 의한 1.3~1.4[μm] 사이의 손실 봉우리를 그림 6.12에서와 같이 없애 버렸다.

② 산란에 의한 손실

산란이란 빛이 파장에 비해서 그다지 크지 않는 물질에 닿았을 때 그 빛이 여러 방향으로 진행해가는 현상인데 광섬유 속에서 산란이 일어나면 진행 방향을 방해하여 빛이 코어와 클래드의 경계면에 전반사되지 않고 클래드층으로 빠져 나와 손실을 일으킨다. 이러한 현상을 해명한 물리학자의 이름을 따서 레일리(Rayleigh) 산란이라고 부른다.

레일리 산란은 산란되는 광파 또는 빛의 파장의 4승에 반비례하므로 파장이 길면 길수록 레일리 산란에 의한 손실은 적게 된다. 따라서 그 크기는 전송되는 모드에는 무관하며 코어의 직경에도 무관하다.

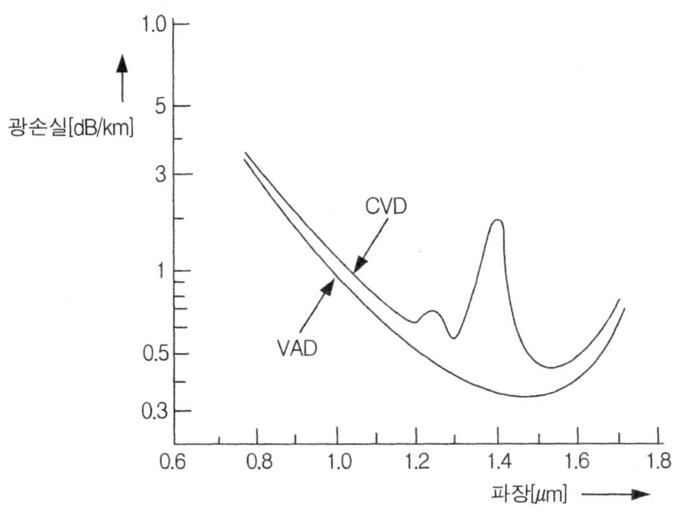

그림 6.12 광섬유의 광손실 파장특성

③ 굽힘에 의한 손실

코어와 클래드 경계면의 구조 불균일성, 기포, 코어 반경의 변화로 인하여 모드 변환이 일어나서 손실이 발생하는데 이러한 구조 불안전으로 인한 손실은 광섬유의 제조 공정중에 발생한다.

그러나 마이크로 벤딩 손실은 광섬유의 제조 후에 광섬유의 측면에 압력이 가해질 때 광섬유의 축이 수 mm 이하의 주기를 가지고 구부러지기 때문에 생기는 손실이다. 마이크로 벤딩은 광섬유를 케이블로 만드는 과정에서 미세하게 조정하기 어려운 힘이 광섬유에 가해지게 되어 생기는데 광섬유의 클래드밖의 코팅이나 피복에 의해서 어느 정도 감소시킬 수 있으며 그림 6.13에 나타내었다.

즉 마이크로 벤딩에 의한 손실을 줄이기 위해서는 비굴절률차 Δ를 크게 하여 광섬유의 도파 특성을 높이거나, 광섬유의 외경을 크게 하여 광섬유가 잘 휘어지지 않게 하거나, 케이블을 만들 때 광섬유에 힘이 덜 가해지지 않도록 하는 설계 방법 등이 있다.

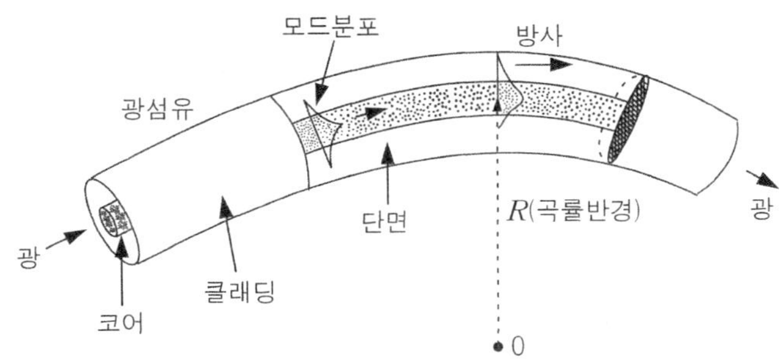

그림 6.13 광섬유의 굽힘에 의한 손실

④ 접속에 의한 손실

그림 6.14와 같이 짧은 광섬유를 장거리에 걸쳐 접속한다거나 중계기 부분에 적당한 길이로 짧아서 접속하는 경우 일반적으로 두 개의 광섬유는 서로 축이 어긋나고 기울어지며 간격이 발생한다. 광섬유 I로부터 나온 광선 중 광섬유 II에 들어가는 광선이 우선 제한되며(결합 손실), 광섬유 II에 입사된 광선은 광섬유 I에 있어서의 광선과는 서로 다른 각도로 전파되므로 모드 변환이 일어난다. 이러한 접속에 의한 손실은 접속할 때에 두 광섬유의 코어 중심이 코어 직경의 10[%] 정도까지 어긋나도 대략 허용된다.

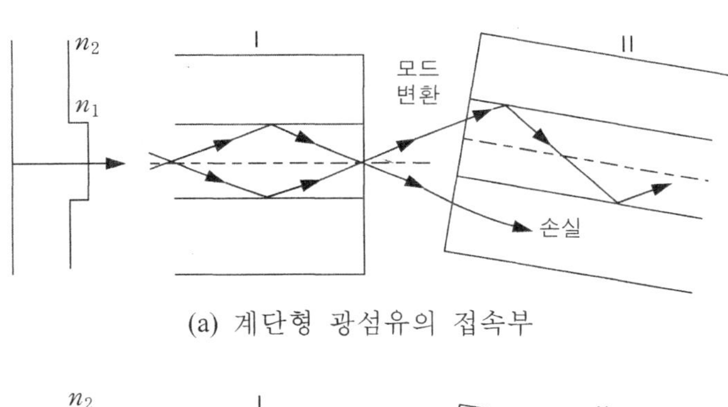

(a) 계단형 광섬유의 접속부

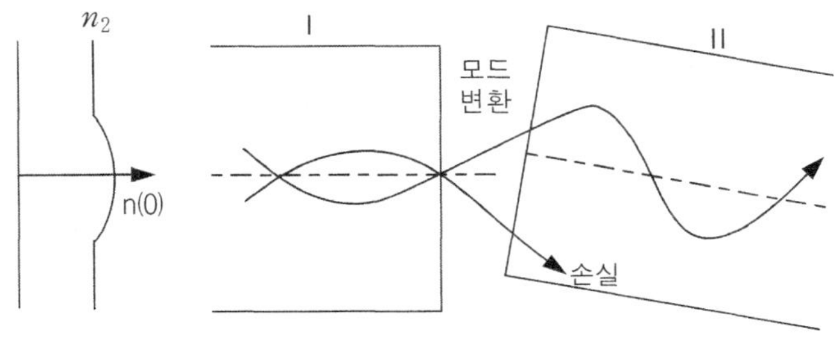

(b) 언덕형 광섬유의 접속부

그림 6.14 광섬유의 접속 손실

(2) 광섬유의 분산 특성

분산 특성은 손실 특성과 더불어 광섬유 특성 중 하나로서 광섬유에 광펄스를 입사하면 광펄스는 광섬유 중을 전파하는 사이에 파형이 시간적으로 퍼진다. 이와 같이 파형이 시간적으로 퍼지는 현상을 분산(dispersion)이라고 한다.

분산 특성은 크게 색분산(chromatic dispersion)과 모드 분산(modal dispersion)으로 나눌 수 있다.

다중 모드 광섬유에서는 주로 모드 분산이 문제가 되고 단일 모드 광섬유에서는 색분산이 문제가 된다.

① 색분산(chromatic dispersion)

색분산은 레이저 다이오드(laser diode)나 LED에서 나오는 빛의 색 또는 파장이 어떤 범위를 가지고 있어서 이상적인 단색(monochromatic)광이 아니기 때문에 생긴다. 각각의 색 또는 파장의 빛은 다른 속도로 진행하므로 보다 넓은 범위에 걸친 파장의 빛이 복사되면 광펄스는 더 많이 분산된다.

단일 모드 광섬유는 모드가 하나밖에 없으므로 모드 분산이 없고 색분산만 존재하며 펄스폭 증대 효과가 다중 모드 광섬유에 비하여 훨씬 작아서 아주 넓은 대역폭을 가진다. 단일 모드 광섬유에서 특히 중요한 색분산을 측정하기 위해서는 광섬유에 결합되는 광펄스의 파장을 변화시키면서 출력단에 도착하는 광펄스의 피크들이 도착하는 시간을 측정한다.

색분산은 재료 분산(material dispersion)과 구조 분산(waveguide dispersion)으로 나눌 수 있다.

재료 분산이란 광섬유 재료의 굴절률이 전파하는 광의 파장에 따라서 파형이 넓어지는 현상이다. 즉, 프리즘에 빛을 입사시키면 7가지 색을 갖는 무지개 빛을 발생시키는 것과 마찬가지로 광섬유에 빛을 입사시키면 펄스 파형의 퍼짐으로 일어나는 현상을 말한다. 이것은 입사광의 파장특성이 어떤 폭을 갖기 때문에 그림 6.15와 같이 광의 전파 속도가 파장에 따라서 달라지고 전파 시간의 차가 생겨 파형이 벌어지는 것이다.

구조 분산이란 도파로 분산이라고도 하며 파장의 폭을 갖는 광펄스를 입사시키면 빛의 전파 경로의 길이가 파장에 따라 달라지므로 도달 시간의 차가 발생하는 현상이다. 따라서 펄스폭이 넓어져서 광펄스 파형이 시간적으로 벌어지는 현상이며 파장이 길 때에는 누설되는 비율이 크고 전파 경로의 길이는 길어진다.

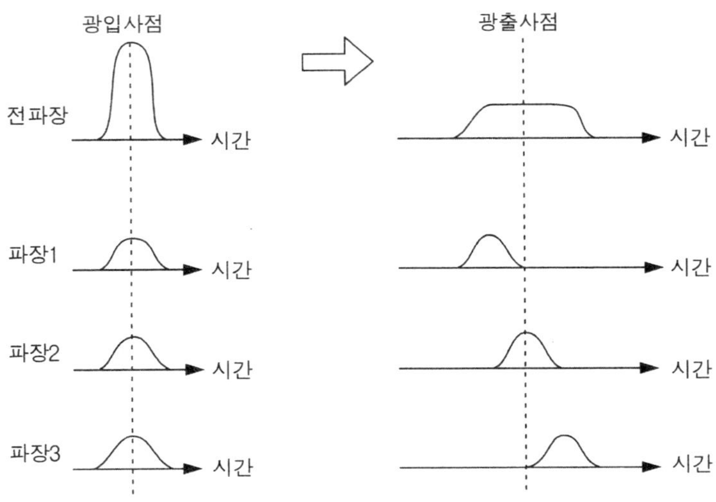

그림 6.15 재료 분산의 원리

구조 분산은 다중 모드 광섬유에서는 그다지 중요하지 않지만 색분산만 존재하는 단일 모드 광섬유에서는 기하학적 구조를 변경하여 색분산을 최소화하여야 하는데 장거리 구간에 대용량의 정보를 전송할 경우에는 재료 분산과 구조 분산으로 인하여 주파수 대역의 제한이 발생하므로 광대역 통신이 불가능하게 된다. 재료 분산은 굴절률에 의해 긴파장은 전송 속도가 빠르고 짧은 파장은 전송 속도가 늦어지며, 구조 분산은 GoosHanschen shift에 의해서 긴파장은 전송 속도가 늦어지고 짧은 파장은 전송 속도가 빠르게 된다.

이와 같이 재료 분산과 구조 분산이 서로 상반되는 영향을 특정 중심 파장의 광원을 설정하여 서로 상쇄시키는 것을 영분산 파장(zero dispersion wavelength) 이라고 한다. 영분산 파장은 그림 6.16에 보인 바와 같이 단일 모드 광섬유의 재료 분산과 구조 분산 합을 전분산이라 할 때 1.31[μm] 부근에서 재료 분산과 구조 분산이 서로 상쇄되어 파장 분산치가 0(zero)이 된다.

그러나 최근에는 저손실화를 목표로 분산 이동 광섬유(dispersion shift fiber)가 개발되어 석영계의 광섬유 최저 손실을 얻을 수 있는 1.55[μm]대가 사용되고 있다.

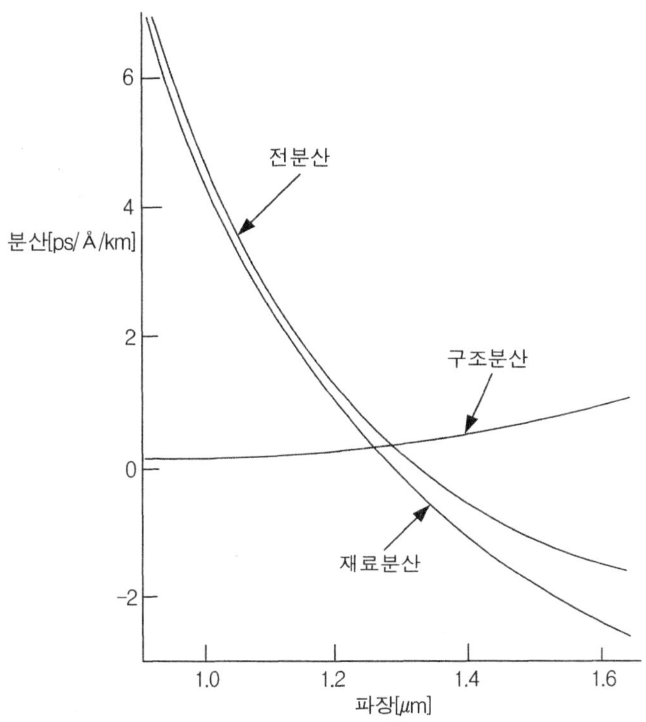

그림 6.16 재료 분산과 구조 분산

② 모드 분산(modal dispersion)

모드 이론에 의하면 광섬유에 임펄스를 가하면 연속적인 도파각을 갖는 광선들 대신 이산적인 유한한 수의 도파 모드(guided modes)로 나뉘어 전파되어서 각 모드 도착 시간의 지연차로 인하여 펄스의 분산(dispersion)으로 설명할 수 있기 때문이다. 이러한 펄스의 분산 특성을 그림 6.17에 나타내고 있다.

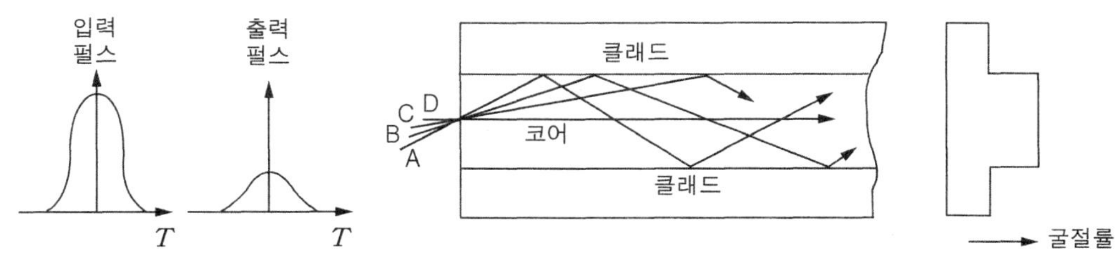

(a) 계단형 다중모드 광섬유

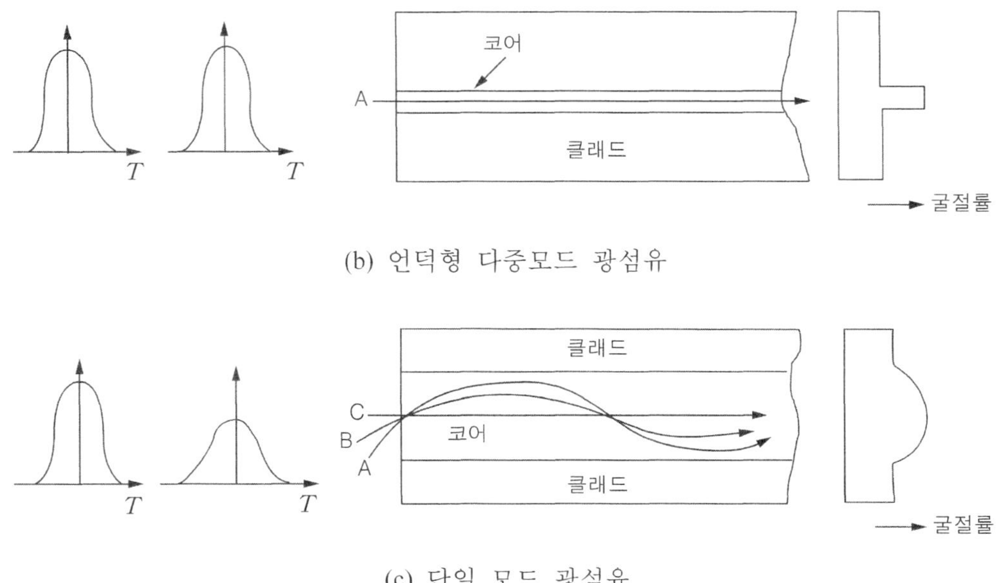

(b) 언덕형 다중모드 광섬유

(c) 단일 모드 광섬유

그림 6.17 광섬유의 종류에 따른 펄스 분산의 비교

많은 모드가 전파하는 다중 모드 광섬유에서는 각 모드의 군속도(group velocity)가 다르기 때문에 전파하는 광펄스 파형의 폭이 증대한다. 입사단에서는 일반적으로 많은 모드가 여진되어 각각의 모드는 다른 군속도로 전파하므로, 출사단에서 모든 모드의 광강도를 일괄하여 수신하면 신호파형이 퍼진다. 그림 6.18에 이러한 모양을 모형적으로 나타내었다.

만약 입력단에서 단일 모드만을 여진시켰다해도 광섬유내에 불균일성이 있다면 전파 모드간에 변환, 재변환의 결합이 생겨서 결국 많은 모드가 전파하는 것과 같아진다.

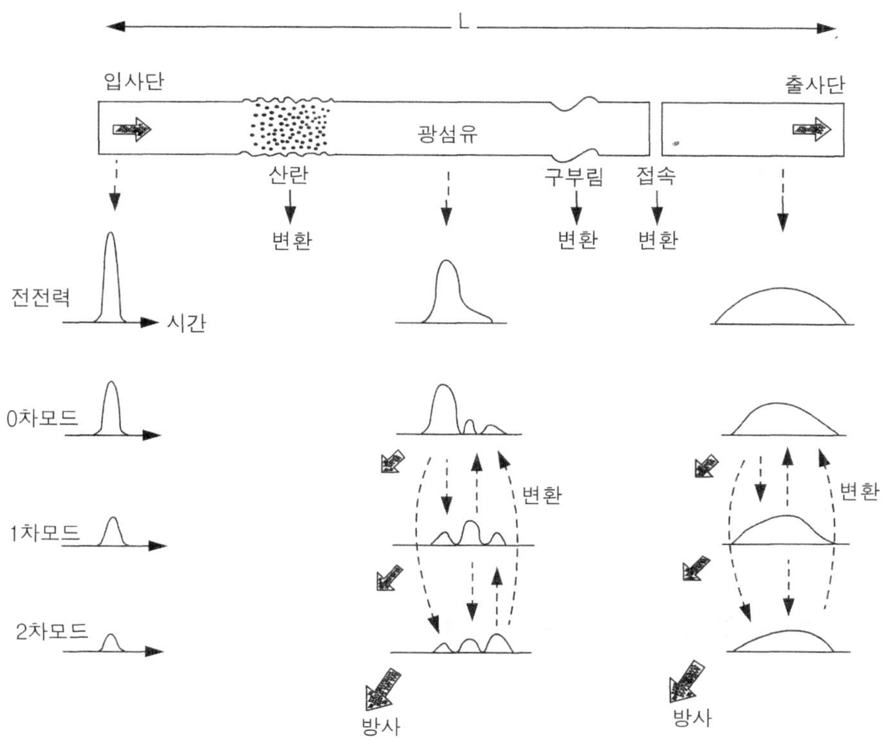

그림 6.18 광섬유에서의 모드 분산과 모드 결합

6.6 광섬유 케이블

광섬유 케이블은 광섬유의 심선을 여러 개로 묶어서 하나의 단위로 구성하며 그림 6.19는 광섬유의 구조를 나타낸 것이다.

1차, 2차 피복 사이에 실리콘 수지 등의 완충층을 설치하여 3층 구조로 하고 있다. 이것은 광섬유의 인장 강도나 측압에 대한 특성을 향상시켜 케이블 공정 및 접속 등의 공정시에 작업하기가 용이하도록 하며 선명한 색상으로 컬러 코팅을 하여 심선 식별을 용이하게 하기 위한 것이다.

측압은 광섬유 심선을 인장할 때와 굴곡을 지을 때 발생되며 광섬유 심선을 테이프로 압권할 때도 발생한다. 따라서 광섬유 케이블을 설계할 때 측압이 발생하지 않도록 한다.

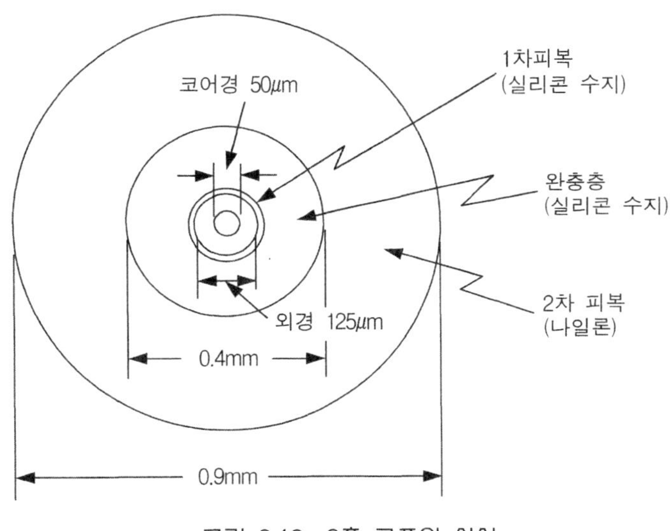

그림 6.19 3층 구조의 심선

(1) 스트랜드형(Strand type) 케이블

비교적 적은 심선수인 경우에 적용되며, 중심인 항장력체(tention member) 주위에 층모양으로 심선이 배치되며 그림 6.20과 같은 구조를 하고 있다. 이 케이블은 제조할 때와 포설한 이후에 안전성을 향상시키기 위해서 중심에 스트랜드를 삽입한 6심 단일 모드 광섬유를 집합시킨 것이다.

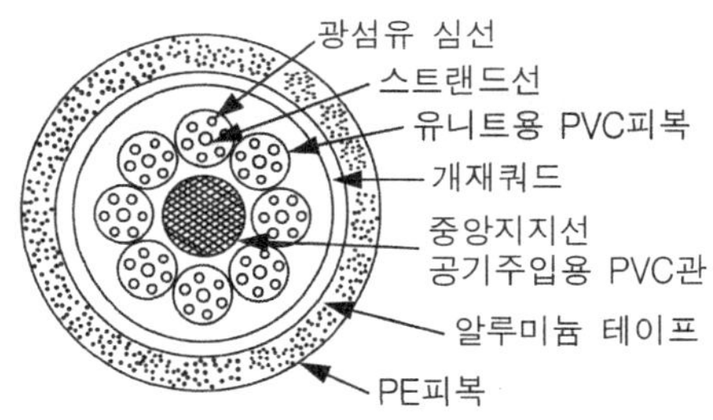

그림 6.20 스트랜드형 광섬유 케이블의 구조

케이블 포설시의 연락용이나 보수용으로서 금속 평형대 2대가 광섬유 심선과 함께 들어 있다. 케이블의 외피에는 LAP외피를 사용하고 케이블의 중심에는 허용장력 약 6000[N]의 중앙 지지선이 삽입되어 있다. 케이블내에 건조 공기를 연속적으로 주입할 수 있는 공기 주입용 파이프가 삽입되어 있으며 일본의 스미모도 전기 공업(주)에서 연구 개발된 케이블이다.

(2) 리본형(Ribbon type) 케이블

심선을 판(flat) 모양으로 집합한 것을 차곡차곡 쌓아서 집합시킨 것으로서 콤팩트하게 집합시킬 수 있으며 케이블 접속이 용이하다는 특징이 있다.

리본형 케이블의 구조는 그림 6.21과 같으며 광섬유 심선을 나란히 배열하여 1매의 리본을 만들고 이 리본 12매를 다시 포개서 1개의 네모꼴 리본 뭉치(12×12=144)를 만들어 다심화시킨 것으로서 미국의 AT&T사에서 연구 개발한 광섬유 케이블이다.

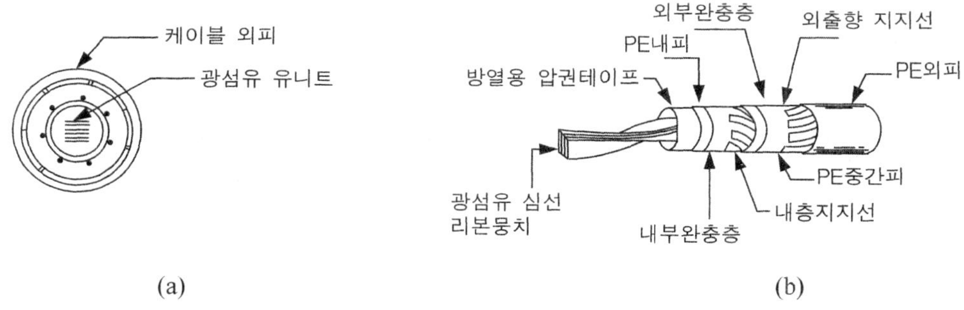

그림 6.21 리본형 광섬유 케이블 구조

(3) 슬롯형(Slot type) 케이블

슬롯형 케이블의 구조는 그림 6.22과 같으며 U자형의 홈속에 광섬유 심선이 6개, 8개, 12개씩을 젤리나 건조 공기 등과 함께 삽입되어 있다.

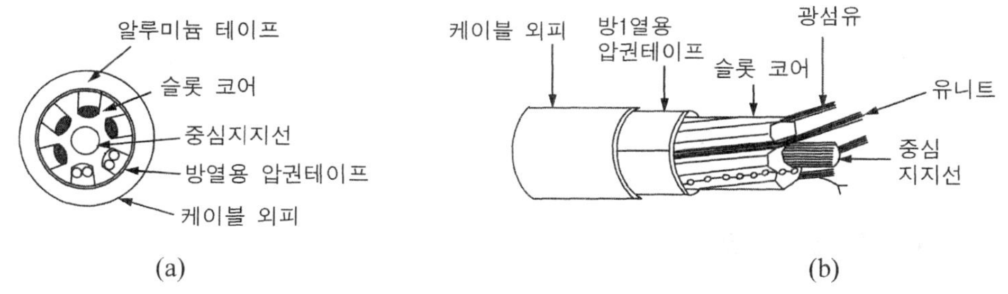

그림 6.22 슬롯형 광섬유 케이블의 구조

슬롯형 케이블의 외피에는 알루미늄 테이프에 PE 피복을 입힌 LAP(laminated aluminum polyethylene)를 사용하여 완전한 방수를 하였고, 또 다구 코어의 중심에는 항장력 약 3000[N]의 중앙 지시선이 삽입되어 있다. 슬롯형 케이블은 캐나다 NT 회사에서 개발한 것이다.

6.7 광통신 시스템

(1) 기본 구성

광통신 시스템의 기본 구성은 그림 6.23과 같다. 종래의 통신시스템과의 기본적인 차이는 송신기에 전기-광신호 변환을 행하는 발광소자, 수신기에 광-전기신호 변환을 하는 수광소자가 부가되어 있으며, 전송로가 광섬유 케이블로 되어 있는 점이다. 종래의 단말기기와 전기신호의 변조기, 복조기 또는 다중화 분리장치는 그대로 사용이 가능하다.

전송거리가 먼 경우에는 광중계기를 넣어 도중에서 약해진 광신호를 수광소자에 의해 전기신호로 변환하여 증폭, 재생시켜 다시 전기신호를 발광소자에 의해 광신호로 변환하여 송출한다.

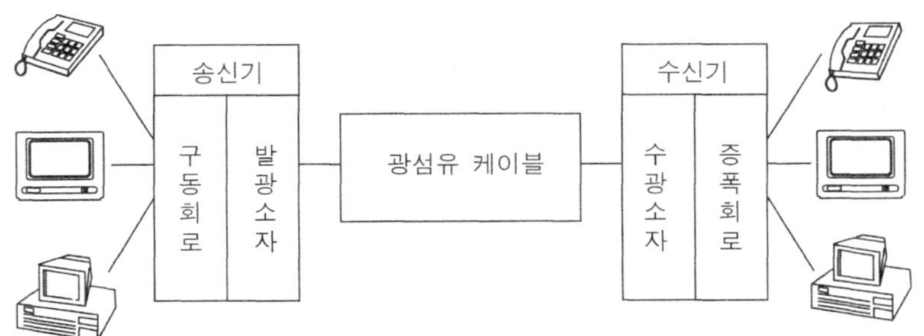

그림 6.23 광통신 시스템의 기본 구성

(2) 디지털 광전송방식

디지털 광전송방식의 구성은 그림 6.24에 보인 바와 같다. 정보원으로부터 아날로그 신호입력은 부호화장치에 의해서 2진의 디지털 신호로 변환된다. 다음에 다중변환장치에 의해서 복수의 디지털 신호를 순차적으로 시간을 늦추어 다중화한다. 다중화된 신호는 광단국장치의 부호변환회로로써 전송로에 적합한 부호로 변환되어 보내서 광신호로 변환되어 전송로에 송출된다.

수신측에서는 전송측의 역과정이 행해진다.

광신호를 디지털 전송하는 경우에는 광신호의 유무에 대응한 2진부호가 사용된다. 전기신호를 디지털 전송할 경우에는 바이폴라(bipolar) 부호가 널리 사용되며, 광단국중계장치의 전기신호측 인터페이스에도 사용되고 있다.

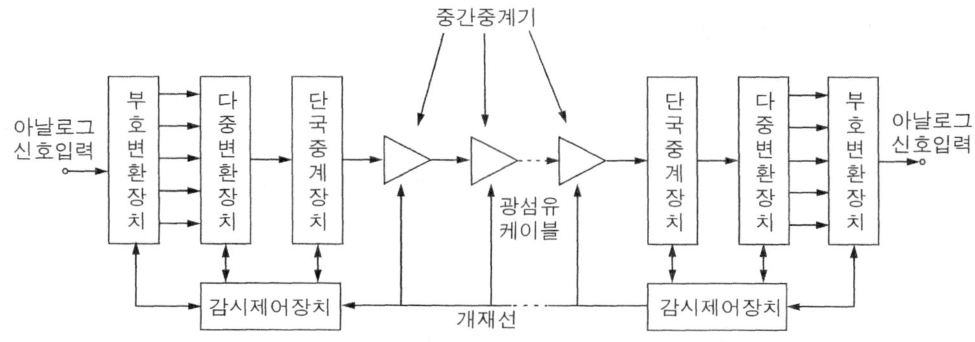

그림 6.24 디지털 광전송방식의 구성

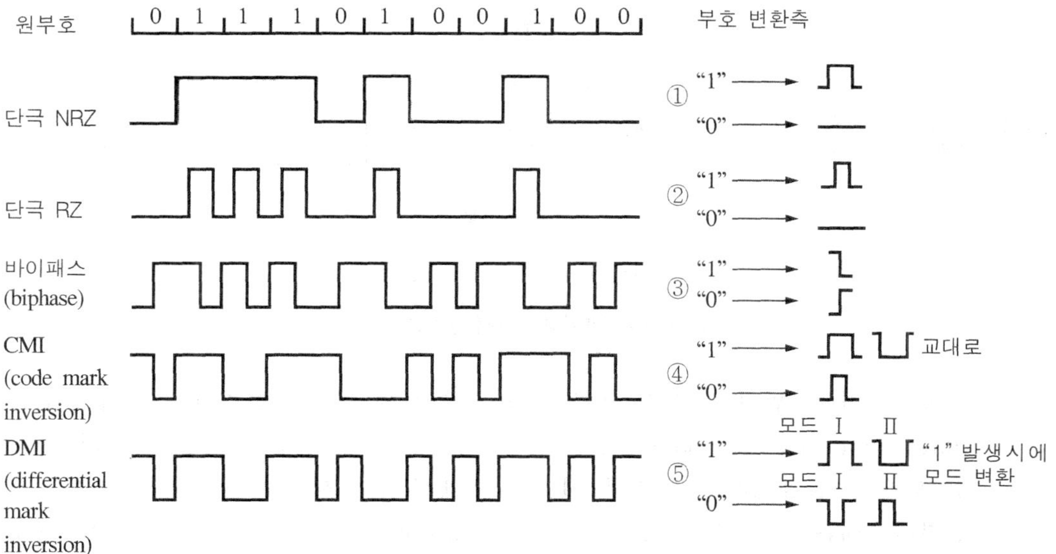

그림 6.25 각종 전송로 부호

전기신호는 0을 중심으로 정부의 전압을 용이하게 발생되기 때문에 1부호를 서로 바꾸어 '+1' 또는 '−1'에, '0' 부호는 '0'에 대응시킨 3진부호로 변환된다. 이 부호를 AMI(alternate mark inversion) 부호라고 한다. 일반적으로 전송로 부호는 타이밍 정보소실의 방지, 직류 성분의 변동 감소, 부호 오류의 감시가 용이하고 부호변환회로의 규모, 클럭 주파수의 상승, 부호 오류가 생겼을 때의 파급 등을 고려하여 선정되어야 한다. 디지털 광전송방식에 사용되고 있는 전송로 부호의 예를 그림 6.25에 나타내었다.

(3) 아날로그 광전송방식

아날로그 광전송방식의 구성을 그림 6.26에 나타낸다. 아날로그 광전송방식은 중계전송을 행하면 잡음이 누적되므로 장거리 전송에 적합하지 않으나 회로구성이 간단하기 때문에 단거리와 중거리의 화상전송과 단거리의 FDM 전송 등에 널리 사용되고 있다.

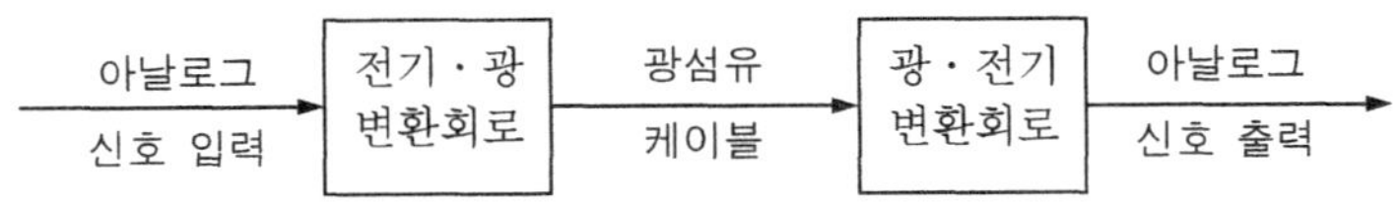

(a) 직접강도변조 아날로그 전송방식

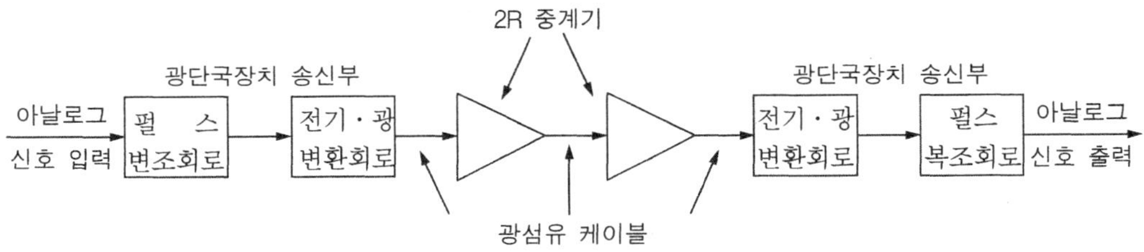

(b) 예변조 아날로그 전송방식

그림 6.26 아날로그 광전송방식의 구성

발광소자의 발광 강도를 아날로그 신호로써 직접 변조하는 직접강도변조(direct intensity modulation)는 회로 구성이 매우 간단하기 때문에 널리 사용되고 있으나 발광소자의 비직선 왜곡에 의해서 전송거리가 제약된다. 전송거리를 신장하는데는 주파수 변조(frequency modulation), 펄스 주파수 변조(pulse frequency modulation), 펄스폭변조(pulse width modulation), 펄스위치변조(pulse position modulation), 펄스간격변조(pulse interval modulation) 등의 예변조를 하여 광섬유의 광대역성을 유효하게 이용한다. 이러한 예변조의 파형을 그림 6.27에 나타낸다.

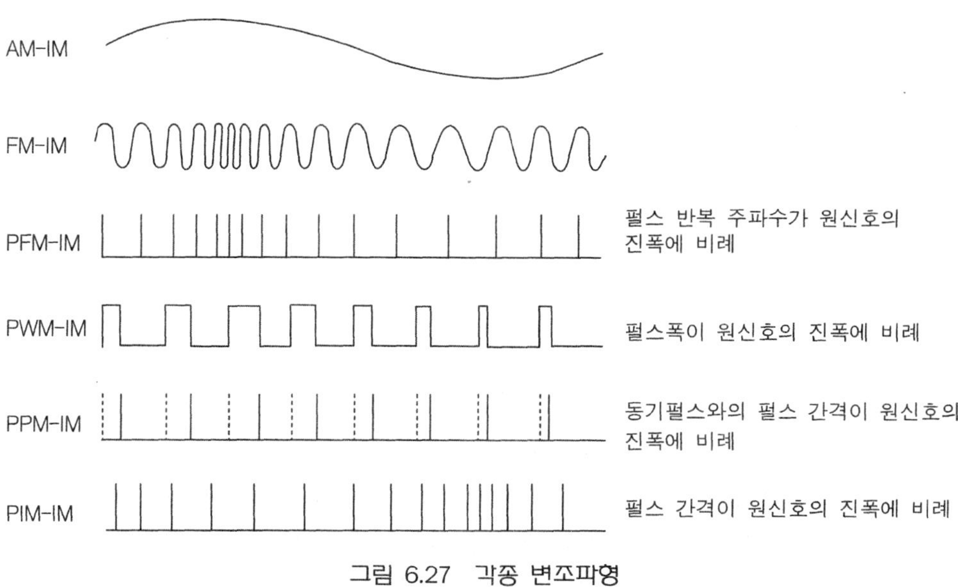

그림 6.27 각종 변조파형

(4) 파장분할 다중방식

광전송에 있어서는 전기신호로써 다중화하는 주파수 분할 다중(frequency division multiplexing), 시분할 다중(time division multiplexing), 광케이블의 심수를 다심화하는 공간분할다중(space division multiplexing) 외에 파장분할다중(wavelength division multiplexing)이 있다.

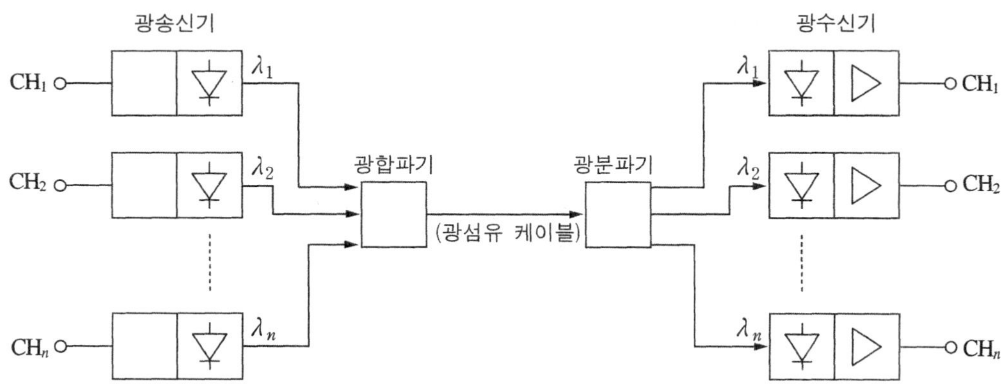

(a) 광다중 전송

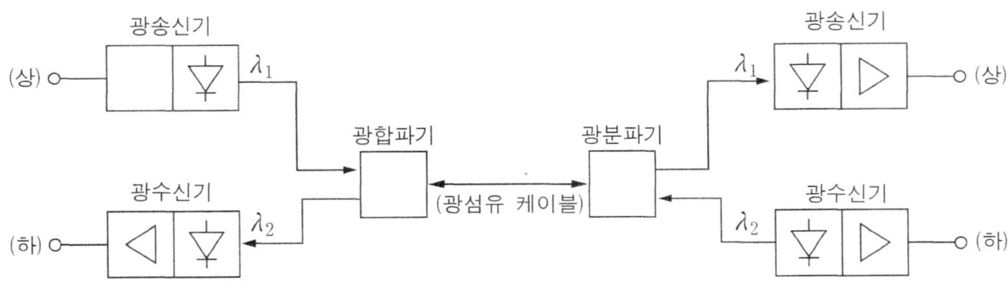

(b) 광쌍방향 전송

그림 6.28 파장분할 다중전송방식

파장분할다중방식은 그림 6.28에서 보인 바와 같이 파장이 다른 복수개의 발광 소자에서 발광하는 광신호를 광합파기로 결합해서 1가닥의 광섬유 케이블로 전송하여 수신측에서 다중화된 광신호를 광분파기로 분리하여 전송하는 새로운 다중화 방식이다. 또한 파장분할 다중전송은 다음의 장점들로서 방식구성에 자유도가 많고 방식의 경제성과 유연성이 향상된다.

① 쌍방향 전송이 가능하다.
② 이종신호의 동시 전송이 대체로 용이하다(예로써 아날로그 비디오 신호와 디지털 데이터 신호 등).
③ 선로의 증설 없이 회선의 증설이 용이하고, 예측 곤란한 새로운 서비스에 대처할 수 있다.
④ 같은 전송용량을 여러 채널로 분할하여 전송함으로써 서비스에 대처할 수 있다. 각 채널의 전송속도를 낮추므로 중계간격의 증대 또는 중계기의 저가격화가 가능하다.
⑤ 대용량화가 가능하다.

위의 ①~③의 특징은 미래 화상통신 등의 다양한 서비스를 제공하려는 가입자회선의 광섬유 전송방식에 적용이 기대되고 있다.

연습문제 주관식 문제

1. 광섬유의 종류를 들고 간단히 설명하여라.

2. 다음 항목들에 대하여 간단히 그림을 그리고 설명하여라.
   (1) 단일 모드
   (2) 계단형 다중 모드
   (3) 언덕형 다중 모드

3. 광섬유의 손실을 크게 3가지로 분류하고, 그 원인을 설명하여라.

4. 광섬유의 분산특성 중 모드 분산과 색분산이 일어나는 원인을 설명하여라.

5. 광통신의 특징(장 · 단점)을 써라.

6. 다음은 광섬유 케이블에 대한 내용이다. 물음에 답하여라.
   (1) 광섬유 케이블이 동선을 사용한 케이블보다 나은 점을 써라.
   (2) 빛이 전파되는 그림을 그려라.
   (3) 수광소자와 발광소자의 종류를 써라.
   (4) 광전송과 관계되는 법칙은 무엇인가?
   (5) 손실 중에서 가장 큰 손실은 무엇인가? 그리고 케이블에 금속과 같은 불순물에 의해 생기는 손실은 무엇인가?

7. 코어의 굴절률이 2이고, 클래딩의 굴절률이 1일 때 광섬유 코어의 임계각도는 몇 도인가?

8. 코어의 굴절률이 1.4, 클래딩의 굴절률이 1.2라고 하면 광섬유케이블의 비굴절률차는 얼마인가?

9. 코어의 굴절률이 1.4, 비굴절률차가 1.2인 광섬유 케이블의 개구수(NA)는 얼마인가?

10. 광통신에 활용되는 다중 방식을 간단히 서술하여라.

연습문제 객관식 문제

1. 광파이버는 광의 어느 성질을 이용한 것인가?
   ㉮ 직진　　㉯ 산란
   ㉰ 전반사　　㉱ 굴절

   풀이 전반사는 두 매질의 경계면에 입사된 빛 에너지가 경계면에서 굴절됨이 없이 전부 반사하는 현상으로 광섬유 내에서 빛이 전송되는 기본원리이다.

2. 광파가 광섬유 코어 내를 계속하여 도파하려면 코어와 클래드와 굴절률이 어떠한 관계에 있어야 하는가?
   ㉮ 코어와 클래드의 굴절률이 같아야 한다.
   ㉯ 코어의 굴절률이 더 높아야 한다.
   ㉰ 클래드의 굴절률이 더 높아야 한다.
   ㉱ 아무 상관이 없다.

   풀이 전반사의 조건 : 코어의 굴절률이 클래드의 굴절률보다 높아야 광선이 전반사를 되풀이하면서 코어를 따라 도파하게 된다.

3. 진공중에서 광속도와 전자파속도를 비교한 설명들 중에서 맞는 것은?
   ㉮ 광속도와 전자파 속도는 완전히 동일하다.
   ㉯ 광속도가 더 빠르다.
   ㉰ 전자파 속도가 더 빠르다.
   ㉱ 광이 더 빠를 때도 있고 전자파가 더 빠를 때도 있다.

4. 다음 중 광섬유의 특성에 대한 설명으로 옳지 않은 것은?
   ㉮ 넓은 대역폭을 가진다.
   ㉯ 신호의 감쇄가 적다.
   ㉰ 외부 전자장에 의하여 영향을 받는다.
   ㉱ 고도의 통신 안전성이 보장된다.

   풀이 광섬유는 전기적인 도체나 유전체로 구성되어 있지 않기 때문에 외부의 전자기장에 대하여 간섭이나 잡음 등의 영향을 받지 않는다.

해답 1. ㉰　2. ㉯　3. ㉮　4. ㉰

5. 광섬유 케이블 심선에 있어서 코어의 굴절률을 점차 높이면(증가시키면) 통화용 레이저 광선의 전파속도는 어떻게 변화되는가?

㉮ 점차 빨라진다. ㉯ 점차 늦어진다.
㉰ 전혀 불변이다. ㉱ 주기적으로 빨라졌다 늦어졌다 한다.

6. 광파이버의 기본적인 성질을 표시하는 광학 파라미터는?

㉮ 외경 ㉯ 편심률
㉰ 비원율 ㉱ 개구수

풀이 광학 파라미터 : 비굴절률차, 수광각, 개구수, 굴절률 분포계수, 규격화 주파수

7. 굴절률이 $n_1 = 1.5$ 인 유전체로부터 $n_2 = 1$인 유전체면으로 광이 입사될 때 전반사 보각은?

㉮ 24.7° ㉯ 36.9°
㉰ 74.4° ㉱ 48.2°

풀이 전반사 보각(임계각)

$$\phi_c = \sin^{-1}\left(\frac{n_2}{n_1}\right) = \sin^{-1}\left(\frac{1}{1.5}\right) = 48.2^0$$

8. 코어(core)부와 클래딩(cladding)부가 불연속 굴절률 분포를 갖는 광파이버는?

㉮ 경사형 파이버 ㉯ 집속형 파이버
㉰ 계단형 파이버 ㉱ 언덕형 파이버

풀이 계단형(step index type fiber) : 굴절률이 코어와 클래딩간의 경계에서 스텝형태로 변화하는 불연속 굴절률 분포형이다.

9. SI형(step index type)과 GI형(graded index type)의 구분은 무엇에 의하여 결정되는가?

㉮ 재료에 의해서 ㉯ 코어의 굴절률 분포에 의해서
㉰ 클래드의 굴절률에 의해서 ㉱ 제조 방법의 명칭에 따라

풀이

굴절률 분포 ─ 언덕(GI)형 / 계단(SI)형

해답 5. ㉯ 6. ㉱ 7. ㉱ 8. ㉰ 9. ㉯

10. 광섬유(optical fiber)의 종류로서 맞지 않는 것은?
㉮ 스텝형 싱글 모드(step index single mode)
㉯ 그레디드 싱글 모드(graded index single mode)
㉰ 그레디드 멀티 모드(graded index multi mode)
㉱ 스텝형 멀티 모드(step index multimode)

풀이 광섬유의 분류
① 단일 모드(SM : Single-Mode) : 계단형(SI형)
② 다중모드(MM : Multi-Mode) ┬ 계단형(SI)형
└ 언덕형(GI)형

11. 광파이버 내부의 굴절률을 가장 높게 하고 외부로 갈수록 점차적으로 굴절률이 낮아지도록 만든 광파이버는?
㉮ 연속형 파이버　　㉯ 집속형 파이버
㉰ 계단형 파이버　　㉱ 다중 파이버

풀이 집속형 파이버(GI : Graded Index type fiber) : 광섬유 코어의 중심축으로부터 클래딩의 경계면으로 갈수록 굴절률이 작아지는 연속 굴절률 분포로서 언덕형이라고도 한다.

12. 그레디드형 다중 모드 파이버의 설명 중 옳은 것은?
㉮ 광의 코어 내부를 직진한다.
㉯ 모드 분산이 생긴다.
㉰ 코어의 굴절률 분포가 2승 분포이다.
㉱ 굴절률이 다른 크래드와의 경계면에 전반사를 한다.

풀이 그레디드형 다중 모드 파이버(GI형 MMF)에서는 코어의 굴절률 분포를 2승분포로 택하면 굴절률이 작은 매질만큼 광은 빠른 속도로 진행하는 성질이 있어, 각 모드의 행로는 달라도 전파시간은 거의 일치한다.

13. 다음 중에서 분산의 특성이 다른 것은?
㉮ 색 분산　　㉯ 재료 분산
㉰ 도파로 분산　　㉱ 모드 분산

풀이 광섬유의 분산 구분

분산 ┬ 모드 분산
└ 색 분산 ┬ 재료 분산
└ 도파로 분산

해답 10. ㉯ 11. ㉯ 12. ㉰ 13. ㉱

14. 광파이버로 입사된 광은 전달속도가 다르기 때문에 파형이 순간적으로 넓어지는 분산 현상이 나타난다. 무슨 분산이라고 하는가?

㉮ 색 분산 ㉯ 모드 분산

㉰ 재료 분산 ㉱ 구조 분산

풀이 모드 분산 : 레이저 광선의 펄스가 광섬유 코어내를 도파하는 모드에 따라서 그 전파 속도가 다르므로 수신측에 도착된 광펄스의 파형이 넓어지는 현상을 말한다.

15. 광섬유 제조 기술상의 문제로부터 생기는 손실은 다음 중 어느 것인가?

㉮ 구조의 불안전성에 의한 손실

㉯ 열적 흔들림, 조성의 흔들림에 의한 레일리 산란 손실

㉰ 분자 진동에 기인하는 적외선 흡수 손실

㉱ 전자 변이에 기인하는 자외선 흡수 손실

풀이 구조 불안전에 의한 손실은 제조 기술의 향상과 함께 1.0 [dB/km] 이하로 감소하고 있다.

16. 광케이블의 장점을 설명한 것 중 잘못된 것은?

㉮ 전력 유도(상시 유도)를 받지 않는다.

㉯ 저손실이다.

㉰ 전파 속도가 대단히 느리다.

㉱ 광대역성이다.

풀이 광케이블의 장점

① 무유도성

② 저손실

③ 전파속도는 광의 속도와 같다.

④ 광대역성

17. 광통신 전송로의 특징이 아닌 것은?

㉮ 긴 중계기 간격 ㉯ 대용량 전송

㉰ 협대역 ㉱ 비전도성

풀이 광통신 전송로의 특징

① 저손실 : 긴 중계기 간격 ② 광대역 : 대용량 전송

③ 비전도성 : 누화방지, 보안성 우수 ④ 자원풍부 : 모래

⑤ 유연성 : 설치 보수 용이 ⑥ 중계기 급전선 필요(단점)

해답 14. ㉯ 15. ㉮ 16. ㉰ 17. ㉰

18. 광섬유 통신 방식에서 사용하는 레이저 광선의 설명으로 틀린 것은?

㉮ 단색광(單色光)이다. ㉯ 파장은 약 1〔μ m〕(0.85~1.55)정도이다.

㉰ 열이 없는 냉광이다. ㉱ 우주선 영역에 속한다.

풀이 레이저 광선 : 광섬유 통신에 사용되는 주파수는 약 1×10^{14}[Hz]정도이고 파장은 1[μm]이며, 사용 영역은 가시광선(0.4~0.7μm) 영역에서 근적외선(0.8~1.7μm) 영역까지이다.

19. 광파이버의 굴절률이 전파하는 광의 파장에 비해 변화함으로써 생기는 파형의 퍼짐을 무엇이라고 하는가?

㉮ 색분산 ㉯ 재료 분산

㉰ 구조 분산 ㉱ 도파로 분산

풀이 재료 분산 : 광 파이버의 굴절률이 레이저 광선의 파장에 의해서 달라지기 때문에 생기는 현상이다.

20. 다음 전송로의 특징을 서술한 내용 중 알맞는 전송로는?

· 저손실, 장거리 전송이 용이하다.
· 광대역, 대용량 전송이 용이하다.
· 무유도성으로 외래잡음이 적다.
· 분기 디바이스 등 미개발 부품이 많다.

㉮ 페어 ㉯ 무장하 케이블

㉰ 광파이버 ㉱ 동축 케이블

풀이 광파이버 케이블의 특징

① 저손실 : 장거리 전송
② 광대역 : 대용량 전송
③ 무유도성 : 외래잡음이 적다.
④ 자원 풍부 : 모래
⑤ 가격 저렴
⑥ 단점 : 중계 급전선 필요, 접속의 어려움

해답 18. ㉱ 19. ㉯ 20. ㉰

21. 다음은 광섬유를 이용한 통신 방식을 열거한 것이다. 이 중 틀린 것은?

㉮ 광대역이다. ㉯ 저손실이다.

㉰ 중계 장치의 설치가 쉽다. ㉱ 전자 유도의 영향을 받지 않는다.

풀이 광섬유는 1[km]당 1[dB] 미만의 저손실을 갖기 때문에 대부분 중계 거리를 타전송 방식에 비하여 아주 길게 할 수 있으나, 세력이 약화된 광을 원상태로 회복시키는 중계 장치는 광섬유와 광검출기의 접속 문제 및 광검출기의 특성이 크게 문제시되어 고도의 기술이 필요하다.

22. 광섬유에서 계면 손실을 적게 하기 위한 방법이 아닌 것은?

㉮ 계단형 굴절률 광섬유를 사용한다.

㉯ 집속형 광섬유를 사용한다.

㉰ 코어와 클래딩 경계면을 매끄럽게 한다.

㉱ 코어의 직경을 크게 한다.

23. 현재 광통신에 쓰이는 전송 파장은 주로 어느 파장대에 것이 사용되고 있는가?

㉮ 0.5～2〔μm〕 ㉯ 5～10〔μm〕

㉰ 50～100〔μm〕 ㉱ 500～1000〔μm〕

풀이 현재 광통신에 쓰이는 전송 파장은 0.85[μm], 1.3[μm], 1.55[μm]대를 사용하고 있으며 이중 0.85[μm]대를 단파장대, 1.3[μm] 및 1.55[μm]대를 장파장대라고 한다.

24. 다음중 광통신용의 발광소자는?

㉮ LD ㉯ PD

㉰ LAP ㉱ APD

풀이 발광소자 : LD(Laser Diode), LED(Light Emitting Diode)

25. 광파이버의 기본적 성질을 표시하는 구조 파라미터는?

㉮ 수광각 ㉯ 개구수

㉰ 편심률 ㉱ 규격화 주파수

풀이 구조 파라미터 : 코어경, 외경, 편심률, 비원율

해답 21. ㉰ 22. ㉮ 23. ㉮ 24. ㉮ 25. ㉰

26. 다음 전송 선로용 대역폭이 가장 넓은 전송 매체는?

㉮ twist pair cable　　㉯ baseband coaxial cable

㉰ CATV coaxial cable　　㉱ fiber optics cable

풀이 통신회선의 대역폭

① 꼬임선(twist pair cable) : 250kHz

② 동축케이블(coaxial cable) : 350MHz

③ 광섬유 케이블(optical fiber cable) : 1GHz

27. 광파이버의 전송 특성의 하나의 불순물 이온에 의한 것으로 생기는 광손실은?

㉮ 흡수 손실　　㉯ 산란 손실

㉰ 마이크로 밴딩 손실　　㉱ 굽힘 손실

풀이 흡수손실의 원인 : 불순물과 수분의 영향

28. 광섬유에서 광의 입사각 조건을 표시하기 위하여 사용되는 것은?

㉮ 코어(Core)　　㉯ 클래드(Clad)

㉰ 개구수(NA)　　㉱ 모드수(Mode)

29. 다음 중 광섬유의 특징이 아닌 것은?

㉮ 접속이 어렵다.　　㉯ 가볍다.

㉰ 전력을 수송하지 않는다.　　㉱ 유연성이 좋다.

30. 발광소자에서 파장이 다른 광신호를 광합파기로 결합하고 광분파기로 분리하여 전송하는 다중화방식은?

㉮ FDM　　㉯ TDM

㉰ SDM　　㉱ WDM

31. 레이저(Laser)광의 특징이 아닌 것은?

㉮ 단색성을 갖는다.　　㉯ 편광현상이 없다.

㉰ 고휘도이다.　　㉱ 지향성을 갖는다.

32. 다음 중 광통신 시스템 특유의 잡음은?

㉮ 양자화 잡음　　㉯ 열 잡음

㉰ 모드 분배 잡음　　㉱ 오부호 잡음

해답 26. ㉱ 27. ㉮ 28. ㉰ 29. ㉰ 30. ㉱ 31. ㉯ 32. ㉰

33. 광통신방식에 대한 다음 설명 중 틀린 것은?
㉮ 단파장 광통신은 파장이 1〔㎛〕보다 짧은 광을 이용한다.
㉯ 장파장 광통신은 단일모드 광케이블을 이용한다.
㉰ 다중모드 광통신은 단일모드 광통신방식보다 다중화 전송상의 장점이 있다.
㉱ SI(Step Index) 광섬유는 광코어의 반경에 따라 굴절률의 변화를 준 것이다.

34. 다음 중 광섬유 통신이 지닌 특성에 해당되지 않는 것은?
㉮ 전자유도의 영향을 심히 받으므로 비화통신이 불가능해 이를 위한 보완장치가 필요하다.
㉯ 광원과 광섬유의 커플링(coupling)이 용이하지 않으므로 렌즈를 사용하는 특수한 기술 등이 필요하다.
㉰ 캐리어 주파수가 높아서 광대역 전송이 가능하다.
㉱ 신호의 감쇠가 적고 소형 경량이므로 대도시의 국간중계 선로에 경제적으로 이용할 수 있다.

35. 다음은 광섬유 전송용의 전송로 부호로서 구비할 수 있는 조건을 열거한 것이다. 이 중 틀린 것은?
㉮ 부호 계열 직류성분의 변동이 적을 것(광전력의 일정성)
㉯ 광신호에는 부의 값은 없으나 전기계와 같이 부의 신호가 사용되어야 할 것
㉰ 전송신호열에 의존하지 않고 바른 전송이 가능할 것(BSI 조건)
㉱ 부호의 오류율의 파급 효과가 없을 것

36. 발광소자에서 파장이 다른 광신호를 광합파기로 결합하고 광분파기를 분리하여 전송하는 다중화 방식은?
㉮ FDM　　㉯ TDM
㉰ SDM　　㉱ WDM

풀이 파장 분할 다중화 방식(WDM : Wavelength Division Multiplexing) : 광소자에서 여러 개의 서로 다른 파장을 광합파기(M)로 다중화하여 광섬유를 통해 전송한 후 광분파기(D)로 분리하여 수신하는 방식으로 특징은 다음과 같다.
① 양방향의 전송이 가능하다.
② 이중신호(아날로그 비디오 신호와 디지털 신호)의 동시전송이 가능하다.
③ 대용량화가 가능하다.

해답 33. ㉱ 34. ㉮ 35. ㉯ 36. ㉱

37. 디지털 광통신방식에서 레이저 광선의 변조를 위해 현재 주로 사용되는 변조방법은?
   ㉮ IM(Intensity Modulation)
   ㉯ FSK(Frequency Shift Keying)
   ㉰ WDM(Wavelength Division Multiplexing)
   ㉱ FM(Frequency Modulation)

38. 다음 중 광아이솔레이터에 요구되는 성능이 아닌 것은?
   ㉮ 순방향 손실이 작을 것
   ㉯ 역방향 손실이 클 것
   ㉰ 온도변화에 강하고 경량으로 가격이 저렴할 것
   ㉱ 역방향 손실이 작을 것

해답 37. ㉮ 38. ㉱

제 3 편 전송 방식

제 7 장 정보전송방식

7.1 신베이스 밴드(baseband) 전송 방식

컴퓨터나 단말장치의 내부 데이터는 모두 디지털 신호로 표시되어 있으며 이러한 데이터를 전송하는 방법으로는 다음과 같이 두 종류가 있다.

① 베이스 밴드(baseband) 전송 방식 : 디지털 부호인 정보를 0과 1로 표현하고 이것을 직류의 전기 신호로 전송하는 것이다. 즉 디지털 부호를 그대로 전송하는 방식을 말한다.

② 대역(band) 전송 방식 : 디지털 신호나 아날로그 신호로 표시되는 정보를 캐리어(carrier)라 부르는 별도의 반송파(carrier wave)에 실어서 전송하는 방식으로서 광대역(broadband)전송방식 또는 아날로그 전송방식이라고도 부른다.

베이스 밴드(baseband) 전송 방식은 통신 회선을 통하여 베이스 밴드 신호(변조되기 이전의 컴퓨터나 단말장치의 출력 신호 즉, 직류신호)를 변조하지 않고 그대로 전송하는 방식을 말하며 디지털 전송 방식이라고도 한다.

베이스 밴드 전송 방식의 특징은 신호 자체가 직류이므로, 진폭 에너지의 감쇠나 잡음의 영향을 받기 쉽기 때문에 장거리 전송에는 별로 사용되지 않고, 만일 장거리 전송을 사용할 경우에는 도중에 증폭기나 재생 중계기가 필요하기 때문에 회선설비의 비용이 많이 드는 결점이 있다.

이 때문에 아날로그 전송을 사용하지 않는 컴퓨터와 단말장치간의 전송이나 구내 또는 빌딩 내의 네트워크(LAN) 등 비교적 단거리에서 저속인 전송에 이용되고 있다. 베이스 밴드 전송 방식에는 그림 7.1에 보인 바와 같이 여러 가지의 종류가 있다.

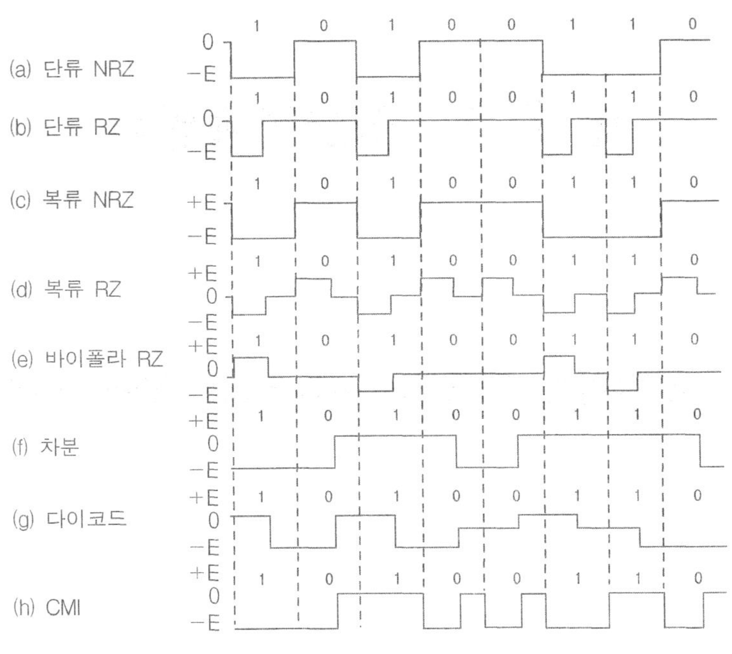

그림 7.1 베이스 밴드 전송 방식의 종류

(1) 단류(single current 또는 unipolar signal) 방식

단류방식은 가장 간단한 전송 방식으로 직류분을 포함하고 있기 때문에 선로의 감쇠나 특성이 변화하면 수신 파형의 진폭이나 폭이 변화하므로 타이밍을 취하기 어려우며 잡음에 약하다는 결점이 있어 비교적 단거리 데이터 전송에 주로 이용되고 있다.

그림 7.1(a), (b)에 나타낸 바와 같이 디지털 신호의 0을 전압 0에, 1을 (+)전압 또는 (-)전압에 대응시킨 신호로 전송하는 방식으로, 극성은 한쪽밖에 사용되지 않으므로 단극(unipolar) 파형이라고도 한다.

수신측에서 "0" 또는 "1"을 판정하기 위한 기준은 1에 대응하는 전압의 1/2의 최적이지만 전송로의 상태에 따라서 수신 전압이 변동하므로 최적치를 유지하기가 쉽지는 않다.

단극파형은 송수신회로의 구성이 간단하기 때문에 가장 보편적인 형태이지만 전력 스펙트럼이 직류를 포함한 저주파 영역에 집중되고 있으므로 다른 부호형식에 비하여 잡음에 대한 성능이 우수하지 못하고 1 또는 0의 긴 연속으로 인한 타이밍 정보의 결함 때문에 수신기의 동기가 용이하지 못한 단점이 있다.

(2) 복류(double current, polar 또는 bipolar signal) 방식

복류방식은 그림 7.1(c), (d)에 나타낸 바와 같이 디지털 신호의 0을 (+)전압, 1을 (-)전압에 대응시킨 신호로 전송하는 방식이다. 물론 그 극성을 반대로 대응시킬 수도 있다. 수신측에서 "0" 또는 "1"의 판정을 하기 위한 기준은 전압 0에 고정이 가능하므로 안정된 전송을 할 수 있다.

복류 방식은 단류 방식에 비해 파형 왜곡의 영향을 잘 받지 않을 뿐만 아니라 타이밍을 취하기도 쉽다는 장점을 가지고 있다.

통상 저속도 전송의 표준적 전송방식으로 베이스 밴드 전송 방식에서 가장 널리 이용되는 방식이다.

(3) RZ(Return to Zero) 방식

RZ(Return to Zero) 방식에는 단류 RZ와 복류 RZ가 있다.

단류 RZ(Return to Zero)방식은 "1"이 연속일 때 0 전압으로 하기 위하여 펄스가 일정한 형태를 가지며, 복류 RZ(Return to Zero)방식은 "1", "0"이 (+), (-)의 어느 한쪽에 대응시켜 비트와 비트 사이에 반드시 0 전압으로 복귀하는 방식이다.

RZ방식은 NRZ의 2배의 변조율을 필요로 하므로 보다 넓은 대역폭을 필요로 하고, NRZ방식의 단점인 직류성분의 존재 문제와 동기화 기법 문제가 그대로 남아 있기 때문이다.

(4) NRZ(Non-Return to Zero) 방식

NRZ(Non-Return to Zero) 방식은 한 비트 간격 동안 전압이 항상 일정치를 유지함을 특징으로 하고 있으며, 단류 NRZ와 복류 NRZ가 있다.

단류 NRZ(Non-Return to Zero)는 "1" 및 "0"을 (+)전압과 0 전압으로 또는 (-)전압과 0 전압으로 대응시켜 전송하는 형태를 말하며, 복류 NRZ(Non-Return to Zero)는 "1" 또는 "0"을 (-)전압과 (+)전압으로 대응시켜서 표시하는 방식을 말한다.

(5) NRZ1(Non-Return to Zero change for 1) 방식

NRZ1 방식은 NRZ 방식의 변형으로, "1"일 때만 전류의 방향을 바꾸는 방식이다.

(6) 바이폴라(bipolar) 방식

바이폴라 방식은 그림 7.1(e)에 보인 바와 같이 RZ 방식과 비슷하지만 0일 때는 상태 변화 없이 전압 0 상태에 머무르고, 1일 때만 (+)전압 상태와 (-)전압 상태가 교대로 나타내는 방식이다.

바이폴라 방식의 특징은 교대로 변화하는 펄스를 사용하기 때문에 파형의 평균값은 항상 0이 되고 전송로에 직류차단 특성이 있어도 파형의 왜곡이 생기지 않는다. 또 (+), 0, (-)의 3개의 전압 레벨을 사용하여 0은 펄스가 존재하지 않을 때 대응하고, 1은 극성이 다른 펄스를 서로 대응하여 (+), (-)로 변화시킨 것이다. 따라서 이 부호는 3진 부호이지만 정보량은 2진 부호와 동등하기 때문에 의사 3진(pseudo ternary) 부호라고도 하며, 또 AMI(Alternate Mark Inversion) 방식이라고도 한다.

바이폴라 부호는 직류 성분이 없고 (+)전압, (-)전압을 교대로 변환시켜 전송을 이용하므로 부호 에러의 검출도 가능하며 전송부호로서도 우수한 성능을 가지고 있지만 0부호의 연속을 억압하는 기능이 없으므로 수신기에서 동기를 맞추기가 어렵다.

주로 디지털 교환망이나 고속 디지털 회선, ISDN 등의 전송 부호로 사용되고 있다.

(7) 다이펄스(dipulse) 방식

다이펄스 방식은 NRZ 및 RZ의 결점을 보완하기 위해서 설계되었으며, 그림 7.1에 보인 바와 같이 (+), (-)의 두 종류의 펄스를 “0” 또는 “1” 의 신호로 대응하여 위상의 차이에 따라 “0”과 “1” 을 구별하는 방식으로서 바이패스(bypass)라고도 하며, 또 맨체스타(manchester) 방식 또는 다이페이스(diphase) 방식이라고도 한다.

여기서는 한 비트의 시간 간격동안 1회 또는 2회의 전압 전이가 발생하기 때문에 최대 변조율이 NRZ의 두배가 되고, 그에 따라서 보다 넓은 대역폭이 필요하다. 그러나, 이를 보상해 주는 다음과 같은 장점이 있다.

① 동기화(synchronization) : 각 비트 시간 간격 동안의 전압 전이를 예측할 수 있으므로 수신측은 그 전이에 대해 동기화를 할 수 있기 때문에 쉽게 복원할 수 있다.

② 직류 성분의 비존재(no dc component) : 직류 성분을 포함하지 않기 때문에

교류의 경우와 같은 간접연결을 격리시킴으로써 간섭현상을 줄일 수 있다.

③ 에러 검출(error detection) : 전이가 기대되는 위치가 발생하지 않는 경우는 에러가 검출된 것이고, 잡음으로 인해 전이 위치의 앞뒤에서 모두 신호가 역으로 된 경우는 에러 검출이 되지 않는다.

특히 다이펄스 방식은 직류분을 갖지 않는 점이 특징이나 소요대역이 넓은 점이 있으며, 또 동축 케이블을 이용하는 CSMA/CD의 중규모 LAN에서 사용되고 있다.

(8) 차분(differential) 방식

차분(differential) 방식은 그림 7.1(f)에 나타낸 바와 같이 신호에 변화가 있으면 0, 변화가 없으면 1을 전송하는 방식이다. 차분 방식의 특징은 수신신호의 극성이 전체적으로 반전되어도 원신호의 복원에는 지장이 없다.

(9) 다이코드(dicode) 방식

다이코드 방식은 "1"을 "0"으로, "0"을 "1"로 변화할 때만 (+), (-)의 복류 신호를 발생하고 변화가 없을 때는 0 전압으로 하여 펄스를 발생하지 않는다. NRZ 부호를 미분하여 만들어진 신호라고 생각해도 된다.

(10) CMI 방식

CMI(Code Mark Inversion) 방식은 그림 7.1(h)에 보인 바와 같이 바이폴라 부호화 방식처럼 NRZ 부호를 교대로 (-)에서 (+)로 극성이 변화하면 0이고, 극성이 (+) 또는 (-)로 변화하지 않으면 1로 전송하는 방식이다.

CMI 방식은 직류 에너지가 존재하지 않으며, 많은 신호의 상태 변화를 가지고 있기 때문에 타이밍 효과가 NRZ 보다 우수하다. 주로 광파이버 케이블에 의한 고속 LAN이나 고속 디지털 회선 등의 고속 전송에 사용된다.

(11) 지연변조(delay modulation) 또는 밀러 코딩(Miller coding)

이 방식은 최소한 두 개의 비트 시간 간격 동안에 한 번의 전이가 발생하며, 한 비트 간격에서는 최대한 한 번의 전이가 발생한다. 따라서, 이는 얼마의 동기화 능력을 가지고 있으면서 보다 낮은 변조율과 대역폭을 필요로 한다. 또 지연

변조방식은 바이페이스나 NRZ에 비하여 매우 좁은 대역폭을 가지는 반면에 최악의 비트 형태를 가질 경우에는 많은 직류 성분뿐만 아니라 넓은 대역폭을 가지게 된다.

이 외에도 여러 가지 신호 방식이 있지만 보통 직류 전송으로 전송할 수 있는 거리는 약 5~6[km] 정도이므로 적당한 간격마다 중계기를 설치하여 신호 파형을 재생함으로써 전송 파형의 왜곡을 제거하여 장거리 전송을 한다.

7.2 부호 전송방식

데이터를 전송로(통신회선)에 실어서 상대방에게 보내는 방법에는 한 개의 전송로를 사용하여 1비트씩 순차적으로 문자 정보를 전송하는 직렬 전송(serial transmission) 방식과 1문자를 표시하는 8비트의 양만큼 전송로를 이용하여 한꺼번에 전송하는 병렬 전송(parallel transmission) 방식이 있다.

(1) 직렬(serial) 전송

직렬 전송은 부호를 구성하는 비트 블록을 한 비트씩 순서대로 데이터를 전송하는 방식으로서 원거리 전송 시스템에 널리 이용된다.

송신측과 수신측에서는 시프트 레지스터(shift register)라고 하는 논리회로를 사용하여 일시적으로 각각 비트를 기억시켜, 그림 7.2와 같이 송신측에서는 병렬로 나열되어 있는 문자의 비트열을 직렬로 바꿔서(병/직렬변환이라고 함) 전송로에 보내고, 수신측에서는 수신된 직렬 데이터를 병렬로 다시 변환시켜서(직/병렬변환이라고 함) 원래의 문자로 복원한다. 이때 문자와 문자의 간격, 비트와 비트의 간격을 식별할 수 있어야 하며 동기(synchronization)라는 방식을 사용하고 있다.

직렬 전송에서는 문자를 연속해서 보내는 경우 각 문자마다 비트열의 구간을 수신측에 알릴 필요가 있다.

직렬 전송 방식은 병렬전송보다 데이터 전송속도가 매우 느린 반면 전송측과 수신측의 모뎀 사이에서 원거리 통신에 하나의 통신회선을 이용하여 전송할 수 있으므로 경제적이며 데이터 전송에서는 일반적으로 직렬 전송이 통신회선에 이용된다.

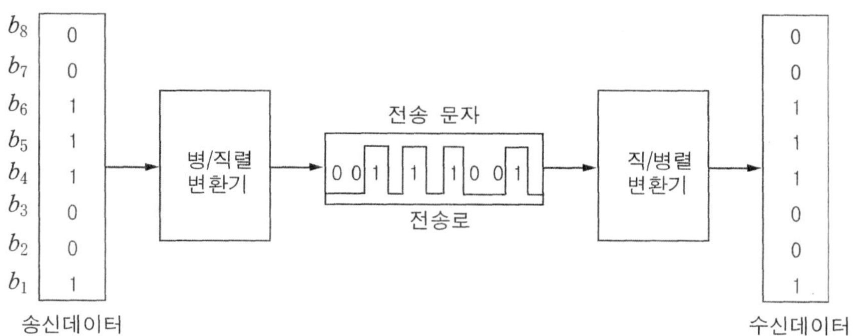

그림 7.2 직렬 전송의 원리

(2) 병렬(Parallel) 전송

병렬 전송은 1 문자분의 비트를 각 전송로를 통해서 동시에 보내는 방식이기 때문에 직렬 전송과 같이 바이트를 비트 단위로 분해할 필요가 없다.

병렬 전송 방식은 그림 7.3과 같이 통신회선수 만큼 여러 비트를 동시에 전송할 수 있는 전송 시스템으로서 비교적 근거리의 데이터 전송에 이용하거나 고속 데이터 전송에 쓰인다.

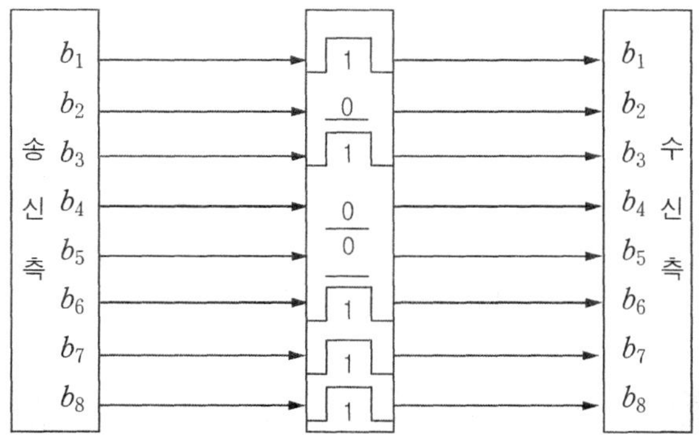

그림 7.3 병렬 전송의 원리

병렬 전송 방식의 장점으로는 단위 시간에 대량의 데이터를 전송할 수 있으며 단말장치의 구성이 직렬 전송보다 간단하다.

병렬 전송 방식의 단점으로는 데이터를 구성하는 비트 수만큼 전송회선이 필요하므로 회선비용이 많이 들고, 전송거리가 길어지면 각 전송로마다 비트가 도착하는 시간이 다를 수 있어 원래의 비트 블록을 정확히 복원하기 어려워진다.

예를 들어 1문자가 8비트로 구성되어 있는 경우, 직렬 전송에 비해서 8배의 속도로 보낼 수가 있다. 이때 통신할 때마다 직렬로 변환할 필요가 없기 때문에 그것에 필요한 회로가 불필요하다. 그러나 동시에 보내는 비트수만큼 전송로가 필요하기 때문에 통신회선의 비용이 매우 높아지게 된다. 더욱이 전송로가 길어지면 각 비트간의 주기가 늦어져 전송지연이 생기고, 수신측에서는 문자를 수신하는 타이밍이 맞지 않기 때문에 정확히 복원할 수 없게 된다.

따라서 병렬전송 방식은 단말 장치와 모뎀간이나 컴퓨터와 입출력 장치 사이와 같이 매우 가까운 장치, 즉 짧은 전송로에서 적용된다.

7.3 통신 방식

송신측과 수신측의 2개의 단말이나 통신회선간에 정보를 어떻게 전달하는 가를 통신방식이라고 한다.

통신 방식에는 그림 7.4와 같이 데이터의 흐름을 어떻게 조절하는 가에 따라서 다음과 같은 3종류가 있다.

① 단방향(simplex) 통신방식
② 반이중(half duplex) 통신방식
③ 전이중(full duplex) 통신방식

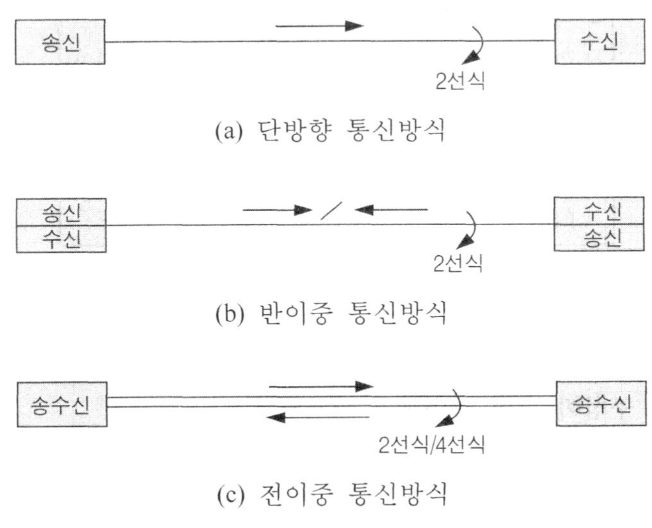

(a) 단방향 통신방식

(b) 반이중 통신방식

(c) 전이중 통신방식

그림 7.4 통신방식의 종류

(1) 단방향(simplex) 통신방식

단방향 통신방식은 그림 7.5와 같이 데이터의 흐름이 항상 일방적인 통신 형태를 말하며 송신측과 수신측이 항상 고정되어 있을 때 사용된다.

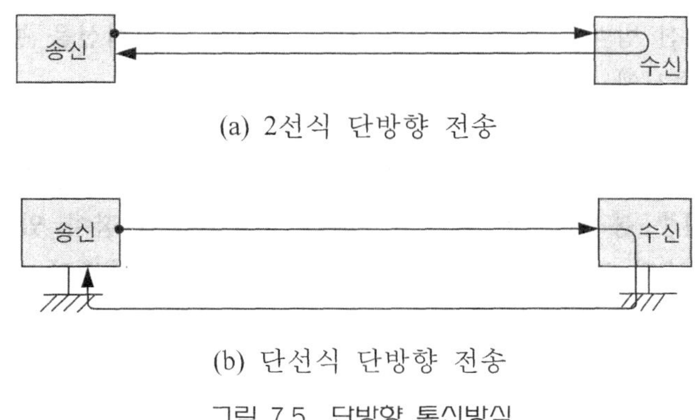

그림 7.5 단방향 통신방식

단방향 통신 방식의 예로는 라디오 방송이나 텔레비전 방송 등이 있으며 2선식과 단선식이 있다.

(2) 반이중(half duplex) 통신방식

반이중 통신 방식은 그림 7.6과 같이 양방향으로 전송이 가능하지만, 동시에 송신과 수신은 불가능하다. 즉 어느 한 시점에서는 한쪽 방향으로만 데이터가 전송되고, 한 방향의 전송을 완료한 후 송수신의 절환을 해서 역방향으로 전송을 한다.

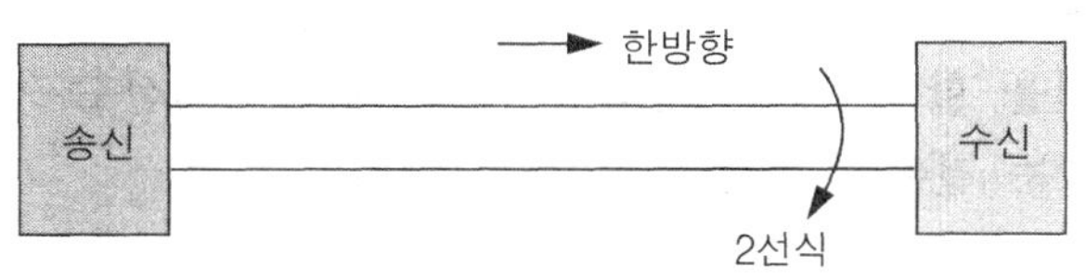

그림 7.6 반이중 통신 방식

일반적으로 통신 회선에서 어떤 방향으로 데이터를 전송한다고 하면, 2개의 전선이 필요하게 된다. 통상 반이중 통신에서는 2개의 전선이 이용되지만 이것이 어떤 때는 올라가고, 어떤 때는 내려가는 등의 전환에 의해서 동작하는 것이다. 전선을 두가닥 이용하는 방식 즉 한쌍의 전송로로 구성되는 것을 2선식(2 wire :

2W)이라고 부른다. 이 방식은 주로 워키토키의 송수신이나 조회 형식의 시스템에 적합하여 온라인 시스템에서 가장 많이 채용되고 있는 방식이다.

(3) 전이중(full duplex) 통신방식

전이중 통신 방식은 송신, 수신을 각각 독립한 통신회선을 통해서 행하는 통신을 말하며 동시에 송수신을 행할 수가 있다.

전이중 통신 방식은 서로의 통신이 언제든지 자유롭게 행해지기 때문에 통신회선의 전송효율이 가장 높은 통신 방식이다. 데이터량이 많을 때 사용되나 회선비용이 반이중 통신방식에 비하여 2배가 소요되는 단점이 있다. 전이중 통신인 경우 그림 7.7과 같이 전선의 수를 한조씩 증가해서(두쌍의 전송로로 구성해서) 4 선식(4 Wire : 4W)으로 한다.

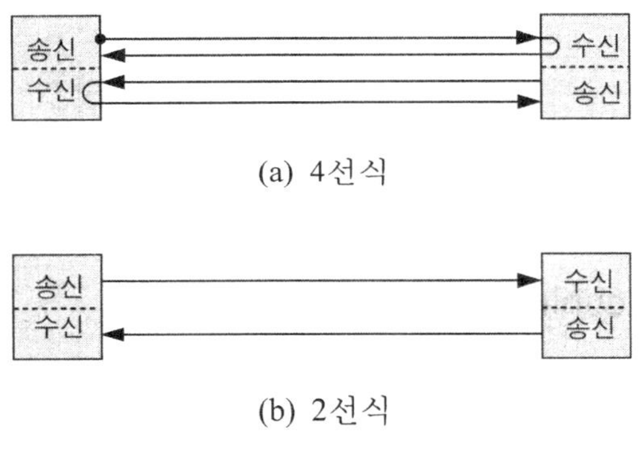

(a) 4선식

(b) 2선식

그림 7.7 전이중 통신 방식

4 선식으로 하면 올라가거나 내려가거나 양방향의 회선이 확보되지만 회선비용이 높게 되어 2 선식으로도 전이중 통신을 행하는 방법이 고안되었다.

전이중 통신을 할 수 있는 통신시설로는 반이중통신도 가능하지만 반이중 통신용의 시설로는 전이중 통신을 할 수가 없다.

7.4 전송 속도와 통신 용량

전송 속도(통신속도)란 단위 시간에 전송되는 정보량을 말하며 전송되는 기본 단위는 2진수(binary digit), 즉 비트(bit)이다. 또 전송 속도를 나타내는 단위로는 1초동안에 전송되는 비트수를 나타내는 bps(bit per second 또는 b/s)와 매초당의 신호 변화 상태 수를 나타내는 보(baud)가 있다.

전송 속도를 표시하는 방법으로는 다음과 같은 4가지가 있다.

① 데이터 신호 속도(data signalling rate)

② 변조 속도(modulation rate)

③ 데이터 전송 속도(data transfer rate)

④ 베어러 속도(bearer rate)

7.4.1 데이터 신호 속도

데이터 신호 속도는 송신장치와 수신장치 사이에서 1초 간에 전송할 수 있는 비트수를 표시하며 단위는 bps(bit per second, bit/s, b/s 라고도 한다)이다.

예를 들면 "2400 [bps]"란 1초 동안에 2400 비트가 보낼 수 있는 것을 의미한다. 또 그 장치의 비트 속도(bit rate)는 2400 이라는 표현을 사용하고 있다.

직렬 전송에서는 전송 단위가 2 진수로 표시되어 전송되므로 별 어려움은 없으나 병렬 전송에서는 1개의 단위 펄스당 여러 개의 비트가 한꺼번에 전송되므로 1초 동안에 전송되는 2 진수의 비트로서 표시되어야 한다.

일반적으로 데이터 신호 속도 S는 다음 식으로 정의된다.

$$S=\sum_{i=1}^{m}\frac{1}{T_i}\log_2 n_i \text{ [bps]} \qquad (7\text{-}1)$$

여기서

m : 병렬전송일 때 전송 비트 수(전송로 수)

T_i : i 번째의 전송로에서 1개의 단위 펄스의 최소 간격을 시간으로 나타낸 것

n_i : i 번째의 전송로에서 1개의 단위 펄스가 나타내는 상태수(0에서 1까지의 2진 상태인 경우는 n=2)

예를 들면 직렬전송인 경우 $m=1$, 한 펄스의 상태수를 0, 1이라 하면 $n_i=2$

이므로 데이터 신호속도 S는

$$S = \frac{1}{T}\log_2 2 = \frac{1}{T} \quad (7\text{-}2)$$

이 된다.

직렬 전송시의 진폭편이 변조나 주파수편이 변조에서는 변조 속도와 데이터 신호 속도가 일치하지만, 병렬전송이나 다위상 편이변조에서는 데이터 신호 속도가 변조 속도보다 크다. 즉, 변조 속도와 데이터 신호 속도사이에는 다음과 같은 관계가 있으나 반드시 동일한 것은 아니므로 주의할 필요가 있다.

데이터 신호 속도 = 변조 속도 × k(1 변조로 전송 가능한 비트수) (7-3)

예를 들면, 8 위상 변조에서는 1회의 변조로 3 비트($k=3$)를 전송할 수 있으므로 변조 속도를 1600 [보]라고 하면 데이터 신호 속도는 4800 [bps]가 된다. 또 4,800 비트/초인 8위상 변조에서는 n=8, k=3이므로 변조 속도 B는 1,600 [보]가 된다.

예제 8PSK변조방식에서 신호속도가 2400보오(baud)인 경우 전송속도는 몇 bps인가?

풀이 8PSK= 2^3PSK이고 1 baud=3 bit로 표현되므로

∴ 전송속도=2400×3=7200bps

7.4.2 변조 속도(modulation rate)

변조 속도(modulation rate)는 1초 동안에 몇 회의 변조가 행해지는가를 나타내는 것이다. 변조된 파형은 진폭, 주파수 및 위상이 변화한 점에 정보를 가지고 있으며(이것을 유의 순간이라 한다), 이 변화점과 변화점 사이에 가장 짧은 간격을 T초라고 하면, 변조 속도 B는 다음과 같은 식으로 표시되고, 단위로는 보(Baud)를 사용하고 있다.

$$B = \frac{1}{T}\,[\text{Baud}] \quad (7\text{-}4)$$

예를 들면, 2진 부호 "0" 혹은 "1" 상태의 최단 시간이 4[ms]이라 하면 T = 4[ms]이므로 변조 속도는 B = 1/T =1/0.004 = 250[보]가 된다.

앞에서 직렬전송인 경우 변조 속도는 데이터 신호 속도와 동일한 값으로 표시하였으나 본질적으로 큰 차이가 있다. 즉, 데이터 신호 속도와 변조 속도가 다른

값을 갖는 예를 들어보자. 4위상 변조 방식을 사용한 5~400[bps] 변복조에서 시간길이 T가 833 × 10^{-6} 초의 단위 펄스가 4개의 독립적인 변조파를 갖는 4위상 변복조 방식에 의하여 표시되는 경우에 전송되는 비트 수를 데이터 신호 속도 S로 나타내면

$$S=\frac{1}{T}\times \log_2 4=\frac{1}{833\times 10^{-6}}\times 2=2,400\ [\text{bps}]$$

가 된다. 전송 과정에서 1초간에 변조할 수 있는 최대변조의 횟수만을 나타내는 변조 속도 B는

$$B=\frac{1}{T}=\frac{1}{833\times 10^{-6}}=1,200\ [\text{Baud}]$$

가 된다. 그러므로 4위상 변복조기에서 1,200 [보]의 변조속도는 2,400 [bps]의 데이터 신호 속도로 표시된다. 또 8위상 변복조기인 경우에는 4,800 [bps]의 데이터 신호 속도가 1,600 [보]의 변조 속도로, 16위상 변복조기인 경우에는 9,600 [bps]의 데이터 신호 속도가 2,400 [보]의 변조 속도로 표시된다.

한편 4800 [보]일 때 변조의 시간폭(T)은 다음과 같이 된다.

$$T=\frac{1}{B}=\frac{1}{4800}\fallingdotseq 0.0002(\text{초})$$

예제 8위상 변조와 2진폭변조를 혼합하여 변복조할 때 동기식 Modem의 신호 전송속도가 1200 Baud 인 경우에 비트 속도는?

풀이 $\text{Baud}=\log_2 8+\log_2 2=4\text{bit}$

$\therefore 1200\text{Baud} = 4800\text{bps}$

7.4.3 데이터 전송 속도

데이터 전송 속도는 단위 시간에 전송되는 데이터 양을 나타내는 것으로서 데이터 양의 단위로는 비트, 문자(character), 블록(block), 패킷이 사용되고, 시간의 단위로는 초, 분, 시간이 사용된다.

일반적으로 [문자/분]이 자주 사용되며, [문자/분]을 사용했을 때 데이터 신호 속도(bps)와의 관계는 다음 식으로 표시된다.

$$\text{데이터 전송 속도}=\frac{\text{데이터 신호속도}\times 60}{\text{1 문자를 구성하는 비트수}} \tag{7-5}$$

이와 같이 데이터 신호속도를 데이터전송속도로 변환할 때에는 데이터의 구성, 전송형식, 동기를 취하는 방법 등에 주의할 필요가 있다.

예를 들면 1200 [bps]의 회선을 사용하여 8단위 코드(패리티 비트포함)의 데이터를 비동기식으로 전송하면, 데이터 전송 속도는 다음과 같이 된다.

$$\text{데이터 전송 속도} = \frac{1200 \times 60}{8+2} = 7200(\text{자/분})$$

예제 데이터 신호 속도 1200 비트/초인 회선에서 7단위 코드(패리트 비트 부가)를 조보식으로 전송한다면 데이터 전송속도는 얼마인가?

풀이 $$\text{데이터 전송 속도} = \frac{1200 \times 60}{7+1+2} = 7200(\text{자/분})$$

7.4.4 베어러(bearer) 속도

베어러(bearer) 속도는 그림 7.8과 같이 단말에서 나온 데이터 신호는 데이터 회선 종단 장치(DSU : Digital Service Unit)내에서 샘플링 펄스에 따라 샘플링되어 디지털 전송에 적합한 신호로 변환해서 규정의 속도로 전송로에 보내게 된다.

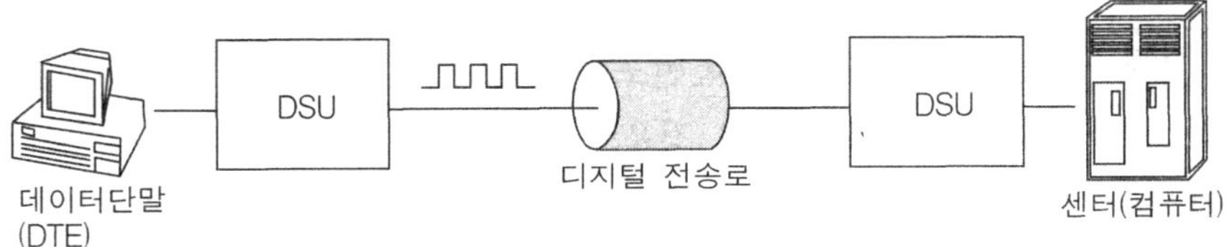

그림 7.8 디지털 전송과 베어러 속도

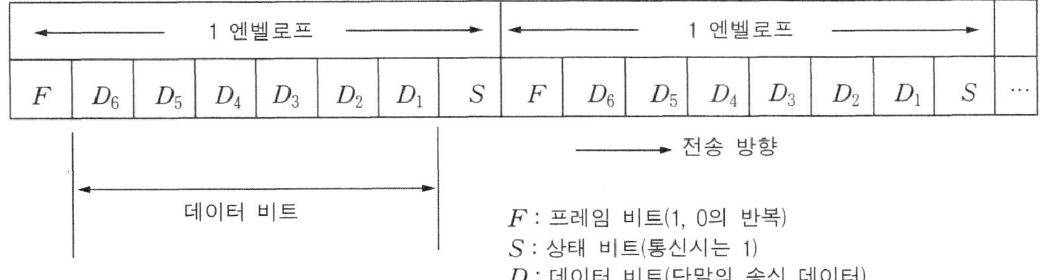

그림 7.9 엔벨로프 형식

따라서 그림 7.9와 같이 데이터 신호의 6 비트의 전후에 동기를 취하는 프레임 비트(F)와 통신상태를 상대에게 전송하는 상태 비트(S)의 두가지 제어신호를 삽입하여 전송한다. 이와 같이 디지털 전송에 적합한 신호형식을 엔벨로프(envelope) 형식이라고 한다.

상태 비트(S 비트)은 통신, 비통신을 구별하고, 프레임 비트(F 비트)는 동기를 확립하기 위한 비트이다. 이 2개의 제어 비트와 데이터 비트를 합쳐서 8 비트로 구성된 옥텟의 형식(6+2)을 엔벨로프 형식이라고 한다.

이 (6+2)엔벨로프 형식의 신호가 디지털 전송로에 전송되는 속도를 베어러 속도라고 한다. 이때 (6+2)엔벨로프 형식의 신호를 베어러 신호라고 한다.

베어러 속도는 동기식 데이터 전송의 경우

$$\text{베어러 속도} = \text{데이터 신호 속도} \times \text{샘플링 수} \times \frac{8}{6} \qquad (7\text{-}6)$$

가 된다. 여기서 샘플링 수란 데이터 1비트를 디지털 전송회선 위에서 몇 비트로 대응시키는가를 나타내는 수이다.

2400, 4800, 9600, 48000bps의 각 데이터 신호속도에 대응하는 베어러 속도는 표 7.1과 같이 된다.

표 7.1 베어러 속도(동기식)

데이터 전송속도 (bps)	샘플링 방식 (bps)	베어러 속도 (bps)
2400	2400(단점 샘플링)	3.2K
4800	4800(단점 샘플링)	6.4K
9600	9600(단점 샘플링)	12.8K
48000	48000(단점 샘플링)	64.0K

DSU의 타이밍에 맞추어 단말이 데이터를 송신하는 2400bps이상의 동기식의 데이터 전송에서는 데이터 신호속도와 동일한 클록으로 샘플링(단점 샘플링)한다. 반면에 1200bps이하의 소위 비동기식의 데이터 전송의 경우에는, DSU는 단말로부터의 데이터 신호보다 빠른 클록으로 샘플링(다점 샘플링)하여 디지털전송회선에 내보내게 된다.

예를 들면 그림 7.10과 같이 단말에서 2400 [bps]의 데이터 신호 속도로 보내어 온 데이터는 DSU에서 3.2[kbps]의 신호 속도가 되어 나간다.

한편, 수신측에서는 DSU가 (6+2)엔벨로프 형식의 베어러 신호를 수신하고 동기를 취하여 F 비트, S 비트, D 비트를 분리한다. 이 분리조작은 F 비트가 규칙적으로 1, 0 을 반복하는 것을 식별함에 따라 엔벨로프 단위로 동기를 취하여 행한다.

분리된 데이터 비트는 그 속도를 베어러 속도의 6/8 배의 속도로 변환하고, 1 비트의 데이터에서 데이터 신호 1 비트를 부호화하여 수신 데이터로서 단말에 송출한다. 또 S 비트에 대해서는 단말로 D 비트가 통신 데이터가 어떤가를 통지하기 위하여 사용된다.

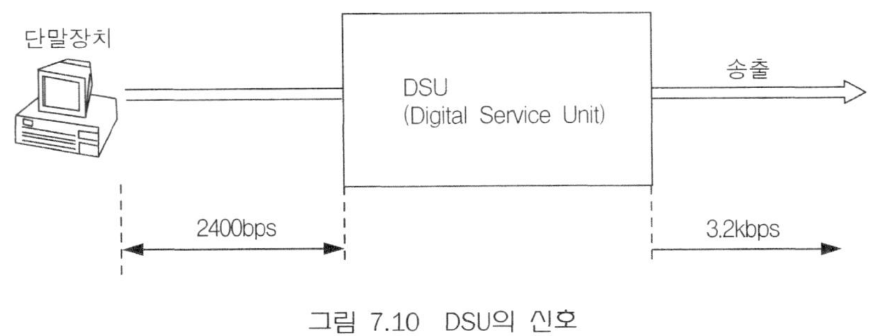

그림 7.10 DSU의 신호

7.4.5 통신 용량(channel capacity)

(1) Shannon의 정리

정보이론은 1946년 Claude Shannon에 의해서 체계화되었으며 어떤 통신로의 최대전송 가능 용량을 전송로의 대역폭과 신호 및 잡음의 전력으로부터 수식적으로 구할 수 있음을 증명하였다.

통신설비의 비용은 일반적으로 설비의 대역폭이 클수록 많이 든다. 또 모든 전송로의 대역폭에는 제약이 있으며 전송 매체의 물리적인 특성이나 다른 통신으로부터 간섭을 막기 위하여 의도적으로 전송장치에 주어진 대역폭의 제한 때문에 발생하고 있다. 따라서 주어진 대역폭을 효과적으로 사용할 필요가 있다. 즉 주어진 대역폭과 에러율의 허용치 안에서 높은 데이터 전송 속도를 얻을 수 있다. 이 효율을 얻는데 주된 제약 요소가 잡음(noise)이다.

이러한 개념은 수학자인 Shannon에 의해서 고안된 공식으로 설명할 수 있다.

데이터 전송 속도가 빨라질수록 잡음에 의한 손상이 많아지며, 주어진 레벨의 잡음에서 신호 강도가 클수록 데이터를 정확히 받을 수 있는 확률은 향상된다.

Shannon의 결과인 최대 통신 용량 C는 다음 등식에 의해서 결정된다.

$$C = B\ \log_2(1+\frac{S}{N})[\text{bps}] \qquad (7\text{-}7)$$

단, B : 전송채널의 대역폭[Hz]

S : 신호의 전력[W]

N : 백색 가우스 잡음의 전력[W]

C는 bps의 단위를 갖는 채널 용량으로서 전송 가능한 이론적인 최대치를 나타내지만 실제의 전송 속도는 이보다 매우 낮다. 그 이유는 Shannon의 공식이 백색 잡음(열 잡음)만을 고려하고 충격성 잡음, 감쇠 현상, 지연 왜곡 등을 고려하지 않았기 때문이다.

Shannon의 등식의 용량은 에러없는 용량이라고도 부르며 그림 7.11에 나타내었다.

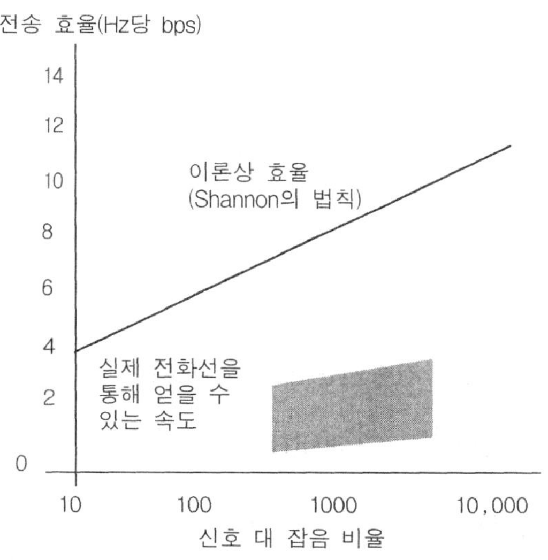

그림 7.11 이론 및 실제적 전송효율

Shannon은 만약 실제 정보 전송 속도가 에러없는 용량보다 느리다면, 이론적으로 적절한 신호 코드를 사용하여 에러없는 용량만큼 전송이 가능하다는 것을 증명하였다. 그러나 불행하게도 이런 코드를 찾아내는 방법을 제시하지 못하였고 실질적인 통신 방법의 효과를 측정할 수 있는 측정기준만 제시하였다.

즉, 정해진 통신로를 통하여 정보를 전송할 때 전송 매체를 통해 보낼 수 있는 정보량은 대역폭 B에 비례하고, 또한 S/N 비(signal to noise power ratio)에 대수 비례한다는 것이다.

예를 들면, 어떤 채널의 신호대 잡음비(S/N)가 20[dB]이고, 그 대역폭이 3000[Hz]로 한다면 S/N=100이므로 최대 전송용량 C는

$$C = B\log_2(1+\frac{S}{N}) = 3000\log_2(1+\frac{100}{1}) \fallingdotseq 19,920\,[\text{bps}]$$

가 된다.

이와 같이 전송 용량을 증가시키기 위한 방법은 전송채널의 대역폭을 늘리고, 신호 세력을 높이며 잡음 세력을 줄인다.

(2) 나이퀴스트(Nyquist)의 이론

1924년과 1928년에 나이퀴스트에 의해서 연구된 것으로 잡음이 없는 채널인 경우 대역폭 B를 갖는 채널은 매초당 2B의 심볼을 전송할 수 있다.

따라서 잡음이 없는 채널의 용량은 이론상 주파수 대역과 전송 용량 사이의 관계식은 다음과 같다.

$$C = 2B\log_2 M\,[\text{bps}] \qquad (7\text{-}8)$$

여기서 C는 통신 가능한 최대 전송량, B는 전송로의 주파수 대역폭[Hz], M은 가능한 신호상태의 수이다.

$M=2^n$이 되는 2진 신호 전송(binary transmission)의 경우 각 심벌은 매 초마다 1 비트의 정보를 포함하므로 n=1이 되어 M=2가 된다.

지금 0과 1의 2진 신호전송인 경우 M이 2이므로 식(7-8)로부터 4800 [bps]의 전송 속도로 2진 신호를 전송하는데 필요한 주파수 대역폭 B는

$$B = \frac{C}{2\log_2 M} = \frac{4800}{2\log_2 2} = 2,400[\text{Hz}]$$

가 된다. 이것은 2400[Hz]의 주파수 대역폭이 있으면 4800[bps]의 전송이 가능하다는 것이다. 즉 전화 회선의 주파수 범위인 300~3400[Hz]의 대역폭이 있으면 전송할 수 있으므로 4800[bps]는 충분히 가능하다.

예를 들면 9600[bps]의 비트율(전송 속도)을 가진 신호를 잡음이 없는 이상적인 나이퀴스트 채널을 통해 2진 신호를 전송하려고 할 때 필요한 주파수 대역 B는

$$B = \frac{C}{2\log_2 M} = \frac{9600}{2\log_2 2} = 4800[\text{Hz}]$$

가 된다. 만일 이 신호가 음성 신호로서 0~3.4[kHz]의 가청 주파수 대역(음성 신호 대역)을 가질 경우에는 더 높은 주파수 범위로 옮기기 위한 변조가 필요하며, 변조를 하지 않고 베이스 밴드 전송을 할 경우에는 가능한 신호 상태수를 많게 하면 전송이 가능하다. 이때 n=3으로 하여 M=8인 신호 전송을 하면 전송이 가능해진다. 즉, $B=9600/(2\log_2 8)=1600$[Hz]가 되어 전화선을 통한 변조 조작이 없이 베이스 밴드 전송이 가능하게 된다.

연습문제 주관식 문제

1. 전송 형식에서 베이스 밴드 전송이란 어떤 형식인가를 설명하여라.

2. 베이스 밴드(baseband) 전송 방식의 종류와 특성을 설명하여라.

3. 베이스 밴드 전송 방식과 대역 전송 방식의 차이점을 기술하여라.

4. 단류방식과 복류방식을 그리고 특징을 써라.

5. RZ와 NRZ방식의 특징과 부호 파형을 그려라.

6. "10010110"을 복류방식 및 바이폴라 신호 방식의 파형으로 그려라.

7. 직렬 전송과 병렬 전송의 차이점을 설명하여라.

8. 디지털 전송 시스템에서 사용되는 선로 부호가 가져야 할 조건 5가지를 써라.

9. 아날로그 전송과 디지털 전송에 대하여 구성도를 그리고 설명하여라.

10. 다음 통신 방식을 설명하여라.
    (1) Simplex
    (2) Half duplex
    (3) Full duplex

11. 다음 용어를 간단히 설명하여라.
    (1) 비트(bit)
    (2) 보오(baud)
    (3) bps
    (4) 동기(synchronization)
    (5) Duplex

12. 데이터 통신방식의 통신속도에는 3가지가 있는데, 그 종류와 각각의 단위를 써라.

13. 통신 속도를 나타내는 종류를 들고 각각 설명하여라.

14. 전송 속도의 단위인 비트와 보에 대해서 설명하여라.

15. 보(baud) 속도가 1600 보인 경우 트리 비트(tribit)를 사용하면 몇 bps 인가?

16. 전송 용량을 정의하고 주파수 대역과의 관계를 설명하여라.

17. 4상 위상변조에서 변조속도가 2400Baud일 때 데이터 신호속도를 구하고 bps와 Baud와의 관계식을 써라.

18. 8상 위상변조방식에서 변조속도가 1600보오일 때 신호속도 bit/sec는?

19. 8 위상 변조기에서 4800 〔bps〕의 데이터 신호 속도는 변조 속도로 몇 Baud인가?

20. 8상 2진폭 변조시 신호 전송속도가 1200 Baud일 때 비트속도를 구하여라.

21. 4상 위상 변조를 하는 동기식 모뎀의 신호 전송 속도가 1200 Baud인 경우에 비트 속도는 얼마인가?

22. 어떤 데이터를 4위상 2진폭의 신호로 변조시켜 전송할 때 변조속도가 60〔Baud〕라 하면 신호속도는 몇 〔bps〕가 되는가?

23. 8상위상변조방식(8-PSK)을 사용한 변복조 장치에서 신호 전송속도가 1600보오〔baud〕이다. 이 변복조 장치가 전송하는 정보는 몇 비트/초인가?

24. 2400보오(Baud)는 4위상 변조시 몇 bps인가?

연습문제 객관식 문제

1. 디지털 신호의 펄스열을 그대로 또는 다른 형식의 펄스 파형으로 변환시켜 전송하는 방식은?
   ㉮ 베이스 밴드 전송 방식　　㉯ 반송 대역 전송 방식
   ㉰ 광대역 전송 방식　　㉱ 협대역 전송 방식

   풀이 베이스 밴드 전송 방식 : 데이터를 변조하지 않은 상태(즉 직류펄스의 형태)를 그대로 전송하는 방식으로 디지털 전송이라고도 한다.

2. 데이터 전송에 있어서 베이스 밴드(base band) 전송 방식의 장점이 아닌 것은?
   ㉮ 시내 구간에서는 모뎀이 필요없어 회선 가격이 싸다.
   ㉯ PCM 방식과의 정합이 용이하다.
   ㉰ 전화국 등에 설치된 단국 장치는 복수의 가입자가 이용할 수 있다.
   ㉱ 통화와 데이터를 혼합 사용할 수 있다.

   풀이 베이스 밴드(baseband) 전송 방식 : 베이스밴드신호를 변조하지 않고 그대로 전송하는 방식이다.
   (1) 장 점
   ① 시내 구간에서는 모뎀이 필요하지 않으므로 회선의 가격이 싸다.
   ② PCM 방식과의 정합이 용이하다.
   ③ 전화국 등에 설치된 단국 장치는 복수의 가입자가 이용할 수 있다.
   (2) 단 점
   ① 전화망과는 별도 통신망으로 되기 때문에 분할손이 생긴다.
   ② 통화와 데이터를 혼합하여 사용할 수 없다.

해답 1. ㉮　2. ㉱

3. 아날로그 데이터 전송을 위해 디지털 기법이 점차 일반화되고 있는 이유가 아닌 것은?
   ㉮ 증폭기(amplifier)를 사용하므로
   ㉯ 부가적 잡음이 발생하지 않으므로
   ㉰ 강력한 디지털 교환 기술을 활용할 수 있으므로
   ㉱ 변조 잡음이 없으므로

   풀이 아날로그 신호의 전송에는 증폭기가 여러 곳에 사용되기 때문에 신호가 증폭기를 통과할 때마다 신호 뿐만 아니라 잡음까지도 증폭되어 누적되고 신호의 전송에 심각한 영향을 준다. 그러나 디지털 전송의 경우에는 각 재생기에서 펄스만 재생하면 되므로 잡음이 없는 새로운 펄스만 재생하여 전송되기 때문에 원래의 신호와 동일한 신호의 전송이 가능하다는 이점이 있다.

4. 데이터 통신 시스템의 부호 전송 방식 설명 중 직렬 전송 방식은?
   ㉮ 직병렬 변환 회로가 필요하다.
   ㉯ 근거리 데이터 전송에 적합하다.
   ㉰ 동일 시간내에 많은 정보를 보낼 수 있다.
   ㉱ 비트수에 대응한 전송로 및 변복조 회로가 필요하다.

   풀이 직렬 전송 방식 : 한 문자를 이루고 있는 8 비트를 순서대로 1 비트씩 전송하는 방식이다. 일반적으로 컴퓨터 혹은 단말 장치의 내부에서 데이터는 병렬로 처리되므로 회선상에 송출할 때는 병직렬 변환이 필요하고, 또 회선에서 받을 때는 직병렬 변환 회로가 필요하다.

5. 다음 중 직렬전송방식의 특징이라고 볼 수 없는 것은?
   ㉮ 회선의 전송대역을 넓게 사용할 수 있다.
   ㉯ 송신측이나 수신측에 변환회로가 필요하다.
   ㉰ 송수신간의 동기가 필요하다.
   ㉱ 단말장치의 기능이 간단하다.

6. 다음 중 대부분의 데이터 전송 시스템에 채용하고 있는 전송 방식은?
   ㉮ 직렬 전송　　　　㉯ 병렬 전송
   ㉰ 대역 전송　　　　㉱ 직병렬 전송

   풀이 현재의 데이터 전송은 주로 직렬 전송방식이 사용되고 있다.

해답 3. ㉮　4. ㉮　5. ㉱　6. ㉮

7. 다음의 디지털 전송방식에 대한 설명 중 틀린 것은 어느 것인가?
㉮ 신호를 변환하지 않고 전송하는 방식이 베이스밴드 전송이다.
㉯ 베이스밴드 전송방식은 대역폭이 좁은 반면 전송 가능한 거리가 길다.
㉰ 브로드밴드 전송은 신호의 주파수를 변환하여 전송하는 방식이다.
㉱ 동축케이블은 브로드밴드 전송과 베이스밴드 전송에 모두 이용된다.

8. 데이터 전송에 있어서 일반적으로 대역 전송방식으로 사용되지 않는 변조방식은?
㉮ AM ㉯ FM
㉰ PM ㉱ PNM

9. 다음 중 양쪽으로 동시에 전송이 가능한 경우의 통신 방식은?
㉮ 단향 통신 ㉯ 반이중 통신
㉰ 전이중 통신 ㉱ 포켓벨

풀이 통신방식의 종류
① 단향(simplex) 통신 : 한 방향으로만 전송이 가능한 통신 방식
② 반이중(half duplex) 통신 : 양쪽 방향으로 신호의 전송이 가능하나 어떤 순간에는 반드시 한쪽 방향으로만 전송이 가능한 통신 방식
③ 전이중(full duplex) 통신 : 양쪽 방향으로 동시에 전송이 가능한 통신 방식

10. 다음 전송방식 중 양쪽 방향으로 전송이 가능하나 어떤 한 순간에는 한 방향으로만 통신이 가능한 것은?
㉮ SIMPLEX ㉯ TELEX
㉰ HALF-DUPLEX ㉱ FULL-DUPLEX

11. 다음 설명 중 틀린 것은?
㉮ 반2중(half-duplex) 통신모드는 정보를 교대로 전송하며 두 회선이 필요하다.
㉯ 전2중(full-duplex) 통신모드는 비용면에서 가장 경제적이다.
㉰ 단방향(simplex) 통신모드의 경우 송수신을 동시에 할 수 없다.
㉱ 단방향 통신모드에서는 정보전송이 한쪽으로만 이루어진다.

12. 정보전송방식 중 전송반전(turn around) 지연이 발생하는 것은?
㉮ 단일방향방식 ㉯ 반2중방식
㉰ 전2중방식 ㉱ 직렬전송방식

해답 7. ㉯ 8. ㉱ 9. ㉰ 10. ㉰ 11. ㉯ 12. ㉯

13. 4 선식 회선에 가장 효율적인 통신 방식은?
㉮ 단향 통신 ㉯ 반이중 통신
㉰ 전이중 통신 ㉱ 4중 통신

풀이 전이중(full duplex) 통신 : 두개의 스테이션이 동시에 데이터를 송수신할 수 있으므로 통상은 4선식 회선을 필요로 하고 가장 효율이 좋은 통신방식이다.

14. 정보 통신에서 에러 제어용 신호선을 갖는 방식으로 회선 구성이 간단하고 가장 값싼 가격으로 설치할 수 있는 전송 방식은?
㉮ 단향 통신 방식 ㉯ 우회 통신 방식
㉰ 반이중 방식 ㉱ 전이중 방식

풀이 단향(simplex) 통신방식 : 신호의 흐름은 언제나 한 방향으로서 에러 제어나 흐름 제어에 필요한 신호들을 송신측에 되돌려 보낼 수 없으므로 주로 일방적인 데이터 전송에만 사용된다.

15. 한 방향으로만 전송이 가능한 경우로서 수신측에서는 송신측에 대답할 수 없는 통신 방식은?
㉮ 반이중 통신(half duplex) ㉯ 전이중 통신(full duplex)
㉰ 단향 통신(simplex) ㉱ 이중 통신(duplex)

풀이 단향통신(simplex) : 한 방향으로만 신호전송이 가능한 방식으로서 단지 송신만 하거나 수신만 하도록 되어 있다.

16. 데이터 전송 방식 중 하나의 전송 경로를 제공하여 어느 방향으로 든지 사용할 수 있으나 동시에 양쪽 방향으로 사용할 수 없는 것은?
㉮ 전이중(full duplex) 방식 ㉯ 반이중(half duplex) 방식
㉰ 단방향(simplex) 방식 ㉱ 단측파대(SSB) 방식

풀이 반이중(half duplex) 통신방식 : 양쪽 방향으로 신호의 전송이 가능하나 어떤 순간에는 반드시 한쪽 방향으로만 전송이 가능한 통신 방식

17. 데이터 통신에서 full-duplex의 가장 큰 장점은?
㉮ 데이터를 병렬로 전송할 수 있다. ㉯ 데이터를 직렬로 전송할 수 있다.
㉰ 송신, 수신을 동시에 할 수 있다. ㉱ 비동기식 전송에 적합하다.

해답 13. ㉰ 14. ㉮ 15. ㉰ 16. ㉯ 17. ㉰

18. 데이터 전송 시스템에 있어서 통신 방식의 종류가 아닌 것은?
㉮ 단향(單向) 통신 방식 ㉯ 우회(迂廻) 통신 방식
㉰ 반(半) 2중 통신 방식 ㉱ 전(全) 2중 통신 방식

풀이 통신 방식의 종류
① 단향(simplex) 통신 방식
② 반이중(half duplex) 통신 방식
③ 전이중(full duplex) 통신 방식

19. 반이중 통신 시스템의 특징이 아닌 것은?
㉮ 이 시스템은 2선을 사용한다.
㉯ 정보 흐름의 방향을 바꾸기 위한 일정량의 시간이 필요하다.
㉰ 대부분 반이중 통신 시스템에는 일정량의 회귀(turn around) 시간을 갖는다.
㉱ 라디오와 텔레비전 방송이 전형적인 예이다.

풀이 반이중 통신 시스템은 휴대용 무선 통신기기 등이 대표적인 예이다.

20. 파형왜가 작고 송수신간에 특별한 타이밍을 필요로 하지 않는 것으로 자기 클록 신호(selfclocking signal)라고도 하는 전송 신호 방식은?
㉮ 단극 방식 ㉯ 복극 방식
㉰ 복극 RZ 방식 ㉱ 바이폴라 방식

풀이 복극 RZ 방식 : 각 단위가 각각 조보식 비트 타이밍으로 되어 있어서 파형왜가 작고 송수신간에 특별한 타이밍을 필요로 하지 않으므로 자기 클록 방식이라고도 한다.

21. 데이터 통신에 있어서 베이스 밴드(base band) 신호 전송 방식에서 가장 널리 사용되고 있는 것은?
㉮ 단류 방식 ㉯ 복류 방식
㉰ 단류 RZ 방식 ㉱ 다이코드(dicode) 방식

풀이 복류방식 : 베이스 밴드 전송 방식에서 가장 널리 사용되는 방식이다.

해답 18. ㉯ 19. ㉱ 20. ㉰ 21. ㉯

22. 데이터 전송의 기저대역 신호 방식에서 펄스의 길이가 심벌(symbol) 간격보다 짧아서 0 전위로 복귀하는 것은?

㉮ RZ 방식　　　㉯ NRZ 방식
㉰ 바이폴라 NRZ 방식　　　㉱ 다이코드 방식

풀이 RZ(Return to Zero)방식 : 영복귀방식이라고도 하며 비트 펄스사이에 반드시 전위 0으로 일정시간 동안 유지한 후 다음 신호를 보내는 방식이다.

23. RZ 방식과 비슷하나 0 일 때는 상태의 변화없이 전위 0 상태에 머무르며, 1 일 때만 (+) 전압 상태와 (-) 전압 상태가 교대로 나타나게 되는 베이스 밴드 전송 방식을 무엇이라고 하는가?

㉮ NRZ(Non-Return to Zero) 방식　　　㉯ 차분(differential) 방식
㉰ CMI(Coded Mark Inversion) 방식　　　㉱ 바이폴라(Bipolar) 방식

풀이 바이폴라(bipolar) 방식 : 복류 RZ방식의 변형으로 "1"일 때만 전류의 방향을 정(+)·부(-)로 교대로 바꾸는 것이다.

24. 다음 중 그림과 같은 형태의 신호를 갖는 베이스밴드 신호는?

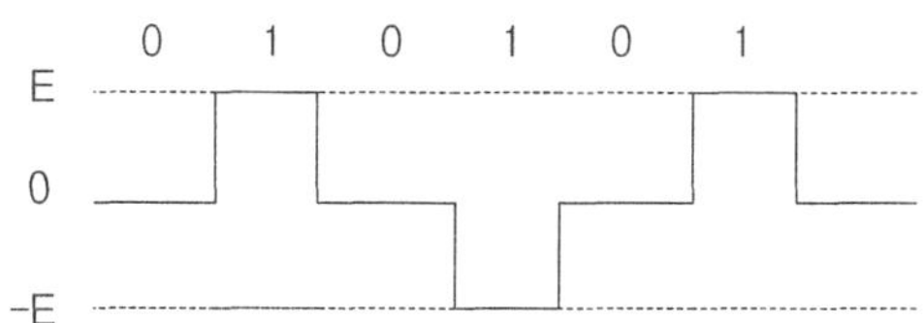

㉮ RZ　　　㉯ NRZ
㉰ 바이폴라　　　㉱ 차분

풀이 바이폴라(bipolar) 방식 : 0 일 때는 상태의 변화없이 전위 0 상태에 머무르며, 1 일 때만 (+) 전압 상태와 (-) 전압 상태가 교대로 나타나게 되는 방식

25. 데이터 통신 전송 방식 중 기저대역(base band) 방식에 해당되지 않는 것은?

㉮ 바이폴라(bipolar) 방식　　　㉯ 다이코드(dicode) 방식
㉰ 복류 RZ 방식　　　㉱ 반송 방식

풀이 반송대역전송방식 : 변조를 사용하여 신호의 주파수 스펙트럼을 옮겨서 이루어지는 전송방식으로 대역전송방식이라고도 한다.

해답 22. ㉮　23. ㉱　24. ㉰　25. ㉱

26. 다음 그림의 베이스 밴드 전송 방식은?

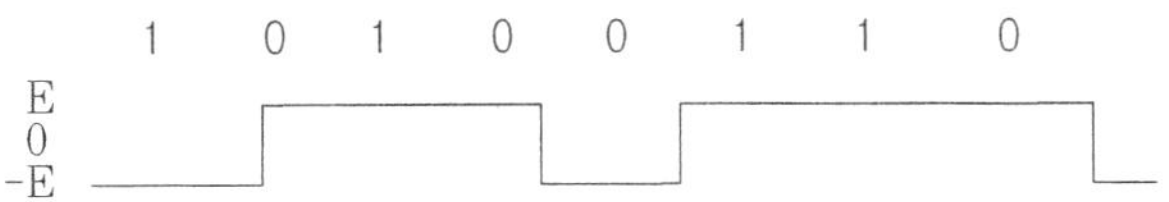

㉮ 바이폴라 방식　　㉯ 다이코드 방식
㉰ CMI 방식　　㉱ 차분 방식

풀이 차분 방식은 극성이 변화하면 0, 변화하지 않으면 1로 전송하는 방식으로 (+), (-)에 관계없이 상태의 변화에 따라 1과 0을 판정한다.

27. 다음 그림의 베이스 밴드 전송 방식은?

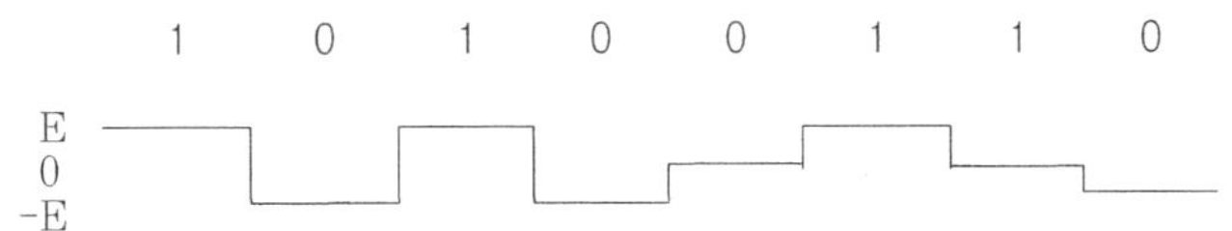

㉮ 바이폴라 RZ　　㉯ 복류 NRZ
㉰ 차분방식　　㉱ 다이코드 방식

풀이 다이코드 방식은 1에서 0으로 변화할 때 (-) 전위, 0에서 1로 변화할 때 (+) 전위, 0에서 0 또는 1에서 1과 같이 변화가 없을 때에는 0 전위로 하는 방식이다.

28. 매 비트의 1/2 시간 만큼 (+) 혹은 (-) 상태를 유지하고 그 뒤에 바로 제로 상태로 돌아오게 되는 방식은?

㉮ Return to Zero Space　　㉯ Return to Bias
㉰ Return to Zero　　㉱ Nonreturn to Zero

풀이 RZ(Return to Zero) 방식 : 영 복귀 방식이라고도 하며 신호 전압이 변화된 후에는 반드시 일정기간 지나면 전압 레벨이 0으로 복귀된다. 즉, 매 비트의 1/2 시간 만큼 (+) 혹은 (-) 상태를 유지하고 그 뒤에 바로 zero 상태로 돌아오게 되는 방식이다.

해답 26. ㉱ 27. ㉱ 28. ㉰

29. 다음 그림의 전송부호 형식은?

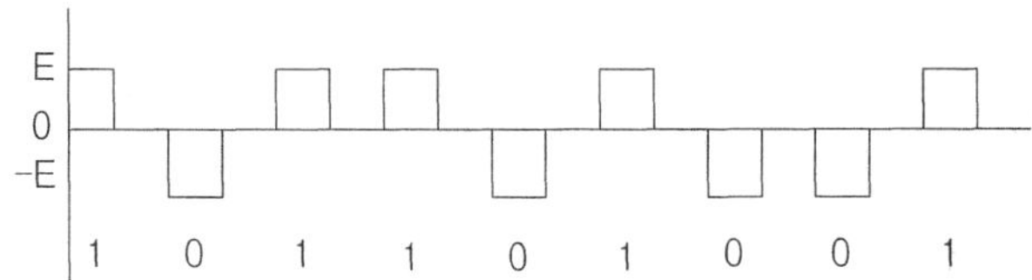

㉮ 단극 RZ 방식 ㉯ 복극 RZ 방식
㉰ 복극 NRZ 방식 ㉱ 바이폴라 방식

풀이 복극(Polar) : 양(+) 전압과 음(-) 전압으로 1과 0을 표시하는 것을 말한다.

① RZ 방식 : 비트펄스 사이에 반드시 전위 0으로 일정 시간동안 유지한 후 다음 신호를 보내는 방식

② NRZ 방식 : 비트 펄스 사이에 전위 0으로 유지하지 않고 계속해서 펄스를 전송하는 방식

30. 기저 대역 신호 중 신호대역폭이 가장 좁은 것은?

㉮ NRZ ㉯ Miller Code(Delay Modulation)
㉰ Manchester(Biphase) ㉱ RZ

31. 다음의 베이스밴드 전송방식 중 저주파 차단왜가 가장 적은 신호방식은?

㉮ 단류방식 ㉯ 단류 RZ 방식
㉰ 바이폴라 방식 ㉱ 복류방식

32. 다음 전송신호방식 중 전송로에서 발생하는 저주파 차단 영향을 받지 않는 방식은?

㉮ 복류 NRZ ㉯ 단류 RZ
㉰ 복류 RZ ㉱ 바이폴라(Bipolar)

33. 바이폴라 부호의 특징에 해당되지 않는 것은?

㉮ 0은 0 레벨의 펄스로, 1은 +A, -A의 두 가지 레벨의 펄스로 교대로 변환시키는 방법이다.

㉯ 이 부호는 3원부호로 보이지만 전송할 수 있는 정보량은 2원부호와 동등하다.

㉰ 직류성분이 포함되는 단점이 있다.

㉱ 0 부호의 연속을 억압하는 기능이 없어 수신단에서 타이밍(timing) 추출에 어려움이 있다.

해답 29. ㉯ 30. ㉮ 31. ㉰ 32. ㉱ 33. ㉰

34. 다음 그림의 전송부호 형식은?

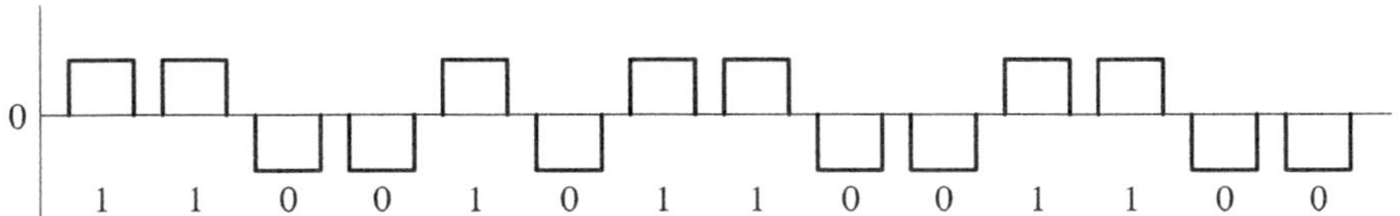

㉮ 단극 방식　　　　　㉯ 복극 방식
㉰ 복극 RZ 방식　　　㉱ 바이폴라 방식

풀이 복극(polar) : 펄스의 극성이 정과 부를 번갈아 바뀌도록 한 방식

① RZ 방식 : 비트펄스 사이에 반드시 전위 0으로 일정 시간동안 유지한 후 다음 신호를 보내는 방식

② NRZ 방식 : 비트 펄스 사이에 전위 0으로 유지하지 않고 계속하여 펄스를 전송하는 방식

35. 디지털 전송 신호 중 "1"을 나타내는 펄스가 "+", "−" 방향에 교대로 극성이 변화하는 복극성 펄스에 대한 설명중 틀린 것은?

㉮ 직류 성분이 제거되고 저주파 성분이 적어 저주파 차단 영향이 적다.
㉯ 에러 검출이 쉬우나 타이밍 회복이 어렵다.
㉰ 단극성 펄스에 비해 전송시 누화방해가 적다.
㉱ 전송로상의 주파수가 1/2로 감소한다.

풀이 복극 RZ방식의 변형인 바이폴라 방식의 설명이다.

36. 베이스 밴드 신호전송에 가장 많이 쓰이는 것은?

㉮ 복류 방식　　　　　㉯ 단류 방식
㉰ RZ 방식　　　　　　㉱ NRZ 방식

풀이 복류방식 : 0을 (+)전압, 1을 (−) 전압에 대응시킨 신호로 전송하는 방식으로서 수신측에서 0 또는 1의 판정을 하기 위한 기준은 전위 0에 고정 가능하므로 안정한 전송이 가능하다. 또 베이스 밴드 전송 방식에서 가장 널리 사용되는 방식이다.

해답 34. ㉰ 35. ㉱ 36. ㉮

37. 다음 그림의 전송 부호 형식은?

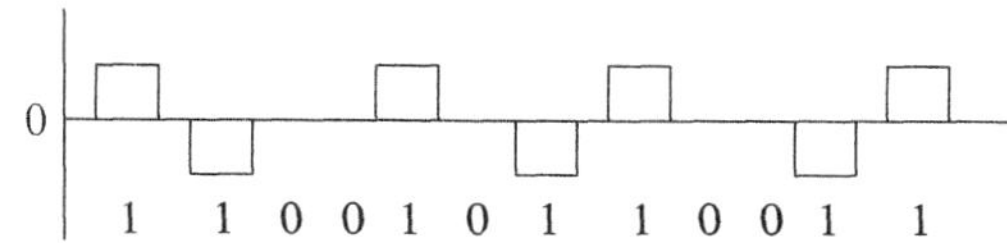

㉮ 단극 방식 ㉯ 복극 방식
㉰ 복극 RZ 방식 ㉱ 바이폴라 방식

풀이 바이폴라 방식 : "0"은 0[V]로 전송되고, "1"은 (+) 펄스와 (−) 펄스로 교대로 전송된다.

38. 다음 내용은 디지털 신호 부호화(encoding)의 어떤 형식을 설명한 것인가?
"최소한 두 개의 비트시간 간격 동안에 최대한 한번 전이가 발생한다."
㉮ 영비복귀(NRZ) ㉯ 영복귀(RZ)
㉰ 2단계(biphase) ㉱ 지연변조(delay modulation)

39. 입력 데이터 1은 +1과 −1로 반복하는 마크 부호로 변형하고 입력 데이터 0은 스페이스 부호로 변형하는 부호 방식으로 ISDN S 인터페이스에 많이 사용되는 것은?
㉮ NRZ-M 부호 ㉯ 2BIQ 부호
㉰ Biphase 부호 ㉱ AMI 부호

40. 디지털 전송방식의 베이스밴드 전송에 대한 다음 그림은 무슨 방식에 해당되는가?

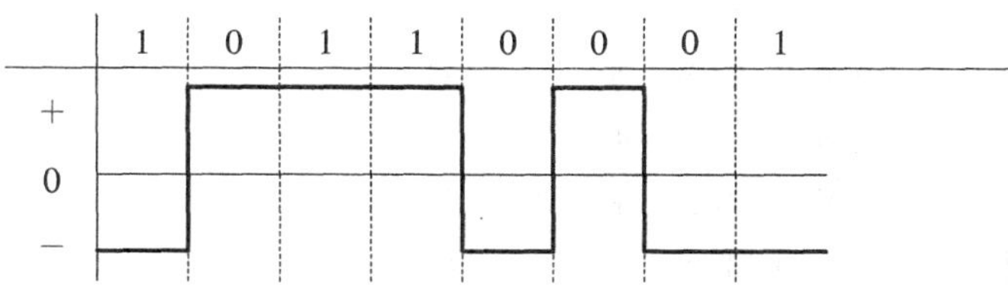

㉮ RZ 방식 ㉯ Bipolar 방식
㉰ 차분방식 ㉱ 복류방식

해답 37. ㉱ 38. ㉱ 39. ㉱ 40. ㉰

41. 베이스밴드 전송에서 '1'이 상반적인 정부펄스로 바뀌는 신호방식은?
㉮ 바이폴라　　㉯ 디포렌시얼
㉰ 다이코드　　㉱ 다이펄스

42. 다음 그림은 정보기입 방식별 파형이다. 이의 명칭은?

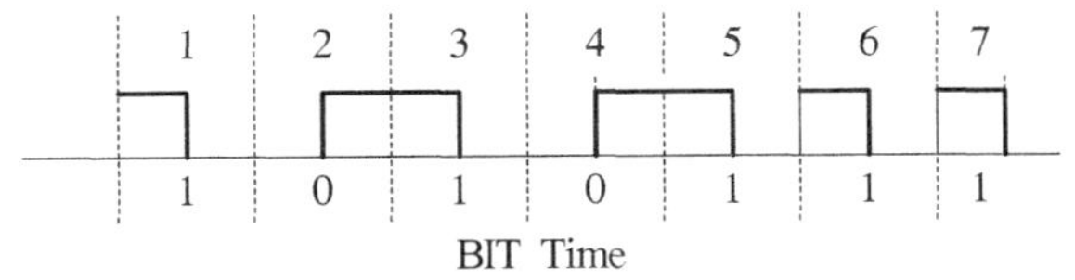

㉮ RZ파형　　㉯ NRZ파형
㉰ NRZ1파형　　㉱ Biphase파형

43. 전송부호 형식 중 단극성 부호의 '1', '0' 펄스 중 '1' 펄스의 극성을 교대로 반전시켜 복극성으로 만드는 부호 형식은?
㉮ RZ　　㉯ NRZ
㉰ AMI　　㉱ PST

44. 다음 중 전송로 부호의 클록 주파수가 입력신호 주파수의 2배인 부호화방식은?
㉮ AMI　　㉯ HDB
㉰ CMI　　㉱ 4B－3T

45. 다음 베이스밴드 전송의 dicode 방식에 대한 설명 중 틀린 것은?
㉮ 0에서 1의 변화가 있을 때는 ＋전위
㉯ 1에서 0의 변화가 있을 때는 －전위
㉰ 0에서 1로 변화가 있을 때는 0전위
㉱ 1에서 1로 변화가 없을 때는 ＋전위

해답 41. ㉮ 42. ㉱ 43. ㉰ 44. ㉰ 45. ㉰

46. 디지털 광단국장치의 부호(code) 변환회로에서 전송로에 적합하도록 부호를 변환하여 전송로에 송출하는데 그림과 같은 부호 변환방식을 무엇이라 하는가?

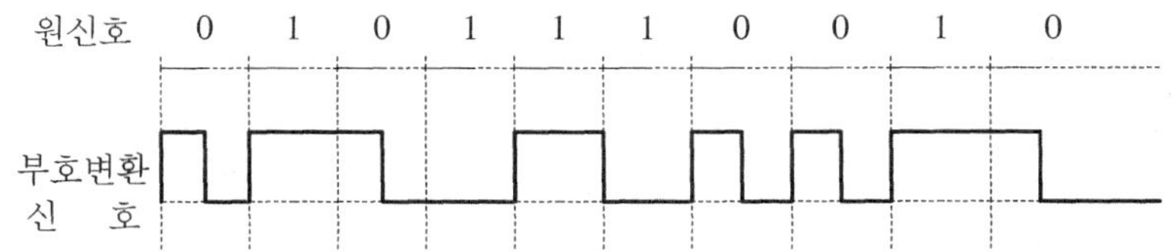

㉮ 단극성 RZ(Return to Zero)
㉯ CMI(Code Mark Inversion)
㉰ 단극성 NRZ(Non Return to Zero)
㉱ DMI(Differential Mark Inversion)

47. 디지털 데이터의 기저대역 전송시 부호간 간섭이 클 경우 전송 품질을 높이기 위해 사용하는 부호방식은?

㉮ PRS(Partial Response Signaling) 방식
㉯ 다이펄스(dipulse) 방식
㉰ MSK(Minimum Shift Keying) 방식
㉱ APK(Amplitude Phase Keying) 방식

48. BPS(Bits Per Second)의 설명으로 올바르지 않는 것을 고르시오.

㉮ 정보의 유통 단위이다.
㉯ 마크와 스페이스와 같이 서로 상반되는 부호의 정보량은 1bit이다.
㉰ 5단위 부호의 정보량은 $\log_2 2^5 = 5$ bits이다.
㉱ 4진 신호 레벨에서는 BAUD와 동일하다.

풀이 한 비트가 한 신호단위로 쓰이는 경우 Baud속도는 BPS와 동일하다.

49. Baud에 관한 설명 중 틀린 것은?

㉮ 단점 주파수의 2배에 상당한다.
㉯ τ_p = 0.02 초이면 40[Baud]가 된다.
㉰ 부호의 단위 펄스수를 n이라 하면 1 분간 보내지는 자수는 60 B/n이다.
㉱ 인쇄전신의 공로자 Baudot 씨의 이름을 따서 붙인 것이다.

풀이 $\text{Baud} = \frac{1}{\tau_P} = \frac{1}{0.02} = 50[\text{Baud}]$

해답 46. ㉯ 47. ㉮ 48. ㉱ 49. ㉯

50. 00를 −135°, 01를 −45°, 11을 45°, 10을 135°로 변조하고 또한 위와 반대로 복조하려 한다. 만일 1초에 변조 혹은 복조를 1200회를 할 때 얻어지는 bps는?

㉮ 600 〔bps〕 ㉯ 1200 〔bps〕
㉰ 2400 〔bps〕 ㉱ 4800 〔bps〕

풀이 4가지 위상 변이에 대하여 디비트(dibit)의 조합으로 표시되므로 매초마다 1200 번의 위상변이가 일어나면 1200 baud가 되고 하나의 baud에는 2비트씩 포함되어 있기 때문에 비트 속도는 2400 [bps]가 된다. 즉

비트속도(Bit rate) = Baud 속도 × bit수/Baud
= 1200 Baud/sec × 2 bit/Baud
= 2400 bit/sec

51. 4상 PSK 변조 방식을 사용한 모뎀에서 데이터 신호 속도가 2400 비트/초일 때 변조 속도는 얼마인가?

㉮ 1200 〔Baud〕 ㉯ 1200 비트/초
㉰ 2400 〔Baud〕 ㉱ 2400 비트/초

풀이 4상 PSK에서는 1회의 변조로 4종류의 상태를 나타낼 수 있으므로 2비트가 전송된다.

$$\text{변조 속도} = \frac{\text{데이터신호속도}}{\text{전송 가능한 비트수}} = \frac{2400}{2} = 1200 \text{ [Baud]}$$

52. 4 위상 변조 방식을 사용한 2,400〔bps〕 변복조에서 시간 길이 T = 833 × 10^{-6} 〔sec〕의 단위펄스가 4개의 독립적인 변조파를 갖는 4위상 변복조 방식에 의하여 표시될 때에 전송되는 비트수를 데이터 신호 속도로 표시하면 몇 〔bps〕인가?

㉮ 1200〔bps〕 ㉯ 2400〔bps〕
㉰ 4800〔bps〕 ㉱ 9600〔bps〕

풀이 데이터신호속도 $S = \text{변조속도} \times \text{전송가능한 비트수}$

$$= \frac{1}{\text{시간길이}} \times \text{전송가능한 비트수}$$

$$= \frac{1}{833 \times 10^{-6}} \times \log_2 4 = 2,400 \text{[bps]}$$

해답 50. ㉰ 51. ㉮ 52. ㉯

53. 1600 〔baud〕의 변조 속도로 4상 차분 위상 변조된 데이터의 신호 속도는 몇 bps 인가?

㉮ 800 〔bps〕 ㉯ 1200 〔bps〕
㉰ 3200 〔bps〕 ㉱ 6400 〔bps〕

풀이 데이터 신호 속도 = 변조 속도 × n (1 변조로 전송 가능한 비트 수)
= 1600 baud × $\log_2 4$ = 3200 [bps]

54. 통신 속도가 1200 〔BAUD〕일 때 4상식 위상 변조를 하면 데이터 속도는?

㉮ 1200 〔b/s〕 ㉯ 2400 〔b/s〕
㉰ 4800 〔b/s〕 ㉱ 9600 〔b/s〕

풀이 데이터신호속도 = 변조 속도 × baud 당 비트의 수 = 1200 × $\log_2 4$ = 2400 [b/s]

55. 통신 속도가 300 〔Baud〕 이고, 보드당 신호 레벨이 4 일 때 1분간의 송신 가능 속도를 계산하시오.

㉮ 36000 〔bit〕 ㉯ 72000 〔bit〕
㉰ 18000 〔bit〕 ㉱ 45000 〔bit〕

풀이 신호 속도 = 변조 속도[baud] × n(전송가능한 비트수)
= 300[baud] × 2 = 600 [bit/초]
∴ 데이터 전송 속도 = 신호 속도 × 60 (초) = 600 × 60 = 36000 [bit]

56. 데이터 전송에서 변조속도가 2400〔baud〕일 때 하나의 유의 순간에 4비트를 전송하는 위상변조방식을 사용하는 경우의 데이터 신호속도는 몇 〔bps〕인가?

㉮ 2400 ㉯ 7200
㉰ 9600 ㉱ 1200

풀이 신호속도[bps] = 변조속도[baud] × 4[bit] = 2400 × 4 = 9600[bps]

57. 8단위 부호를 사용하여 50보〔baud〕로 통신할 때 1분간 몇 자를 전송할 수 있는가?

㉮ 62.5자 ㉯ 96자
㉰ 375자 ㉱ 400자

풀이 50[baud] × 60 ÷ 8 = 3000 ÷ 8 = 375자

해답 53. ㉰ 54. ㉯ 55. ㉮ 56. ㉰ 57. ㉰

58. 통신속도가 4800〔bit/s〕인 회선에서 부호오율은 50분간 전송했을 때 오류 비트가 36〔bit〕였다면, 이 회선의 평균 오율은?

㉮ 2.5×10^{-7}　　㉯ 7.5×10^{-7}

㉰ 2.5×10^{-6}　　㉱ 7.5×10^{-6}

풀이 평균 오율 $= \dfrac{\text{오류 비트수}}{\text{총전송 비트수}} = \dfrac{36}{4800\times50\times60} = 2.5\times10^{-6}$

59. 통신속도가 50보오인 인쇄전신은 정보를 5개의 마크나 스페이스의 32개를 취급한다. 그러나 실제의 조보식으로는 스타트 1과 스톱 1.5를 부가 전송한다면 〔bit/s〕로 표시한 정보의 속도는 얼마인가?

㉮ 25〔bit/sec〕　　㉯ 28.5〔bit/sec〕

㉰ 33.3〔bit/sec〕　　㉱ 40〔bit/sec〕

60. QPSK(4상식위상변조) 방식에서 변조속도가 1200〔baud〕이면 데이터 신호속도는 다음 중 어느 것인가?

㉮ 4800비트/초　　㉯ 2400비트/초

㉰ 1200비트/초　　㉱ 600비트/초

풀이 신호속도 $=1200\times\log_2 4=2400$[bps]

61. 변조속도가 1200〔baud〕일 때 4상식 위상변조를 하면 데이터 신호속도는?

㉮ 1200〔b/s〕　　㉯ 2400〔b/s〕

㉰ 4800〔b/s〕　　㉱ 9600〔b/s〕

풀이 bps $=1200\times\log_2 4=2400$[bps]

62. baud 속도가 1200〔baud〕이고 Quadbit를 사용하는 경우 1초당 전송속도는 몇 〔bps〕인가?

㉮ 1200　　㉯ 2400

㉰ 4800　　㉱ 9600

풀이 bps $=1200\times4=4800$[bps]

해답 58. ㉰　59. ㉮　60. ㉯　61. ㉯　62. ㉰

63. 1200〔baud〕의 전송속도를 갖는 전송선로에서 신호비트가 트리비트(tribit)이면 전송속도는 몇 〔bps〕인가?

㉮ 1200　　㉯ 2400

㉰ 3600　　㉱ 4800

풀이 1200×3[bit]=3600[bps]

64. 8PSK 변조방식에서 변조속도가 2400〔baud〕일 때 정보신호의 속도는 몇 〔bits/s〕인가?

㉮ 7200　　㉯ 4800

㉰ 2400　　㉱ 800

풀이 $2400 \times \log_2 8 = 7200$[bps]

65. 통신속도 50〔baud〕인 전송부호 최단 펄스의 시간 길이는 다음 중 어느 것에 해당하는가?

㉮ 0.01초　　㉯ 0.02초

㉰ 0.05초　　㉱ 0.5초

풀이 50[baud] $= \frac{1}{T}$ $\therefore$ $T = \frac{1}{50} = 0.02$ 초

66. 데이터 전송의 표준속도가 50보오(baud)인 영문 인쇄 전신방식에서 1분간에 몇 자를 수신할 수 있는가?(단, 1자가 6단위 부호에 동기소자를 가해 8단위일 경우)

㉮ 300　　㉯ 375

㉰ 400　　㉱ 500

67. 0과 1로 나타내는 신호의 신호 간격이 2〔msec〕일 때 데이터 신호속도〔kbit/sec〕는 얼마인가?

㉮ 0.5　　㉯ 1

㉰ 2　　㉱ 4

68. 데이터 통신방식에 있어서 4상식(相式) 위상변조방식을 채택할 경우, 변조속도가 1200〔baud〕라고 하면 데이터 신호속도는?

㉮ 1200〔bits/s〕　　㉯ 2400〔bits/s〕

㉰ 3600〔bits/s〕　　㉱ 4800〔bits/s〕

해답 63. ㉰ 64. ㉮ 65. ㉯ 66. ㉯ 67. ㉮ 68. ㉯

69. 4위상 변조 방식에 의한 2400 〔bit/s〕 모뎀에서 단위 펄스의 시간장이 T = 833 $\times 10^{-6}$ 〔sec〕 인 경우 변조 속도는?

㉮ 2400 〔Baud〕　　㉯ 9600 〔Baud〕
㉰ 4800 〔Baud〕　　㉱ 1200 〔Baud〕

풀이 변조 속도 $B = \dfrac{1}{\text{단위펄스의 시간길이}(T)} = \dfrac{1}{833 \times 10^{-6}} = 1200[\text{Baud}]$

70. 50 보〔Baud〕의 통신 속도를 100〔Baud〕로 향상시켰다. 단위 펄스의 시간 길이는 얼마로 변하는가?(단, 신호단위 = 1〔bit〕)

㉮ 20 〔ms〕　　㉯ 40 〔ms〕
㉰ 10 〔ms〕　　㉱ 30 〔ms〕

풀이 $\text{Baud} = \dfrac{1}{\text{최단 펄스의 시간 길이}(\tau_p)}$ 이므로

$$\tau_p = \frac{1}{\text{Baud}} = \frac{1}{100} = 0.01[\text{s}] = 10[\text{ms}]$$

71. 16상 위상 변조 방식에서 변조 속도가 1200 보(baud)일 때 신호 속도는?

㉮ 600 〔bit/s〕　　㉯ 1200 〔bit/s〕
㉰ 2400 〔bit/s〕　　㉱ 4800 〔bit/s〕

풀이 신호 속도 = 변조 속도 × 1변조로 가능한 비트수[bit/s]
= 1200[baud] × $\log_2 16$ = 4800 [bit/s]

72. 4상 위상 변조 방식에서 변조 속도가 1200 〔Baud〕일 때 데이터 신호 속도는 몇 〔b/s〕인가?

㉮ 6400　　㉯ 4800
㉰ 2400　　㉱ 1200

풀이 데이터 신호 속도 = 변조 속도(baud) × 전송가능한 비트수
= 1200[baud] × $\log_2 4$ = 2400 [b/s]

해답 69. ㉱ 70. ㉮ 71. ㉱ 72. ㉰

73. 통신용량에 대한 설명 중 맞지 않는 것은?

㉮ 대역폭과 잡음전력에 의해서 제한을 받는다.

㉯ 주어진 채널에 의해 매초당 보낼 수 있는 정보량의 최대치이다.

㉰ $C = B \cdot \log_2\left(1 + \frac{S}{N}\right)$로 표시된다(단, B는 통신로의 주파수 대역폭).

㉱ 백색잡음에 대해 성립하고 잡음의 형태와 관계가 없다.

74. 대역폭 B인 채널을 통해 잡음 N이 섞인 신호 S를 전송할 때 그 채널의 정보 전송 용량은?

㉮ $C=B\log_2(1+S/N)$ ㉯ $C=B\log_{10}(1+N/S)$

㉰ $C=B\log_2(1+N/S)$ ㉱ $C=B\log_{10}(1+S/N)$

풀이 샤논(Shannon)의 정리 : 신호 전력 S, 주파수 대역폭 B인 신호를 통과시키며 잡음 전력 N인 백색 가우스 잡음을 발생하는 통신로 용량 C는
$C=B\log_2(1+S/N)$(bit/sec)

75. 선로장애현상을 적절한 보완책을 구사하였을 때라면 Shannon의 법칙에 의하여 그 가능한 최대 비트 속도를 산출할 수 있다. 이 때의 식은? (W : 주파수대역, S/N : 신호대 잡음비)

㉮ $C = 2W\log_e(1 + S/N)$ ㉯ $C = 2W\log_e(S/N)$

㉰ $C = W\log_e(1 + S/N)$ ㉱ $C = W\log_2(1 + S/N)$

76. 신호대 잡음비가 20㏈인 전송채널의 대역폭이 2600㎐라 하면 채널의 전송능력은 몇 bps인가?

㉮ 16300 ㉯ 17300

㉰ 18300 ㉱ 19300

해답 73. ㉱ 74. ㉮ 75. ㉱ 76. ㉯

77. 전송 찬넬(channel)의 단위 시간당 전송할 수 있는 bit 수는 샤논(shannon)의 식에 의하여 정립되는데 이 식에 가장 관련이 깊은 것은?

㉮ 전송로의 정전용량(C) ㉯ 전송로의 특성 임피던스(Z_o)
㉰ 신호대 잡음의 출력비(S/N) ㉱ 전송 신호의 위상(F)

풀이 전송용량(C)= 대역폭 × $\log_2(1+\frac{신호전력}{잡음전력})$

$$= B\ \log_2(1+\frac{S}{N})[\text{bit/sec}]$$

78. 주파수 대역폭이 30〔kHz〕, S/N비가 7인 채널을 통하여 전송할 수 있는 정보량은 몇 〔b/s〕인가?

㉮ 2.1×10^3 ㉯ 4.2×10^3
㉰ 6×10^3 ㉱ 9×10^4

풀이 $C = 30[\text{kHz}]\ \log_2(1+7) = 30 \times 10^3 \times \log_2 2^3$
$= 90 \times 10^3 = 9 \times 10^4[\text{bps}]$

79. 데이터 통신에서 전송 용량을 늘리는 방법이 아닌 것은?

㉮ 대역폭을 늘린다. ㉯ 신호 세력을 높인다.
㉰ 잡음 세력을 줄인다. ㉱ 에러 확률을 높인다.

풀이 전송용량을 늘리는 방법
① 대역폭(W)을 늘린다.
② 신호세력을 높인다.
③ 잡음 세력을 줄인다.

80. 통신 용량 〔bps〕을 구하는 공식은? 단 S는 신호 세력, N은 잡음 전력, B는 주파수 대역폭이다.

㉮ $B\log_2(1+\frac{S}{N})$ ㉯ $B\log_{10}(1-\frac{S}{N})$
㉰ $B\log_2(1-\frac{S}{N})$ ㉱ $B\log_{10}(1+\frac{S}{N})$

풀이 샤논(Shannon)의 정리 : 신호 세력 S, 주파수 대역폭 B인 신호를 통과시키고 잡음 전력 N인 백색 가우스 잡음을 발생하는 통신용량 C는

$$C = B\ \log_2(1+\frac{S}{N})[\text{bit/sec}]$$

해답 77. ㉰ 78. ㉱ 79. ㉱ 80. ㉮

81. 음성급 채널의 사용 가능한 주파수 대역을 2600〔Hz〕로 볼 때 보통 환경에서 S/N 비는 30〔dB〕이다. 이때 채널 용량은?

㉮ 21000 〔bps〕 ㉯ 23500 〔bps〕
㉰ 25900 〔bps〕 ㉱ 28500 〔bps〕

풀이 $\log_2 x = \dfrac{\log_{10} x}{\log_{10} 2} = (\log_2 10)(\log_{10} x) = 3.32 \log_{10} x$

$$\therefore \ C = B \log_2 \left(1 + \frac{S}{N}\right) = 3.32 B \log_{10}\left(1 + \frac{S}{N}\right)$$

$$= 2600 \times 3.32 \log_{10}(1 + 1000) = 25900 \ [\text{bps}]$$

82. 데이터 전송을 위한 주요 회선 구성 방식에 해당하지 않은 것은?

㉮ 2점간 직통 방식 ㉯ 중신회선 방식
㉰ 분기 방식 ㉱ Loop 방식

풀이 주요 회선 구성 방식

① 2 점간 직통 방식 : point - to - point 방식
② 분기 방식 : 멀티포인트(multi-point) 또는 멀티드롭(multi-drop) 방식
③ 교환 방식 : 회선 교환 방식, 패킷 교환 방식
④ 루프(Loop) 방식

해답 81. ㉰ 82. ㉯

MEMO

제 8 장 동기방식

8.1 개요

데이터 전송에는 직렬 전송이 적용되는데 송신측 문자를 수신측에서 정확하게 복원하려면 직렬 입력 파형으로부터 비트와 문자를 정확하게 식별하여야 한다. 이렇게 하기 위해서는 송신측과 수신측이 같은 타이밍으로 동작하는 것이 조건이다. 송신측과 수신측 동작 타이밍을 맞추는 것을 "동기를 취한다" 라고 한다.

동기에는 데이터 전송에서 다음과 같은 것이 있다.

① 비트 동기 : 비트를 검출하기 위한 동기

② 문자 동기 : 문자를 검출하기 위한 동기

③ 프레임 동기 : HDLC 절차의 프레임이나 PCM 전송 프레임을 검출하기 위한 동기

동기 방식은 송신측과 수신측 사이에 동기를 취하면서 전송하는 방식을 말한다. 디지털 신호를 전송할 때 송신측과 수신측 사이에 신호가 시작되는 것을 일치시키는 것을 동기(synchronization)라고 하며 일치되지 않으면, 즉 타이밍이 벗어나면 보낸 문자가 다른 문자로 바뀌기 때문에 이것을 방지하기 위하여 동기를 취하는 부호를 보낼 필요가 있다. 동기 방식에는 그림 8.1과 같이 크게 전송 데이터 1비트마다 동기를 취하는 비트 동기 방식과 어떤 한 덩어리의 데이터를 보낼 때마다 동기를 취하는 블록 동기 방식이 있다.

- 동기방식
  - 비트 동기
    - 비동기(조보 동기) 방식
    - 연속 동기 방식
  - 블록 동기
    - 문자(character) 동기 방식
    - 플래그(flag) 또는 프레임 동기 방식
    - 조보 동기 방식

그림 8.1 동기방식의 분류

8.2 비트 동기 방식

데이터를 정확히 송수신하기 위해서는 먼저 전송되어 온 데이터의 비트 열을 정보의 최소 단위인 1 비트마다 확인할 필요가 있는데 이것을 비트 동기라고 부른다. 또 비트 동기에 따라 각 비트가 정확히 수신되고 있어도 직렬 전송 방식인 경우는 비트 열의 어느 부호가 선두이고, 어느 부호가 끝인가에 대응되지 않으면 정보의 송수신은 정확히 행할 수 없게 된다. 이 때문에 전송 데이터의 비트 열에서 정보로 유익한 여러 비트의 부호나 부호군을 정확히 구분하고 블록 주기를 취할 필요가 있다.

비트 동기 방식에는 비트 단위로 타이밍을 일치시키는 연속 동기 방식과 비동기 방식(조보 동기 방식)이 있다.

(1) 비동기 방식(조보 동기 방식)

비동기(asynchronous) 방식은 그림 8.1과 같이 데이터 전송 회선을 이용하는 경우 비트 동기를 취하는데 각 문자 데이터(보통 8비트)의 전후에 스타트 비트(ST : start bit, 0상태)와 스톱 비트(SP : stop bit, 1상태)를 붙여서 직렬로 전송한다. 수신측에서는 스타트 및 스톱비트인 2개의 비트로 동기를 취해 문자를 조립한다. 이때 스톱비트의 길이는 사용되는 부호에 따라 1비트, 1.5비트, 2비트의 길이가 되며 전체 한 문자 데이터의 길이는 스타트 비트와 스톱 비트를 포함하여 10~11비트가 된다.

각 문자는 일정하지 않은 시간의 휴지시간이 있으며 각 문자는 5~8비트로 구성되고, 문자와 스톱비트사이에 패리티 비트를 두어 수신측에서 전송오류 여부를 판별할 수 있다. 이와 같이 송수신 단말간에 비트 동기와 문자 동기를 동시에 취할 수 있다. 비동기 방식은 비트 동기를 취하는데 스타트 비트와 스톱 비트를 사용하기 때문에 스타트-스톱 동기 방식(start-stop synchronous system)이라고도 부르며 1문자씩 순서를 맞춘다는 뜻에서 조보(調步) 동기 방식이라고도 부른다. 이 방식에 의한 데이터 전송은 전송로에 동기의 요소가 없다는 점 때문에 동기식 전송의 일종으로 간주되지 않고 비동기식(asynchronous) 전송이라고도 부르고 있다.

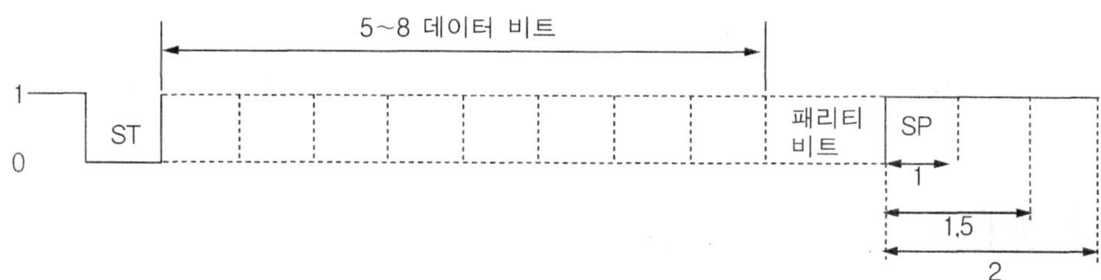

그림 8.2 비동기 방식

조보 동기 방식은 비동기식의 대표적인 것으로 1문자 8 비트를 전송하는 경우, 스타트 비트와 스톱 비트를 부가하여 10 비트가 필요하게 된다. 결국 전체 통신 회선의 이용률은 80[%]정도이므로, 전송 효율은 20[%] 저하되어 동기방식에 비해서 나쁘다. 그러므로 1초간에 300~1200 비트를 보내는 비교적 저속의 데이터 전송에 이용되며 주로 단거리에 사용된다.

(2) 연속 동기 방식

연속 동기 방식은 그림 8.3과 같이 데이터를 보내는 신호선과 동기신호를 보내는 신호선의 2개의 선을 설치하여 보내는 방법이므로 현재로는 1개의 신호선으로 데이터와 동기 신호를 중복해서 보내는 방법이 사용되고 있다. 수신측에서는 서로 중복된 신호에서 동기 신호가 제거된 데이터만을 꺼내서 사용된다. 이때 동기 신호가 검출되면 비트 동기를 취한다. 이 방식은 동기 신호로 동기시켜 데이터를 보내는 경우에 연속 동기라고 부르고 있다.

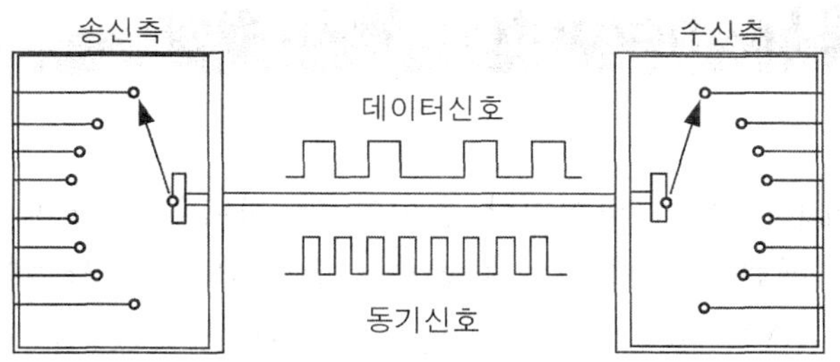

그림 8.3 연속 동기 방식

동기식은 비트마다 동기를 취하기 때문에 한번에 긴 데이터를 보낼 수가 있다. 따라서 1문자마다 스타트 비트와 스톱 비트가 필요한 비동기에 비하여 전송 효율이 좋고 전송 속도가 높아진다. 그러나 동시에 긴 데이터를 송신할 수 있더라도 한계가 있으므로 적당한 길이의 블록으로 나누어 전송해야 한다. 블록으로 나눈 것을 어떤 형태로 검출하는가에 따라서 문자 동기 방식과 프레임 동기 방식이 있다.

예제 ASCII 코드에서 A자가 1000001인 7비트의 정보비트와 1비트의 기수 패리티 비트로 인해 10000011로 구성된다. 이것이 실제 전송시에는 1비트의 시작 비트와 1비트의 스톱비트를 추가하여 2400bps의 변조기를 사용하여 비동기식으로 전송된다. 다음의 경우를 구하시오.

(1) 코드효율

풀이 코드효율 $= \frac{\text{정보 비트수}}{\text{전체 비트수}} = \frac{7}{8} \times 100\% = 87.5\%$

(2) 전송효율

풀이 전송효율 $= \frac{\text{정보의 펄스수}}{\text{전체 펄스수}} = \frac{8}{10} \times 100\% = 80\%$

(3) 유효속도

풀이 유효속도 $= 2400\text{bps} \times (87.5\% \times 80\%)$

$= 2400\text{bps} \times 70\% = 1680\text{bps}$

(4) 전체효율

풀이 전체효율= 87.5% × 80% =70%

8.3 문자(character) 동기 방식

문자(character) 동기 방식이란 송신할 때 하나의 문자(보통은 8 비트)의 앞에 특별한 비트 패턴을 부가하여 송출하는 방법이다. 이 특별한 비트 패턴을 전송 제어 문자인 SYN 부호(SYNchronous idle)라 하는데 일반적으로 "01101000"을 사용한다. 이 패턴을 왼쪽에서 차례로 보내고, 수신측에서는 이 패턴을 감시하여(동기의 확립이라 한다) 문자를 검출한다.

SYN 부호는 그림 8.3과 같이 전송을 확실하게 하기 위해서 통상 2개 이상을 문자 앞에 부가해서 보낸다. 수신측에서는 동기부호(SYN 부호)를 감시함에 따라 동기를 취한 후 8비트씩 구분해서 1문자로 인식하게 된다.

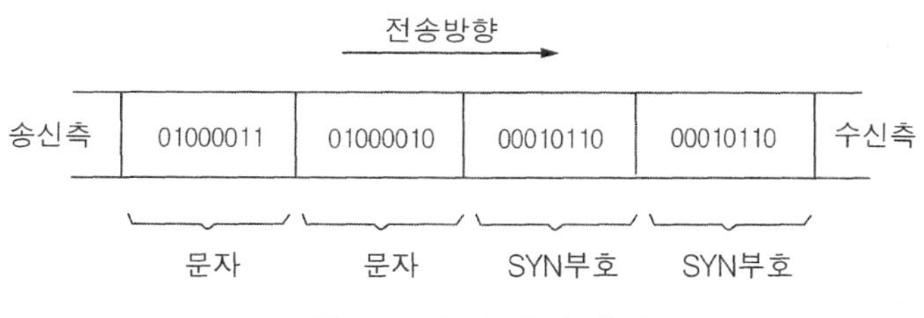

그림 8.4 문자 동기 방식

SYN 부호를 2개 이상 연속해서 보냄에 따라 어떤 원인에 의해서 동기가 벗어나도 다음에 보내오는 SYN 부호에 따라서 다시 동기를 취할 수가 있다.

문자 동기 방식은 SYN 부호 이후에 연속해서 보내오는 문자를 조립하는 것만으로도 가능하고, 문자와 문자 사이에 시간적으로 빈공간이 없기 때문에 효율이 좋다. 또 이 방식은 1초간에 2400 비트 이상 보낼 수 있는 고속 데이터 전송에 적합하다.

8.4 플래그(프레임) 동기 방식

플래그(프레임)동기방식은 HDLC 절차에서 이용되고 있는 동기 방식으로서 그림 8.4와 같이 데이터를 송신할 때 데이터 블록 구간을 플래그 순서(flag sequence)에 의해서 식별한다. 이 특별한 비트 패턴("0111 1110")을 동기용으로서 송신 데이터의 처음과 끝에 부가하여 보내는 동기 방식이다. 또 이 특별한 비트 열을 플래그라고 부른다. 이 플래그 동기는 전송할 데이터가 없어도 항상 전송로에 일정한 비트 패턴을 보내서 동기를 취하고 있다. 실제로 플래그 뿐만 아니라 그림 8.6에 나타낸 바와 같이 프레임 검사 시퀀스(FCS)가 데이터 전후에 부가되고 있다.

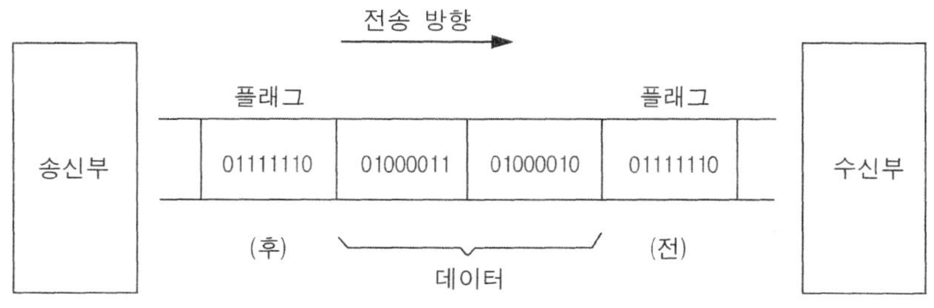

그림 8.5 플래그(프레임) 동기 방식

FCS는 16비트이며, 이 중에는 CRC의 결과가 들어간다. 제어 부호는 특히 설정되어 있지 않지만, 그것에 해당하는 정보는 프레임 중의 제어부 중에 삽입하여 통신을 행할 수 있다.

플래그 시퀀스(F)	주소부 (A)	제어부 (C)	정보부 (I)	프레임 검사 시퀀스(FCS)	플래그 시퀀스(F)
01111110	8 bit	8 bit	8×n bit	16 bit	01111110

그림 8.6 프레임 구조

시작 플래그와 종결 플래그 사이의 데이터가 플래그 순서(0111 1110 : 1이 6개)와 동일한 형식을 갖지 않도록 하려면 송신측에서는 전송되는 데이터의 1이 5개 연속일 때 다음에 0을 삽입하고, 수신측에서는 수신된 데이터가 1이 5개 연속일 때 그 다음의 0를 제거하는 조작을 행한다. 이 조작에 의해서 자유스러운 비트열의 데이터를 전송할 수 있다. 플래그 동기 방식은 문자 동기 방식과 비슷하지만 데이터의 처음과 끝에 플래그 비트열을 부가하여 보내기 때문에, 임의의 데이터(예를 들면 전송 제어 문자 등의 기능이나 가변길이의 비트 데이터)도 전송할 수 있다.

연습문제 주관식 문제

1. 디지털 데이터 통신의 비동기식 전송과 동기식 전송방식에 대해서 그 개요를 설명하고, 그 특성을 비교하여라.

2. 동기식 방식에서 비동기 전송과 동기 전송에 대해 비교 설명하여라.

3. 디지털 교환망에서 상호 연결되어 운용되는 디지털 전송과 교환 시스템간의 클럭 주파수를 일치시키는 것을 망동기라 하며, 망동기식에는 독립동기방식, 종속동기방식, 상호동기방식 등이 있다. 위의 3가지 동기방식의 특징을 두 가지씩만 기술하여라.

4. 다음은 데이터 전송의 동기 방식이다. 각 방식을 간략하게 설명하여라.
   (1) 조보 동기 방식(Asynchronous system)
   (2) 비트 동기 방식(Bit Synchronous system)
   (3) 블록 동기 방식(Block Synchronous system)

5. 데이터 통신의 종속동기방식중 계위 종속동기방식의 구성도를 그리고 설명하여라.

6. 디지털 통신망의 단순 종속동기방식의 구성도를 그리고 특징을 써라.

7. 종속동기방식(master-slave)의 종류를 써라.

8. 비동기 110bps 속도를 갖는 7비트 ASCⅡ 코드에서 전송 가능한 초당 캐릭터의 수는?

9. 110bps 선로에서 7비트 ASCII 코드로 전송할 때 start bit가 1bit, parity bit가 1bit, stop bit를 $x$bit라 하면 초당 10캐릭터로 수신할 때 stop bit x는 얼마인가?

10. 비동기식 전송 300[bps]에서 ASCII 코드로 전송할 때 start bit : 1bit, stop bit : 1bit, parity bit : 1bit라 하면 1분간 전송되는 문자수는?

연습문제 객관식 문제

1. 다음은 동기방식들에 관한 설명이다. 잘못된 것은?
   ㉮ 비동기방식(asynchronous)는 주로 저속통신에 많이 이용된다.
   ㉯ 플래그(flag) 동기방식은 HDLC 전송제어에 이용되고 있다.
   ㉰ 캐릭터(character) 동기방식에서는 스타트와 스톱비트로 문자를 구분한다.
   ㉱ 망동기방식으로서 독립동기와 종속동기, 상호동기방식이 사용될 수 있다.

2. 다음 데이터 전송 방식에서 동기식의 특성이 아닌 것은?
   ㉮ 동기는 글자 단위로 이루어진다.
   ㉯ 한 묶음으로 구성하는 글자들 사이에는 휴지 간격이 없다.
   ㉰ 데이터 묶음의 앞쪽에서 반드시 동기 문자가 나온다.
   ㉱ 동기 문자는 송수신의 동기 유지를 위해 사용한다.

   풀이 동기식 전송(Synchronous Transmission) : 한 글자 단위가 아니고 정해진 글자열을 한 묶음으로 만들어 일시에 전송하는 방식으로 한 블록내에는 휴지 시간(idle time)이 없고 보통 2000[bps] 이상에서 사용한다.

3. 데이터 전송방식 중 동기식 전송방식에 해당하는 것은?
   ㉮ 전송되는 각 글자 사이에는 일정치 않은 휴지기간이 있을 수 있다.
   ㉯ 각 비트 길이는 통신속도에 따라 정해지며 일정하다.
   ㉰ 전송속도가 보통 2000[bps]를 넘는 경우에 사용된다.
   ㉱ 동기는 글자 단위로 이루어진다.

4. 데이터 전송 방식에서 비동기식 전송의 특성이 아닌 것은?
   ㉮ 동기는 글자 단위로 이루어지며 송수신측이 항상 동기 상태에 있을 필요가 없다.
   ㉯ 전송 속도는 보통 2000[bps]를 넘는 경우에 사용한다.
   ㉰ 각 글자의 앞쪽에 스타트 펄스 1개, 뒤쪽에 1개 또는 2개의 스톱 비트를 갖는다.
   ㉱ 각 글자 사이에 휴지 간격이 있을 수 있다.

   풀이 비동기식 전송방식은 비교적 저속도(1200bps이하)의 데이터 전송에 이용되고 있다.

해답 1. ㉰ 2. ㉮ 3. ㉰ 4. ㉯

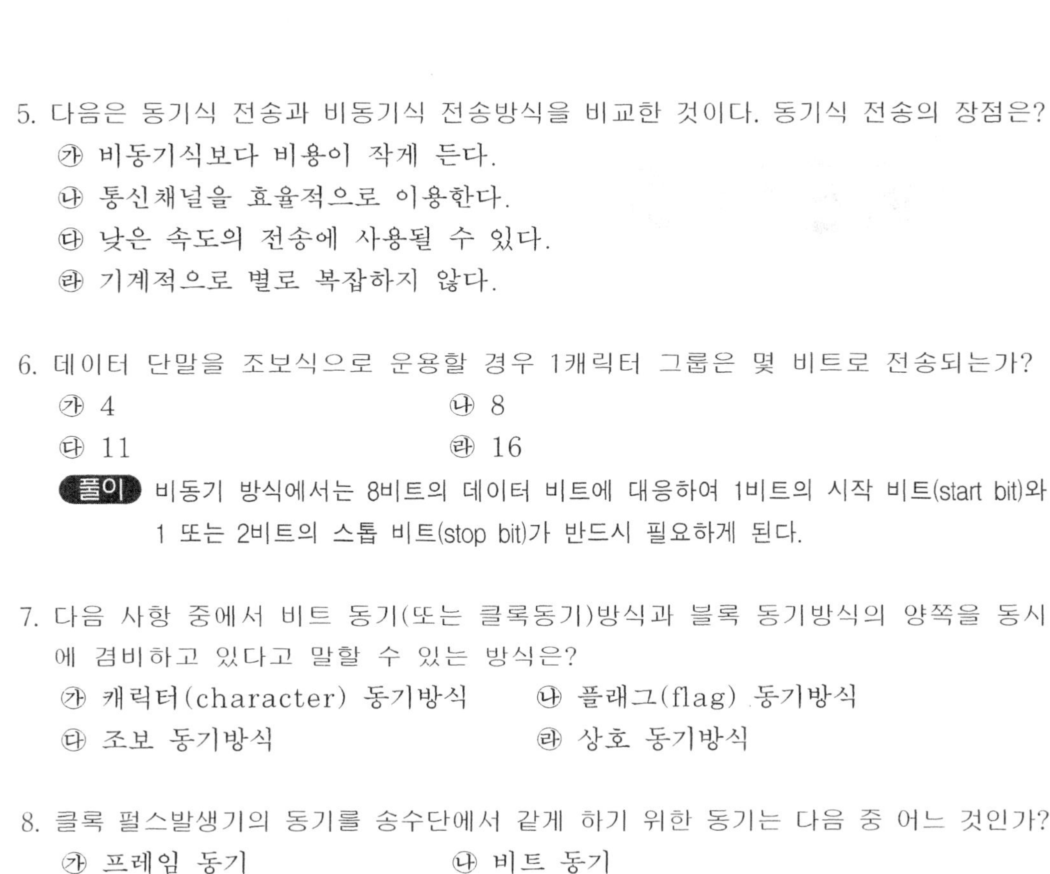

5. 다음은 동기식 전송과 비동기식 전송방식을 비교한 것이다. 동기식 전송의 장점은?
   ㉮ 비동기식보다 비용이 작게 든다.
   ㉯ 통신채널을 효율적으로 이용한다.
   ㉰ 낮은 속도의 전송에 사용될 수 있다.
   ㉱ 기계적으로 별로 복잡하지 않다.

6. 데이터 단말을 조보식으로 운용할 경우 1캐릭터 그룹은 몇 비트로 전송되는가?
   ㉮ 4　　㉯ 8
   ㉰ 11　　㉱ 16

   풀이 비동기 방식에서는 8비트의 데이터 비트에 대응하여 1비트의 시작 비트(start bit)와 1 또는 2비트의 스톱 비트(stop bit)가 반드시 필요하게 된다.

7. 다음 사항 중에서 비트 동기(또는 클록동기)방식과 블록 동기방식의 양쪽을 동시에 겸비하고 있다고 말할 수 있는 방식은?
   ㉮ 캐릭터(character) 동기방식　　㉯ 플래그(flag) 동기방식
   ㉰ 조보 동기방식　　㉱ 상호 동기방식

8. 클록 펄스발생기의 동기를 송수단에서 같게 하기 위한 동기는 다음 중 어느 것인가?
   ㉮ 프레임 동기　　㉯ 비트 동기
   ㉰ 강제 동기　　㉱ 제어 동기

9. 혼합형 동기식(isochronous) 전송방식의 특징이 아닌 것은?
   ㉮ 동기식 전송의 특성과 비동기식 전송의 특성을 혼합한 것
   ㉯ 비동기식보다 유리한 점은 높은 통신속도를 갖는 점
   ㉰ 각 글자가 비동기식의 경우처럼 스타트 비트와 스톱비트를 가지며 동기식의 경우처럼 송신측과 수신측이 동기상태에 있어야 한다.
   ㉱ 한 글자와 다른 글자 사이에 휴지 시간은 없어야 한다.

10. 8비트 코드에 1개의 스타트 비트와 2개의 스톱 비트를 추가하여 전송하면 전송효율은 약 몇 〔%〕인가?
   ㉮ 60　　㉯ 65.2
   ㉰ 72.7　　㉱ 81.5

해답 5. ㉱　6. ㉰　7. ㉰　8. ㉮　9. ㉱　10. ㉰

MEMO

제 9 장 신호방식

9.1 신호의 종류

교환접속을 행하려면 단말－교환기간, 교환기－교환기간에 있어서 여러 가지 제어신호를 주고받을 필요가 있다. 이러한 신호의 송수신에 관한 규약과 방법을 신호방식(signalling system)이라고 한다. 신호방식은 통신망의 형태나 제어법에도 많은 영향을 주고 있다.

그림 9.1은 전화망에 있어서의 기본적인 신호의 흐름을 나타낸 것이다.

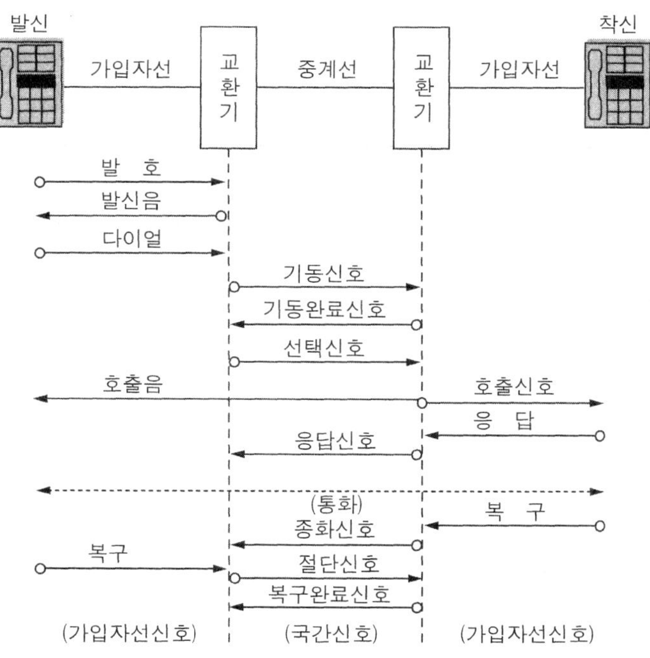

그림 9.1 기본적인 신호의 흐름

전화기와 교환기 사이에는 송수화기를 들거나 놓는 것을 알리는 발호신호와 복구신호, 다이얼 숫자를 보내는 선택신호, 발신음이나 벨신호를 보내는 응답신호와 호출신호 등을 주고받는다. 이들의 신호를 가입자선 신호(subscriber line signal)라고 한다.

이와는 달리 교환국 사이에서 주고 받는 신호를 국간신호(inter office signal)라고 하는데, 여기에는 선택신호와 감시신호가 있다. 선택신호(selecting signal)는 다이얼 숫자정보 등의 중계경로 선택에 필요한 제어정보이다.

감시신호(supervisory signal)는 호(call)의 상태를 감시하고 이것에 기초하여 필요한 제어를 하기 위한 신호이다. 여기에는 기동, 절단 등 상대국에 동작을 지령하는 제어신호(control signal)와 응답이나 종화 등 상대국에 호의 상태를 통지하는 표시신호(status signal) 등이 있다.

그 외에 최근 정보전송을 위한 과금신호, 통신망의 관리·운용에 필요한 망관리 신호 등도 필요에 따라 교환국 사이에서 전송된다.

구체적인 신호 송수법에는 교환기의 종류, 전송로의 종류, 기술의 역사적 발달과정 등에 따라 다종다양한 것이 사용되고 있다. 선택신호에는 다이얼 숫자를 펄스형식으로 전달하는 다이얼 펄스 부호(dial pulse code)와 주파수의 조합으로 숫자를 표시하는 다주파 부호(multi-frequency code)가 있다. 국간신호에는 표 9.1과 같은 다주파부호가 널리 사용되고 있다.

표 9.1 다주파 부호

약 호	0	1	2	4	7	K
주파수 / 부 호	700Hz	900Hz	1100Hz	1300Hz	1500Hz	1700Hz
1	○	○				
2	○		○			
3		○	○			
4	○			○		
5		○		○		
6			○	○		
7	○				○	
8		○			○	
9			○		○	
0				○	○	
접부호			○			○
송부호		○				○

감시신호에는 직류 또는 음성대역외의 교류 주파수를 단속하여 그 시퀀스로 신호를 보내는 연속신호형식과 펄스의 조합을 이용하는 펄스신호형식 등이 있다.

9.2 신호방식

전화기·교환기간에 사용되는 신호에는 송수화기를 전화기에서 들거나 놓을 때의 접속·복구요구·다이얼신호·응답신호 등이 있다. 이들의 신호방식을 가입자선 신호방식이라고 한다. 또 교환기 상호간의 제어 접속에 기동·응답·선택·종화·절단 등의 많은 신호를 주고 받는다. 국간의 신호방식을 국간신호방식이라고 한다. 이들의 신호는 발신측이 착신측을 선택하기 위한 선택신호(selective signal)와 기동 등 접속의 진행을 위해서 보내는 제어신호 및 응답 종화를 나타내는 표시신호로 구성되는 감시신호(super-visory signal)의 두 종류로 구분된다.

(1) 가입자선 신호방식

단말로부터의 발호·절단은 송수화기를 들거나 놓을 때에 기인하여 가입자 선로의 직류 루프 전류의 ON·OFF로 표시되고, 교환기로 부터의 신호는 전류극성의 반전으로 표시된다. 또 선택신호는 다이얼 펄스(DP : dial pulse)방식과 푸시버튼 다이얼(PB ; push button dial)방식이 사용되고, 서비스 도중에 교환기측 상태는 발신음·호출신호·호출음·화중음 등의 가청 신호음으로 표시된다.

표 9.2 선택신호(PB신호)의 주파수 조합

주파수〔Hz〕		고 군		
		h_1 1209	h_2 1336	h_3 1633
저 군	l_1 967	1	2	3
	l_2 720	4	5	6
	l_3 852	7	8	9
	l_4 941	*	0	#

DP 방식은 직류 루프 전류의 단속에 의한 신호방식으로서, 단속속도는 매초 10펄스와 20펄스의 두 종류가 있으며, 10[펄스/초]의 것은 단단식(step-by-step) 교환기에 사용되고 있다. PB 방식은 음성 대역의 2주파의 정현파를 조합시킨 신호방식으로, 숫자와 2주파의 조합의 대응은 표 9.2와 같다.

(2) 국간 신호방식

이 방식은 교환국 상호간 또는 교환기와 단말기 사이에서의 신호방식이다. 국간 신호방식에는 그림 9.2와 같이 통화로를 사용하여 신호의 송수를 행하는 개별선 신호방식(channel associated signalling system)과 다수의 통화회선에 대해서 한쌍의 신호 전용의 회선을 설치하고, 모든 신호를 고속 데이터 신호로 송수하는 공통선 신호방식(CS방식 : common channel signalling system)이 있다.

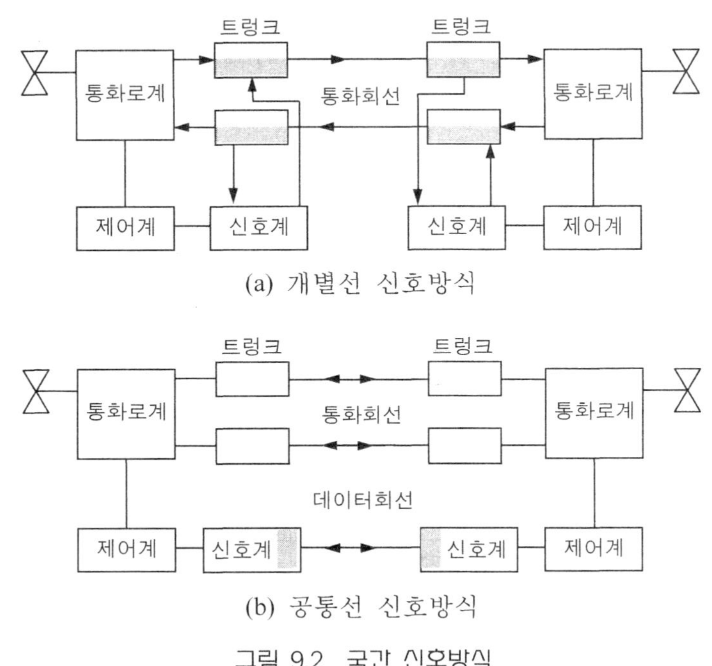

(a) 개별선 신호방식

(b) 공통선 신호방식

그림 9.2 국간 신호방식

① 개별선 신호방식

그림 9.2(a)의 개별선 신호방식은 개개의 중계선(trunk)에 신호 송수기능(그림의 사선부분)을 부가하여 통화회선을 통해 그 통화에 관한 국간 신호를 개별로 전송하는 방식이다. 크로스바 교환방식 등 종래의 방식에서는 개별

선 신호방식이 널리 이용되었다.

개별선 신호방식에 사용되는 감시 신호로는 음성 중계 회선에 사용되는 직류 신호방식, 반송 회선에 사용되는 대역외 주파방식(O방식 : out-of-band frequency signalling system), PCM 회선에 사용되는 PCM(P) 방식이 있다. O 방식은 3850[Hz] 상당의 대역외 주파의 신호를 이용하여 신호 전력이 과대하게 되지 않도록 무통화시 송출 형식을 취하고 있다.

그림 9.3은 반송회선에서 사용되고 있는 대역외 주파신호방식의 신호 시퀀스를 나타낸 것이다. OD 방식은 선택신호에 다이얼 펄스부호를 이용한 방식, OM 방식은 다주파 부호를 이용한 방식이다.

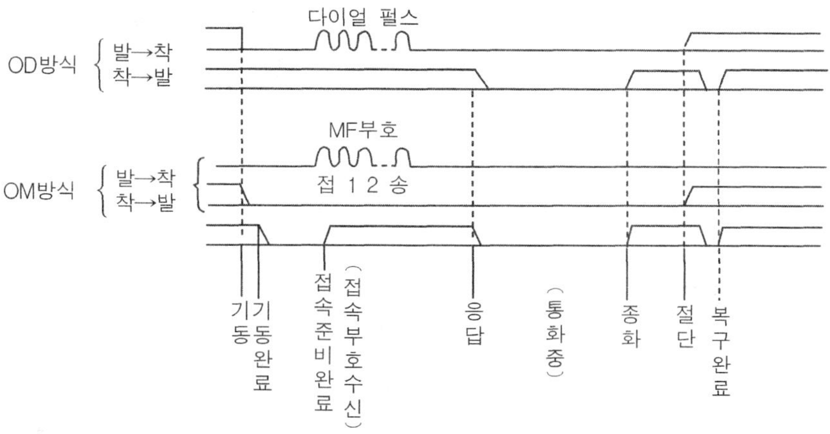

그림 9.3 대역외 주파신호방식의 선택신호와 감시신호

P방식은 PCM-24 B방식의 경우, 125[μs]×6 프레임=750[μs]마다 보내는 신호 비트(각 통화로 신호의 제8비트를 도용)를 O방식의 3850[Hz]와 마찬가지로 이용하여 루프 형성에서 0을, 루프 개방에서 1을 보내는 일종의 무통화시 송출 형식을 취하고 있다.

개별선 신호방식에 사용되고 있는 선택 신호로는 다이얼 펄스(DP : dial pulse) 방식과 다주파 부호(MF : multi frequency code)방식이 있다. DP 방식은 감시신호 전류를 10[펄스/초]의 속도로 단속하는 형식으로서 단단식 국간에서 사용되고 있다. MF 방식은 주파수로서 700[Hz], 900[Hz], 1100[Hz], 1300[Hz], 1500[Hz] 및 1700[Hz]의 6주파를 사용하여, 그 중 2주파의 조합에 의해서 선택 숫자를 구성한다. 예를 들면 숫자 1은 700[Hz]와 900[Hz], 숫자 2는 700[Hz]와 1100[Hz], 숫자 3은 900[Hz]와 1100[Hz]로 나타낸다. 다주파 부호는 매초 수십자의 속도로 다이얼 펄스의 약 16배이다. 선택 신호가 중계국에 의해서 중계되는 경우는 엔드 투 엔드 방식(end to end system)과 링크 바이 링크 방식(link by link system)이 있다. 엔드 투 엔드 방식은 단단식 교환기에 이용되고 있으며, 그림 9.4(a)와 같이 발신국으로부터의 다이얼 펄스가 중계국을 순차 통과하여 착신국에 도달하는 것이다. 링크 바이 링크 방식은 크로스바 교환기에 이용되고 있으며, 그림 9.4(b)와 같이 발신국으로부터의 다이얼 펄스는 중계국마다 중계 교환기로 재송하는 방식이다.

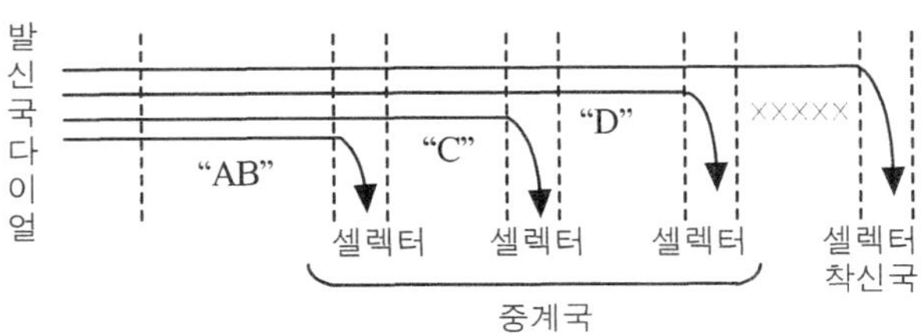

(a) 엔드 투 엔드 방식

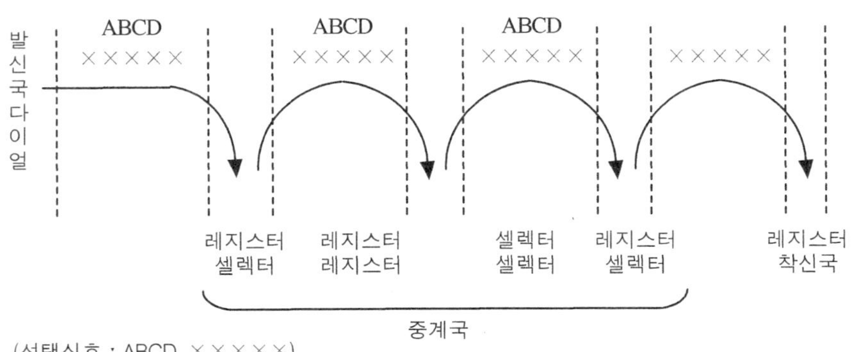

(b) 링크 바이 링크 방식

그림 9.4 신호 중계방식

② 공통선 신호방식

개별선 신호방식과는 달리 최근의 전자교환 방식에서는 그림 9.2(b)에 나타낸 공통선 신호방식(common channel signalling system)이 이용되고 있다. 이것은 신호전달 전용으로 설치된 데이터 회선을 사용하여 양국의 제어계를 직결시키는 방식이다. 이와 같이 신호계와 통화계를 완전히 분리하여 정보전송능력이 높은 데이터 회선을 사용해서 다수의 통화회선에 대한 신호를 공통으로 송수하는 방식에서는 대량의 정보를 통화에 방해를 주지 않으며 높은 속도로 전달할 수 있다. 또 다수의 중계선으로부터 신호회로를 제거함으로서 얻어지는 경제적 이익도 많다.

공통선 신호방식을 이용하면 양쪽 방향으로 대량의 정보를 전달할 수 있으므로 여러가지 새로운 통신 서비스의 도입이 쉽다. 통신망 각부의 트래픽 상태를 나타내는 광역 감시정보의 전달도 행하므로 효율적인 통신망 제어나 이상 트래픽 처리도 실행할 수 있다. 또 이 기술을 확장하면 중소국을 경제적으로 운용하는 원격제어 교환방식도 실현할 수 있게 된다.

공통선 신호방식에서는 신호회선이 통화회선과 독립되게 설계할 수 있다. 이 신호회선망의 구성법에는 두가지 방식이 있다. 첫째는 대응 구조망인데, 이것은 통화회선과 신호회선을 1대 1로 대응시켜 설치하는 방법이다. 이것은 구성이 간단하지만 작은 묶음의 회선부분에서는 신호처리능력이 남아돌아 비경제적이 되기 쉽다.

두 번째의 방법은 그림 9.5와 같이 통화 회선망과 신호 회선망을 비대응으로 한 방식인데, 이것을 비대응 구조망이라고 한다. 이 방식은 신호회선을 몇 개의 통화회선에 공용시켜 효율적으로 운용할 수 있다는 것이 특징이지만 장애의 영향이 광범위하게 파급되기 쉬우므로 충분한 장애대책을 세워둘 필요가 있다.

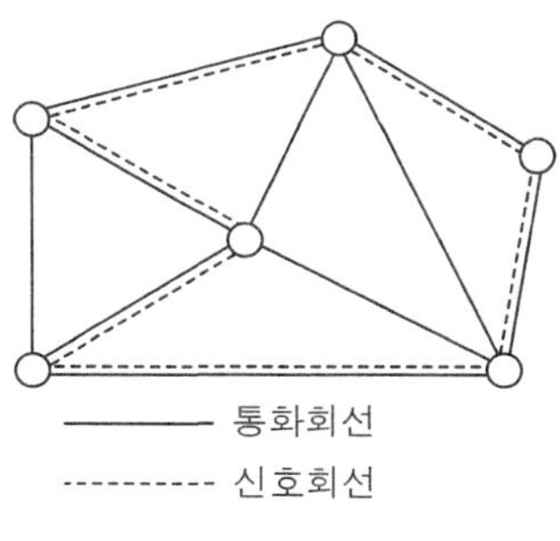

그림 9.5 비대응 구조망

(3) No.7신호방식

No.7신호방식은 ISDN에 부합되는 신호방식의 필요성이 제기됨에 따라 1980년 ITU에서 Q700 시리즈로 처음 권고된 신호방식으로서 하나의 채널이 규격화된 메시지들에 의하여 다수의 회선에 관련되는 신호 정보를 운반하는 신호방식이다.

No.7신호방식의 특징으로는 다음과 같다.

① 공통선 신호방식이다.

② 디지털 교환망에 적합한 신호방식이다. 즉, 64kbps의 고속 신호전달 능력을 가진다.

③ 교환기 프로세서의 호처리 능력을 최대로 활용할 수 있다.

④ 기능별로 모듈화된 계층구조이다. 즉 OSI참조모델 즉 7계층(Layer)의 개념에 부합된다.

⑤ 다양한 서비스 제공능력을 갖는다.

⑥ 국내망, 국제망에 사용이 가능하며 지상 및 위성링크에도 적합하다.

연습문제 주관식 문제

1. 신호방식의 개념을 간단히 기술하여라.

2. 가입자선 신호방식을 설명하여라.

3. 공통선 신호방식을 설명하여라.

4. No.7신호방식의 개념을 써라.

5. No.7신호방식의 특징을 써라.

연습문제 객관식 문제

1. 가입자가 요청하는 호를 접속하기 위하여 필요한 정보를 전화기와 교환기 또는 교환기 상호간에 주고 받는 과정을 나타내는 방식은?

   ㉮ 중계 방식　　㉯ 교환 방식
   ㉰ 신호 방식　　㉱ 서비스 방식

2. 국내 및 국제전화 신호용으로 사용되며 레지스터 신호는 두 개 그룹의 대역내 주파수 (전진 6주파, 후진 6주파)를 사용하는 ITU-T 신호방식은?

   ㉮ R1　　㉯ R2
   ㉰ R/D　　㉱ No.4

3. 다음 각각의 신호방식에 관한 설명 중 잘못된 것은?

   ㉮ ITU-T No.6 신호방식은 신호회선으로 4선을 사용하며 아날로그방식과 디지털 방식이 있다.
   ㉯ ITU-T No.7 신호방식은 최초의 공통선 신호방식으로 국제망 및 국내망 신호방식으로 사용한다.
   ㉰ ITU-T No.7 신호방식의 디지털방식의 최적 전송속도는 64〔kbps〕이다.
   ㉱ ITU-T R2 신호방식은 국내망 및 국제망 모두에 사용할 수 있다.

4. ITU-T에서 권고한 다음 신호방식 중 공통선 신호방식으로 전용 데이터 전송로를 필요로 하는 것은?

   ㉮ R1　　㉯ R2
   ㉰ No.5　　㉱ No.7

해답 1. ㉰　2. ㉯　3. ㉯　4. ㉱

5. 공통선 신호(CCS)방식에 대한 설명으로 옳지 않은 것은?
   ㉮ 공통선 신호방식을 사용하면 호설정 시간이 짧아지고 통신망의 효율이 높아진다.
   ㉯ 공통선 신호는 패킷방식으로 전송되며 CCITT No.6, No.7 신호방식으로 표준화되어 있다.
   ㉰ 공통선 신호는 신호의 종류가 많고 통신중에도 신호를 전달할 수 있다.
   ㉱ 공통선 신호는 음성대역폭 4〔kHz〕 중의 일정 대역을 신호 전용 주파수대로 할당하여 사용한다.

6. 다음 중 공통선 신호방식은?
   ㉮ E&M　　㉯ No.7
   ㉰ R2MFC　　㉱ Loop

해답 5. ㉱　6. ㉯

MEMO

제 4 편 전송 제어

제 10 장 전송제어의 형식과 절차

10.1 전송제어의 역할

그림 10.1과 같이 데이터 단말장치로부터 상대방의 컴퓨터까지 데이터가 전송되기 위해서는 단말장치, 전송 제어 장치, 회선 종단 장치 등이 사용되며 이러한 장치들을 이용하여 데이터를 올바르게 전송하기 위해서는 정보를 전송하는 일 이외에 여러 가지 규칙이나 절차가 필요하다.

데이터를 전송하는 경우 통신회선을 통하여 상대에게 정확하게 전달하는 일이 필요한데 전송에 부수되는 입출력 제어, 회선 제어, 오류제어 및 동기 제어를 총칭하여 전송 제어(transmission control)라고 한다. 이러한 전송 제어를 하기 위한 일련의 규칙을 전송 제어 절차(transmission control procedure)라고 한다.

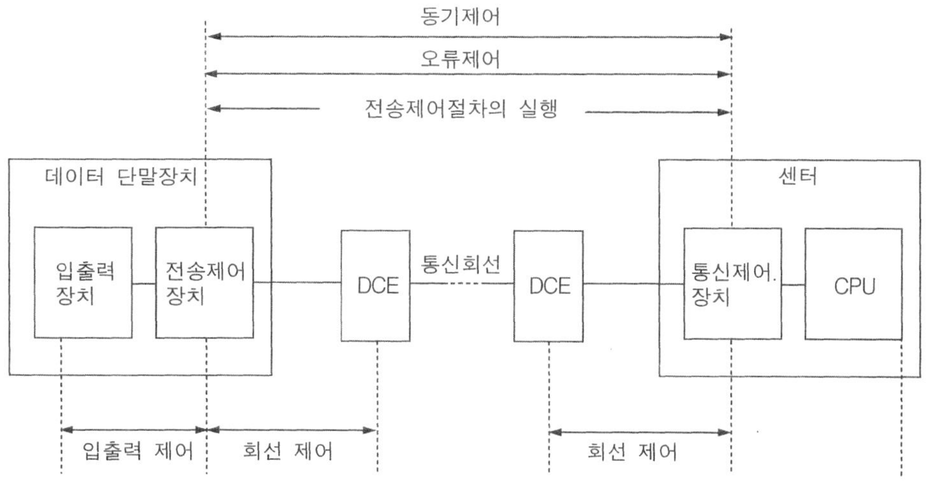

그림 10.1 전송 제어의 역할

(1) 입출력 제어

데이터 단말장치내의 제어이며 각종 입출력 장치에 관한 제어로서 보낸 데이터를 입력장치에서 받거나, 단말의 전송제어장치에서 처리할 수 있는 신호를 변환하여 넘기는 일, 또 단말의 전송 제어 장치에서 받은 데이터를 출력장치가 받는 형식으로 신호를 변환하여 넘기는 일, 입출력 장치의 상태를 감시하고 동시에 이상 상태를 발견하여 제어부에 알리는 일들을 행한다.

(2) 회선 제어

정보를 정확하게 상대에게 전송하기 위해서는 회선의 접속이나 절단(교환회선의 경우), 모뎀 등의 회선종단장치와 단말(또는 통신제어장치)과의 사이에서 미리 회선의 접속인지 정보의 송신, 수신 요구인지의 약속 사항을 정해둘 필요가 있으며 이러한 것을 회선 제어라고 한다.

(3) 동기 제어

송수신간에 정확한 데이터를 전송하기 위해서는 송신측과 수신측에서 동기(synchronous)가 취해져야 한다. 즉, 송수신 단말기 사이에 신호를 주고받는 순서와 타이밍 절차에 대한 제어를 데이터 통신 양단간의 동기 제어라고 한다.

동기를 취하는 방법으로는 조보식이나 동기식에 의한 문자 동기, 텍스트 구간의 식별 혹은 HDLC절차에서 프레임의 식별을 행하는 플래그 동기 등이 있다.

(4) 오류 제어

데이터 송수신 과정에서 발생하는 여러 가지 오류를 통신 하드웨어로 검출하고 전송제어절차에 따라 이를 재송신하거나 정정한다. 따라서 올바른 데이터를 송수신할 수 있도록 데이터 전송 내용을 제어하는 절차로서 여러 가지 오류 검출 및 정정 기법을 사용하여 제어를 수행한다.

10.2 전송 제어의 단계

통신 회선을 통하여 송신측에서 수신측으로 데이터를 전송하는 경우, 데이터 송신 개시에서 종료까지의 동작순서는 5 단계(phase)로 나누어져 있으며, 표 10.1과 같이 전화의 기본동작과 거의 비슷하다. 여기서 말하는 1~5까지의 단계를 전송제어의 페이즈(phase)라고 한다. 각 단계 중 단계 1과 단계 5는 교환 회선을 이용하는 경우이며, 전용 회선을 이용하는 경우는 단계 2~단계 4까지의 동작만 필요하게 된다.

표 10.1 전화통화와 데이터 통신의 기본동작

동작 / 단계	전화의 동작	데이터 통신의 동작
제 1 단계	상대방의 다이얼을 돌린다.	통신회선을 접속한다. (회선의 접속)
제 2 단계	상대방을 확인한다.	데이터 링크를 확인한다. (데이터 링크의 확립)
제 3 단계	용건을 전달한다.	데이터를 전송한다. (정보의 전송)
제 4 단계	용건의 내용을 확인하고 끝내는 인사를 한다.	데이터 링크를 해제한다 (데이터 링크의 종결)
제 5 단계	전화를 끊는다.	통신회선을 절단한다. (회선의 절단)

전송제어절차는 그림 10.2와 같은 전송제어단계로 이루어진다.

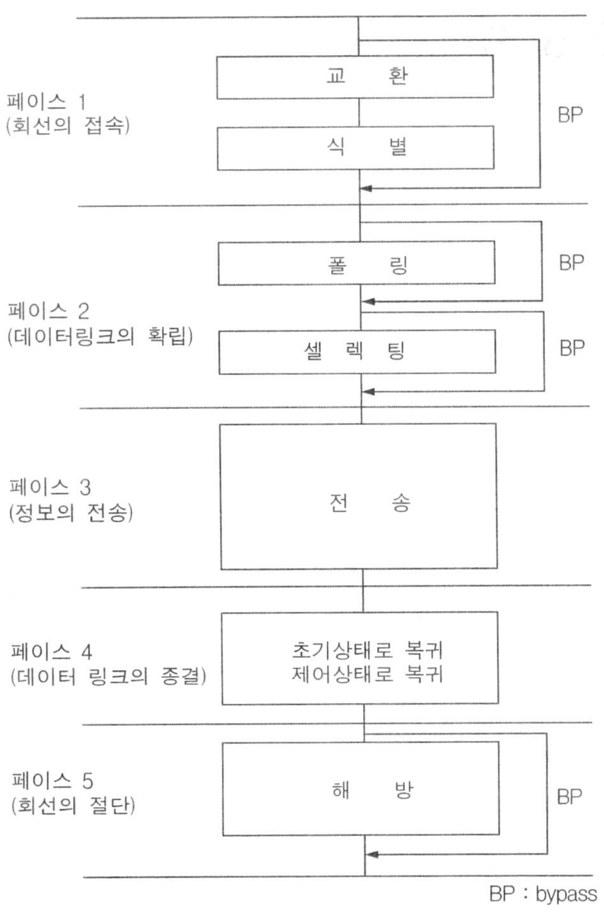

그림 10.2 전송제어절차의 5단계

(1) 제 1 단계(회선의 접속)

교환 방식의 회선을 이용하는 경우 회선의 접속이나 모뎀 등의 데이터 회선종단장치를 데이터 전송이 가능한 상태로 설정하는 단계이다. 전화통화를 하는 경우로 말하면 다이얼링에 따라 상대를 호출하고, 상대가 수화기를 들고 회선을 접속하는 단계에 해당한다. 전용회선을 사용할 때는 이러한 동작이 필요 없게 된다.

(2) 제 2 단계(데이터 링크의 확립)

정보 전송에 들어가기 전에 접속된 회선이나 단말장치가 희망하는 상대와 정보의 전송이 가능한 상태인가 아닌가를 확인하여 정보의 전송이 가능한 상태에 있다는 것을 확인하는 단계를 데이터 링크의 확립이라고 한다. 즉 절차는 다음과 같다.

① 상대의 호출
② 상대의 확인
③ 상대의 송신, 수신 준비 상태의 확인
④ 송수신 입장의 확인
⑤ 상대의 입출력 기기의 지정

이러한 것을 실행하려면 ①에서 ⑤까지를 순차적으로 확인해 가는 것이지만 회선 제어의 종별에 따라 다른 경로가 된다.

전화의 경우로 말하면 이쪽이 말하고 싶은 상대의 이름을 전하고, 희망하는 상대를 수화기에 불러내어 이야기 할 수 있도록 준비가 정리되는 단계이다. 데이터 링크의 확립방법은 포인트-투-포인트 방식에서는 컨텐션(contention) 방식, 멀티포인트 방식에서는 폴링(polling)/셀렉팅(selecting) 방식이 채용되고 있다.

(3) 제 3 단계(정보의 전송)

확립된 데이터 링크를 통하여 실제로 정보를 전송하는 단계이다. 이때 정확한 전송을 하기 위해 오류제어, 동기 신호용 코드 등을 부가해서 전송된다.

정보의 전송 단위를 블록(block)이라 하고, 정보 메시지는 블록으로 분할되어 전송될 때도 있다. 한 블록을 전송한 후 확인을 행하고 오류가 있으면 재송신하며 송신해야 할 정보 메시지가 여러 개 있을 때는 확인 후 반복조작에 들어간다. 최종 메시지를 전송한 후 종결 단계에 들어간다.

(4) 제 4 단계(데이터 링크의 종결)

정보의 전송이 끝난 후, 종료의 음을 수신측에 보내는 단계이다. 이때 정보의 전송이 종료된 것을 서로가 확인하면 데이터 링크를 해방하고 데이터 링크 확립 이전의 초기 상태로 복귀된다.

전화통화를 예로 들면, 용건이 끝난 것을 서로 확인하고 “안녕”이라고 하는 인사를 나누는 단계이다.

(5) 제 5 단계(회선의 절단)

데이터 링크의 해방에 의해서 통신회선의 접속을 끊는 단계로서 교환회선망을 이용하는 경우에만 필요하다. 전화통화로 말하면 수화기를 놓는 단계이다.

10.3 전송 제어 절차의 종류

데이터 통신의 초기 단계에서는 종이 테이프를 사용한 온라인 전송이나 키보드 프린터를 사용한 온라인 전송 등 길지 않은 적은 데이터를 원하는 상대에게 에러없이 전송하는 절차로서 기본형 데이터 전송 제어 절차(basic mode data transmission control procedure : 이것을 간단히 "베이직 절차"라고도 한다)가 표준화되었다.

베이직 절차는 당초 제정된 기본 모드와 데이터 통신의 진보에 따라 제정된 확장 모드로 구성되어 있으며, 확장 모드에는 회화 모드, 양방향 동시 전송 모드, 코드 독립 모드, 복수 종국 선택 모드로 나누어진다.

그 후에 컴퓨터 상호간의 통신도 요구되어 데이터 전송의 수요량은 현저하게 증대되고, 전송되는 정보의 내용도 복잡하게 되어 종래의 베이직 절차에서는 이들 필요성을 만족할 수 없으므로 효율이 좋은 고도한 절차로서 등장한 것이 하이레벨 데이터 링크 제어절차(HDLC : High level Data Link Control procedure)이다.

HDLC 절차는 정규 응답 모드(NRM : Normal Response Mode), 비동기 응답 모드(ARM : Asynchronous Response Mode), 비동기 평형 모드(ABM : Asynchronous Balanced Mode)로 나누어진다.

전송제어 절차는 그림 10.3과 같이 나눌 수 있다.

또한 전송 제어 절차는 전문의 송달 확인이나 에러 제어를 하드웨어 또는 소프트웨어의 기능에 따라 대비하기 위해서는 비용이 높아지므로 이와는 별도로 저가격이면서 콤팩트한 단말이 요구되어 만들어진 것이 무절차 방식의 단말이다.

전송 제어 절차의 표준 규격은 국제적으로 ISO에서 규격이 제정되어 있으며 국내에서도 ISO의 규격에 따라 KS 규격이 제정되어 있다. 또 이러한 전송 제어 절차의 이외에 표준화의 기본이 된 IBM사의 BSC(Binary Synchronous Communication) 절차, HDLC 표준화의 기본이 된 IBM사의 SDLC(Synchronous Data Link Control) 절차도 널리 사용된다.

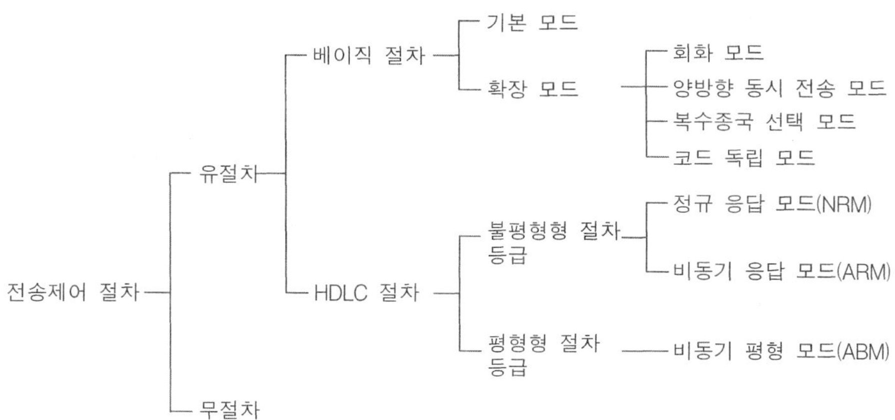

그림 10.3 전송 제어 절차의 종류

(1) 유절차 제어 방식

유절차 제어 방식은 정해진 전송 제어 절차를 이용하여 전송 제어를 행하고 하드웨어와 소프트웨어의 양쪽에 의해서 실현되고 있기 때문에 신뢰성도 높아진다.

유절차 제어 방식으로는 베이직 절차와 HDLC절차가 있지만, 베이직 절차 방식에서는 하나의 블록마다 수신 응답을 확인하여 다음의 블록으로 전송하기 때문에 전송 효율이 나쁘다. 또, 동시에 다수의 데이터 링크가 확립되지 않기 때문에 필요에 따라 데이터 링크의 확립 및 해방이 필요하게 된다. 더욱이 제어 문자의 검출에 따라 전송 블록의 종료를 알리는 방식이므로 8비트의 데이터밖에 다룰 수 없다. 반면에 HDLC 절차는 프레임 단위의 연속전송이 가능하고, 오류제어도 강화되었기 때문에 컴퓨터간의 고속 통신에 적합한 절차이다.

① 베이직(BASIC) 절차

반이중 통신의 문자 전송을 기본으로 한 비교적 간단한 절차로서 10개의 전송 제어 문자를 사용하여 구성한 정보 메시지를 오류없이 전송하는 것이다. 이 절차의 기본적인 순서는 송신측에서 호출하면 수신측에서 즉시 응답하는 방식으로서, 일문일답식이다.

전송하는 데이터는 원칙적으로 KSC 5636 정보 교환용 7비트 부호를 사용한다. 데이터의 전송형식은 직렬 전송이나 병렬 전송 어느 것도 가능하고, 또 데이터 전송 속도도 규정되어 있지 않으며, 전송 방식은 그림 10.4와 같이 단방향 전송이 기본으로 되어 있지만 상호 감시에 의한 단방향 전송과 양방향 전송(반이중 및 전이중 통신)에도 적용된다.

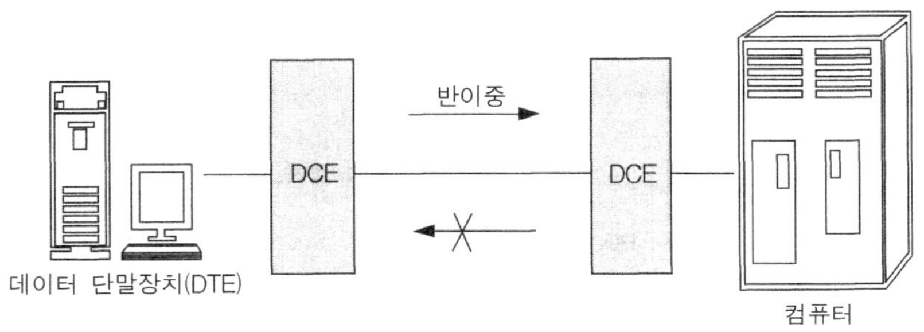

그림 10.4 베이직 절차

② HDLC 절차(High level Data Link Control procedure)

데이터 통신 시스템의 발달에 의해 컴퓨터간의 고속통신에 적합하고, 비트 전송을 위한 순서로서 전송 효율이 좋고 신뢰성이 높은 데이터 전송이 필요하게 되어 개발된 것이 HDLC 절차(High level Data Link Control procedure)이다. HDLC는 1974년 ISO에 의해 규정된 새로운 전송제어절차로서 우리나라에서도 1980년 HDLC 절차의 KSC-5757, 5758, 5759로 규정되어 있다.

HDLC 절차는 베이직 절차와는 달리 데이터의 연속 전송이 된다. 베이직 절차는 하나의 블록을 전송할 때마다 거기에 대한 응답을 받고, 상대측의 수신을 확인하면서 다음의 블록을 전송하는 소위 일문일답형이다. 그러나 HDLC 절차는 프레임(베이직 절차에서 블록에 상당하는 것)이라고 하는 전송 단위마다 상대에서 응답없이 최대 7개의 프레임까지를 연속으로 전송할 수가 있다. 이것에 의해서 고속으로 효율이 좋은 전송이 가능하게 되어 HDLC 절차는 컴퓨터 간의 전송에 적합하다고 말할 수 있다.

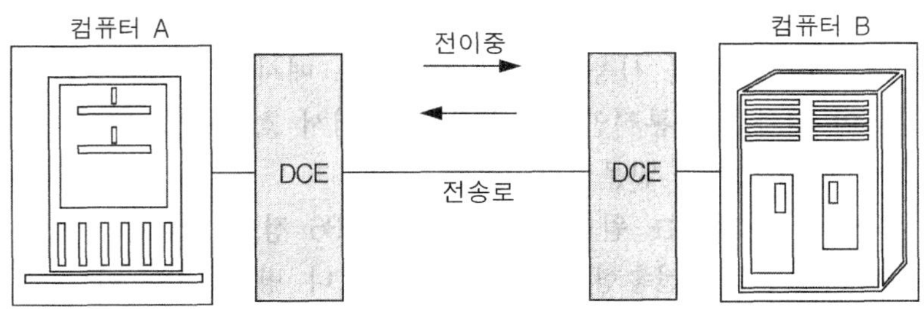

그림 10.5 HDLC 절차

(2) 무절차 제어 방식

무절차 제어 방식이란 미리 정해진 간단한 절차에 따라서 키보드를 조작하여 문자 데이터만을 전송하는 절차를 말한다. 이와 같이 전송절차를 거의 갖지 않은 단말을 무절차 단말이라고 한다.

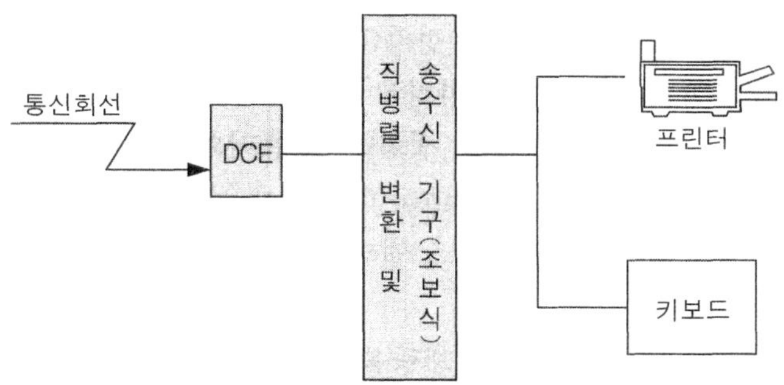

그림 10.6 무절차 단말의 구성도

문자를 전송하는 비트의 패턴을 변경하거나 데이터의 오류를 엄밀히 검사하는 등의 오류 뿐만 아니라 단말의 오퍼레이터(이용자)에게 맡겨져 있기 때문에 전송상에서 발생하는 오류는 통상 오퍼레이터 자신이 확인하고, 재송신 등의 회복 처리를 스스로 행한다.

무절차는 표준적인 절차를 갖지 않는 것으로 당사자간에 미리 절차를 정해 두는 것을 말한다. 이러한 예로서 패킷 교환의 NPT(Non-Packet mode Terminal) 단말의 절차가 있다.

이 절차로 전송을 행하는 단말기는 키보드, 프린터, 부호의 직병렬 변환과 송수신 기구라고 말하는 보통의 인터프리터에 부호의 송수신 기능이 붙은 정도의 것으로 구성이 간단하다.

무절차는 이와 같이 전송 제어 절차를 갖지 않는 단말기를 위해 행하는 것이다. 전용선으로 단말에서 송신하는 경우에는 키보드를 눌러 DCE를 기동하여 메시지를 송신하고 수신하는 경우에는 상대측에서 BELL 신호와 같은 것으로서 단말을 기동하여 수신을 행한다. 송수신중에 발생되는 각종 오류에 대한 제어는 양쪽 단말에서 미리 정해놓을 필요가 있다.

이 방식의 특징은 신뢰성이 낮으나 비교적 저가격으로 단말과 컴퓨터간의 통신이 이루어진다. 300 bit/s 등 저속도의 데이터 전송에 이용되며, TSS나 음향 커플러를 이용한 통신 등에 이용된다.

10.4 BASIC 전송 제어 절차

10.4.1 개요

기본형 데이터 전송 제어 절차(basic mode data transmission control procedure)를 간단히 베이직 절차라고 부르며 우리 나라에서는 1977년에 KS C 5756으로 제정되었다. 또 베이직 절차는 컴퓨터와 단말장치간에 일정한 전송 제어 문자(TCC; Transmission Control Character)를 사용하여 구성한 정보 메시지를 오류없이 전송하며, ISO 참조모델의 데이터 링크 계층에 상당하는 프로토콜이다.

베이직 절차에는 기본 모드와 개량을 추가한 확장 모드가 있다. 확장 모드에는 목적에 따라 몇 가지 모드가 있으며 이들을 분류하면 다음과 같다.

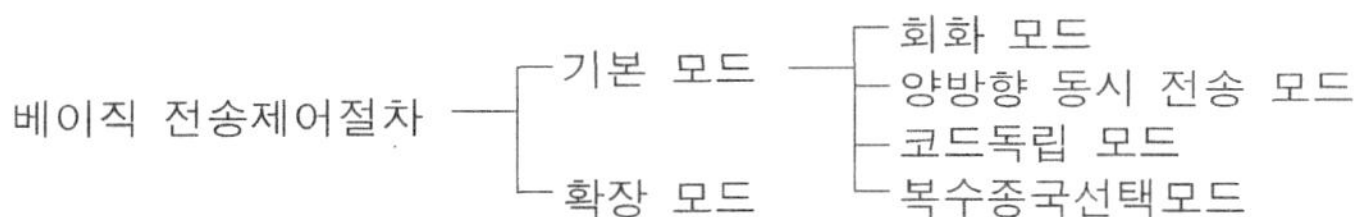

기본 모드의 정보 교환용 부호는 KS C 5636과 KS C 5601에 규정된 7비트를 사용하며, 제어에 이용되고 있는 문자는 표 10.2에 나타낸 10 종류의 전송 제어 문자(TCC)에 의해서 행해지고 있다.

기본 모드에 있어서 데이터 전송 방식은 직렬 전송 방식, 병렬 전송 방식의 어느 쪽이라도 상관이 없다. 동기 방식은 보조 동기 방식, 연속 동기 방식의 어느 쪽도 상관이 없으며 데이터 신호 속도에도 특별한 제한이 없다. 전송의 방향은 상호 감시를 기본으로 한 단방향 전송(단향 통신), 양방향 상호 전송(반이중 및 전이중 통신)에 따라 행하고 있으며 데이터 링크의 확립과 종결은 전송 방식을 전환할 때마다 행하고 있다.

표 10.2 전송 제어 문자(TCC)

기 호	명 칭	16진 코드	내 용
SOH	Start Of Heading	01	정보 메시지 헤딩의 시작
STX	Start of TeXt	02	본문의 시작 및 헤딩의 종료
ETX	End of TeXt	03	본문의 종료
ETB	End of Transmission Block	17	전송 블록의 종료
EOT	End Of Transmission	04	전송의 종료 및 데이터 링크의 초기화(해제)
ENQ	ENQuiry	05	상대국에 데이터 링크의 설정 및 응답을 요구(문의)
DLE	Data Link Escape	10	다른 전송제어 문자와 조합하여 의미를 변화(전송제어 확장)
SYN	SYNchronous idle	16	문자 동기의 유지(동기신호)
ACK	ACKnowledge	06	수신된 정보 메시지에 대한 긍정 응답
NAK	Negative AcKnowledge	15	수신된 정보 메시지에 대한 부정 응답

(1) 국의 관계

베이직 절차에서는 단말을 국(station)이라 하고, 국에는 주국, 종국, 제어국, 종속국으로 구분된다.

① 주국 : 어느 시점에 있어서 종국에 대하여 데이터 송신권을 갖든지 또는 정보 전송에 정확한 책임을 갖는 국

② 종국 : 어느 시점에 있어서 주국에서 송신된 데이터를 수신할 수 있는 상태에 있는 국

③ 제어국 : 데이터 통신 시스템에 접속되어 있는 모든 국의 데이터 송수신 상태를 제어하고 감시하며, 이상 상태(어떤 원인으로 데이터 송신이 불가능한 상태)의 발생시 회복을 제어하는 국

④ 종속국 : 제어국 이외의 국

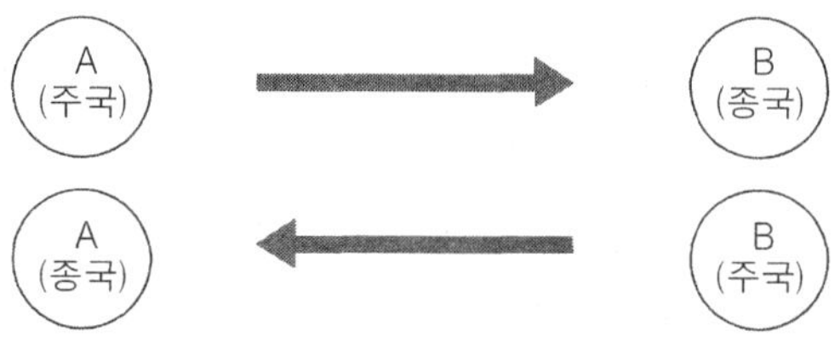

그림 10.7 주국과 종국과의 관계

그림 10.7과 같이 데이터는 항상 주국에서 종국의 방향으로 전송하며, 한 줄의 통신 회선에 여러 개의 단말들이 접속되어 있는 멀티드롭(multidrop)형 네트워크에서는 제어국인 컴퓨터와 종속국인 단말 사이에 폴링/셀렉팅에 의해서 데이터 전송이 수행된다. 이러한 관계를 그림 10.8에 나타내었다.

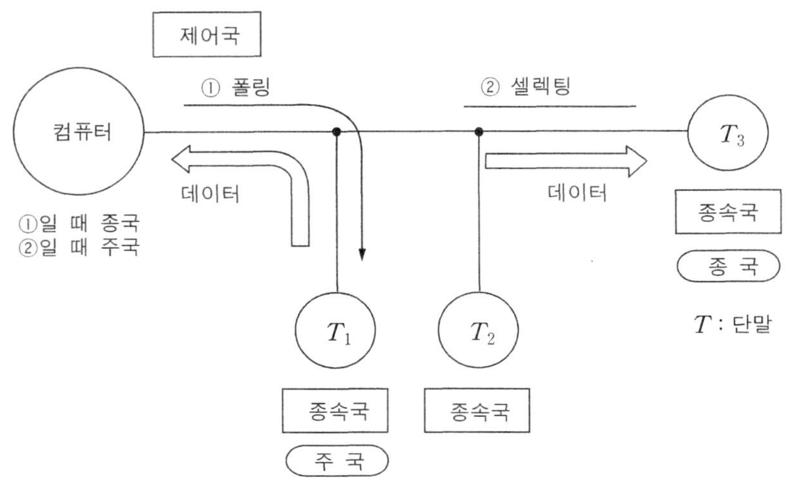

그림 10.8 멀티드롭형 네트워크 일 때 국의 관계

예를 들어 폴링일 때는 단말이 주국이 되어 종국인 컴퓨터에 데이터를 보내고, 셀렉팅일 때는 컴퓨터가 주국이 되어 종국인 단말에 데이터를 보낼 책임을 갖는다.

10.4.2 정보 메시지의 구성

베이직 절차의 큰 특징은 전송 제어 문자와 송신해야 할 데이터를 몇 개의 블록(block)으로 만들어서 보내는 블록 전송 및 블록 단위의 응답 확인이라 말할 수 있다. 따라서 블록 단위로 송신하고 수신하는 경우에 보통 그 블록만을 송신하거나 수신하는 것만으로는 안된다.

예를 들면 블록을 송신하는 경우에는 반드시 상대측에 그 취지의 연락(데이터 링크 확립)을 사전에 한 후에 실제의 데이터를 보내고, 또한 그 데이터를 상대가 수신했는가 못했는가의 응답을 상대측으로부터 받아야만 비로소 그 블록의 전송이 종료되는 것이다. 이러한 것을 블록 단위의 송·수신 확인이라고 하며, 베이직 절차에서는 블록 단위로 송수신의 확인이 필요하다.

이와 같이 확인을 위한 연락이나 응답 및 기타의 정보를 총칭하여 메시지(message)라 하고, 전송되는 모든 메시지는 적어도 한 개의 전송제어문자를 포함하는 문자 또는 문자열로 구성된다.

메시지에는 전송 제어 기능이나 전송 방향에 따라 다음과 같이 3종류가 있다.

① 정보 메시지

② 순방향 감시 시퀀스

③ 역방향 감시 시퀀스

(1) 정보 메시지

정보 메시지란 상대에게 보내고자 하는 내용을 가진 정보의 실체로서 본문(text)과 헤딩(heading)으로 구성되어 있으며 그림 10.9에 나타내었다.

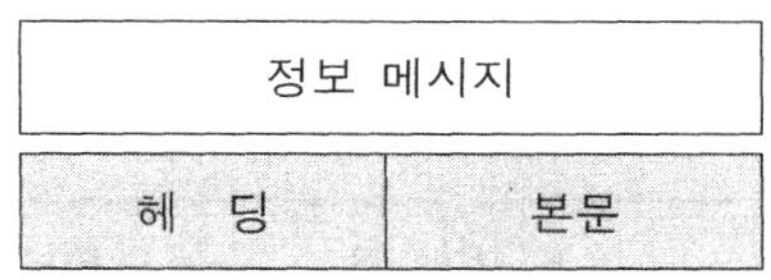

(a) 정보 메시지의 구성

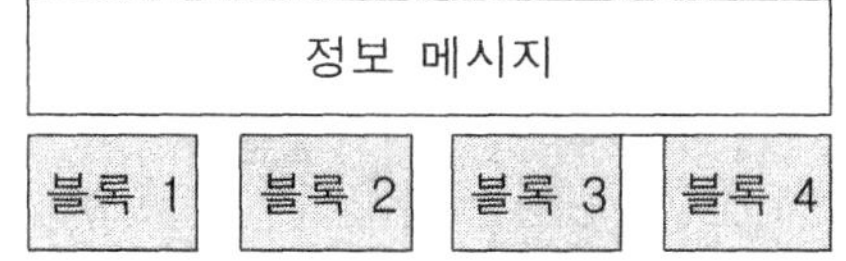

(b) 정보 메시지와 블록

그림 10.9 정보 메시지와 블록

여기서 본문이란 전송되는 실제의 정보 데이터이며 헤딩이란 하나의 본문을 전송하는데 필요한 보조 정보로서 통신회선의 방향, 상대방의 주소, 우선 순위 등의 정보가 포함된다.

정보 메시지가 길 때는 적당한 길이로 분할하여 전송 제어 문자를 부가한 블록 단위로 전송하며, 이 블록도 정보 메시지이다. 즉, 블록 전송이란 상대에게 보내고자 하는 데이터를 블록이라 부르는 일정한 길이의 문자열이나 비트열로 분할하고 블록 단위로 에러 제어를 하면서 전송하는 방법이다.

블록의 길이에 대해서 크기는 제한이 없지만 60~130자 정도가 가장 적당한 것으로 되어 있으며 회선의 잡음이 많은 경우에는 짧게 블록으로 나누어 전송한다. 수신측에서는 에러 체크를 하여 긍정응답이면 다음의 블록의 전송을 요구하고 에러가 발생하면 재송신을 요구한다.

그림 10.10은 보내고자 하는 정보의 프레임(frame)을 나타낸 것으로서 동기용 SYN 코드가 붙어 있고 두 번째 이하는 프레임을 블록으로 전송할 때 분할하는 방법을 나타낸 것이다.

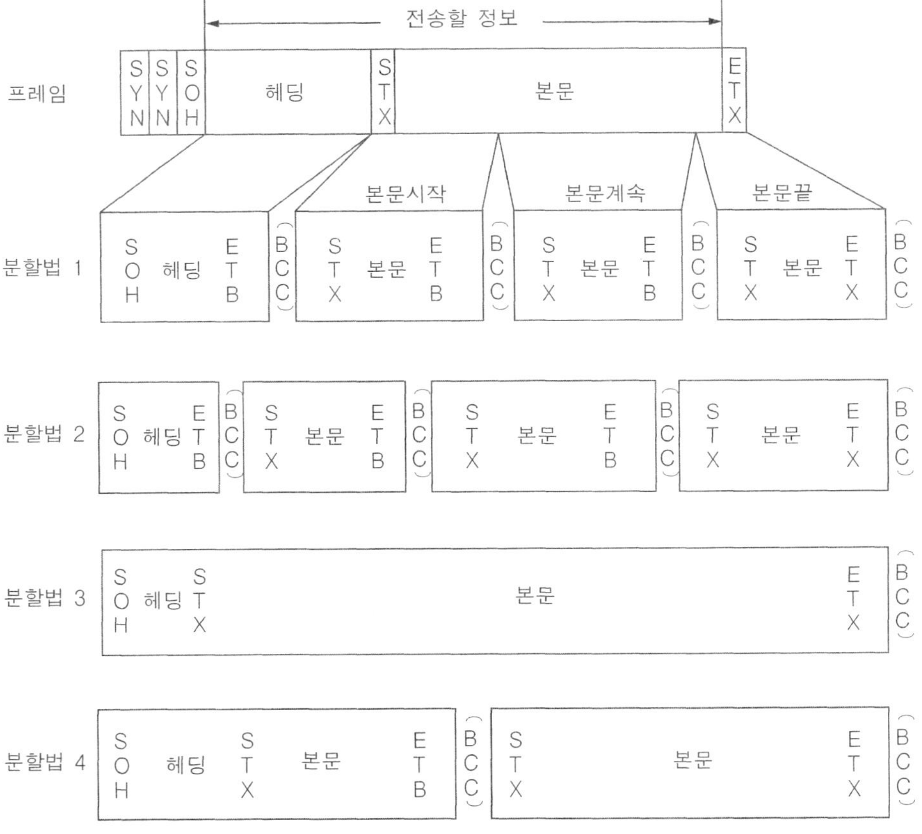

그림 10.10 정보 메시지의 구성

지금까지 살펴본 정보 메시지의 형식에 대하여 좀더 자세히 알아보기로 하자. 정보 메시지는 두 부문으로 나누어지는데 하나는 헤딩이고 다른 하나는 본문이다. 헤딩이나 본문의 내용에는 원칙적으로 전송제어문자는 사용할 수 없다. 그림 10.11에 나타낸 바와 같이 헤딩은 SOH(Start Of Heading)로 시작해서 STX(Start of TeXt)로 끝나며 헤딩 뒤에는 반드시 본문이 계속된다.

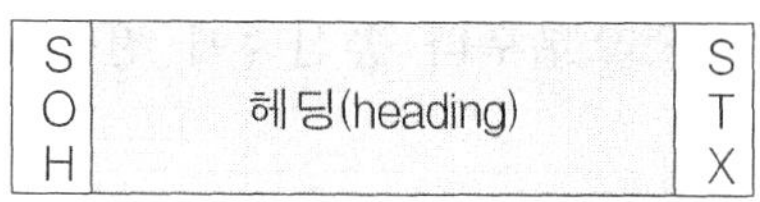

(a) 헤딩의 메시지 형식

(b) 본문의 메시지 형식

그림 10.11 헤딩과 본문의 구성 형식

하나의 본문은 항상 STX에서 시작하여 ETX(End of TeXt)로 끝나고, 그림 10.12와 같이 본문은 한 개 또는 그 이상의 블록으로 나눌 수가 있다. 각 본문의 블록은 STX로 시작하여 ETB 또는 ETX(본문의 최종블록)로 끝난다. 블록을 검사할 경우에는 ETB 또는 ETX의 뒤에 BCC 또는 BCS가 붙는다.

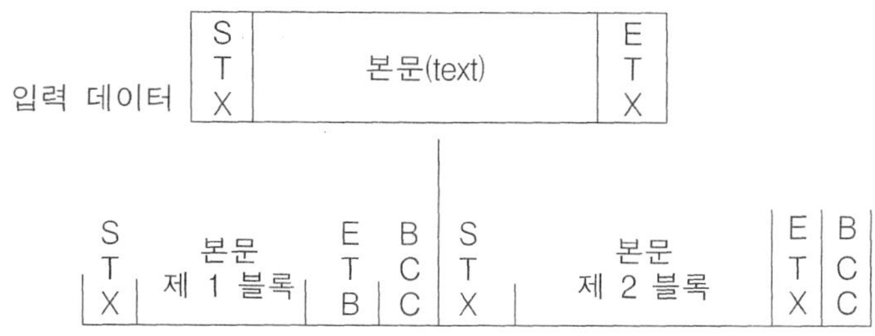

그림 10.12 블록 전송의 데이터 형식

(2) 순방향 감시 시퀀스

순방향 감시 시퀀스는 전송 제어를 하기 위하여 정보 메시지와 같은 방향으로 전송되는 부호 또는 부호군을 말하며, 수신측에 대한 문의나 지시의 연락 사항 및 수신측으로부터 대답 등의 요구에 사용된다.

(3) 역방향 감시 시퀀스

역방향 감시 시퀀스는 순방향 감시 시퀀스 또는 정보 메시지와는 역방향으로 전송되는 정보로서 수신측으로부터 송신측에 전송되는 문의나 지시에 대한 응답 또는 요구 등에 사용된다.

10.4.3 데이터 링크의 확립 방식

전송 제어 절차의 기본 동작에서 데이터 링크의 확립 방법에는 회선의 구성상 컨텐션(contention) 방식과 폴링(polling)/셀렉팅(selecting) 방식이 있다.

(1) 컨텐션(contention) 방식

컨텐션 방식(contention system)은 그림 10.13과 같이 단말과 센터를 한 회선으로 연결하는 포인트-투-포인트 (직통)회선으로 접속되어 있다. 이 방식은 컴퓨터측과 단말측 양쪽의 국이 1 대 1로 대등한 입장에서 데이터 링크를 확립할 수가 있어 먼저 송신 요구를 낸 국이 주국이 되어 제어권을 잡고 있다.

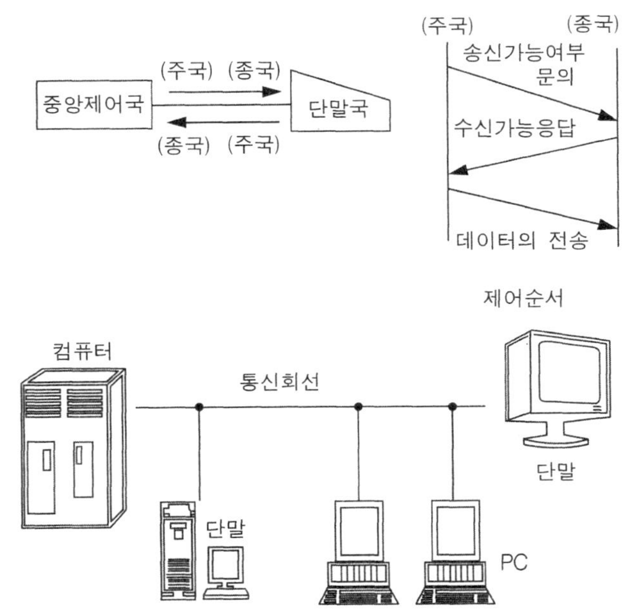

그림 10.13 컨텐션 방식에 의한 분산제어

컨텐션 방식은 다음과 같은 순서로 송수신을 행하고 있다.

① 컴퓨터에서 단말로 향하고, "데이터를 보내도 좋습니까?"라고 문의를 한다.

② 단말은 "보내도 좋다" 라고 한다.

③ 수신 가능이라고 응답을 하면 컴퓨터는 데이터를 보낸다.

그러나 송신 요구가 동시에 일어나는 경우, 요구 신호가 회선상에서 충돌하게 된다. 이와 같이 회선을 서로 빼앗는 형태가 되기 때문에 컨텐션 방식을 회선 쟁탈 방식이라고도 한다. 양측의 국이 동시에 송신을 시작하여 충돌이 발생할 경우에는 일정 시간 후에 다시 셀렉팅 절차를 송신한 후 정보 메시지를 송신한다.

(2) 폴링/셀렉팅 방식

한 줄의 통신회선에 여러 개의 단말이 접속되는 멀티드롭형 네트워크에서는 단말을, 지휘권을 가진 제어국(일반적으로 컴퓨터)과 이것에 따르는 종속국으로 구별하여 제어국의 뜻대로 통신하는 편이 혼란을 예방할 수 있다. 즉, 폴링(polling)방식은 서로 주국이 되려는 경합을 방지하기 위하여 제어국이 종속국을 하나씩 선택하여 메시지 송신 요구의 유무를 확인하는 방법으로서 정보량과 종속국의 선택 빈도수에 따라 폴링 순서를 변화시켜 정보량이 많은 종속국은 더 빈번하게 폴링할 수 있다. 여기서 폴링(polling)이란 제어국이 종속국에 대하여 차례로 보낼 데이터가 있는가를 묻는 것을 말한다.

예를 들면 폴링(polling) 방식은 그림 10.14와 같이 센터의 컴퓨터(제어국)가 각 단말(종속국)에 "보낼 데이터가 있는가?"라고 차례로 묻는 것으로서 폴링된 국(종속국)이 만약 송신할 데이터가 있으면 주국(제어국)으로 데이터를 송신하고, 데이터가 없으면 "보낼 데이터가 없다."라고 하는 부정 응답(EOT)을 주국에 보낸다.

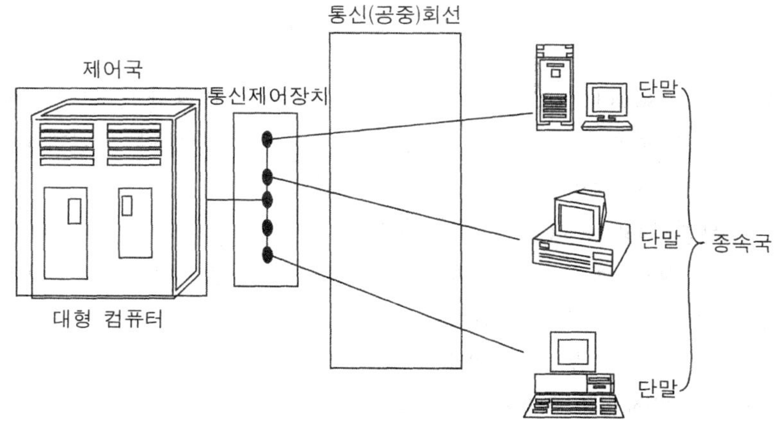

그림 10.14 폴링 방식

또 제어국이 종속국을 지정한 다음 "데이터를 수신할 수 있는가?" 라고 묻고, 종속국으로부터 "수신할 수 있다"라는 응답을 기다려 그 데이터를 송신하는 것을 셀렉팅(selecting)이라고 한다. 즉, 단말(종속국)에서 컴퓨터(제어국)로 데이터를 전송하는 경우를 폴링이라 하고, 제어국이 종속국으로 데이터를 전송하는 경우를 셀렉팅이라고 한다.

예를 들면 셀렉팅(selecting) 방식은 그림 10.15와 같이 송신하고 싶은 단말에 "데이터를 보내도 좋은가?"라고 문의를 하여 단말에서 수신 가능의 응답으로 긍정신호(ACK)를 취하면 주국에서 종국으로 데이터를 송신하는 방법이다. 즉, 셀렉팅 방식에는 주국이 종국에 대하여 정보 메시지를 수신하도록 권유하는 방식으로서 셀렉팅 방식에는 셀렉트 홀드(select-hold) 방식과 고속 셀렉트(fast-select) 방식의 2가지가 있다.

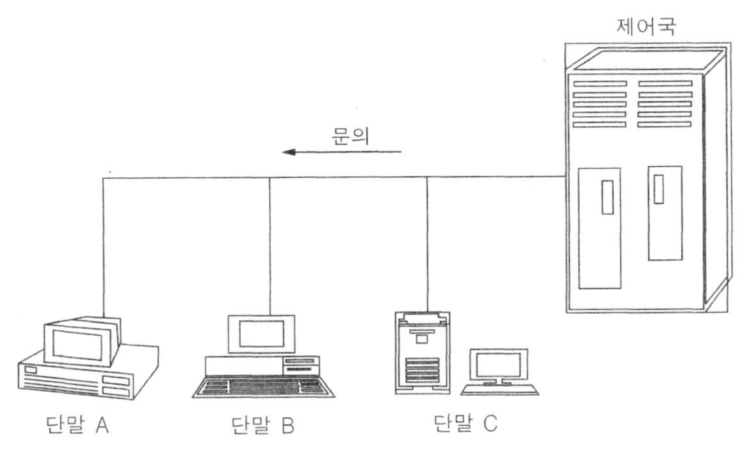

그림 10.15 셀렉팅 방식

셀렉트 홀드(select-hold) 방식은 주국이 종국을 선택하여 수신 준비가 되어 있는지의 여부를 확인한 후 전송 메시지를 송신하여 종국이 수신하도록 하는 방식으로서 BSC 전송 제어 절차에 사용되고 있다.

고속 셀렉트(fast-select) 방식은 주국이 종국에 대하여 수신 준비 여부를 묻지 않고 그대로 정보 메시지를 전송하여 수신하게 하는 방법으로서 복잡한 오류 검사가 필요하게 되며, HDLC 절차에 사용되고 있다.

이와 같이 주국이 모든 제어권을 잡고 있기 때문에 중앙 제어 방식이라고 한다. 셀렉팅 방식에서는 "데이터를 보내도 좋은가?"라고 단말에 문의를 하여 좋다라는 긍정응답을 받아 송신하기 때문에 회선에 부담이 걸리지 않지만 폴링 방식에서는 일정한 간격으로 폴링 기호가 항상 나오기 때문에 회선에 부담이 걸린다. 폴링 방식과 셀렉팅 방식을 그림 10.16에 나타내었다.

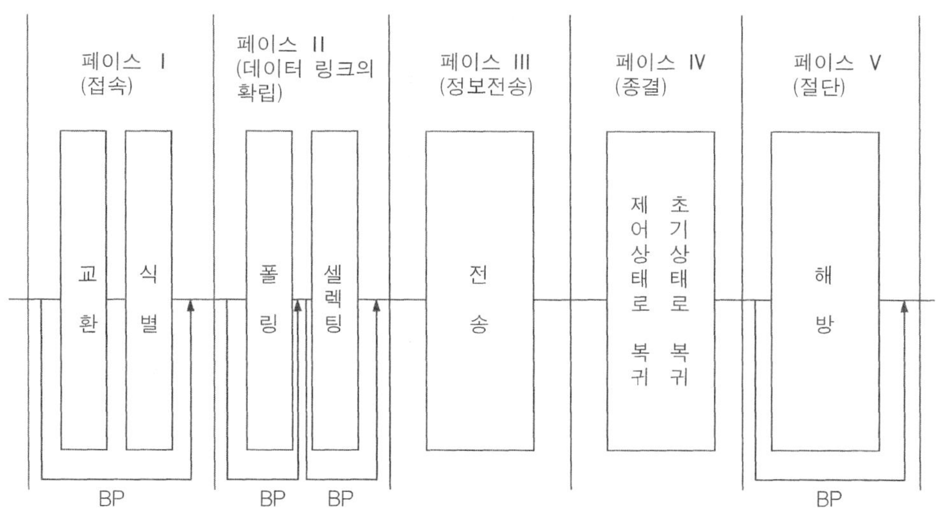

그림 10.16 폴링 방식과 셀렉팅 방식

10.4.4 베이직 절차의 모드

(1) 기본 모드(베이직 모드)

기본 모드 전송 제어 절차에서는 그림 10.17과 같이 아래의 정보 교환이 행해지고 있다.

① 송신측에서 SOH + 헤딩 → 회선 설정
② STX + 본문 +ETB → 블록 형성
③ 본문이 끝나는 블록(ETX) → 상대에게 통지
④ 통신의 종료 → EOT를 보낸다.

이 때 ETB와 ETX의 뒤에 오류검출을 위해서 BCC(Block Check Character)를 추가하여 보내고, 수신측에서는 오류가 없으면 ACK를, 오류가 있으면 NAK를 송신측에 반송한다. 송신측에서는 ACK를 송신하면 다음의 블록으로 진행하고, NAK를 수신하면 지금 보내온 블록을 다시 송신한다.

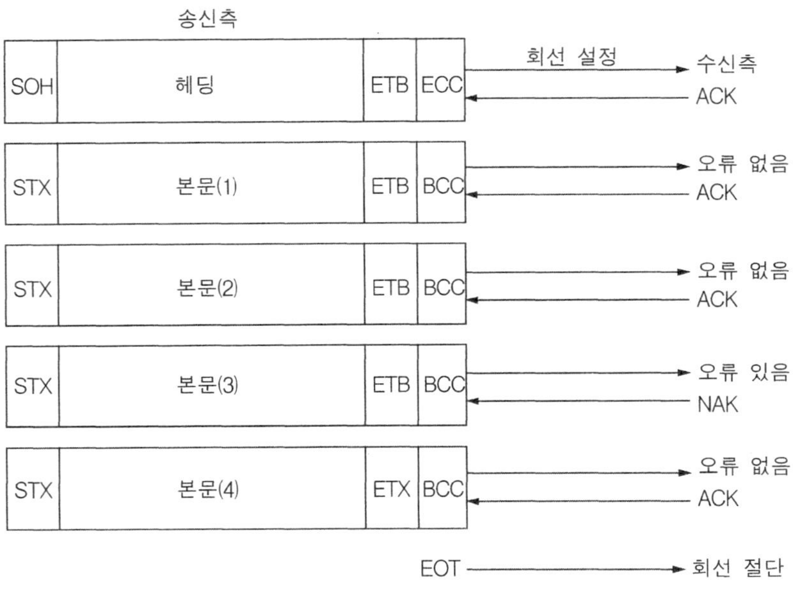

그림 10.17 기본 모드의 절차

(2) 회화 모드

기본 모드에서는 데이터 링크를 확립하면 주국과 종국의 정보 메시지 전송방향이 결정된다. 주국이 정보 메시지에 대하여 종국이 응답하기 위해서 정보 메시지를 보내려고 하면 확립되어 있는 데이터 링크를 종결한 후 다시 데이터 링크를 확립하여 정보 메시지를 보내는 절차를 거쳐야 한다. 따라서 종국에서도 감시 프레임뿐만 아니라 데이터 링크를 종결하지 않고 정보 메시지를 보낼 수 있도록 확장한 모드가 회화모드이다.

즉 회화모드는 기본모드의 양방향 전송의 확장형으로 양방향 상호 전송이라고도 부른다. 회화모드의 특징은 데이터를 정확하게 송수신하고 있을 때에는 수신 완료를 알리는 긍정응답 ACK를 반송할 필요가 없다(그림 10.18).

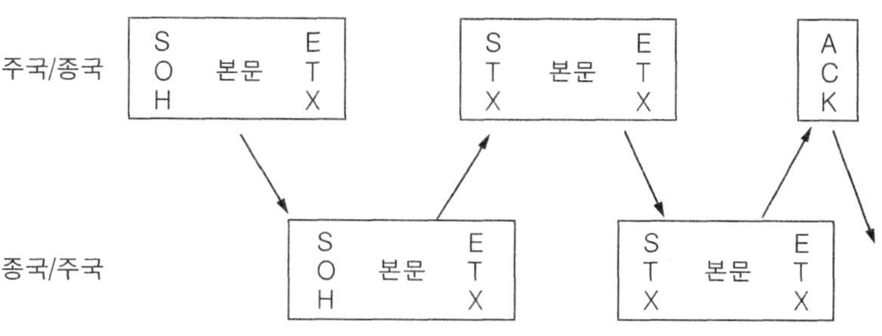

그림 10.18 회화모드의 절차

(3) 양방향 동시 전송(전이중) 모드

기본 모드에서는 데이터 링크를 확립하면 주국이 프레임을 보내고, 종국이 그 확인 프레임을 응답하는 경우로서 시간적으로 서로 다른 신호를 주고 받는다. 그러나 양방향으로 신호를 보내는 경우 기본 모드는 반이중 통신 회선을 이용하지만, 양방향 동시 전송 모드에서는 전이중 통신 회선을 이용하게 된다.

양방향 동시 전송 모드의 경우 양쪽의 국이 서로 상대가 되는 국에 대하여 독립적으로 데이터 링크를 확립하고, 회선상에는 동시에 역방향으로 2개의 데이터 링크가 확립된다.

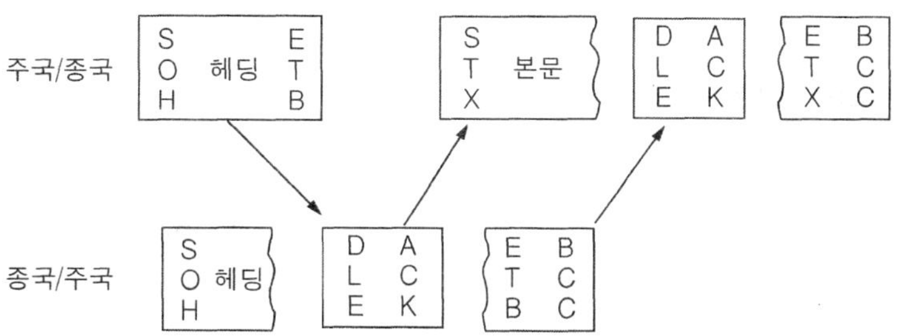

그림 10.19 양방향 동시 전송 모드의 절차

(4) 코드 독립 모드

이 모드는 정보 전송에서 부호의 제한을 받지 않고 정보 메시지를 전송하기 위한 것이다. 따라서 기본 모드에서는 KSC-5636 7단위 부호가 있지만 코드독립 모드에서는 이 부호 이외에도 가능하게 된다.

그림 10.20과 같이 기본 모드에서는 정보 메시지 프레임의 헤딩, 본문에 SYN 코드를 제거한 전송 제어 문자(TCC)를 삽입할 수가 없다. 그러나 코드독립모드에서는 헤딩이라든가 본문에 삽입을 금지한 이러한 TCC 코드를 삽입하여 보내는 일이 자주 일어난다. 예를 들면 서식 제어 코드라든가 화상 데이터와 같은 경우이다. 이 모드의 오류제어로는 BCC대신에 그룹계수검사(BCS : Block Check Sequence)가 사용된다.

SYN	SYN	SOH	헤딩(heading)	STX	본문(text)	ETX	BCS

(a) 기본 모드에서의 정보 메시지 프레임

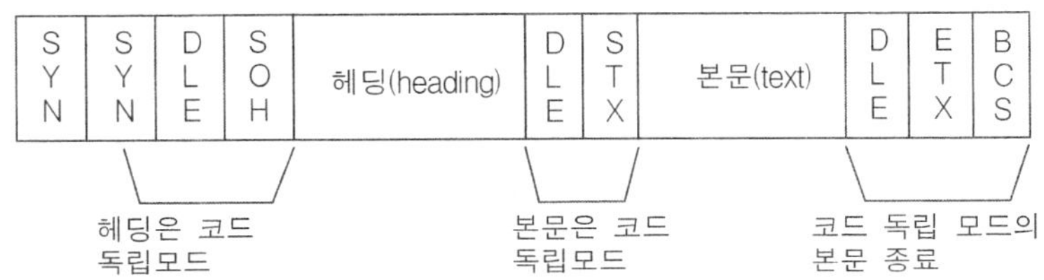

(b) 코드 독립 모드에서의 정보 메시지 프레임

그림 10.20 코드 독립 모드의 본문 구성

(5) 복수 종국 선택 모드

기본 모드에서는 통신하는 상대국이 단지 1개국이지만 복수 종국 선택 모드에서는 한번에 복수의 국을 종국으로 지정하여 동시에 대응하는 종국 모두에 동일한 정보 메시지를 보내는 방법으로서 데이터 링크 확립시의 선택방법에는 다음과 같이 3가지가 있다.

① 개별 응답을 갖는 순차 선택

② 대표국 응답을 갖는 그룹 선택

③ 고속 셀렉팅에 의한 그룹 선택

한편, 메시지에는 정보 메시지, 순방향 감시 시퀀스, 역방향 감시 시퀀스의 세 종류가 있다. 여기서 메시지란 유한 길이의 문자, 숫자나 특수 기호 등으로 구성된 데이터를 말한다. 메시지는 데이터의 처음과 끝을 표현하는 제어 문자와 본문으로 구성된다. 일반적으로 헤딩과 본문에서 구성된 메시지는 몇 개의 블록으로 분할되어 전송된다.

10.5 HDLC 전송제어 절차

10.5.1 개요

베이직 절차는 비교적 정보량이 적고 저속 회선에서는 편리한 절차이지만, 정보량이 증대되고 정보의 내용도 다양화되어 복잡해짐에 따라 고속이고 효율이 좋은 정보의 전송이 요구되어 새롭게 개발된 것이 HDLC 절차(High level Data Link Control Procedures)이다.

HDLC는 1974년 ISO에 의해 규정된 새로운 전송 제어 절차로서 우리 나라에서는 1980년 KSC-5757, 5758, 5759로 규정되어 베이직 절차를 대신하는 새로운 절차로서 보급되고 있다.

HDLC 절차는 임의의 비트 길이의 정보를 프레임(frame)이라고 부르는 전송 제어 단위로 분할하여 프레임 내의 제어 정보에 포함되는 명령(command)과 응답(response)을 이용하여 연속적으로 정보를 전송하게 하는 전송 제어 절차이다.

10.5.2 HDLC 절차의 특징

HDLC 절차는 신뢰성이 높은 고속 전송이 가능하며, 베이직 절차에 비하여 다음과 같은 특징이 있다.

(1) 비트 투과성의 확보

베이직 절차에서 전송의 최소 단위는 문자 코드이지만 HDLC 절차에서는 전송 제어의 제한을 받지 않고 자유롭게 조합한 임의의 비트 정보를 전송할 수 있다. 이러한 성질을 비트 투과성(transparency)이라고 한다.

(2) 전송 효율의 향상

베이직 절차에서는 하나의 블록을 전송할 때마다 응답을 받고, 상대측의 수신을 확인하면서 다음의 블록을 전송하도록 하는 방식이지만, HDLC 절차에서는 프레임(베이직 절차의 블록에 해당하는 것)이라고 하는 전송단위로 상대에게서 수신응답이 없어도 최대 7개의 프레임을 연속으로 전송할 수가 있으므로 회선을 효율적으로 사용할 수 있다.

(3) 신뢰성의 향상

베이직 절차에서는 정보 메시지에 오류검출부호를 부가하는데 전송제어문자를 이용하는 감시 시퀀스에서는 전송부호에 에러가 발생해도 검출할 수 없지만 HDLC절차에서는 CRC 체크 방식을 채용하여 복수 비트의 오류, 버스트(burst) 오류 등이 검출되어 엄격한 체크를 행한다. 따라서 HDLC 절차에서는 전송 제어부호나 데이터의 일부에 대해서 에러 체크의 대상으로 하기 때문에 전송의 신뢰성이 높아진다.

10.5.3 국(station)의 종류와 구성

HDLC 절차에서 국(station)이란 그림 10.21과 같이 통신제어 주도권을 명확히 하기 위한 1 차국, 2 차국 및 복합국을 말하며 3 종류의 국이 있다.

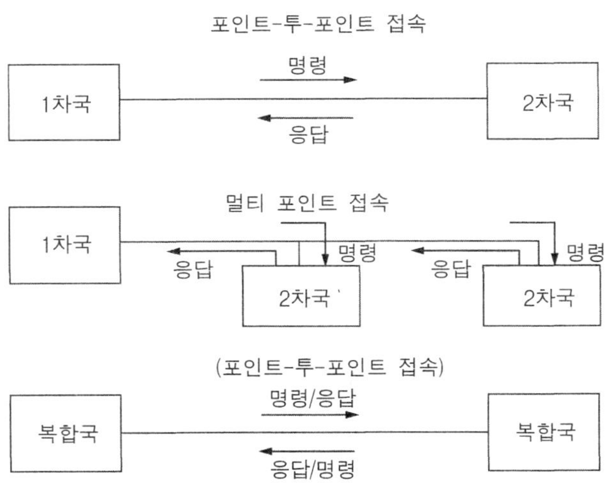

그림 10.21 HDLC 절차에 있어서 국의 구성

HDLC절차에서는 명령과 응답의 적용방법을 시스템의 구성에 따라 불평형형 절차 등급과 평형형 절차 등급의 두 종류로 나누어진다.

먼저 불평형형 절차 등급은 하나의 시스템 내에서 데이터 링크의 설정이나 장해의 회복 등에 관하여 책임을 지는 국(1차국)이 단 하나로 정해진 경우를 말하며 1차국과 2차국으로 구성되고 1차국에 제어되는 2차국은 한 개 또는 여러 개가 있다. 또 1차국은 1개 이상의 2차국과 포인트-투- 포인트나 멀티포인트 방식으로 접속된다.

평형형 절차 등급은 데이터 링크의 설정이나 장해의 회복 등에 관해서 두개의 국이 대등한 책임을 가지고 있는 경우이고 복합국으로 구성되며 2개의 복합국은 포인트-투-포인트 방식으로 접속된다.

① 1 차국(primary station) : 데이터 링크를 제어하는 국으로 데이터 링크의 설정, 링크 레벨의 오류 제어 및 장해의 회복 등에 대하여 모든 책임을 지는 국

② 2 차국(secondary station) : 1차국의 제어하에 있으며, 데이터 링크의 제어 기능을 실행하는 국

③ 복합국(mixed station) : 데이터 링크의 제어에 관해서 서로 대등한 책임을 갖는 국으로서 명령 및 응답을 양방향으로 송수신할 수 있는 국

10.5.4 프레임(frame)의 구성

HDLC 절차에서는 국사이에서 교환되는 데이터의 전송 단위를 프레임(frame)이라 부르고 프레임이라는 단위로 전송된다. 이 프레임의 구성은 표 10.3과 같다.

표 10.3 HDLC 프레임의 구성

플래그 시퀀스 (F)	주소부 (A)	제어부 (C)	정보부 (I)	프레임 검사 시퀀스 (FCS)	플래그 시퀀스 (F)
01111110	8 비트	8 비트	임의	16비트	01111110

(a) 정보부를 갖는 프레임의 구성

플래그 시퀀스 (F)	주소부 (A)	제어부 (C)	프레임 검사 시퀀스 (FCS)	플래그 시퀀스 (F)
01111110	8 비트	8 비트	16비트	01111110

(b) 정보부를 갖지 않는 프레임의 구성

(1) 플래그 시퀀스(8 비트)

플래그(flag)란 "01111110"이라고 하는 8비트로 구성되어 프레임의 시작과 끝을 나타내는 특유의 부호이다. 이 비트 패턴은 시작 플래그와 종료 플래그 사이에 플래그 시퀀스(flag sequence)와 같은 패턴이 나타나는 것을 방지하고, 프레임 내에서 자유로운 비트열을 구성할 수 있는 투과성(transparency)을 보증하고 있다.

예를 들면 송신하는 국에서 프레임 내의 정보를 조사하여 1이 5개 연속이면 그 뒤에 0을 삽입하여 송신하고, 수신측에서는 5개 연속된 "1" 다음의 "0"을 제거하여 수신하는 것으로 이 조작을 투과성(transparency) 또는 제로 삽입(zero insertion)이라고 한다. 한편, 수신하는 국에서는 0의 중에서 1이 5개 연속이고 다음에 0이 있으면, 송신측에서 삽입된 0으로 보고 0을 삭제한다. 이 조작에 따라 어떠한 비트 패턴이라도 송수신할 수 있도록 되어 있다.

(2) 주소부(8비트)

1차국과 2차국의 사이에서 회선을 여는 경우, 항상 2차국의 주소를 지정한다. 1차국에서 2차국으로 향하는 전송된 프레임에서는 주소부(address field)와 상대 단말국의 식별에 사용된다. 그림 10.22와 같이 2차국에서 1차국으로 전송된 프레임은 2차국은 2차국 자신의 주소를 지정한다. 주소부는 8비트로 256개의 단말 주소를 지정할 수 있으나 통신 시스템이 커서 8비트의 조합이 부족할 때는 그림 10.23과 같이 주소부를 확장할 수도 있다.

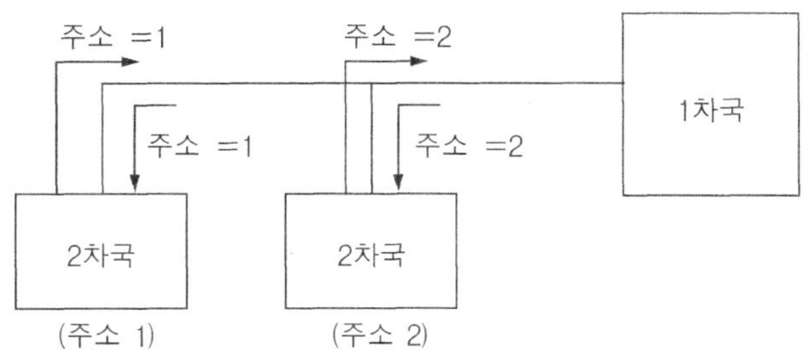

그림 6.22 HDLC의 주소부

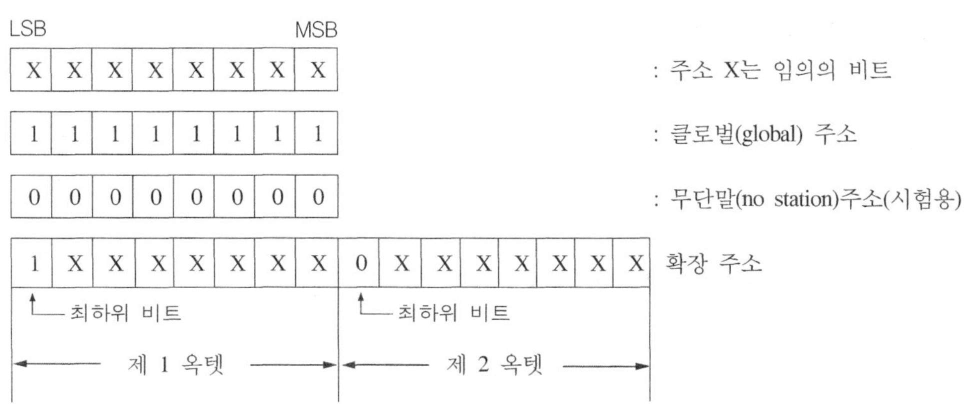

그림 6.23 확장 주소부의 구성

(3) 제어부(8비트)

회선 제어, 호출, 수신가능, 거부 등의 데이터 전송에 사용하는 제어 기능을 모두 비트 단위로 지정한다. 또 연속 전송을 가능하게 하기 위해서 순서 번호도 나타낸다.

또 제어부(control field)의 형식은 정보전송(I)형식, 감시(S)형식 및 비번호제(U)형식의 3가지가 있고, 각각의 비트구성은 표 10.4와 같이 결정된다.

표 10.4 제어부의 구성

프레임의 종류	제어부의 비트 형식					프레임의 역할
	b_1	b_2 b_3 b_4		b_5	b_6 b_7 b_8	
정보(I) 프레임	0	N(S)		P/F	N(R)	정보의 전송
감시(S) 프레임	1	0	S	P/F	N(R)	수신확인, 재송신 요구 등의 데이터 링크의 감시제어기능
비번호제(U) 프레임	1	1	M	P/F	M	모드설정의 요구, 응답, 이상 상태의 보고 등의 제어

N(S) : 송신측에서 송신정보 프레임의 순서 번호
N(R) : 수신측에서 다음에 수신할 예정인 정보 프레임의 순서번호
S : 감시 기능을 나타내는 비트
M : 수식 기능을 나타내는 비트
P : 프레임이 명령일 때는 폴 비트(Poll bit)
F : 프레임이 응답일 때는 파이널 비트(Final bit)

(4) 정보부(임의의 비트)

정보부는 이용자 사이에서 교신되는 정보 메시지와 제어 정보가 들어있는 부분으로서, 비트 시퀀스나 비트수에 제약이 없고 정보부의 최대 길이와 구성도 제한이 없다. 이 때문에 HDLC 절차는 비트 정보를 취급하는 컴퓨터 사이의 통신에 적합하다. 그러나 상대국의 장치 특성이나 통신 회선의 품질에 따라 최적의 비트 길이가 정해지기 때문에 송수신간의 합의에 따른다.

(5) FCS(Frame Check Sequence : 16비트)

FCS는 시작 플래그와 종결 플래그 사이에 있는 주소부, 제어부, 정보부의 내용이 오류없이 상대에게 정확히 전송되는가를 확인하기 위한 오류 검출용의 다항식이다. 오류 검출 방식으로는 16비트의 중복 검사 부호(CRC : Cyclic Redundancy check Code)가 많이 사용되고 있으며, CRC 16방식인 경우의 생성 다항식 $G(X)$는 다음과 같다.

$$G(X) = X^{16} + X^{12} + X^{5} + 1$$

10.5.5 모드의 종류

모드(mode)란 2차국 또는 복합국에 대한 동작의 형태를 정하는 것으로서 동작모드, 절단모드, 초기모드로 분류되며 모드의 여하에 따라 1차국과 2차국간에서 통신하기 위한 순서가 달라진다.

불평형 절차 등급으로 정보 프레임을 송수신할 때의 모드인 동작 모드에서는 하나의 시스템내에서 전송 제어를 수행하는 국이 한개로 정해져 있는 정규 응답 모드(NRM : Normal Response Mode)와 비동기로 여러 국에서 전송제어를 수행할 수 있는 비동기 응답 모드(ARM : Asynchronous Response Mode)가 있다.

또 평형형 절차 등급에서는 상대 복합국의 허가가 없이도 명령과 응답의 송수신이 시작되는 비동기 평형 모드(ABM : Asynchronous Balance Mode)가 있다.

- HDLC 운용 모드
  - 초기 모드
  - 동작 모드
    - 정규 응답 모드
    - 비동기 응답 모드
    - 비동기 평형 모드
  - 절단 모드

① 초기 모드(IM : initial mode) : 데이터 링크를 초기화하는 모드로서 데이터 링크 설정을 완료한다.

② 정규 응답 모드(NRM : Normal Response Mode) : 1차국과 2차국이 교대로 통신하는 모드로서 1차국에서 정규 응답 모드 설정 명령을 2차국에 송신함으로써 데이터 링크가 확립된다. 모드 설정 후에는 2차국의 정보 전송 제어는 모두 1차국의 명령에 의해 이루어진다.

③ 비동기 응답 모드(ARM : Asynchronous Response Mode) : 양방향 상호전송과 양방향 동시전송이 가능한 모드로서 1차국에서 비동기 응답 모드 설정 명령을 2차국에 송신함으로써 데이터 링크가 확립된다. 모드 설정 후는 2차국은 1차국으로부터의 명령 수신이 없어도 응답 프레임을 송신할 수가 있다.

④ 비동기 평형 모드(ABM : Asynchronous Balanced Mode) : 복합국의 어느 곳에서든지 비동기 평형 모드 설정 명령을 송신함으로써 데이터 링크를 확립할 수가 있다. 설정된 복합국끼리는 상대방의 허가를 받지 않고도 명령이나 응답 프레임을 송신할 수 있다.

⑤ 절단 모드(DCM : Disconnect Mode) : 2차국 또는 복합국을 데이터 링크로부터 논리적으로 분리하는 모드이다.

연습문제 주관식 문제

1. 데이터 통신에 있어서 전송제어절차가 필요한 이유를 설명하여라.

2. 전송 제어의 필요성과 그 역할을 설명하여라.

3. 전송제어절차의 5단계를 들고 각각 설명하여라.

4. BASIC 전송제어절차에서 사용되는 전송제어문자 10종류를 열거한 후 간단히 의미를 써라.

5. BASIC 전송제어절차의 특징을 설명하여라.

6. 베이직 전송 제어 절차의 데이터 링크 설정 방법을 설명하여라.

7. 데이터 송신 권한의 제어 방식에 대해서 다음을 간단히 설명하여라.
   (1) 회선 경쟁 선택(contention) 방식
   (2) 폴링(Polling)·셀렉팅(selecting) 방식

8. HDLC(High Level Data Link Control)의 프레임 구성에서 프레임의 시작과 끝을 알리기 위하여 사용되는 플래그를 2진수로 써라.

9. HDLC 표준 프레임 구조를 도시하고 각 프레임 용도를 간단히 설명하여라.

10. HDLC 전송제어절차의 특징을 설명하여라.

11. HDLC 프레임의 제어부를 설명하여라.

12. HDLC 전송제어절차의 프레임 구성과 각 부(field)의 비트 수를 나타내어라.

13. HDLC 프레임에서 P/F 비트의 역할은 무엇인가?

14. HDLC의 데이터 전송 모드를 나열하고 설명하여라.

15. 다음 용어를 간단히 설명하여라.
   (1) 데이터의 투과성(transparency)
   (2) 비지(busy) 상태
   (3) BSC(Binary Synchronous Communication) 전송제어절차
   (4) 불평형형 절차
   (5) 동시감시방식

연습문제 객관식 문제

1. 다음 중 데이터 전송 제어에서 수행되는 내용에 속하지 않는 것은?
   ㉮ 회선 제어　　㉯ 흐름 제어
   ㉰ 에러 제어　　㉱ 동기 제어

   풀이 데이터 전송 제어의 역할
   ① 입출력 제어
   ② 회선 제어
   ③ 동기 제어
   ④ 에러 제어

2. 전송 제어 절차 5 단계 중 에러 기법이 활용되는 단계는?
   ㉮ 제 1 단계　　㉯ 제 2 단계
   ㉰ 제 3 단계　　㉱ 제 5 단계

   풀이 제3단계 : 정보의 전송 단계로 전송로에서 발생하는 에러를 검출, 정정하기 위하여 에러제어를 하면서 전송한다.

해답 1. ㉯　2. ㉰

3. 전송 제어 절차를 순서에 맞게 기술한 것은 다음 중 어느 것인가?

1 단계	회선의 절단
2 단계	정보의 전송
3 단계	데이터 링크의 설정
4 단계	데이터 링크의 해제
5 단계	회선의 접속

㉮ 3-1-2-5-4　　㉯ 3-5-2-1-4
㉰ 5-3-2-4-1　　㉱ 5-4-2-1-3

풀이 전송제어의 단계

제 1 단계 (phase 1) : 일반 교환망에서의 회선 접속(물리적 연결)
제 2 단계 (phase 2) : 데이터 링크의 확립(설정)
제 3 단계 (phase 3) : 데이터의 전송(메시지 전달)
제 4 단계 (phase 4) : 데이터 링크의 절단(종결, 해제)
제 5 단계 (phase 5) : 일반 교환망에서의 회선 절단

4. 다음 중 회선 제어에서 규정하는 제어 내용에 해당되지 않는 것은?

㉮ 액세스 제어　　㉯ 타이밍
㉰ 모뎀의 신호 전송 제어　　㉱ 회선 규범

풀이 타이밍은 동기 제어에서 규정된다.

5. 데이터 전송제어 순서 중 옳은 것은?

㉮ 회선의 접속－데이터 링크의 확립－정보의 전송－종결－회선의 절단
㉯ 데이터 링크의 확립－회선의 접속－정보의 전송－종결－회선의 절단
㉰ 회선의 접속－데이터 링크의 확립－정보의 전송－회선의 절단－종결
㉱ 데이터 링크의 확립－회선의 접속－정보의 전송－회선의 절단－종결

해답 3. ㉰　4. ㉯　5. ㉮

6. 다음은 데이터 전송 시스템의 소프트웨어에 있어서 전송 제어 절차의 5 단계(페이스)에 대한 설명 중 틀린 것은?

㉮ 단계 1은 회선 접속을 하는 처리 단계이다.
㉯ 단계 2는 링크 확립을 하는 처리 단계이다.
㉰ 단계 3은 교신 처리를 하는 처리 단계이다.
㉱ 단계 4는 회선 절단을 하는 처리 단계이다.

풀이 단계 4는 링크 절단(해제)이고, 단계 5는 회선 절단을 하는 처리단계이다.

7. 통신제어에 필요한 기능 중 회선 제어 기능이 아닌 것은?

㉮ 통신회선의 접속과 절단 ㉯ 변복조 장치의 제어
㉰ 회선 상태의 감시 ㉱ 통신회선의 전송 대기

8. 다음 중 회선 제어는 어떤 통신 기기간의 제어 절차를 규정하는가?

㉮ DTE와 DTE ㉯ DTE와 DCE
㉰ DTE와 전송 제어 ㉱ DCE와 전송 회선

풀이 회선 제어는 모뎀등의 회선종단장치(DCE)와 전송회선간의 접속 및 제어 절차 등을 규정한다.

9. 다음 중 주로 DTE에 관련된 전송 제어 절차로 입출력 기기들을 직접 제어하는 절차에 관련되는 것은?

㉮ 입출력 제어 ㉯ 회선 제어
㉰ 통신 제어 장치의 제어 ㉱ 송수신 제어

풀이 입출력 제어 : 입출력 기기들을 직접제어하는 절차이다.

10. 전송 제어 절차를 5 단계로 구분할 때 각 단계에서 수행되는 내용으로 옳지 않은 것은?

㉮ 제 1 단계 : 디지털 전송망으로 접속하는 단계
㉯ 제 2 단계 : 데이터 링크의 연결 확립 단계
㉰ 제 3 단계 : 데이터를 전송하는 단계
㉱ 제 4 단계 : 데이터 링크의 연결 해제 단계

풀이 제 1 단계는 회선을 접속하는 단계로서 교환회선의 경우에만 필요하다.

해답 6. ㉱ 7. ㉯ 8. ㉱ 9. ㉮ 10. ㉮

11. 데이터 단말기기의 전송제어장치 중 송수신 제어부의 기능에 해당되는 것은?
   ㉮ 데이터의 입출력 제어의 동작을 분담한다.
   ㉯ 데이터의 블록전송에 필요한 전송제어 부호를 검출한다.
   ㉰ 송수신 사이의 동기를 취하기 위하여 통신속도와 동일한 timing pulse를 발생시킨다.
   ㉱ 데이터의 error를 검출, 정정하기 위하여 필요한 동작을 분담한다.

12. 데이터를 전송하는 두 국간에서 디지털 데이터가 원활하게 전송되기 위하여 수행되어야 할 여러 가지 절차들을 무엇이라고 하는가?
   ㉮ 에러 제어 기법　　㉯ 전송 제어 기법
   ㉰ 입출력 제어 기법　　㉱ 회선 규범

   풀이 전송 제어 기법은 데이터를 원활하게 전송하기 위한 일련의 절차로서 입출력 제어, 회선 제어, 동기 제어, 에러 제어 등이 있다.

13. 데이터를 송수신하는 두 단말간의 신호를 교환하는 순서와 타이밍, 절차 등에 대한 제어를 수행하는 데이터 전송 제어는?
   ㉮ 흐름 제어　　㉯ 순서 제어
   ㉰ 에러 제어　　㉱ 동기 제어

   풀이 동기 제어 : 송신측과 수신측과의 타이밍 제어

14. 베이직 모드의 전송 제어 수준에서 사용하는 전송 제어 캐릭터에서 전송 제어 기능을 추가하는 경우를 표시하는 약칭은?
   ㉮ SYN　　㉯ NAK
   ㉰ ENQ　　㉱ DLE

   풀이 전송 제어 문자
   ① SYN(SYNchronous idle) : 문자 동기의 유지
   ② NAK(Negative AcKnowledge) : 수신한 정보 메시지에 대한 부정 응답
   ③ ENQ(ENQuiry) : 상대국에 데이터 링크의 설정 및 응답의 요구
   ④ DLE(Data Link Escape) : 각종 전송 제어 기능의 추가

해답 11. ㉰ 12. ㉯ 13. ㉱ 14. ㉱

15. 베이직 모드의 전송제어 수준에서 사용하는 전송제어 캐릭터는 몇 개인가?

㉮ 10 ㉯ 20
㉰ 30 ㉱ 40

16. ASCII 코드 중에서 전송 제어 문자에 대한 설명으로 옳은 것은?

㉮ SOH : 데이터 블록의 시작을 나타냄
㉯ SYN : 비동기 문자의 시작을 나타냄
㉰ STX : 메시지 헤더의 종료 및 본문의 시작을 알림
㉱ EOT : 문자의 한 블록이 끝남을 표시

풀이 전송 제어 문자의 설명

① SOH(Start Of Heading) : 헤딩의 시작
② SYN(SYNchronous idle) : 문자의 동기 유지
③ EOT(End Of Transmission) : 전송의 종료 및 데이터 링크의 초기화(해제)
④ STX(Start of TeXt) : 헤딩의 종료 및 본문의 개시

17. BSC 프로토콜의 메시지 구성에서 헤딩 부분에 포함되는 내용이 아닌 것은?

㉮ 메시지의 우선 순위와 메시지 길이
㉯ 블록의 패리티 검사 정보
㉰ 보안 분류 코드와 코드의 유형
㉱ 송신측과 수신측의 식별 코드

풀이 헤딩부분에 포함되는 내용

① 메시지의 우선 순위 ② 송신측과 수신측의 식별 코드
③ 메시지의 길이 ④ 보안 분류 코드
⑤ 발생 시간 ⑥ 코드의 유형

18. 전송 제어의 단계 중 전화 교환망 등의 교환 회선을 이용하는 경우에만 필요한 단계는?

㉮ 단계 2와 단계 4 ㉯ 단계 2와 단계 5
㉰ 단계 2와 단계 3 ㉱ 단계 1과 단계 5

풀이 전송제어의 5단계중 단계1과 단계5는 전화 교환망 등의 교환회선을 이용하는 경우에만 필요하다.

해답 15. ㉮ 16. ㉰ 17. ㉯ 18. ㉱

19. 기본형 데이터 전송 제어 순서에서 사용되어지는 제어 캐릭터 중 최종 블록의 최후에만 부가되는 것은?

㉮ SOH ㉯ ETB

㉰ STX ㉱ ETX

풀이 블록의 전송 순서 : 2개 이상의 SYN 제어 문자를 시작으로 계속하여 SOH+HEADING 또는 STX+Text의 순서로 전송되며, 블록의 끝을 ETB 또는 ETX(본문의 최종블록)로 하고 에러검출은 BCC로 한다.

SYN	SYN	SOH	Header	STX	Text	ETB(or ETX)	BCC

|← BCC 체크 범위 →| (Header부터 ETB(or ETX)까지)

20. ASCII 제어 문자들 중에서 수신기에서 긍정적인 응답으로서 송신기로 보내는 통신 제어 문자는 어느 것인가?

㉮ STX ㉯ ENQ

㉰ ACK ㉱ NAK

풀이 전송제어문자

① STX : 텍스트의 최초 문자로 쓰이거나 헤딩의 종결에 사용된다.

② ENQ : 상대국에 응답을 요구하는 경우에 사용된다.

③ NAK : 송신측에 대한 부정 응답으로서 수신측에서 송출된다.

④ ACK : 송신측에 대한 긍정응답으로서 수신측에서 송출된다.

21. SDLC(Synchronous Data Link Control) 프로토콜의 특성이 아닌 것은?

㉮ 네트워크 구조에 무관하게 운용한다.

㉯ 반 이중 방식만 가능하다.

㉰ 비트 방식의 프로토콜이다.

㉱ Go-back-N ARQ를 사용한다.

풀이 SDLC 프로토콜의 특성

① 비트 방식의 프로토콜이다(BSC는 문자 방식의 프로토콜이다).

② 네트워크 구조나 기기 종류와는 무관하게 독립적으로 운용된다.

③ 연속적 ARQ (Go-back-N ARQ)를 이용한다.

④ 링크 형태로는 point-to-point, multipoint, loop 방식 모두 가능하다.

⑤ 전송방향(반이중, 전이중)에 관계없이 적용된다.

해답 19. ㉯ 20. ㉰ 21. ㉯

22. 셀렉션(selection) 방식의 설명으로 옳은 것은?

㉮ 셀렉션 방식은 데이터 링크를 해제할 경우에 사용된다.

㉯ 셀렉션 방식은 터미널로부터 데이터의 전송 여부 등을 문의한다.

㉰ 복잡한 에러 검사가 필요하고, HDLC 절차에 이용되는 방식에는 select-hold 방식이 있다.

㉱ 하나의 터미널을 선택하여 수신 준비 여부를 묻지 않고 정보를 전송하는 방식을 fast-select 방식이라고 한다.

풀이 셀렉션 방식의 종류

① select-hold 방식 : 주국이 종국을 선택하여 수신 준비가 되어 있는지의 여부를 확인한 후 전송 메시지를 송신하여 종국이 수신하도록 하는 방식으로서 BSC절차에 이용되고 있다.

② fast-select 방식 : 주국이 종국에 대하여 수신 준비 여부를 묻지 않고 그대로 정보 메시지를 전송하여 수신하게 하는 방식으로서 복잡한 에러 검사를 필요로 하게 되며 HDLC절차에 이용하고 있다.

23. 터미널을 선택하여 데이터의 출력 전송을 행하는 방식은?

㉮ hub-go-ahead polling ㉯ selection

㉰ contetion ㉱ roll-call polling

풀이 selection 방식 : 주국이 종국에 대하여 정보 메시지를 수신하도록 권유하는 방식

① select-hold 방식 : 하나의 터미널을 선택하여 수신 준비가 되어 있는지의 여부를 확인한 후 정보를 전송하여 수신하게 하는 방식으로 BSC 프로토콜 방식에 이용된다.

② fast-select 방식 : 하나의 터미널을 선택하여 수신 준비 여부를 묻지 않고 그대로 정보 메시지를 전송하여 수신하게 하는 방식으로 HDLC 프로토콜 방식에 이용된다.

24. 링크의 확립은 언제나 중앙국에 의하여 이루어지며 터미널을 지정하여 데이터 송신의 유무를 문의한 후 데이터를 송신하고자 하는 터미널이 있으며 이를 선택하여 데이터 전송을 행하는 방식은?

㉮ 컨텐션(contention) ㉯ 폴링(polling)

㉰ fast-select 방식 ㉱ select-hold 방식

풀이 폴링(polling) 방식 : 주로 집중 제어방식에서 이용되며, 서로 주국이 되려는 경합을 방지하기 위하여 제어국이 종속국을 하나씩 선택하여 메시지 송신 요구의 유무를 확인하는 방식으로서 주로 멀티 포인트(multi point) 방식에 이용된다.

해답 22. ㉱ 23. ㉯ 24. ㉯

25. BSC에서 사용되는 전송 코드 중 EBCDIC 코드를 사용할 때 전송에러 점검 방식은 어느 것인가?

㉮ CRC 방식　　㉯ LRC 방식
㉰ ARQ 방식　　㉱ VRC 방식

풀이 BSC는 Binary Synchronous Communication의 약어이다. CRC(Cyclic Redundancy Check) 부호는 2400[bit/s] 등 동기 전송 방식의 블록 에러 검출에 사용되며, 재송 정정 방식이 채택되고 있다.

26. 데이터 전송을 하고자 하는 터미널이 서로 대등한 입장에 있으며 데이터 링크 확립은 데이터 전송을 하고자 하는 터미널에서 시행하는 방식은?

㉮ 컨텐션 방식　　㉯ 셀렉션 방식
㉰ select-hold 방식　　㉱ 폴링 방식

풀이 컨텐션(contention) 방식은 정보 메시지를 전송하고자 하는 모든 터미널이 서로 대등한 입장에 있으며 데이터 링크 확립은 정보 메시지를 전송하고자 하는 터미널에서 시행하며 point-to-point 방식에 이용된다.

27. 다음 중에서 가장 폭넓게 사용되는 전송 제어 절차는?

㉮ BSC 제어 절차　　㉯ BASIC 제어 절차
㉰ HDLC 제어 절차　　㉱ SDLC 제어 절차

풀이 HDLC는 고속 데이터 전송에 적합한 비트전송을 기본으로 한 전송제어절차로서 데이터 통신의 여러 분야에서 폭넓게 사용된다.

28. HDLC 프로토콜에서 개시 및 종결을 나타내는 것은?

㉮ $11111111_2(FF_{16})$　　㉯ $00110010_2(32_{16})$
㉰ $01111110_2(7E_{16})$　　㉱ $01111111_2(7F_{16})$

29. 다음 데이터 통신 시스템의 HDLC에 대해 설명한 것 중 틀리는 것은 어느 것인가?

㉮ 임의의 비트 패턴의 전송이 불가능하다.
㉯ 에러 검출 방식으로는 CRC 방식을 채택하고 있다.
㉰ 수신측으로부터 응답을 기다리지 않고 연속하여 데이터를 전송할 수 있다.
㉱ 신뢰성이 높아 고속 전송이 가능하다.

풀이 HDLC절차는 전송제어상의 제한을 받지 않고 임의의 비트 패턴의 전송이 가능하다.

해답 25. ㉮ 26. ㉮ 27. ㉰ 28. ㉰ 29. ㉮

30. 일반적인 메시지 블록의 형태 중 BCC(Block Check Character)의 체크 범위가 아닌 것은?

㉮ STX ㉯ TEXT
㉰ ETX ㉱ SOH

31. HDLC(High Level Data Link Control) Sequence는?

㉮

FLAG	ADDRESS	제어부	DATA	FRAME검사	FLAG

㉯

PHASE A	PHASE B	PHASE C	PHASE D

㉰

SOH	STX	ETX	BCC

㉱

START	DATA	STOP	STOP

풀이 HDLC 절차는 개시 및 종료 플래그(01111110)에 의해 둘러싸여 있는 프레임이라는 단위로 전송된다. 프레임 내에는 기억 번지 필드, 제어 필드, 정보필드, 프레임 체크 시퀀스 등이 포함되어 있다.

32. 다음 중 HDLC의 프레임 구조를 올바르게 나타낸 것은?

㉮	플래그	제어부	주소부	정보부	FCS	플래그
㉯	플래그	제어부	정보부	주소부	FCS	플래그
㉰	플래그	주소부	제어부	정보부	FCS	플래그
㉱	플래그	정보부	제어부	주소부	FCS	플래그

33. SDLC 프로토콜의 특징이 아닌 것은?

㉮ 문자 방식 프로토콜이다.
㉯ 전송 방식은 단일 전송 방식, 반이중 전송 방식, 전이중 전송 방식이 모두 가능하다.
㉰ 데이터 링크 형식은 포인트 투 포인트, 멀티 포인트 루프 등 모두 가능하다.
㉱ SDLC 데이터 링크는 적어도 2국 이상이 되어야 한다.

풀이 SDLC는 비트 방식 프로토콜이고 BSC는 문자방식 프로토콜이다.

해답 30. ㉱ 31. ㉮ 32. ㉰ 33. ㉮

34. 다음 중 HDLC 제어 영역의 프레임 종류가 아닌 것은?

㉮ 정보 전송 프레임 ㉯ 비번호제 프레임
㉰ 감시 프레임 ㉱ 접속 프레임

35. BASIC 절차나 HDLC 등의 전송 제어 절차의 규격은 OSI 참조 모델의 어느 계층에 해당하는 프로토콜인가?

㉮ 제 2 계층의 데이터 링크 프로토콜
㉯ 제 3 계층의 네트워크 프로토콜
㉰ 제 4 계층의 트랜스포트 프로토콜
㉱ 제 5 계층의 세션 프로토콜

풀이 제2계층인 데이터 링크층의 규격 : BASIC 절차나 HDLC 등의 전송 제어 절차의 규격

35. 다음에서 데이터 링크 계층의 프로토콜들이다. 이중 비트 방식 프로토콜(protocol)이 아닌 것은?

㉮ BSC ㉯ HDLC
㉰ ADCCP ㉱ SDLC

풀이 문자 방식 프로토콜은 BSC가 있고, 비트 방식에는 SDLC, HDLC, ADCCP 등이 있다.

37. HDLC 전송제어절차가 사용하는 세 가지 동작모드에 해당하지 않는 것은 다음 중 어느 것인가?

㉮ 정규 응답모드(NRM) ㉯ 비동기 평형모드(ABM)
㉰ 비동기 응답모드(ARM) ㉱ 절단모드(DCM)

38. HDLC에서 데이터 링크를 제어하고 에러의 제어 및 회복에 대한 주도권을 가지고 프레임을 송수신하는 국은?

㉮ 1차국 ㉯ 2차국
㉰ 복합국 ㉱ 독립국

풀이 HDLC절차에서 국의 종류

① 1차국 : HDLC 동작의 주체로서 데이터 링크를 제어하는 국
② 2차국 : 1차국으로부터의 프레임에 대한 응답 기능을 수행하는 국
③ 복합국 : 서로 동등한 주도권을 가지고 데이터 링크를 제어하는 국

해답 34. ㉱ 35. ㉮ 36. ㉮ 37. ㉱ 38. ㉮

39. 다음 중 HDLC 프로토콜의 설명 중 맞는 것은?
   ㉮ 네트워크 계층의 정보 전송을 위한 아키텍처이다.
   ㉯ 캐릭터방식의 프로토콜이다.
   ㉰ 에러제어방식은 연속적 ARQ방식을 사용한다.
   ㉱ Full Duplex방식에서는 사용할 수 없다.

해답 39. ㉰

제 11 장 전송 오류제어

11.1 오류 제어의 개요

데이터 전송 회선은 정확하게 송신측에서 수신측으로 신호를 보내는 역할을 수행한다. 이 때 통신회선상에서는 잡음, 왜곡, 순간적인 단락, 감쇠, 주파수 변동 등에 따라 전송 오류가 발생할 수가 있으며 이러한 오류를 검출하여 정정하는 것은 통신의 신뢰성을 높이기 위해서 반드시 필요하게 된다. 이와 같이 에러 발생을 검출하고 이것을 정정하는 일을 오류제어(error control)라고 한다.

데이터 통신을 행하는 경우 오류가 발생하는 것을 전제로 하지 않으면 안된다. 사람이 범하는 조작 잘못으로 인한 오류는 비트 에러율이 4×10^{-4} 정도로 상당히 크나 사람이 스스로 조심하면 될 수 있다. 데이터 전송계에 기인하는 비트 오류율은 $1\times10^{-5}\sim1\times10^{-6}$ 정도이나 보통 데이터 통신에서는 고도의 신뢰성이 요구되므로 1×10^{-7}이하로 오류율을 유지할 필요가 있다. 결국 시스템 전체로 본다면 이러한 것들에 대한 어떤 대책이 필요하게 된다.

그 대책으로는 전송하는 정보에 용장(redundancy) 비트를 부가하는 방법, 전송계에 용장성을 갖도록 하는 방법이 있다. 이러한 구체적인 방법을 표 11.1에 나타내었다.

또 데이터 전송계에 있어서 오류 제어는 다음과 같이 크게 구별된다.

① 데이터 단말장치 내에서 발생하는 오류 제어

② 전송로에서 발생하는 오류 제어

③ 센터측 장치 내에서 발생하는 오류 제어

표 11.1 오류제어방식의 분류

<table>
<tr><td rowspan="7">정보에 용장성을 부가하는 방식</td><td rowspan="4">오류 검출 부호의 사용</td><td>수평 패리티 검사 방식</td><td rowspan="4">수신측에서 부가 비트를 검사하고 오류가 발생하면 송신측으로 재송을 요구한다.</td></tr>
<tr><td>수직 패리티 검사 방식</td></tr>
<tr><td>정 마크 정스페이스 방식</td></tr>
<tr><td>군계수 검사 방식</td></tr>
<tr><td rowspan="3">오류 정정 부호의 사용</td><td>순환 부호 방식</td><td rowspan="3">수신측에서 부가 비트를 검사하고 자기정정을 한다.</td></tr>
<tr><td>해밍 부호 방식</td></tr>
<tr><td>기타 부호 방식(각종)</td></tr>
<tr><td rowspan="4">전송계에 용장성을 부가하는 방식</td><td rowspan="2">반 송</td><td>반송 조합 방식</td><td rowspan="2">송신측에서 오류를 검사하여 송신측에서 재송한다.</td></tr>
<tr><td>검사 부호의 반송 방식</td></tr>
<tr><td rowspan="2">연 송</td><td>병렬 전송 방식</td><td rowspan="2">수신측에서 오류를 검사하여 송신측에 재송을 요구한다.</td></tr>
<tr><td>반복 전송 방식</td></tr>
</table>

오류 제어의 평가는 검출이나 정정되지 않은 오류율에 의해 정해지며, 다음과 같은 비트 오류율이나 블록 오류율로 나타낼 수 있다.

$$\text{비트 오류율} = \frac{\text{오류가 발생한 비트}}{\text{총 전송한 비트 수}}$$

$$\text{문자 오류율} = \frac{\text{오류가 발생한 문자수}}{\text{총 전송한 문자 수}}$$

$$\text{블록 오류율} = \frac{\text{오류가 발생한 블록의 수}}{\text{총 전송한 블록의 수}}$$

$$\text{블록 재송률} = \frac{\text{블록 재송 횟수}}{\text{총 블록수}}$$

데이터 전송 경로의 각 장소에서 검사 방식은 표 11.1에 나타낸 방식이 구분되어 사용되고 있다. 그림 11.1은 3개소의 오류의 발생에 대해서 어떠한 오류 검사 방식이 채용되고 있는가의 예를 나타낸 것이다.

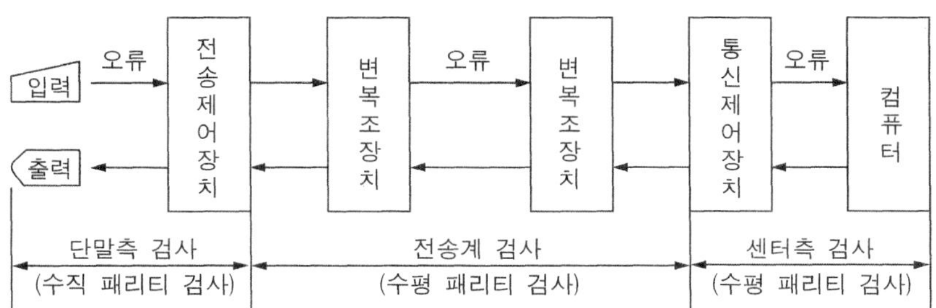

그림 11.1 오류 제어 적용

11.2 오류제어방식

데이터 전송에서는 회선의 잡음이나 순간적인 단락 등의 동적인 둔화 원인에 따라 전송된 데이터에 오류가 발생하는 것이라고 생각된다. 이 전송중에 발생되는 오류를 없게 하는 것은 전송 시스템을 설계하는데 대단히 중요하다.

이 오류를 검출하는 방법으로서 사용되는 가장 일반적인 방법은 전송 데이터에 용장 비트를 부가하여 전송함에 따라 오류를 검출하는 방법이다. 용장 비트의 부가에 따라 오류를 검출하는 방식은 다음과 같이 분류된다.

① 문자 검사 방법
- 문자 패리티 검사
- 정 마크 검사
- 해밍 부호

② 블록 검사 방법
- 수평/수직 패리티 검사
- 순환 중복 검사

오류제어방식에는 그림 11.2에 나타낸 것처럼 여러 가지 방식이 있다.

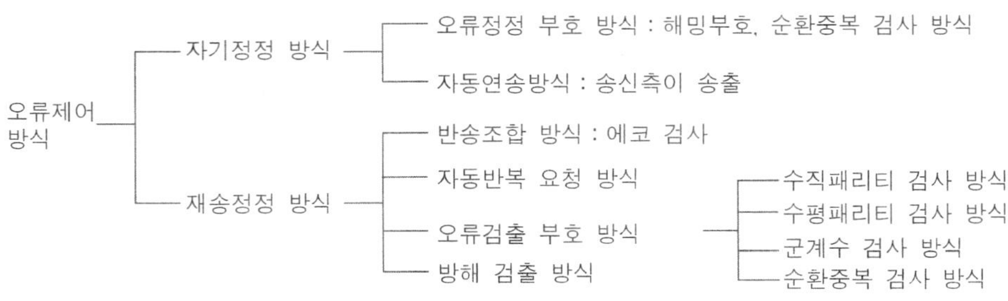

그림 11.2 오류제어방식의 분류

오류를 검출하는 방법에는 수직 패리티 검사 방식, 수평 패리티 검사 방식, 군계수 검사 방식, 해밍 부호 방식, 순환 중복 검사(CRC) 방식이 있다.

또 오류를 검출한 후 오류를 정정하는 방식에는 다음과 같은 방법이 있다.

① 전진 오류 정정 방식(FEC : Forward Error Correction)은 전송할 정보에 오류 정정을 위한 여분의 비트를 추가하여 전송하면, 수신측에서는 이를 수신하여 오류를 검출하여 정정을 행하는 것으로 자기 정정 방식이라고도 부른다.

② 자동 반복 요청방식(ARQ : Automatic Repeat Request)은 수신측에서 오류가 검출되면 송신측에 재전송을 요구하는 방식으로 재송 정정 방식 또는 검출 후 재전송 방식이라고도 부른다.

FEC 방식은 중단없는 연속적인 데이터군의 전송이 가능하므로 우주 사이의 통신이나 정보 오류를 즉시 복원해야 하는 경우에 이용된다. 그러나 ARQ 방식은 필요한 부가 비트의 수가 적어도 되는 이점이 있기 때문에 베이직 절차나 HDLC 절차에도 이용되는 가장 일반적인 방식이다.

(1) 수직 패리티 검사 방식

그림 11.3과 같이 하나의 패리티 비트(parity bit)를 프레임의 각 문자 끝에 추가하여 각 문자를 구성하는 수직 방향에 '1' 비트의 갯수가 짝수(또는 홀수)가 되도록 하는 방식으로서 7비트 ASCII 문자에 하나의 패리티 비트를 추가시키는 것을 수직 패리티검사 방식(Vertical parity check/vertical redundancy check)이라 하며 가장 간단한 비트 오류 검출 방식이다.

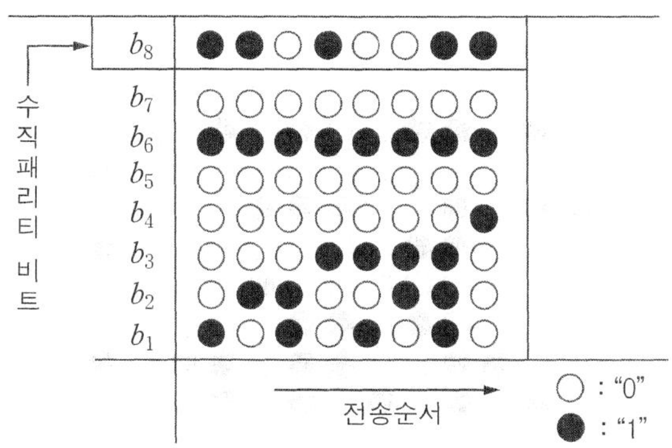

그림 11.3 수직 패리티 검사의 원리(홀수 패리티의 경우)

검출에서 "1"의 갯수를 문자 단위로 검사하여 짝수이면 양호하고, 홀수이면 오류가 있다고 판정한다. 또한 이 방식은 한 문자중의 비트가 짝수 개의 오류가 발생했을 경우에는 검출이 불가능하여 다른 오류 검출부호와 병용해서 사용하는 것이 보통이다. 비동기 방식에서는 '1'의 갯수를 짝수로 하는 짝수 패리티, 동기 방식에서는 '1'의 갯수를 홀수로 하는 홀수 패리티가 채용되고 있다.

수직 패리티 비트군의 검사를 수직 패리티 검사 또는 수직 중복 검사(Vertical Redundancy Check : VRC)라 하고, 이 방식은 오류의 검출만 가능하고 자기 스스로 오류 부분을 정정하는 기능은 갖고 있지 않다.

(2) 수평 패리티 검사(horizontal parity check) 방식

수평패리티 검사방식은 그림 11.4과 같이 수평 방향을 1 블록 단위로 하여 모든 문자의 각 비트 위치당 패리티 비트를 하나씩 추가한 것이다. 추가한 패리티 비트의 수는 한 개의 문자를 구성하는 비트수와 동일하고, 이때 추가되는 비트를 수평 패리티 비트 검사 코드라 하며, 이와 같은 검사를 수평 중복 검사(Longitudinal Redundancy Check : LRC)라고 한다.

보통 문자마다의 수직 패리티와 블록마다의 수평패리티가 양쪽에 붙어져 있는 경우가 많으므로 수평/수직 패리티 검사 방식이라고도 부른다.

이 방법에서 수평 방향에 오류가 짝수 개인 경우는 오류가 검출되지 않는 단점이 있다. 베이직 전송 제어 절차의 전송 단위인 블록 끝에 블록 검사 문자(Block Check Character : BCC)를 부가하는 것도 수평 패리티 검사 방식이다.

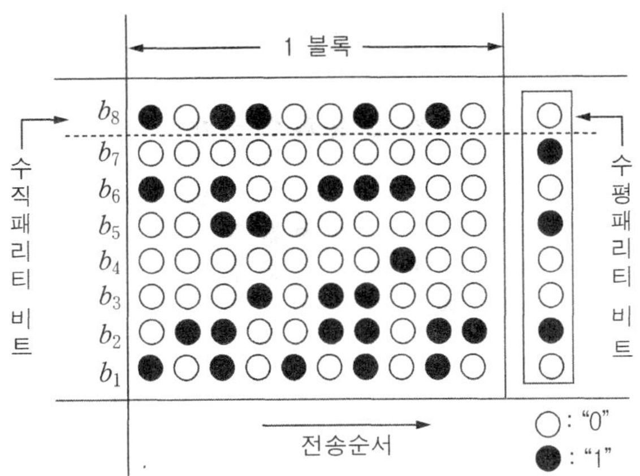

그림 11.4 수평 패리티 검사의 원리(홀수 패리티의 경우)

(3) 군계수 검사(group count check) 방식

군계수 검사방식은 수평 패리티 검사방식과 마찬가지로 1 블록내의 각 열에서 '1'의 수를 수평 방향에 2진 계수하고, 그 계수 결과를 검사 부호로 하여 각 블록 다음에 부가해서 송신한다. 일반적으로 검사부호는 2진계수의 끝 두자리를 사용한다. 한편 수신측에서는 송신측과 마찬가지로 계수하고, 최후에 보내온 검사 부호와 계수 결과를 비교하여 오류 여부를 판정한다. 구체적인 예를 그림 11.5에 나타내었다.

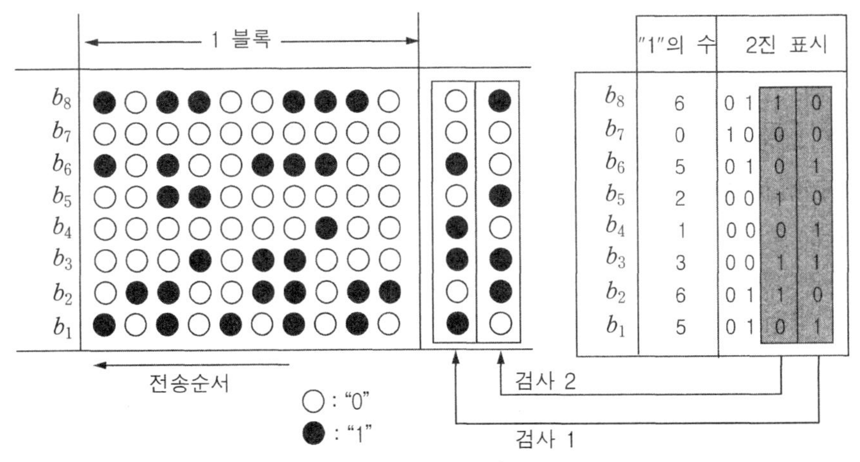

그림 11.5 군계수 검사의 원리

(4) 순환 중복 검사(CRC : Cyclic Redundancy Check) 방식

이 방식은 전송로 데이터가 연속해서 변하는 집단오류(burst error)도 검출하기 위해 다항식부호(polynomial code)를 사용하여 오류를 검사하는 방법이다. HDLC절차에서는 CRC방식으로 작성된 16비트의 검사부호(CRC부호)를 프레임중의 FCS(Frame Check Sequence)로 사용하여 오류제어를 한다. 이 FCS를 BCC(block check character) 또는 BCS(block check sequence)라고도 부르며 FCS의 계산을 위해서는 다음과 같은 생성다항식(generator polynomial)이 적용되고 시프트 레지스터의 길이는 검사용 부호비트의 2배가 된다.

- 6비트인 경우 : CRC-12
- 8비트인 경우 : CRC-ITU-T 또는 CRC-16
- 16비트인 경우 : CRC-32

ITU-T 권고 V.41은 블록 단위에 용장 비트를 부가하여 오류를 검출하는 순환 중복 검사 방식을 이용한 오류 제어 시스템을 규정하고 있다. 또 ITU-T 권고 V.41에서는 $G(x)$로서 $x^{16}+x^{12}+x^5+1$을 채용하고 있다.

지금 정보 비트계열이 n 비트의 고정 블록 단위로 전송된다고 하면 어떤 시각에 있어서 정보 비트 p_1, p_2, p_3, ……, p_n은 다음과 같은 다항식 $p(x)$로 표시할 수 있다.

$$p(x)=p_1+p_2x+\cdots\cdots+p_nx^{n-1} \qquad (11\text{-}1)$$

여기서 정보 비트 p_n는 고차에서 저차쪽으로 직렬로 전송된다고 한다.

생성 다항식 $G(x)$는 일반적으로 다음과 같이 표시된다.

$$G(x)=1+g_1x+g_2x^2+\cdots\cdots+g_{k-1}x^{k-1}+x^k \qquad (11\text{-}2)$$

$P(x)$에 생성다항식의 최고차항 x^k을 곱해서 $G(x)$로 나눗셈을 하면, 그 몫 $Q(x)$와 나머지 $R(x)$와의 관계는

$$x^kP(x)=Q(x)\cdot G(x)+R(x) \qquad (11\text{-}3)$$

이 된다. $P(x)$는 n-1 차 다항식, $G(x)$는 k 차 다항식이기 때문에 $n \geq k$라고 하는 조건으로 $R(x)$는 k-1 차의 다항식으로서

$$R(\mathrm{x})=d_1+d_2x+\cdots\cdots+d_kx^{k-1} \qquad (11\text{-}4)$$

이 된다. 여기서 R(x) 의 계수 $d_1,\ d_2,\ d_3,\ \cdots\cdots d_{k-1},\ d_k$가 용장 비트(검사용 비트,

BCC)로서 정보 비트 $p_0, p_1, p_3, \cdots\cdots p_n$ 에 부가된다. 용장 비트가 부가된 후에 전송된 비트의 정보 다항식 $W(x)$는

$$W(x) = x^k\ P(x) + R(x) \qquad (11\text{-}5)$$

이 되며, $n + k-1$ 차의 다항식으로 표시된다. 이와 같이 정보 비트

$$p_1,\ p_2, \cdots\cdots p_n,\ d_1,\ d_2, \cdots\cdots d_k \qquad (11\text{-}6)$$

는 $n + k$ 비트를 하나의 블록으로 통신회선에 송출한다.

한편 수신측에서는 수신된 블록 데이터를 다항식으로 표시하고 그 다항식을 송신측에서 사용한 생성 다항식과 동일의 다항식으로 나눗셈을 한다. 이 때 만약 수신한 데이터에 오류가 없다고 하면 나눗셈한 결과의 나머지가 없게 된다.

또 수신한 데이터에 오류가 발생하는 경우에는 수신된 정보 다항식을 송신측에서 사용한 생성 다항식으로 나눗셈을 하면 나누어지지 않고 그 결과로서 잉여 다항식은 0이 되지 않는다.

이러한 CRC방식의 기본 원리를 그림 11.6에 나타내었다.

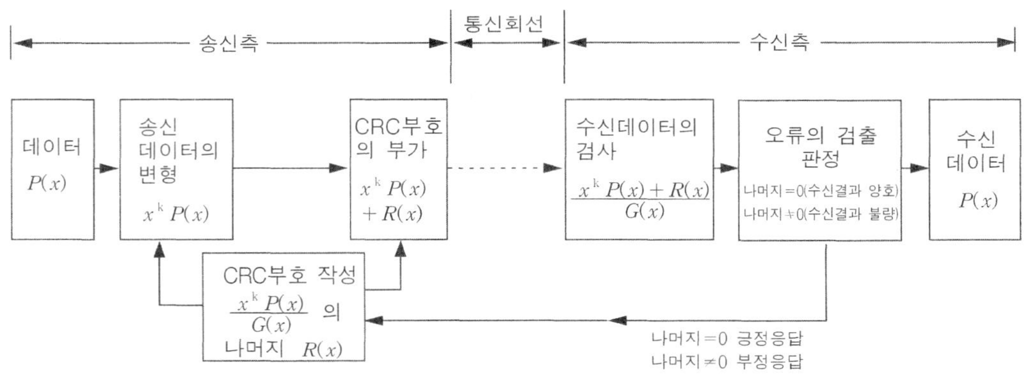

그림 11.6 CRC 방식의 원리

순환 중복 검사 방식의 예를 들어 설명하면 다음과 같다.

어떤 시각의 비트 패턴으로서 110011을 송신한다고 하면 부호 다항식 $p(x)$는 다음과 같다.

$P(x) = 110011(x^5 + x^4 + x^1 + x^0)$ …… 6비트

($1 \cdot x^5 + 1 \cdot x^4 + 0 \cdot x^3 + 0 \cdot x^2 + 1 \cdot x^1 + 1 \cdot x^0$ 과 같은 의미이다.)

생성 다항식 $G(x)$는 아래와 같이 가정한다.

$G(x) = 11001(x^4 + x^3 + 1)$ …… 5비트

먼저 P(x)에 x^k를 곱한다. 이때 $G(x)$가 5비트이므로 4비트의 BCC를 생성하기 때문에 $k=4$가 된다. 즉

$$x^k P(x) = x^4(x^5 + x^4 + x^1 + x^0)$$
$$= x^9 + x^8 + x^5 + x^4 \text{ …… 10 비트}$$
$$= (1100110000)_2$$

가 된다.

그리고 $x^k P(x)/G(x)$의 나눗셈을 한다. 여기서 나눗셈은 2진법으로 행하고 연산은 모듈러 2(modulo-2) 논리연산을 한다. 즉 캐리(carry) 및 빌로우(bollow)는 버린다.

```
                    100001      ← 몫
G(x) → 11001  |1100110000 ← x^k p(x)
              |11001
              ──────────
                 10000
                 11001
              ──────────
                  1001   ← 나머지 = R(x)
                               BCC
```

검사비트(BCC) 즉 나머지 $R(x)$를 $x^k p(x)$에 부가하여 전송로에 송신한다.

$W(x) = 1100110000 + 1001 = 1100111001$

수신측에서는 이것을 동일의 생성 다항식 $G(x)$로 나눗셈을 한다. 그 결과 나머지가 생기지 않으면 오류가 없는 정확한 메시지로 판정한다. 즉

```
                          100001        ← 몫
G(x) → 11001   ┌──────────────────────
               │1100111001 ←  x^k p(x)
               │11001
               ─────────────
                     11001
                     11001
               ─────────────
                         0  ← 나머지 없음
                                └오류 없음 판정
```

11.3 오류 정정 부호

오류 정정 부호 방식은 오류 검출뿐만 아니라 오류 발생시 자기 스스로 오류를 정정하는 방식이다.

(1) 컨벌루션 부호

오류 정정 부호는 크게 나누면 블록 부호(block code)와 컨벌루션 부호(convolutional code)의 두 가지가 있다. 블록 부호에서는 부호화와 복호가 각 블록마다 독립적으로 이루어지는데 반해, 컨벌루션 부호에서는 현재의 블록이 현재뿐만 아니라 과거의 블록에 대한 입력 메시지에도 의존한다는 특징이 있다.

그러나, 컨벌루션 부호에서는 블록 길이 n과 정보 비트수 k는 일반적으로 작다. 컨벌루션 부호는 랜덤 오류, 버스트 오류의 어느 한쪽, 또는 그 양쪽이 존재하는 경우에 사용할 수 있고, 블록 부호와 동등하거나 그 이상의 능력을 가지고 있다. 또 컨벌루션 부호는 시프트 레지스터를 사용하여 발생시킬 수 있다.

(2) 선형 블록 부호

정보원으로부터 발생되는 2원 심벌 0과 1의 계열을 먼저 길이 k의 블록(message block)으로 구분하고, 이어서 각 블록을 어떤 규칙에 따라 길이 $n(n>k)$의 블록으로 변환하는 것으로 한다. 이 길이 n의 블록(2진 n차원 벡터)을 부호어(code word)라고 한다. 각 메시지 블록은 k개의 2진수로 이루어지기 때문에 부호어의 수는 모두 2^k이 된다. 이 2^k개의 부호어의 집합을 블록 부호(block code)라 하며, 만약 그것이 모든 2진 n차원 벡터(binary n-tuple)의 벡터 공간의 부분 공간을 만드는 경우에는 선형 블록 부호(linear block code)라 한다. 블록 길이 n의 부호어에 있어서, 최초의 k비트(binary digit)가 메시지 블록 그 자체이며, 나머지 $(n-k)$ 비트가 전송 오류에 대처하기 위한 용장 비트인 부호를 조직 부호(systematic code)라 한다. 일반적으로 이러한 부호를 (n, k)부호라 하며, $R=k/n$을 부호율(code rate)이라 한다.

2원 대칭 통신로에서 최우 복호법을 이용한 경우 복호기는 해밍 거리의 의미에서 수신 벡터 r에 가장 가까운 부호어가 송신되었다고 간주한다. 선형 부호에 포함되는 부호어의 모든 쌍을 생각했을 때, 그 거리의 최소값을 그 부호의 최소 거리(minimum distance)라 하는데, 이것에 의해서 부호의 오류 정정 능력 및 오류 검출 능력이 결정된다. 지금 어떤 선형 부호가 있고, 그 최소 거리를 $d_{\min}$이라 한다. 최우 복호를 행하는 것으로서, 만약

$$d_{\min} \geqq 2m+1 \qquad (11\text{-}7)$$

이면, 이 부호는 m중(tuple) 이하의 어떠한 오류도 정정할 수 있고, 또 $(d_{\min}-1)$중 이하의 어떠한 오류도 검출할 수 있다. 즉, 식 (11-7)의 부등식을 만족할 때, 이 부호를 m중 오류 정정 부호(m-error correcting code)라고 한다.

예를 들면, $d_{\min}=2$인 부호는 오류 정정은 불가능하고, 다만 한 개의 오류를 검출할 수 있다. 또 $d_{\min}=3$인 부호는 한 개의 오류를 정정할 수 있고, 두 개의 오류를 검출할 수 있다. 다시 말해서 $d_{\min}=3$인 부호는 하나 또는 두 개의 오류까지 검출할 수 있으나 정정에 있어서는 단일 오류만이 가능한 것이다.

(3) 해밍 부호

패리티 비트에 의한 오류 검출은 단지 검출만 되고 정정이 되지 않으나 해밍 부호(Hamming Code)는 R. W. Hamming에 의해 고안된 것으로, 오류 검출뿐만 아니라 오류 정정까지도 가능하지만 오류 정정을 하기 위해서 많은 잉여 비트(또는 패리티 비트)를 필요로 하게 된다. 이때 데이터 비트에 따른 잉여 비트는 다음 식에 의해 구해진다.

$$2^P \geq m+P+1 \qquad (11\text{-}8)$$

여기서 m은 데이터 비트, P는 잉여 비트이다. 이 때 식 (11-8)이 성립하는

P의 최소값이 잉여 비트가 된다.

예를 들면, 데이터 비트가 4비트이면

$2^P \geq 4+P+1,\ 2^P \geq 5+P$

가 되므로 $P=3$이 된다. 따라서, 패리티 비트는 3비트이다.

또, 패리티 비트를 포함한 전송 데이터 비트의 구성은 표 11.2와 같다.

표 11.2 해밍 부호를 사용한 데이터 비트 내용

비트 번호	b_1	b_2	b_3	b_4	b_5	b_6	b_7	b_8	b_9	b_{10}	b_{11}	b_{12}	b_{13}	b_{14}	b_{15}	b_{16}	b_{17} .....
내 용	P_1	P_2	B_1	P_3	B_2	B_3	B_4	P_4	B_5	B_6	B_7	B_8	B_9	B_{10}	B_{11}	P_5	B_{12} .....

$P_1,\ P_2,\ P_3, \cdots\cdots$: 패리티 비트(잉여 비트)

$B_1,\ B_2,\ B_3, \cdots\cdots$: 데이터 비트

데이터 비트는 패리티 비트가 아닌 전송하고자 할 원래의 데이터이며, 패리티 비트의 내용은 데이터 비트가 "1"인 위치의 비트 번호를 모두 Exclusive-OR함으로써 계산할 수 있다. 이와 같은 내용을 이용하여 10진수에 대한 단일 정정 해밍 부호를 구성하면 표 11.3과 같다. 즉 BCD 부호(8421 부호)에 대한 해밍부호는 7비트로 구성되며 P_1, P_2, P_3는 패리티 비트이고 나머지는 정보비트이다.

표 11.4에서 10진수 6에 대한 비트(bit)의 내용은 표 11.4에서 [1] [1] 0 [0] 1 1 0이 되고, 전송시에는 역의 순서로 송신된다. 이때 해밍 비트는 정보비트가 "1"인 비트 번호를 모두 Exclusive-OR함으로써 계산되므로 011이다.

수신측에서도 마찬가지로 처리되는데, 결과가 0이면 오류가 없이 정확히 수신된 것이며, 0이 아니면 단일 비트 오류가 검출되고 또 정정된다. 예를 들면, 그림 11.7과 같이 표시할 수 있다. 이 때 수신된 정보 비트가 "1"인 위치 번호와 해밍 비트를 Exclusive-OR하여 나온 비트의 10진수 값이 오류가 된 비트의 위치이다. 이와 같은 해밍 부호는 단일 오류 정정 및 이중 오류 정정이 가능하지만, 패리티 비트의 부가는 동일 데이터 비트에 대하여 단일 오류 정정보다 이중 오류 정정의 경우 더 많은 패리티 비트를 필요로 함으로써 부호 효율이 저하될 수 있다.

표 11.3 단일 정정 해밍 부호

10진수 \ 기호 / 행번호	P_1	P_2	8	P_3	4	2	1
	1	2	3	4	5	6	7
0	0	0	0	0	0	0	0
1	1	1	0	1	0	0	1
2	0	1	0	1	0	1	0
3	1	0	0	0	0	1	1
4	1	0	0	1	1	0	0
5	0	1	0	0	1	0	1
6	1	1	0	0	1	1	0
7	0	0	0	1	1	1	1
8	1	1	1	0	0	0	0
9	0	0	1	1	0	0	1

패리티검사비트

8421 정보비트

표 11.4 10진수 6에 대한 해밍 비트의 계산

비트 번호	2 진수
5 6	1 0 1 1 1 0
Exclusive-OR	0 1 1
패리티 비트	P_3 P_2 P_1

비트번호	1 2 3 4 5 6 7
내 용	P_1 P_2 B_1 P_3 B_2 B_3 B_4
송 신 수신 ① 수신 ②	1 1 0 0 1 1 0 1 1 0 0 1 0 0 1 1 0 1 1 1 0

(a) 송수신 데이터 형태

비트 번호	2진수
5 해밍 부호	1 0 1 0 1 1
Exclusive-OR	1 1 0

$110=6_{(10)}$ (즉, 6번째 비트에서의 오류 발생)

(b) 수신 ①의 경우 오류 비트 계산

비트 번호	2진수
5 6 해밍 부호	1 0 1 1 1 0 1 1 1
Exclusive-OR	1 0 0

$100=4_{(10)}$ (즉, 4번째 비트에서의 오류 발생)

(c) 수신 ②의 경우 오류 비트 계산

그림 11.7 해밍 부호에서 단일 비트 오류의 검출 및 정정

11.4 자동 반복 요청(ARQ) 방식

통신회선에 오류가 발생했을 때 수신측은 오류의 발생을 송신측에 알리고 송신측은 오류가 발생한 블록(또는 프레임)을 재전송하게 되는데, 이러한 방식을 자동 반복 요청(ARQ : Automatic Repeat Request) 방식이라 하며, 가장 많이 이용되고 있다. ARQ방식에는 다음과 같은 3가지 방식이 있다.

① 기본형(stop and wait) ARQ 방식

② 연속적(continuous) ARQ 방식

- 블록 연속 전송(Go back-N continuous) ARQ 방식
- 선택 재전송(selective repeat continuous) ARQ 방식

③ 적응적(adaptive) ARQ 방식

(1) 기본형(stop and wait) ARQ 방식

가장 간단한 형태의 ARQ 방식으로서 정지-대기 ARQ방식이라고도 하며 송신측에서는 1개의 블록을 수신측에 송신하고 수신측에서는 수신된 블록의 오류의 유무를 판정하여 전송중에 오류가 발생한 때에는 NAK를, 오류가 발생하지 않은 때에는 ACK를 송신측에 보내는 방식이다. 이것을 그림 11.8에 나타내었으며 NAK와 ACK 신호에 따라 다음 블록을 전송하거나 오류가 발생한 블록을 재전송하게 된다. 따라서 송신측은 수신측으로부터 ACK를 수신했을 때 다음 블록을 전송하며, 수신측으로부터 NAK를 수신했거나 일정한 시간이 경과할 때까지 응답부호(ACK나 NAK)를 수신하지 못하면 해당 블록을 재전송한다.

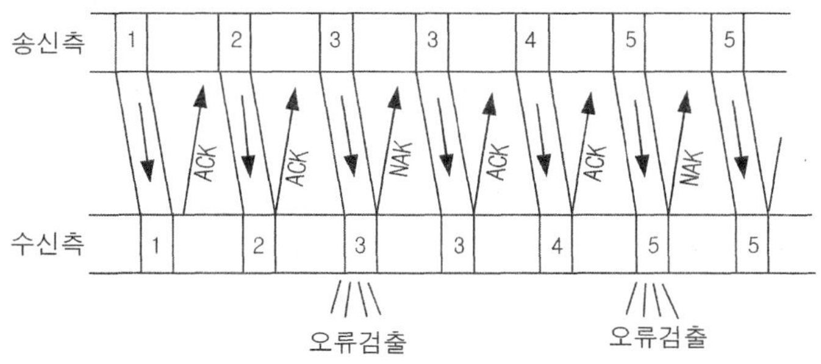

그림 11.8 기본형(stop and wait) ARQ 방식

이 방식은 구현이 간단하고 송신측에서 최대 프레임 크기의 버퍼가 1개만 있어도 되는 장점이 있으나 송신측이 ACK를 수신할 때까지 다음 블록을 전송할 수 없기 때문에 전송효율이 저하된다는 단점이 있다.

(2) 연속적(continuous) ARQ 방식

기본형 ARQ 방식은 1개의 블록을 전송한 후 ACK나 NAK를 수신할 때까지 다음 블록을 송신할 수 없기 때문에 전송효율이 떨어진다. 이러한 단점을 줄이기 위해 연속적으로 블록을 전송하기 위해서 개발된 방식이 연속적 ARQ 방식이다. 이 방식에는 블록연속전송(Go back-N) ARQ 방식과 선택적 재전송(Selective repeat) ARQ 방식이 있다.

① 블록 연속 전송(Go back-N) ARQ 방식

블록 연속 전송(Go back-N) ARQ 방식은 송신측에서 연속적으로 데이터 프레임에 순서번호를 실어서 전송하고, 만약 수신측에서 수신한 프레임에서 오류가 발견될 때 NAK와 함께 오류 프레임의 순서번호를 송신측에 전송하면 NAK부호를 수신한 송신측은 오류가 발생한 데이터 프레임부터 재전송한다. 따라서 송신측은 수신측의 NAK 응답신호가 수신되면 오류가 검출된 이후의 모든 데이터 프레임을 저장하고 있어야 하므로 버퍼 용량이 충분해야 한다.

예를 들면 그림 11.9와 같이 프레임마다 순서 번호를 부여하여 1, 2, 3, …… 순서로 프레임을 전송하다가 3번 프레임에서 오류가 발생하면 수신측은 이 사실을 NAK와 함께 순서 번호를 송신측에 알린다. 이 경우 송신측은 NAK 부호를 수신한 시점에서 3번 이후의 프레임, 즉 3~6 프레임을 재전송한 후 다음 프레임 7등을 전송하게 된다.

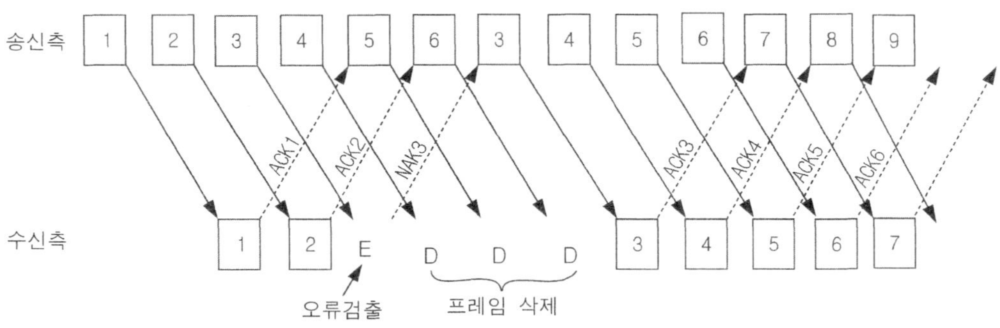

그림 11.9 블록 연속 전송 ARQ 방식

② 선택적 재전송(Selective repeat) ARQ 방식

선택적 재전송(Selective repeat) ARQ 방식은 오류가 발생한 데이터 프레임과 그 이후의 모든 데이터 프레임을 재전송하는 블록연속전송 ARQ방식과는 달리 오류가 발생한 데이터 프레임(NAK에 해당하는 프레임)만 재전송하는 방식이며 그림 11.10에 나타내었다. 그림에서 3번 프레임만 수신측으로부터 NAK응답신호가 전송되었으므로 3번 프레임만 재전송하면 된다. 수신측에서는 오류가 발생한 데이터 프레임의 재전송을 기다려 순서 번호에 따라 배열하여야 하므로 그 사이에 도착하는 모든 데이터 프레임을 저장할 수 있는 용량이 큰 버퍼를 가져야 한다.

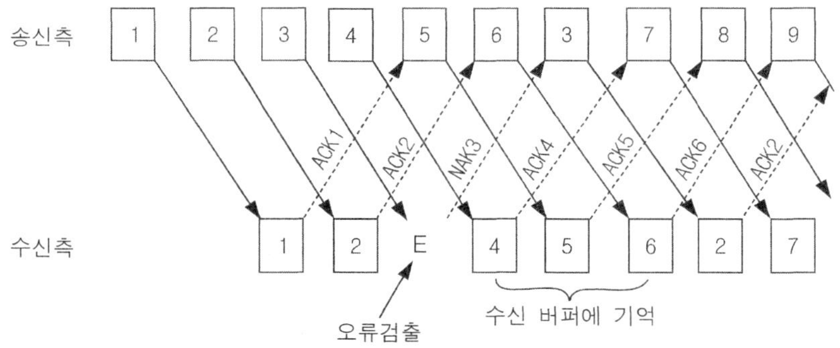

그림 11.10 선택적 재전송 ARQ방식

(3) 적응적(adaptive) ARQ 방식

적응적 ARQ 방식이란 전송 효율(또는 채널효율)을 최대로 하기 위하여 프레임의 길이를 동적(dynamic)으로 변경시킬 수 있는 방식을 말한다. 즉, 수신측은 통신회선의 오류 발생률을 감지하여 송신측에 알려주며, 이 정보에 의해 송신측은 가장 적절한 프레임의 길이를 결정하여 프레임을 전송한다. 이때 프레임 길이의 변경은 수신측에 통보하여야 한다.

연습문제 주관식 문제

1. 오류제어방식을 분류하고 각각 설명하여라.

2. 에러 검출 부호의 종류를 들고 각각 설명하여라.

3. 수직 · 수평 패리티 검사 방식을 설명하여라.

4. 데이터 전송에 있어서 버스트 오류(burst error)란 무엇인가?

5. 우수 패리티(even parity)일 때 parity를 쓰시오.

Data	Parity
1001100 0110011	가 ( ) 나 ( )

6. 다음 □ 안에 0 또는 1의 패리티 비트를 써 넣어라(단, 우수 패리티로 한다).

   ISO/ITU-T 코드

   (1) "3" □ 0 1 1 0 0 1 1

   (2) "F" □ 1 0 0 0 1 1 0

   (3) "?" □ 0 1 1 1 1 1 1

   (4) "STX" □ 0 0 0 0 0 1 0

7. 입력 신호가 "1001101100"일 때 CRC방식에 의한 5비트의 검사 시퀀스를 구하라. (단, 생성 다항식은 $X^5+X^4+X^2+1$로 한다.)

8. CRC 방식에 의한 생성 다항식으로서 $G(X)=X^4+X^2+X+1$이 주어졌을 때 이 CRC 검사 시퀀스를 생성하는 회로 원리도를 나타내라. 그리고 그 동작을 설명하여라.

9. CRC(순환중복검사) 방식에 사용되는 생성 다항식의 종류에 대하여 설명하여라.

10. 아래 표와 같이 우수 패리티를 가진 해밍 코드(Hamming code)를 수신하였다. 다음 각 물음에 답하여라.

행	1	2	3	4	5	6	7
해밍코드	0	0	0	1	1	0	1

(1) 패리티 비트(parity bit)는 몇 개인가?
(2) 이 코드에 단일 비트착오(error)가 발생되었다 할 때 착오는 몇 번 행에 있는가?
(3) 전송된 BCD 코드의 10진수는 얼마인가?

11. 단일오류정정 (6, 3) 부호에 대한 패리티 검사 행렬 H가 다음과 같이 주어져 있다고 한다. 메시지 블록 (0, 1, 0)에 대응하는 부호어를 구하여라. 또 제3비트가 잘못 수신되었을 때의 신드롬(syndrome)은 어떻게 되는가?

$$H=\begin{pmatrix} 1 & 1 & 0 & 1 & 0 & 0 \\ 1 & 0 & 1 & 0 & 1 & 0 \\ 0 & 1 & 1 & 0 & 0 & 1 \end{pmatrix}$$

12. ARQ(Automatic Repeat Request) 방식의 종류를 분류하고 간단히 설명하여라.

연습문제 객관식 문제

1. 다음 중 에러를 정정할 수 있는 부호 방식은?
   ㉮ BCH 부호　　㉯ 수평 패리티
   ㉰ CRC 부호　　㉱ 수직 패리티

풀이 대표적인 에러 정정 부호

(1) 블록 부호
① 랜덤 에러용 : 해밍 부호, BCH 부호, 리드-솔로몬(Reed - Solomon)부호, EG부호, PG부호, Golay 부호
② 버스트 에러용 : 화이어(Fire) 부호, 단축 순회 부호

(2) 컨벌루션 부호
① 랜덤 에러용 : 자기 직교 부호, Viterbi 복호용 부호, 축차 복호용, 와이너 부호
② 버스트 에러용 : 하겔버거(Hagelbuger) 부호

2. 다음 에러 제어방식 중 성질이 다른 하나는?
   ㉮ 수평수직 패리티 방식　　㉯ 자기 정정 방식
   ㉰ 재송 정정 방식　　㉱ 해밍 부호 방식

3. 다음 중 에러제어에 관한 설명 중 틀리는 것은?
   ㉮ 자기 조합부호에서는 에러가 발생하여도 사용하지 않는 부호로 변환한다.
   ㉯ 수직 패리티 체크방식에서는 '1' 부호 중에서 기수개의 단위가 틀리면 에러가 발견되지 않는다.
   ㉰ 정마크 부호방식에서는 '1' 또는 '0'의 수가 일정한 부호만 유효하고 다른 부호는 에러로 검출한다.
   ㉱ Bearer법에서는 1회와 2회에 위상을 역전해 전송하고 수신측에서 에러를 검출한다.

해답 1. ㉮　2. ㉮　3. ㉯

4. 패리티 체크(parity check)를 하는 이유는?
   ㉮ 기억 장치의 용량를 검사하기 위하여
   ㉯ 전송된 부호의 에러를 검출하기 위하여
   ㉰ 전송된 부호의 용량을 검사하기 위하여
   ㉱ 검출된 에러를 정정하기 위하여

   풀이 전송된 부호의 에러를 검출하기 위한 기능을 갖는 특별한 비트를 리던던트(redundant) 비트 또는 체크(check) 비트라고 한다.
   패리티 체크(parity check)는 전송된 부호 중 1의 개수를 검사하여 에러의 유무를 판정하는 것으로 1의 개수가 짝수임을 검사하는 것을 짝수 패리티 체크라 하고, 1의 개수가 홀수임을 검사하는 것을 홀수 패리티 체크라 한다.

5. 동일한 데이터를 2회 송출하여 수신측에서 이 2개의 데이터를 비교 체크하여 에러를 검출하는 에러제어방식은?
   ㉮ 연속송출방식　　㉯ 반송조회방식
   ㉰ 캐릭터 패리티 체크방식　　㉱ 사이클릭 부호방식

6. 에코(echo) 방식이라고 하며, 송신측에서 보내진 전송 데이터와 수신측을 경유하여 되돌아온 데이터와 비교하여 에러를 검출하는 방식은?
   ㉮ 연속 전송 방식　　㉯ VRC 방식
   ㉰ 궤환 전송 방식　　㉱ CRC 방식

   풀이 궤환전송방식 : 에코(echo) 방식이라고도 하며, 송신측에서 보내진 전송 데이터와 수신측을 경유하여 되돌아온 데이터를 비교하여 에러를 검출하는 방식

7. 데이터 전송에 있어서 송신측에서 각 문자를 부호화할 때에 부호 중에서 '1'의 수가 항상 일정한 수가 되도록 새로 부호를 조립해서 송출함으로써 수신측에서 오류를 검출하는 방식은?
   ㉮ 일정 마크방식　　㉯ 수직 패리티(parity)방식
   ㉰ 기수 패리티(parity)방식　　㉱ 수평 패리티(parity)방식

8. 캐릭터를 부호화할 때 1의 비트수가 어느 일정한 개수가 되도록 결정하고 수신측에서 1을 체크하여 미리 결정한 개수와 비교함으로써 에러를 검출하는 방식은?
   ㉮ 수평 패리티 체크 방식　　㉯ 수직 패리티 체크 방식
   ㉰ CRC 방식　　㉱ 일정마크 체크 방식

해답 4. ㉯ 5. ㉮ 6. ㉰ 7. ㉮ 8. ㉱

9. 다음은 데이터 전송선로의 수평, 수직 우수 패리티 체크 방식이다. 정확히 수신했을 때 나온 데이터의 x x x에 들어가야 할 비트열은?

1 0 1 0 1 0 1 0	0
0 0 1 1 0 0 0 1	1
0 1 0 0 0 1 1 0	1
1 0 0 0 1 1 0 1	0
1 0 0 1 1 0 1 0	0
1 1 0 0 1 0 x x x	x

㉮ 001 ㉯ 011
㉰ 100 ㉱ 110

10. 다음의 에러 제어 방식 중에서 복수의 에러를 정정할 수 있는 방식은?

㉮ BCH 부호 ㉯ HAMMING 부호
㉰ CRC 부호 ㉱ 수평, 수직 PARITY

풀이 에러 검출 및 정정 부호

(1) 블록(block) 부호
① BCH 부호 : 순회(cyclic) 부호 중에서 가장 대표적인 부호로써 에러정정 능력이 우수하다.
② 해밍(Hamming) 부호
③ 리드-솔로몬(Reed-Solomon) 부호

(2) 콘볼루션(Convolution) 부호
① 자기직교(self orthogonal) 부호
② 위너(Wyner) 부호
③ 비터비(Viterbi) 복호용 부호

11. 에러 정정 방식 중 귀환 통신로가 필요하지 않은 방식은?

㉮ 자동연속방식 ㉯ 정보귀환방식
㉰ 재송정정방식 ㉱ 판정귀환방식

12. 데이터 통신에서 에러의 검출 및 교정까지 할 수 있는 부호는?

㉮ 2 out of 5 code ㉯ Hamming code
㉰ Excess-3 code ㉱ 2진 parity

풀이 해밍 코드(Hamming code)는 에러 검출만이 아니라 모든 단일 에러의 정정까지도 가능하다.

해답 9. ㉰ 10. ㉮ 11. ㉮ 12. ㉯

13. 다음 코드 중 자기 에러 비트(error bit) 수정을 할 수 없는 것은?
㉮ 콘볼루션(convolution) 코드 ㉯ 해밍(Hamming) 코드
㉰ EBCDIC 코드 ㉱ BCD 코드

풀이 EBCDIC 코드 : 확장 2진화 10진 코드라고도 하며 1개의 패리티 비트와 8개의 데이터 비트로 구성되어 있으며 256가지의 문자를 표현할 수 있다.

14. 패리티 체크를 하는 이유는 무엇인가?
㉮ 중계선로의 중계 용량 측정 ㉯ 전송되는 부호 용량 검사
㉰ 컴퓨터의 기억 용량 산정 ㉱ 전송된 부호의 오자 검출

풀이 패리티 체크를 하는 이유 : 전송된 부호의 오자 검출이다.

15. 다음 중 데이터 전송계의 Error 검출 방식이 아닌 것은?
㉮ 수직 패리티 방식 ㉯ 수평수직 마크 제어 방식
㉰ 군계수(郡計數) 체크 방식 ㉱ 정(定) 마크 부호 방식

풀이 에러 제어용 코드를 부가하는 에러검출방식
① 수직 패리티 체크 방식
② 수평 패리티 체크 방식
③ 수평, 수직 패리티 체크 방식
④ 정 마크 부호 방식
⑤ 군계수 체크 방식

16. 데이터 통신에서 한 캐렉터(Character)를 표시하는 정보 비트열에서 “0” 또는 “1”을 부가시켜 “1”의 수가 홀수 또는 짝수인가에 따라 정보의 왜곡을 검출하는 방식을 무엇이라고 하는가?
㉮ 패리티 체크 ㉯ 정표시 방법
㉰ 군계수 방식 ㉱ 크로스 체크

풀이 패리티 체크(parity check)는 전송된 부호 중 1의 개수를 검사하여 에러의 유무를 판정하는 것으로 가장 간단한 비트 에러 검출 방식이다. 즉 1의 개수가 짝수임을 검사하는 것을 우수 패리티 체크라 하고, 1의 개수가 홀수임을 검사하는 것을 기수 패리티 체크라고 부르며, 짝수 패리티는 비동기식 통신에, 홀수 패리티는 동기식 통신에 사용된다.

해답 13. ㉰ 14. ㉱ 15. ㉯ 16. ㉮

17. 데이터 비트 프레임에 잉여 비트를 추가하여 에러를 검출 수정하는 에러 제어 방식은?
   ㉮ 블록 종합 검사(Block sum check)
   ㉯ 순환 잉여 검사(CRC)
   ㉰ 전진 에러 수정(Forward Error Correction)
   ㉱ 검출 후 재전송(ARQ)

풀이 데이터 전송 에러제어

① 전진 에러 수정(FEC : forward error correction) : 송신측이 전송할 문자나 프레임에 부가적인 정보를 첨가하여 전송하고 수신측이 수신된 문자나 프레임에 에러가 있을 때 이 부가적인 정보를 이용하여 에러 검출과 정정을 하는 방식이다.

② 후진 에러 수정(BEC : backward error correction) : 송신측이 에러를 검출할 수 있을 정도의 부가적인 정보를 문자나 프레임에 첨가시켜 전송하고 수신측이 에러 검출시 재전송을 요구하는 방식이다.

18. 데이터 통신에서 에러(error) 검출 방식이 아닌 것은?
   ㉮ 정보궤환 방식　　㉯ 수직 패리티 방식
   ㉰ 수평 패리티 방식　　㉱ 정마크 부호 방식

풀이 에러 검출 방식

① 수직 패리티 체크방식
② 수평 패리티 체크방식 : 블록 체크 캐릭터(BCC)
③ 수평 수직 패리티 체크방식
④ 경사 패리티 체크(spiral parity check)방식
⑤ 정마크 부호 방식
⑥ 군계수 체크방식
⑦ CRC 방식 : 순회 부호에 의한 에러 검출

19. 동일한 비트(bit) 수를 사용하였을 때 에러 발생 확률이 가장 적은 부호는?
   ㉮ BCD code　　㉯ Gray code
   ㉰ Hamming code　　㉱ 3초과 code

풀이 Gray code는 교번 또는 반전 2진부호라고도 하며 서로 인접한 2개의 부호어가 1비트(bit)만 변화하도록 되어 있기 때문에 에러 확률이 적어 입출력 장치 및 A/D 변환기 등의 부호로 많이 사용된다.

해답 17. ㉰ 18. ㉮ 19. ㉯

20. 수직 방향으로 각 문자를 구성하고 있는 비트 중에서 1의 개수가 반드시 짝수가 되도록 체크 비트를 생성하여 검사하는 것은?

㉮ VRC　　㉯ group count check
㉰ LRC　　㉱ CRC

풀이 용어 해설

① VRC(Vertical Redundancy Check) : 수직 중복 검사
② LRC(Longitudinal Redundancy Check) : 수평 중복 검사
③ GCC(Group Count Check) : 그룹계수 검사
④ CRC(Cyclic Redundancy Check) : 순환 중복 검사

21. 에러가 발생된 경우 수신측에서 스스로 에러를 정정할 수 있도록 데이터 정보를 제공하여 주는 기법은?

㉮ 패리티 검사　　㉯ 에러 정정 코드
㉰ 재전송　　㉱ 순환 중복 검사

풀이 에러 정정 코드(error correction code) : 에러를 검출, 정정하는 코드로서 블록 코드와 비블록 코드로 분류된다.

22. 순환잉여도 검사(Cyclic Redundancy Check) 방식의 에러 검사 방식을 설명한 것이 아닌 것은?

㉮ 문자 단위의 전송에서 응용하기 적당하다.
㉯ 패리티 검사 코드의 일종인 순환 코드를 이용한다.
㉰ 단일 비트 에러는 100[%] 추출할 수 있다.
㉱ CRC-16은 $X^{16}+X^{15}+X^{12}+1$의 다항식을 이용한다.

23. 입력 데이터가 10010100이라고 할 때 CRC 방식에 따르는 메시지 다항식 M(X)는?

㉮ $M(X)=X^8+X^5+X^3$　　㉯ $M(X)=X^6+X^5+X$
㉰ $M(X)=X^7+X^4+X^2$　　㉱ $M(X)=1+X^3+X^5$

풀이 2진법 "1"의 경우 그 항은 값이 있고 "0"인 경우는 없으므로 2진수 10010100은 $X^7+X^4+X^2$의 다항식을 갖는다.

해답 20. ㉮ 21. ㉯ 22. ㉰ 23. ㉰

24. CRC 에러 체크 방식 수신기에서 다음 표와 같은 메시지를 수신하였다. 계산 후 에러 개수로서 올바른 것은?

메시지 다항식 = 1100111001
생성 다항식 = 11001

㉮ 에러가 발생하지 않았다.
㉯ 에러가 1〔bit〕 발생하였다.
㉰ 에러가 2〔bit〕 발생하였다.
㉱ 이것으로는 알 수 없다.

풀이 CRC 방식은 수신된 메시지 다항식 R(X)를 생성다항식 G(X)로 나누어 나머지가 없으면 에러가 없는 것으로 간주한다.

```
             100001
       ┌──────────────
 11001 │ 100111001
       │ 11001
       ───────────────
             11001
             11001
       ───────────────
             00000      ← 나머지가 없으므로 에러가 없음을 의미한다.
```

25. 메시지 10001101 ($X^7+X^3+X^2+1$)에 대해 다음의 생성 다항식을 이용하여 CRC 부호화할 경우 추가되는 패리티 비트 형태는?
단, $G(X)=X^5+X^4+X+1$

㉮ 01001　　㉯ 11111
㉰ 00000　　㉱ 11011

풀이 $T(X)=M(X)\times X^5+\mathrm{FCS}=\mathrm{M}'(\mathrm{X})+\mathrm{FCS}$
즉, FCS는 $M'(X)$를 $G(X)$로 나누었을 때 나머지에 해당된다.

26. BCH 에러 정정 코드에 관한 설명으로서 옳은 것은?

㉮ 생성 다항식은 정보 비트수와는 무관하게 일정하다.
㉯ Convolution 부호 방식 중의 하나이다.
㉰ t개의 에러 정정을 위하여는 mt개의 검사 비트를 부가하여야 가능하다.
㉱ 해밍부호와는 달리 1개의 에러만을 정정할 수 있다.

해답 24. ㉮ 25. ㉱ 26. ㉰

27. 다음 설명 중 올바른 것은?
   ㉮ QPSK 모뎀의 경우 보오율(baud rate)과 비트율(bit rate)은 동일하다.
   ㉯ TDM이란 주파수대역을 분할하여 각각의 채널로 할당하여 다중화하는 방식이다.
   ㉰ CRC(Cyclic Redundancy Check)는 에러 정정을 하기 위함이다.
   ㉱ OSI 개방 시스템 모델의 7계층 중 최하위 계층은 물리계층이다.

28. 피기백(piggyback) 확인응답이란?
   ㉮ 송신측이 일정한 시간 안에 수신측으로부터 ACK가 도착하지 않으면 에러로 간주하는 것
   ㉯ 송신측이 타임-아웃 시간을 설정하기 위한 목적으로 내보낸 테스트 프레임에 대한 응답
   ㉰ 수신측이 에러를 검출한 후 재전송해야 할 프레임의 개수를 송신측에게 알려주는 응답
   ㉱ 수신측이 별도의 ACK를 보내지 않고 상대편으로 향하는 데이터 전문을 이용하여 응답하는 것

29. 전송하려는 부호어들의 최소 해밍 거리가 6일 때 수신시 정정할 수 있는 최대 에러의 수는?
   ㉮ 1　　㉯ 2
   ㉰ 3　　㉱ 6

풀이 에러의 검출과 정정

(1) 에러의 검출 : 해밍 거리(Hamming distance)를 d_{min}이라 하면 $d_{min}-1$개의 에러를 검출할 수 있다.

(2) 에러의 정정

① d_{min}이 짝수인 경우 : $(d_{min} - 2)/2$개의 에러 정정이 가능하다.

② d_{min}이 홀수인 경우 : $(d_{min} - 1)/2$개의 에러 정정이 가능하다.

따라서 d_{min}이 6이므로 5개의 에러를 검출할 수 있고 2개의 에러정정이 가능하다.

30. 해밍코드에서 단일 비트에러를 검출하는 데 맞는 관계식은?(단, n : 블록 전체의 비트수, k : 데이터 비트, m : 에러 검출 비트, $n=m+k$)
   ㉮ $2^m \leq n+1$　　㉯ $2^m \geq n+1$
   ㉰ $2^m \leq n+2$　　㉱ $2^m \geq n+2$

해답 27. ㉱ 28. ㉱ 29. ㉯ 30. ㉯

31. ARQ 방식이란 어느 것인가?
㉮ 에러를 정정하는 방식
㉯ 부호를 전송하는 방식
㉰ 에러를 검출하는 방식
㉱ 에러를 검출하여 재전송을 요구하는 방식

풀이 ARQ(Automatic Repeat Request) 방식 : 에러 검출후 재전송 방식

32. ARQ 방식의 특징으로 틀린 것은?
㉮ 송신측은 항시 수신측으로부터 프레임에 에러가 발생했다는 신호를 받아들일 수 있는 상태에 있어야 한다.
㉯ 에러 발생시 송신측은 다음 프레임의 전송 대신에 에러가 발생한 프레임을 재전송해야 한다.
㉰ 송신측은 버퍼(buffer)가 필요하다.
㉱ 역채널(reverse channel)이 필요없다.

33. 에러가 검출된 경우 수신측에서 송신측으로 프레임의 재전송을 요구하는 기법은?
㉮ ARQ　　㉯ 에러 정정 코드
㉰ CRC　　㉱ 해밍 코드

풀이 ARQ(Automatic Repeat Request)는 통신회선에서 에러가 발생하면 수신측은 해당 프레임에 대한 재전송 요구를 송신측에 알린다.

34. 다음 중 연속적 ARQ 방식과 무관한 것은?
㉮ Go-back-N ARQ와 선택적(selective) ARQ 방식이 있다.
㉯ 연속적 ARQ 방식의 효과는 블록 에러의 확률이 낮은 경우에 작다.
㉰ 에러가 검출된 순간에 전송 동작이 진행되고 있던 모든 블록들을 버퍼에 저장하여야 하는 큰 결점이 있다.
㉱ IBM의 SDLC 프로토콜에서 사용하고 있다.

풀이 연속적 ARQ 방식의 설명
① Go-back-N ARQ와 Selective repeat ARQ의 두 종류가 있다.
② 회선전송시간과 응답제어신호에 소요되는 시간이 클 경우에 정지-대기 ARQ 보다 더 유리하다.
③ 에러가 검출된 순간에 전송 동작이 진행되고 있던 모든 블록들을 버퍼에 저장하여야 한다는 결점이 있다.
④ IBM의 SDLC 프로토콜에서 채택하고 있다.

해답 31. ㉱ 32. ㉱ 33. ㉮ 34. ㉯

제 12 장 전송 프로토콜

12.1 프로토콜의 개요

12.1.1 프로토콜의 정의

프로토콜(protocol)이란 원래 외교상의 언어로서 「외교 의례」 또는 「외교 의정서」라는 뜻이지만 여기서는 통신상의 의미로 통신규약이라고 해석된다. 통신은 통신매체를 넣어 상대방과 의사소통이나 정보교환을 하는 것이기 때문에 반드시 서로가 정해진 순서를 지키기 않으면 통신이 이루어질 수 없다. 이러한 통신규정의 약속을 통신 프로토콜 또는 프로토콜이라고 말한다.

프로토콜을 간단히 요약하면 「통신을 원하는 두 엔티티(entity ; 실체)간에 무엇을, 어떻게, 언제, 통신할 것인가에 대해 서로 약속한 규정이다. 여기서 엔티티라 함은 사용자 응용 프로그램, 파일 전송 패키지, 데이터 베이스 관리시스템, 컴퓨터를 포함한 단말장치등」을 말한다.

12.1.2 프로토콜의 필요성

단일의 컴퓨터 시스템에서 단말－센터간에 프로토콜은 효율성을 높이기 위한 것이라면 어떤 결정을 해도 좋다. 그러나 두 개의 시스템간이나 그 이상의 시스템간에 통신을 하는 경우라면 각각의 프로토콜이 다른 경우에는 자유스러운 통신이 되지 않는다.

컴퓨터 네트워크상에서 통신을 하기 위해서는 모든 시스템간에 알맞는 프로토콜이 필요하다.

즉, 다음과 같은 복잡한 고도의 프로토콜이 필요하게 되었다.

① 단말과 컴퓨터와의 통신에 제3의 컴퓨터가 개입하여 데이터를 교환하는 프로토콜
② 단말 또는 컴퓨터에서 네트워크 내의 통신처리 기능을 이용하기 위한 프로토콜
③ 서로 다른 컴퓨터간에 데이터베이스 정보 등을 교환하기 위한 프로토콜
④ 문자, 도형, 화상, 음성 등을 조합하여 보다 고도의 맨·머신 인터페이스로 컴퓨터 네트워크를 이용하기 위한 프로토콜

이러한 프로토콜은 상대와의 약속이 있기 때문에 시스템과 시스템 사이에 혹은 프로그램 상호간에 각각의 대상끼리 사이에 규칙(rule)을 만들지 않으면 안 된다. 그래서 이 프로토콜로 다른 기종 상호간에도 자유롭게 효율적인 통신을 하기 위해 통일된 프로토콜의 표준화는 빠질 수 없는 중요한 사항이다. 여기서 표준화(standardization)라 함은 프로토콜의 제정기관이나 각 회사별로 만들어진 통신 프로토콜의 기능을 일치시켜 정보의 교환을 원활하게 하여 통일성을 기하는 과정이다.

더욱이 계층화된 경우에는 그 경계와 그 사이에 교환이 필요하게 되며 이것을 층간의 인터페이스(interface)라고 한다. 네트워크 구조(network architecture)를 계층구조에 따라 프로토콜을 정하고 보다 좋은 범위에서 정보통신이 가능하도록 표준화가 진전되고 있다.

통신 네트워크 구조의 표준화는 통신측에서는 ITU-TS가 주관되고 또 ISO(국제 표준화 기구)는 정보처리측면에서 검토가 별도로 시작되었지만 현재는 공동으로 표준화 작업이 진행되고 있다. 아무래도 국제기구이기 때문에 급속한 진전은 기대하기 어렵지만 차츰 결과가 나오고 있다.

타기종 간에 통신을 가능하게 하기 위한 네트워크 구조의 표준으로 개방형 시스템간 상호접속(OSI : Open System Interconnection)이 발표되고 있다.

OSI는 먼저 통신의 제기능을 몇 개의 계층(layer)으로 분류해서 표준화 줄거리를 결정하고 다음 각각의 줄거리 내에서 상세 부분을 결정해 가는 방법을 취하고 있다.

12.1.3 프로토콜의 구성 및 표현 요소

(1) 기본요소

① 구문(syntax) : 데이터의 형식, 부호화(coding) 및 신호의 크기들을 규정한다.
② 의미(semantic) : 전송제어와 오류복원을 위한 제어정보의 규정이다.
③ 순서(timing) : 속도의 정합과 순서의 규정을 나타낸다.

(2) 프로토콜의 종류

① 이용자·망 인터페이스 프로토콜 : 이용자 설비와 네트워크간에 정해진 프로토콜
② 단말 대 단말(end to end)프로토콜 : 이용자 설비 상호간에 정해진 프로토콜

(3) 프로토콜의 표현요소

① 포맷(format) : 포맷내의 필드(field)의 의미를 약속한다.
② 파라미터(parameter) : 타이머(timer)나 카운터(counter)등을 나타낸다.
③ 스테이트(state) : 동일 입력에 대해서도 시스템의 상태에 따라 동작이 다르다.
④ 프로시주어(procedure) : 어떤 상태에서 어떤 입력을 받았을 때 하는 일의 내용을 말한다.

12.1.4 프로토콜의 기능

(1) 세분화와 재합성

세분화와 재합성(fragmentation packetization and reassembly)은 긴 메시지 블록을 전송에 용이하도록 세분화하여 전송하며, 수신측에서는 세분된 데이터 블록을 원래의 메시지로 재합성시키는 기능이다. 이 때 두 개의 엔티티간에 교환되는 세분화된 데이터 블록을 프로토콜 데이터 단위(PDU : Protocol Data Unit)라고 한다.

(2) 캡슐화(encapsulation)

제어정보를 데이터에 부착하는 것을 캡슐화(encapsulation)라고 한다. 이 때 사용되는 제어정보는 다음 3가지가 있다.

① 주소(address) : 발신자와 수신자의 주소가 명시된다.
② 오류검출부호(error detecting code) : 오류를 검출하기 위해 프레임을 검사하는 절차도 있다.
③ 프로토콜 제어(protocol control) : 프로토콜 기능을 구현하기 위한 별도의 정보가 필요하다.

(3) 연결제어

연결제어(connection control)란 두 통신 엔티티간에 관련을 맺는 것으로서 다음과 같은 3단계의 과정을 거친다.

① 연결확립(connection establishment)
② 데이터 전송(data transfer)
③ 연결해제(connection termination)

(4) 흐름제어(flow control)

흐름제어(flow control)는 수신 엔티티가 송신 엔티티의 데이터 전송량이나 전송속도 등을 조절하는 기능이다.

(5) 오류제어

오류제어(error control)는 전송 도중에 발생 가능한 오류들을 검출하고 정정하는 기능이다.

(6) 동기화

동기화(synchronization)란 연결된 통신국간의 타이밍을 맞추는 기능이다. 즉 두 개의 엔티티가 동일 상태를 유지하는 것이다.

(7) 순서결정

순서결정(sequence)이란 데이터의 송수신 순서가 서로 어긋나지 않도록 흐름 제어 및 오류제어를 용이하게 하는 기능이다.

(8) 주소설정

주소설정(addressing)은 송수신국의 주소를 명기함으로써 정확한 목적지에 데이터가 전달되도록 하는 기능이다.

(9) 다중화

다중화(multiplexing)란 하나의 통신로를 다수의 가입자들이 동시에 사용가능케 하는 기능이다. 프로토콜 연결의 다중화 방법은 다음과 같다.

① 1 : 1 대응
② 상향워드 다중화(upward multiplexing) : 여러 개의 상위레벨을 다중화하거나 하나의 하위레벨을 연결하여 공유하는 것이다.
③ 하향워드 다중화(downward multiplexing) : 분할이라고도 하는데 하나의 상위레벨 연결이 여러 개의 하위레벨 서비스를 이용하여 이루어지는 경우이다.

(10) 전송 서비스

프로토콜은 엔티티가 사용되도록 별도의 부수적인 서비스를 제공할 수 있는데 그 예는 다음과 같다.

① 우선순위(priority) : 메시지 단위로 우선순위가 높은 메시지 순으로 전송
② 서비스 등급 : 서비스 등급에 따라서 서비스 제공
③ 보안성(security) : 액세스 제한 등의 보안체제를 구현

12.1.5 프로토콜의 분류

프로토콜은 특성에 따라 다양한 형태로 구분하여 분류할 수 있다.

(1) 직접 / 간접(direct/indirect)프로토콜

① 직접 프로토콜 : 외부의 도움없이 엔티티간에 통신이 가능(point to point방식, multipoint방식의 경우)
② 간접 프로토콜 : 다른 엔티티들의 도움을 받아야 정보 교환이 가능(교환망, catinet의 경우)

(2) 단일체 / 구조적(monolithic / structured) 프로토콜

① 단일체 프로토콜 : 모든 기능들이 하나의 프로토콜로 연관되어 있는 프로토콜
② 구조적 프로토콜 : 전체적인 기능을 몇 개의 작은 단위기능으로 구분된 기능들이 수행하는 계층들로 전체를 구성하는 프로토콜

(3) 대칭 / 비대칭(symmetric / asymmetric) 프로토콜

프로토콜은 대칭적이거나 비대칭일 수 있으나 대부분 프로토콜은 대칭적으로 동등한 엔티티들간에 통신이 이루어진다.

(4) 표준 / 비표준(standard / non standard) 프로토콜

프로토콜은 표준이거나 비표준일 수 있으며, 비표준 프로토콜일 경우는 특정 컴퓨터 모델에서 특별히 통신하는 경우 사용된다.

12.2 OSI 7계층 참조모델

12.2.1 OSI 참조모델의 기본개념

OSI 참조모델은 OSI 프로토콜을 표준화하여 행하기 위한 기본으로서 설정된 것이다. 이 참조모델에 따라 체계적으로 프로토콜을 표준화하면 컴퓨터 네트워크의 구축, 확대 등에 많은 장점이 생긴다.

즉, 메이커의 입장에서는 종래와 같이 업무나 단말마다 케이스-바이-케이스(case by case)로 전송제어절차를 정하여 제품개발, 상호접속을 행하지 않고 통

일적인 사상에 기초하여 체계적인 제품개발을 할 수 있다.

또한, 이용자 입장에서는 다른 메이커가 개발한 컴퓨터나 단말의 중에서 가장 적합한 장치를 선택하여 경제적인 컴퓨터 네트워크를 구축할 수 있거나, 기업간의 업무 제휴 등에 대응한 컴퓨터 네트워크의 상호접속·확장 등을 쉽게 행한다.

12.2.2 7계층의 역할과 기능

개방형 시스템의 통신기능은 물리층에서부터 응용층에 이른 7개의 층에 계층화되어 있고 각 층마다 독립한 프로토콜을 적용하는 것으로 하고 있다. 그래서 물리층에서부터 트랜스포트층까지는 통신기능을 실현하는 것으로 총칭해서 하위층, 또한 세션층에서부터 응용층까지는 어플리케이션 기능을 실현하는 것으로 상위층이라 부르고 있다.

7개의 각 층이 달성한 역할·기능의 이미지는 그림 12.1과 같다. 각 층의 역할과 기능의 개략을 다음에 나타낸다.

(1) 물리층(Physical Layer)

물리층은 OSI참조모델의 최하위층(제1층)으로서 상위층에서 전달되어 온 정보를 물리매체를 통하여 다른 개방시스템에 전기적 신호를 전달하는 기능이다. 즉 전화선이나 동축케이블등의 물리매체를 이용하여 통신을 행하기 위해서 케이블을 접속하기 위한 커넥터의 형상이나 핀의 위치등의 기계적 정합조건, 전기회로의 전기적 정합조건 및 신호선의 제어방식등을 규정한다.

구체적으로는 구 CCITT권고의 V.24나 V.21과 같은 DTE/DCE인터페이스의 규정이 상당한다.

(2) 데이터 링크층(Link Layer)

데이터 링크층은 OSI참조모델의 7층의 두번째층으로서 물리층의 바로 위에 위치한 층으로, 인접하는 시스템사이에서 확실한 데이터전송을 행하기 위한 전송제어를 말한다. 즉 시스템간의 전송로상에서 전송단위마다의 순서제어, 오류제어, 회복처리, 흐름제어등의 기능을 실행하여 상위층에 대해서 투과적인 데이터링크를 제공한다.

이것은 통신회선상의 컴퓨터와 단말간에서 행하고, 종래의 전송제어절차에 상당한다. 즉 ISO가 제정한 HDLC절차나 ITU가 제정한 구 CCITT권고 X.25프레임 레벨(레벨 2)이 해당한다.

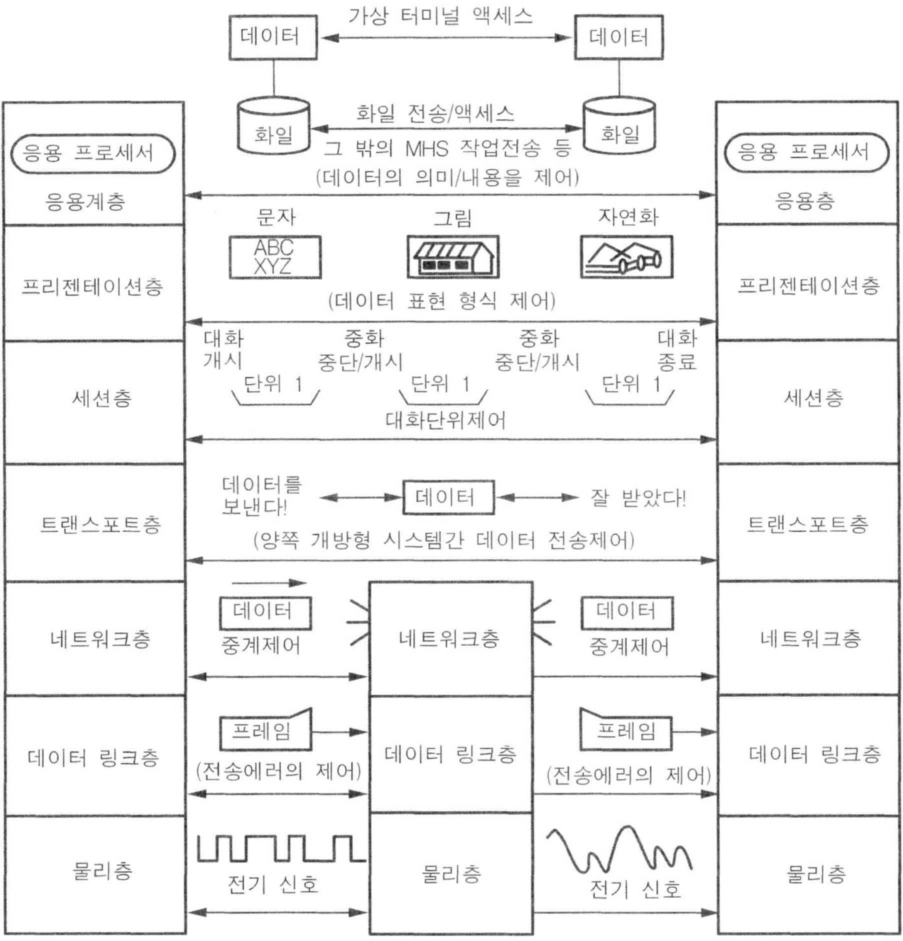

그림 12.1 OSI의 7층모델의 개요

(3) 네트워크층(Network Layer)

네트워크층은 OSI참조모델의 3층으로서 바로 아래층인 데이터 링크층이 제공하는 기능을 이용하여 하나 또는 여러 개의 네트워크를 경유하는 개방형 시스템(쌍방에 응용 프로세스가 존재하는 컴퓨터나 단말등의 시스템) 사이에서 엔드-투-엔드의 통신로를 제공한다.

네트워크층은 네트워크를 경유하기 위한 적절한 경로의 선택기능, 중계개방형 시스템에 있어서의 중계기능, 데이터 링크층의 오류검출·회복기능을 이용한 엔드-투-엔드사이에서의 오류검출·회복처리, 흐름제어 등의 기능을 실행한다.

물리층과 데이터링크층의 프로토콜이 인접하는 시스템사이에 적용되는 것에 대해서 네트워크층 및 그 상위층의 프로토콜은 엔드 시스템간에 적용된다.

구CCITT권고 X.25 패킷레벨 프로토콜(레벨 3)이 상당한다.

(4) 트랜스포트층(Transport Layer)

트랜스포트층은 OSI참조모델의 7층 중 4층에 위치하여 하위층의 통신기능과 상위층의 어플리케이션 요구의 중개역할을 행한다. 즉, 통신망의 하위 3층이 제공한다. 다른 전송 오류율이나 스루풋(throughput)등의 정보전송서비스 품질의 차이를 보완하고 상위층의 어플리케이션 처리에 적합한 품질의 데이터 전송을 가능하게 한다.

통신을 하는 응용 프로세스 사이에 트랜스포트층의 커넥션을 확립하여 전이중의 통신로를 확립한다. 그래서 다중화와 역다중, 분류와 합류, 연결과 분리, 흐름제어등의 기능을 실행한다.

(5) 세션층(Session Layer)

세션층은 OSI참조모델의 하위층에서부터 제5층에 위치하여 응용 프로세스가 필요로 하는 공통의 전송제어기능을 상위층에 제공한다. 그래서 응용 프로세스가 서로 합의한 규칙(rule)에 따라서 데이터의 송수신을 행하고, 각종의 형태의 회화를 행하는 것을 가능하게 한다.

이와 같은 전송제어의 예로서는 데이터의 송신권의 제어에 관한 대화관리, 전송 데이터의 우선도에 관한 우선도 제어 및 일련의 전송 데이터의 도중에 목표물을 붙여놓고, 이상 발생시에는 그 목표물로부터 데이터전송을 다시 하는 것을 가능하게 하는 동기점 제어 등이 있다.

(6) 프리젠테이션층(Presentation Layer)

프리젠테이션층은 OSI참조모델의 최상위층인 응용층의 바로 밑에 위치하여 응용층이 다루는 데이터의 표현형식(syntax)을 규정한다.

자시스템내의 응용 프로세스와 프리젠테이션층의 사이에서 송수될 때의 표현

형식을 추상구문, 양시스템의 프리젠테이션층간 전송될 때의 표현형식을 전송구문이라 부른다. 이 층은 응용층의 프로토콜에 따라 전송구문을 선택함과 동시에 추상구문을 전송구문으로 변환한다.

이와 같이 문자코드, 데이터압축방식, 암호방식 등의 실제 시스템내의 데이터 표현형식과 전송상(가상화된)의 표현형식과의 변환을 행하는 것에 의해 통일적으로 효율이 좋은 데이터 전송을 행할 수 있다.

(7) 응용층(Application Layer)

응용층은 OSI참조모델로 정의되는 개방형 시스템의 7층 구조의 최상위에 위치하여 응용 프로세스가 어플리케이션 처리를 실행하는데 필요한 통신관계의 서비스 기능을 제공한다. 파일전송(FTAM ; File Transfer Access and Management), 메시지 처리시스템(MHS ; Message Handling System), 가상단말(VT ; Virtual Terminal), 원격 데이터베이스 액세스(RDA)등의 서비스 요소가 있다.

지금까지 설명한 OSI의 각 층에 대한 역할과 기능을 정리하면 표 12.1과 같다.

표 12.1 OSI 참조모델의 기능

구분 / 계층번호	계층	기능 및 역할
1	물리층	전송매체에서의 전기신호 전송기능, 제어 및 클럭신호등 제공
2	데이터 링크층	인접 개방형시스템 간의 정보 전송, 전송오류제어, 흐름제어 등 신뢰성 있는 정보전송 제공
3	네트워크층	정보교환 및 중계기능, 경로선정, 흐름제어기능
4	트랜스포트층	송수신 시스템간의 논리적 안정과 균일한 서비스 제공, 즉 투명한 데이터 전송 제공
5	세션층	응용 프로세스간의 송신로 및 동기제어
6	프리젠테이션층	정보의 형식 설정과 송신권 및 동기제어
7	응용층	응용 프로세스간의 정보교환, 전자사서함, 파일전송 등

OSI참조모델을 이용해서 정보교환을 실현하기 위해서는 정보교환해야 할 실제 데이터이외에 헤더를 층마다 부가해서 전송한다. 이 데이터의 흐름과 각 층의 프레임 구성을 그림 12.2에 나타낸다.

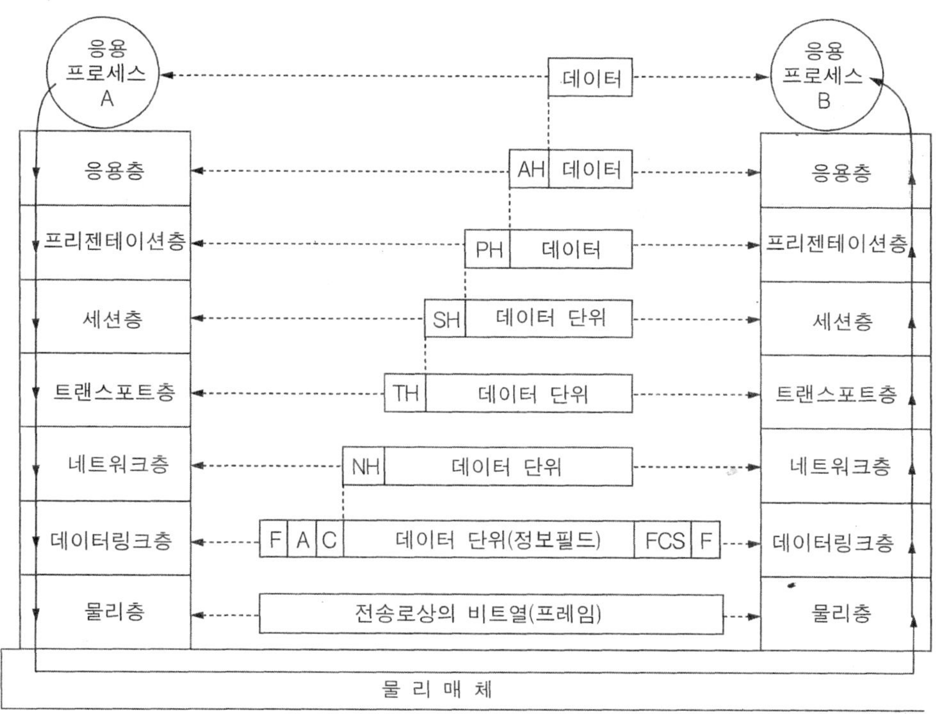

AH : 응용층의 헤더
PH : 프리젠테이션층의 헤더
SH : 세션층의 헤더
TH : 트랜스포트층의 헤더
NH : 네트워크층의 헤더

F : 플래그 시퀀스
A : 어드레스 필드
C : 제어필드
FCS : 프레임 체크 시퀀스

그림 12.2 프레임의 조립과 데이터의 흐름

12.2.3 층의 논리구조

OSI참조모델에서는 개방형시스템의 각 층의 설계를 공통화하기 위해서 층의 구조 · 기능 및 층간 인터페이스 조건등에 대한 일반적인 모델을 정하고 있다.

계층화된 각층의 기본구조를 그림 12.3에 나타낸다. 물리층을 제1층으로 해서 저위층에서부터 순번으로 세어서 임의의 N번째의 층을 <N>층이라 부른다. 일반적으로 <N>층에 인접되는 하위층을 <N-1>층, 상위층을 <N+1>층이 된다.

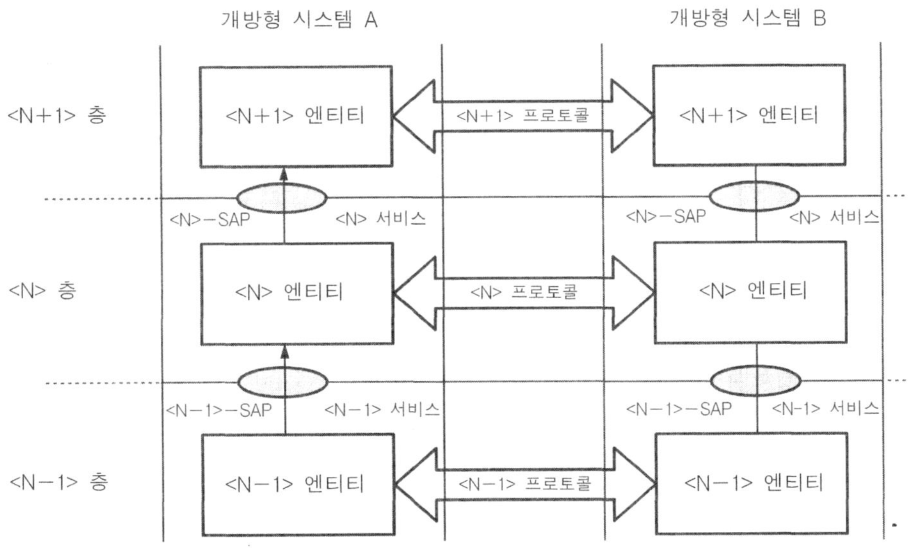

그림 12.3. 프로토콜층의 구조

(1) 엔티티(Entity)

OSI의 각층에는 그 층에 존재하는 통신처리를 위한 기능모듈이 있고, 이것을 엔티티(entity)라 한다. 이 기능모듈은 예를들면 상대의 동위엔티티(peer entity)와의 통신 프로토콜을 실행하기 위한 기능이나 상위 또는 하위의 기능모듈과의 사이에서 정보나 데이터의 송수를 하기 위한 기능등을 갖는다. 한개의 층에는 하나 또는 복수개의 엔티티가 존재한다. 제 N층의 엔티티를 <N>엔티티라 한다.

(2) 프로토콜(Protocol)

<N>엔티티가 상호 통신하기 위한 구체적인 절차나 제어정보의 내용・형식을 정한 규약을 <N>프로토콜이라 한다.

예를들면 데이터를 전송하면서 그것이 정확하게 상대에 도달했는가의 확인을 행하는데, 그를 위해서는 수신측으로부터 송신확인이나 재송요구등의 제어신호를 <N>엔티티간에서 송수할 필요가 있다. 그를 위한 구체적인 절차나 제어정보의 내용・형식을 각층마다 정해진 것이 <N>프로토콜이다.

(3) 서비스(Service)

각층이 1개 상위의 층에 제공하는 데이터전송등의 각 기능을 서비스(Service)라 부르고, 서비스제공을 받는 액세스점을 서비스액세스점(SAP : Service Access Point)이라 한다.

그림 12.3과 같이 <N>엔티티는 <N-1>엔티티에서 제공되는 서비스를 이용하여 다른 <N>엔티티와 협력해서 <N>층의 기능을 실행하고, 그 결과로서 <N+1>층에 서비스를 제공한다. <N>층이 <N+1>층에 제공하는 통신기능을 <N>서비스라 한다.

(4) 서비스 프리미티브(Service Primitive)

서비스의 이용자와 제공자는 서비스 액세스 포인트를 통해서 정보의 교환을 행한다. 이 때 양자로 교환되는 정보의 요소를 추상화해서 표시하고, 서비스 프리미티브(Service Primitive)라고 한다. 서비스 프리미티브에는 요구(request), 지시(indication), 응답(response), 확인(confirm)의 4개가 있다.

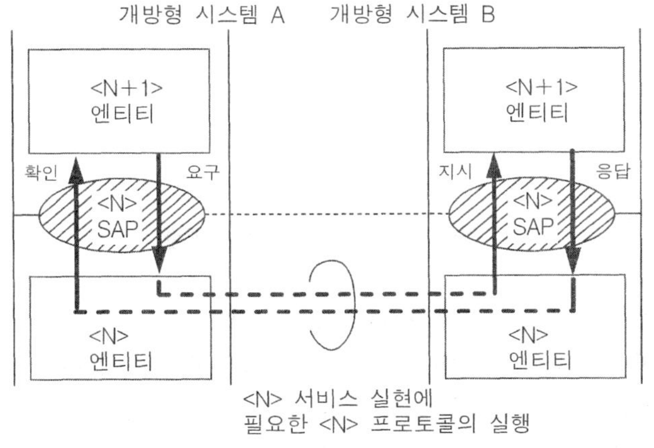

그림 12.4 서비스의 이용

그림 12.4와 같이 <N+1>엔티티는 <N>SAP를 통해서 <N>엔티티에 통신요구를 내고 대응하는 시스템의 <N>엔티티가 <N+1>엔티티에 요구를 지시한다. 그 엔티티는 지시된 절차가 완료하면 응답을 반환하고, <N>엔티티를 통해서 요구원의 엔티티에 전달하여 상위의 <N+1>엔티티에 요구완료의 확인으로서 통지한다.

각 층마다의 서비스 프리미티브를 상세하게 기술한 것이 서비스 정의이다. 서비스 정의는 각 층의 프로그램간의 상호 호출을 위한 매크로 명령과 그 파라미터에 상당하는 개념이다.

(5) 커넥션(Connection)

커넥션에 관한 기능요소는 다중화, 역다중화 및 중계가 있으며, <N>서비스의 주된 것이 커넥션(<N>커넥션)이다. <N>커넥션이란 <N+1>엔티티가 상대 시스템의 동일 엔티티와 <N+1>프로토콜에 기초하여 통신할 때에 각각의 <N>엔티티가 제공하는 논리적 통신로이다.

이 개념을 도시하면 그림 12.5와 같다. 어떤 층이 제공하는 커넥션은 그 이용자가 되는 층이 자유롭게 데이터를 유입하는 파이프에 비유할 수 있다.

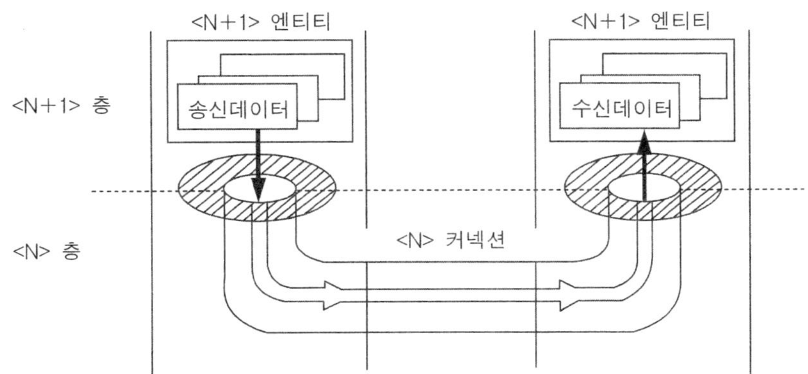

그림 12.5 <N>커넥션의 개념

<N>커넥션과 <N-1>커넥션과의 대응관계는 1 : 1, n : 1 및 1 : n의 세 경우가 있는데, 이 때 n : 1는 다중화, 1 : n의 경우는 분류라 한다.

다중화(Multiplexing)란 복수의 <N>커넥션이 하나의 <N-1>커넥션을 사용하여 공유하기 위한 기능이 있음으로써 경제화를 기할 수 있다. 그리고 <N-1>서비스 데이터 단위를 수신하는 <N>엔티티에 의해 행하여지는 다중화의 역기능을 역다중화(Demultiplexing)라 한다.

분류와 합류(spliting or recombining)는 다중화의 반대 개념으로 분류는 하나의 <N>커넥션이 복수의 <N-1>커넥션을 사용하는 것으로 신뢰성을 높이고, 요구된 성능을 제공하며, 경제화를 얻을 수 있다. 이 역기능을 합류라 한다.

하나의 <N-1>커넥션으로 직접 접속이 되지 않는 경우 <N>엔티티 간의 통신을 위하여 중간의 개방 시스템 <N>엔티티의 중계기능을 이용한다. 중계는 동위 엔티티로부터 받은 데이터를 그대로 다른 동위 엔티티로 보내주는 <N>층의 기능으로 이것은 <N+1> 엔티티 명칭 또는 <N+1> 엔티티가 접속되어 있는 <N> 서비스 액세스점의 목적지를 해석하여 경로를 선택함으로써 이루어진다.

(6) 데이터 단위(Data Unit)

커넥션상을 흐르는 정보의 단위를 데이터 단위(DU ; Data Unit)라 하고 <N>층 간에서 <N>프로토콜에 따라서 송수신되는 데이터 단위를 <N>프로토콜 데이터 단위 (<N>-PDU)라 한다. 이 <N>-PDU가 <N-1>층에 넘겨지게 되면 <N-1> 서비스 데이터 단위(<N-1>-SDU)로 바뀌게 된다.

<N>-SDU와 <N>-PDU가 1대 1에 대응하는 경우를 예로서 이 관계를 나타내면 그림 12.6으로 된다.

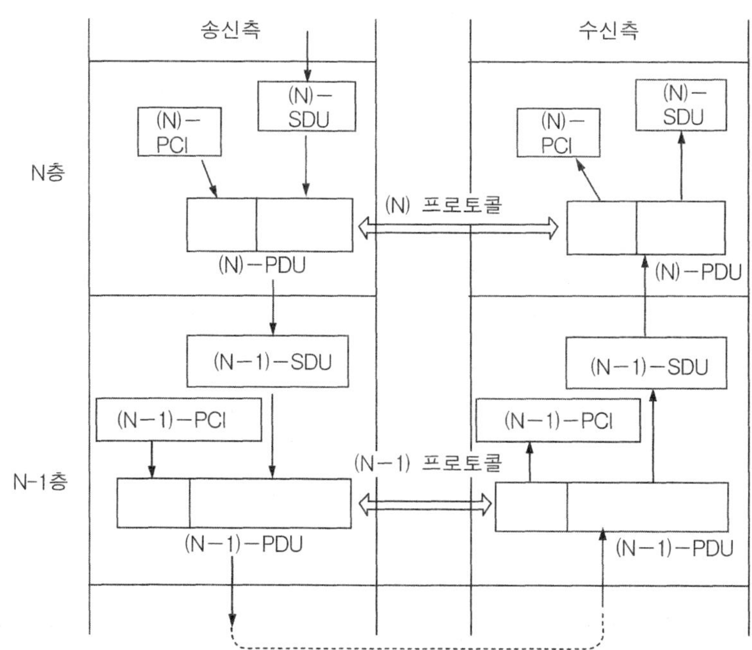

그림 12.6 서비스 데이터 단위와 프로토콜 데이터 단위

송신측의 <N>층은 <N+1>로부터 받은 <N>-SDU에 <N>프로토콜 제어정보 <N>-PCI를 부가해서 <N>-PDU를 작성하여 <N-1>층에 전송을 의뢰한다. <N-1>층은 이것을 <N-1>-SDU로서 N층과 마찬가지로 처리한다. 수신측에서는 반대로 <N>층은 <N>-PDU중의 <N>-PCI를 처리하고 <N>-SDU는 그대로 <N+1>층에 넘겨준다. <N>층은 <N+1>층의 통신 데이터에 해당하는 <N>-SDU, 즉 <N+1>- PDU의 내용을 의식하지 않는 점이 중요하고, 이것에 의해 층간의 독립성을 높이고 있다.

SDU와 PDU가 1대 1에 대응하지 않는 경우 즉, 긴 <N>-SDU나 짧은 <N>-SDU를 효율좋게 전송하기 위해서 분리·조립, 결합·분해 및 연결·분리라 하는 조작을 이용하고 있다.

① 1 : 1

하나의 <N>-SDU에 <N>-PCI를 부가하여 하나의 <N>-PDU를 생성한다.

② 분할 ·조립

분할(segmenting)은 하나의 <N>서비스 데이터 단위를 복수의 <N>프로토콜 데이터 단위로 매핑(mapping)하기 위하여 송신측 엔티티가 실행하는 기능이고, 조립(reassembling)은 수신측 엔티티가 실행하는 분할의 반대기능을 말한다.

③ 결합·분해

결합(blocking)은 복수의 <N>서비스 데이터 단위를 하나의 <N>프로토콜 데이터 단위로 매핑하기 위하여 송신측 엔티티가 행하는 기능이고, 분해(deblocking)는 수신측 엔티티가 행하는 반대기능이다.

④ 연결·분리

연결(concatenation)은 복수의 <N>프로토콜 단위를 하나의 <N-1>서비스 데이터 단위로 매핑하기 위하여 송신측 엔티티가 행하는 기능이고, 분리(separation)는 수신측 <N>엔티티가 행하는 반대의 기능이다.

그림 12.7에 각각의 데이터 단위의 제어방식을 나타낸다. 그림으로부터 알 수 있듯이 분할·조립 및 결합·분해는 1개의 층내에서의 변환 혹은 복원이지만 연결·분리는 인접의 층간에 걸친 변환 혹은 복원이다.

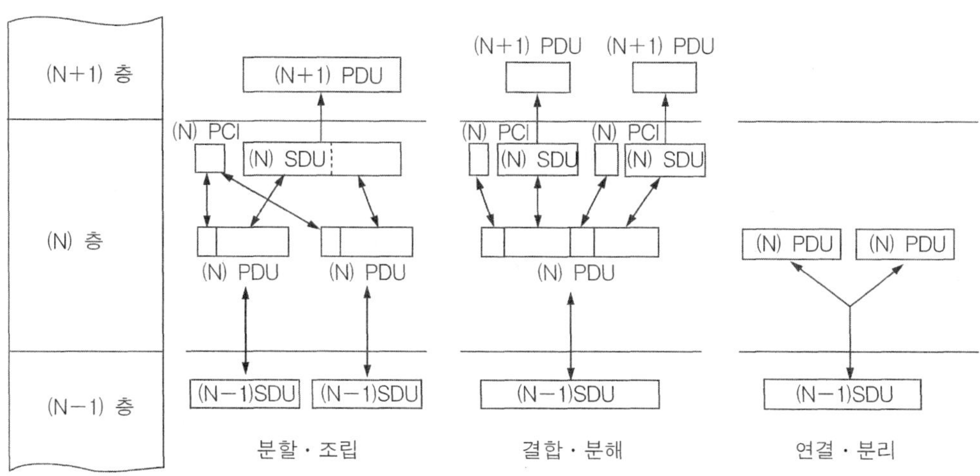

그림 12.7 데이터 단위의 분할, 결합, 연결의 개념

(7) 흐름제어(flow control)

흐름제어란 데이터를 수신할 때 수신버퍼의 사양상황 등에 따라서 데이터의 수신을 조정할 수 있도록 데이터의 유량을 제어하는 기능을 말한다.

<N>커넥션상에서 송신 엔티티와 수신 엔티티와의 사이의 흐름제어방식에는 여러가지의 방식이 있지만 1개의 대표적인 예는 X.25패킷레벨의 프로토콜 등으로 채용되고 있는 윈도우(window) 제어방식이다.

윈도우 제어방식에서는 연속 송신 가능한 데이터 단위의 최대수를 윈도우 크기(window size)라 하고, 송수신측에서 미리 결정해 둔다. 송신측은 수신측으로부터 통지된 수신시퀀스 번호로부터 (윈도우 크기-1)개의 데이터 단위를 연속 송신할 수 있다.

윈도우 제어의 개념은 그림 12.8과 같다. 그림에서 ①은 송신개시때를 나타내고 ②는 수신측으로부터 수신 시퀀스번호 3을 받았을 때의 송신상태를 표시하고 ③은 수신 시퀀스번호 5를 수령했을 때의 송신상태를 표시하고 있다.

흐름제어에는 이외에도 크레디트(credit) 제어방식이 있지만 이 방식은 윈도우 방식의 윈도우 크기를 통신중에 수신측의 판단으로 바꿀 수 있고 회선의 폭주상태에 적응한 흐름제어를 할 수 있다.

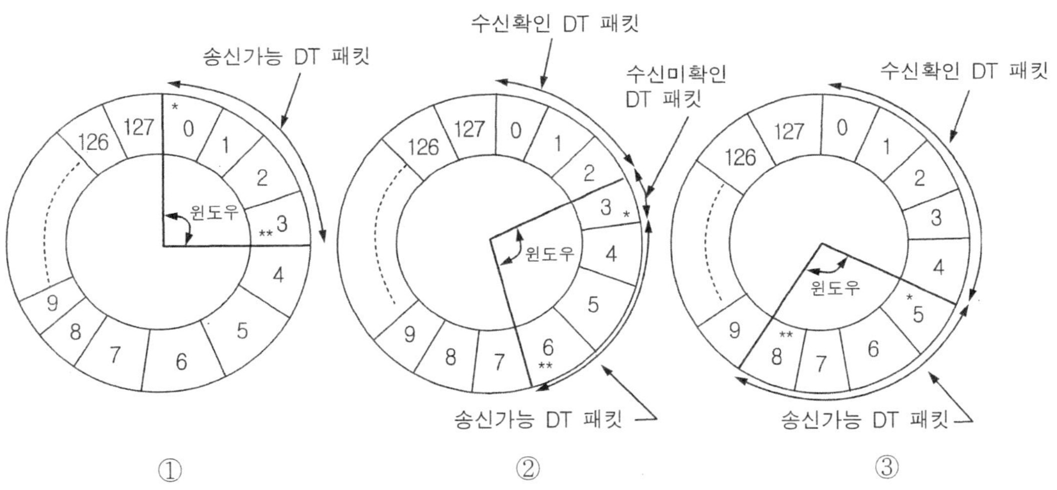

*는 윈도우 왼쪽 끝, **는 윈도우 오른쪽 끝(윈도우 크기=4)

그림 12.8 윈도우 제어의 개념

연습문제 주관식 문제

1. Data 통신 시스템에서 프로토콜(protocol)의 기본적인 기능을 기술하여라.(5가지)

2. Protocol의 3 요소를 쓰고, 설명하여라.

3. OSI (Open System Interconnection) 7계층(Layer)의 명칭을 쓰고, 각각의 역할을 설명하여라.

계 층	명 칭	역 할
7		
6		
5		
4		
3		
2		
1		

4. OSI 참조모델의 기본 구성요소를 들고 설명하여라.

5. ISO(International Standardization Organagation)에서 정한 컴퓨터간의 데이터 통신을 위한 프로토콜중 실제의 통신 시스템과 관련되는 계층(Layer)들은 어떤 층인지 써라.

6. OSI Protocol에서 하위계층과 상위계층을 구분하고, 각각의 기능을 간략하게 기술하여라.

7. Protocol에 대하여 설명하고, 7 Layer 중에서 실제 Data 전송에 쓰이는 계층과 발생한 오류를 검출하는 기능을 가진 계층을 써라.

8. OSI Protocol에서 아래의 물음에 답하여라.
   (1) Layer 1, Layer 2, Layer 3의 명칭을 써라.
   (2) 에러 제어는 어느 Layer인가?
   (3) HDLC에서 시작과 종료를 알리는 Frame은 2진수로 무엇인가?

9. 다음은 OSI(국제 표준화 기구) 7 Layer Model에 대한 문제이다. 물음에 답하여라.
   (1) 통신망의 주된 기능을 담당하는 계층의 이름을 열거하여라.
   (2) 패킷 공중 통신망의 프로토콜은 무엇인가?
   (3) 7계층의 기능을 설명하여라.

10. 다음 OSI 7계층에 관한 물음에 답하여라.
   (1) OSI 7계층중 두 개의 응용 프로세서 사이의 대화를 능률적으로 하기 위해 동기를 취하거나, 전송모드를 선택하고 프로그램간 연결개시, 관리 및 종결과 송신권의 제어 등을 수행하는 것은 어느 계층에서 이루어지는가?
   (2) 데이터 링크 계층에서 두 송, 수신국간의 효율적인 데이터 교환을 위해 수신국의 최고 처리 속도를 초과하지 않도록 송신속도를 제어하는 기능을 무엇이라 하는가?

11. OSI 7계층을 상위계층과 하위계층으로 구분하고, 각 계층별 기능을 간략하게 설명하여라.

12. OSI 7 Layer중 실제 통신 System과 관련이 깊은 Layer 1, Layer 2, Layer 3에 대한 명칭과 이들의 기능을 2가지씩만 간략히 기술하시오.

13. 최근 정보처리기술과 통신기술을 결합시킨 고도의 정보통신시스템이 구축되고 있으며 어떤 시스템이 다른 시스템과 원활하게 통신을 할 수 있도록 규정한 통신 프로토콜이 정의되고 있다. 다음에 답하시오.
   (1) 프로토콜의 구조는 7계층으로 구분되는데 계층명을 순서대로 쓰시오.
   (2) 통신망의 주된 기능을 어느 계층까지인가? 그 계층을 모두 쓰시오.
   (3) 공중 패킷 교환망 프로토콜에서 ITU-T에서 패킷형 단말과 망과의 인터페이스에 관한 권고안으로 표준화된 형식은?

연습문제 객관식 문제

1. 컴퓨터 네트워크를 구성하기 위한 논리구조 및 통신규약을 체계적으로 규정한 것을 무엇이라 부르는가?
   ㉮ 프로토콜 계층화　　　㉯ 네크워크 아키텍쳐
   ㉰ 네트워크 인터페이스　　㉱ 네트워크 관리규정

2. ISO 부호의 단위(bit) 수는?
   ㉮ 5　　㉯ 6
   ㉰ 7　　㉱ 8

3. 다음 중 경로 설정(routing) 기능을 담당하는 계층은?
   ㉮ 물리계층(physical layer)　㉯ 세션계층(session layer)
   ㉰ 망계층(network layer)　㉱ 전달계층(transport layer)

4. 계층화된 통신구조를 통한 데이터 전송시 상위계층에서 하위계층으로 데이터를 전달할 때 필요한 제어정보(Header/Trailer)를 덧붙이는 과정은?
   ㉮ Fragmentation　㉯ Reassembly
   ㉰ Encapsulation　㉱ Packetization

   풀이 캡슐화(encapsulation) : 데이터에 제어정보를 덧붙이는 과정(HDLC 프레임 등). 즉 윗계층에서 전달받은 PDU(Protocol data unit)에 자기 계층의 기능이 수행되도록 각종 제어 정보를 덧붙이는 기능을 말한다.

5. 프로토콜에 대한 설명 중 맞는 내용은?
   ㉮ 간접 프로토콜은 방송망에 사용된다.
   ㉯ 표준화의 경우에는 1개의 프로토콜만으로 통신이 가능하다.
   ㉰ 대부분의 프로토콜은 비대칭적으로 동등한 실체들간에 통신이 이루어진다.
   ㉱ OSI모델은 ITU-T에서 정한 프로토콜이다.

   풀이 프로토콜의 표준화 : 프로토콜의 제정기관이나 각 통신 사업자별로 만들어진 통신 프로토콜의 기능을 일치시켜 데이터의 교환을 원활하게 하여 통일성을 기하는 작업이다.

해답 1. ㉯　2. ㉰　3. ㉰　4. ㉰　5. ㉯

6. 프로토콜의 계층구조상의 기본구성요소가 아닌 것은?

㉮ 개체(Entity) ㉯ 접속(Connection)
㉰ 데이터 단위(Data unit) ㉱ 구문(Syntax)

풀이 OSI참조 모델의 기본구성 요소

① 개체(Entity) : 개방형 시스템간의 통신을 가능하게 하는 능동적 요소
② 서비스(Service) : 각 계층의 개체간에 상호동작의 방법, 조건을 규정하는 것
③ 접속(Connection) : 응용개체간을 연결하는 논리적인 통신회선이다.
④ 데이터 단위(Data unit) : 정보를 동일한 개체간에 교환하거나 서비스 액세스점을 통하여 인접계층의 개체간에 정보를 교환하기 위한 단위

7. 다음 프로토콜 기능중 Window 메카니즘과 관련된 것은?

㉮ error control ㉯ Flow control
㉰ segmentation ㉱ Timing

풀이 프로토콜의 기능

① 단편화와 재합성(fragmentation and reassembly)
② 캡슐화(encapsulation)
③ 연결제어(connection control)
④ 흐름제어(flow control)
⑤ 에러제어(error control)
⑥ 동기화(synchronization)
⑦ 순서결정(sequencing)
⑧ 주소지정(addressing)
⑨ 다중화(multiplexing)
⑩ 전송서비스

8. OSI 7 layer data link control 계층의 기능으로 볼 수 없는 것은?

㉮ 전송오류 제어기능 ㉯ text의 압축, 암호화기능
㉰ flow 제어기능 ㉱ link의 관리기능

풀이 프레젠테이션 계층(presentation layer)은 최상위층인 응용계층의 바로 밑에 위치하고, 응용계층이 통신을 수행하는 다양한 정보의 표현형식을 공통의 전송형식으로 바꾸거나 암호화 및 데이터 압축 등의 기능을 수행한다.

해답 6. ㉱ 7. ㉯ 8. ㉯

9. 데이터 링크계층에 대한 설명 중 틀린 내용은?
   ㉮ 하위계층으로부터 제공되는 물리적 특성을 이용하여 인접한 두 장치간에 데이터의 송수신을 행한다.
   ㉯ 데이터 전송에 있어서 에러검출이나 회복등의 기능을 제공한다.
   ㉰ 이 계층의 프로토콜은 LAPB(Link Access Procedure Balanced)가 대표적이다.
   ㉱ 응용프로세스가 존재하는 시스템간의 데이터 교환기능을 제공한다.

   풀이 응용계층 : 응용 프로세스간의 정보교환, 전자사서함, 파일전송 등

10. ISO의 OSI 7계층 중 5번째 계층은?
   ㉮ 세션계층 ㉯ 표현계층
   ㉰ 응용계층 ㉱ 데이터 링크계층

11. 다음 규격중 OSI 7 계층의 물리계층과 관계가 가장 적은 것은?
   ㉮ RS-232 ㉯ RS-449
   ㉰ X.21 ㉱ X.25

   풀이 X.25 프로토콜 : 패킷 교환망에서 데이터 터미널 장치(DTE)와 데이터 회선 종단장치(DCE)간의 인터페이스에 관한 규정이다.

12. 다음에 열거한 프로토콜 계층의 기능 중 잘못된 것은?
   ㉮ 세션계층 - 대화관리
   ㉯ 트랜스포트 계층 - 중복 메세지 검출 및 다중화
   ㉰ 네트워크 계층 - 통신 양단간의 신뢰성 있고 투명한 전송
   ㉱ 데이터 링크 계층 - 에러 검출과 확인 응답

   풀이 OSI 7계층의 기본 기능
   ① 물리계층 : 전기, 물리적인 조건
   ② 데이터 링크 계층 : 에러검출과 확인 응답
   ③ 네트워크 계층 : 통신망간의 중계
   ④ 트랜스포트 계층 : 중복 메세지 검출 및 다중화, 통신 양단간의 신뢰성 있고 투명한 전송
   ⑤ 세션계층 : 회화제어
   ⑥ 프리젠테이션계층 : 정보표현형식
   ⑦ 응용계층 : 응용프로세스간의 정보교환

해답 9. ㉱ 10. ㉮ 11. ㉱ 12. ㉰

13. OSI7 참조모델의 계층중 데이터 압축, 암호화 등을 수행하는 계층은?

㉮ 세션계층　　㉯ 응용계층
㉰ 네트워크 계층　　㉱ 프리젠테이션 계층

풀이 프리젠테이션 계층 : 응용계층의 여러 표현 형식을 공통의 전송형식으로 변환하고 암호화, 데이터 압축 등을 수행한다.

14. 개방형 시스템이 7계층에서 문장의 축소, 암호화, 상위 계층의 표현차이 해소 등을 수행하는 계층은?

㉮ 트랜스포트 계층　　㉯ 세션계층
㉰ 표현계층　　㉱ 응용계층

풀이 표현계층(presentation layer) : 데이터 입력, 표시, 제어 등에 관한 차이에 대응하기도 하고 정보의 안전성을 높이기 위해 암호화나 화상 등의 압축을 한다.

15. OSI 7계층 참조모델에서 서로 다른 기종의 컴퓨터 사이에 데이터 전송이 가능하도록 코드변환이나 데이터변환 등의 기능을 수행하는 계층은?

㉮ 응용층　　㉯ 표현층
㉰ 네트워크층　　㉱ 세션층

16. ISO에서 제정한 OSI 7계층의 기능 설명중 틀린 것은?

㉮ 물리층 : 비트전송을 위한 기계적, 전기적 제어를 실행한다.
㉯ 데이터링크층 : 개방형 시스템간의 데이터 전송을 실행하며 기능을 제공한다.
㉰ 트랜스포트층 : 양단간 데이터의 투명적, 양방향 전송 기능을 제공한다.
㉱ 응용층 : 구조를 갖는 데이터의 입력, 수신, 표시를 실행한다.

풀이 응용층 : 응용 프로세서 상호간에 유용한 정보교환의 인터페이스

해답 13. ㉱ 14. ㉰ 15. ㉯ 16. ㉱

참고문헌

강길범 · 김승묵 공저, 「최신 디지털 통신이론」, 한올출판사
김태, 임종민 공저, 「통신 이론」, 학문사
강창언 저, 「전자통신이론」, 복두출판사
이진이 외2 「디지털 통신 이론」, 광명
이원교 역, 「대학과정 정보통신공학」, 동일출판사
강창언 저, 「기초 통신공학」, 청문각
구기준, 「디지털 통신 공학」, 기문사
조성준 역, 「정보전송의 기초」, 선진문화사
이기학 외3, 「전자통신기기」, 광문각
박영철 편저, 「통신 시스템」, 진영사
진년강, 「무선통신공학」, 양서각
강창언, 「정보통신이론」, 복두출판사
조인선 외2, 「통신 이론」, 광명
오세영 역, 「디지털 통신 방식」, 청암
전자회로 연구회 역, 「아날로그 회로(2)」, 대광서림
강창언 저, 「정보 통신 시스템」, 복두출판사
김용태 · 이용주 편역, 「알기쉬운 정보통신」, 다다미디어
이균하 외1, 「데이터 통신론」, 정익사
강길범 저, 「정보통신개론」, 광명
장학신 외1, 「케이블 선로 공학」, 상학당
송현섭, 윤희상 공저, 「전송 선로 공학」, 동양과학사
조성준 역, 「광파이버 통신 입문」, 동양과학사
이강호 편저, 「광통신 개론」, 한국이공학사
김상호 외2, 「전자(무선)기기」, 동양과학사
조성준 역, 「디지털 위성 통신」, 한국 항공대학 출판부
구기준 외2, 「정보 통신 기기」, 광명
임승하 외1, 「디지털 통신이론」, 기한재
구기준 저, 「무선 통신 기기」, 광명

진년강, [통신 시스템의 기초」. 청문각
유기한 편저, 「데이터 통신 시스템」, 상조사
구기준 · 신창둔 공저, 「정보 통신 개론」, 진영사

정보전송 개론/공학

지 은 이	강치운 · 김형락 · 손상영
펴 낸 이	김형근
펴 낸 곳	도서출판 기한재
주 소	경기도 파주시 회동길 56 (파주출판문화정보산업단지)
전 화	031)955-0900~2
팩 스	031)955-0100
등 록	1990년 3월 15일 제2-968호
발 행	2020년 3월 10일 1판 6쇄
정 가	16,000원

Published by Kihanjae Co.

ISBN 89-7018-181-4

http://www.kihanjae.com

E-mail : kihanjae@hanmail.net